普通高等教育"十三五"规划教材

植物学

（第三版）

王建书 主编

U0272130

中国农业科学技术出版社

图书在版编目（CIP）数据

植物学/王建书主编. —3 版. —北京：中国农业科学技术出版社，2018.7（2025.1 重印）
ISBN 978-7-5116-3736-9

Ⅰ.①植… Ⅱ.①王… Ⅲ.①植物学－高等学校－教材 Ⅳ.Q94

中国版本图书馆 CIP 数据核字（2018）第 118394 号

责任编辑 崔改泵 张孝安
责任校对 马广洋

出 版 者 中国农业科学技术出版社
北京市中关村南大街 12 号 邮编：100081
电 话 （010）82109194（编辑室） （010）82109704（发行部）
（010）82109709（读者服务部）
传 真 （010）82109708
网 址 http://www.castp.cn
经 销 者 新华书店北京发行所
印 刷 者 北京虎彩文化传播有限公司
开 本 787 mm×1092 mm 1/16
印 张 19.25
字 数 481 千字
版 次 2018 年 7 月第 3 版 2025 年 1 月第 7 次印刷
定 价 37.60 元

《植物学》(第三版)编写人员

主　　编：王建书
副 主 编：马晓娣　晏春耕　杨向黎
编写人员：王建书　河北工程大学
　　　　　晏春耕　湖南农业大学
　　　　　乔永明　河北北方学院
　　　　　杨向黎　山东农业工程学院
　　　　　许桂芳　河南科技学院
　　　　　马晓娣　河北工程大学
　　　　　简在友　河南科技学院
　　　　　郑兴峰　江苏师范大学
　　　　　王亚坤　信阳农林学院
　　　　　姚　振　长江大学
　　　　　秦永梅　山东农业工程学院
　　　　　李　霞　山东农业工程学院
　　　　　卢彦琦　河北工程大学
　　　　　徐小林　江苏师范大学
　　　　　代　磊　河南科技学院
　　　　　甘小洪　西华师范大学

《植物学》(第一版)编写人员

主　　编　王建书
副　主　编　马晓娣　许桂芳　王建荣
参　　编　罗世家　庞建光　晏春耕
　　　　　乔永明　郑小江　汪新娥
　　　　　杨德浩

《植物学》(第二版)编写人员

主　　编：王建书
副　主　编：马晓娣　晏春耕　史刚荣
编写人员：王建书　褚建君　谢义林
　　　　　晏春耕　王鸿升　乔永明
　　　　　郑兴峰　简在友　马晓娣
　　　　　卢彦琦　郝建华　许桂芳
　　　　　史刚荣　甘小洪　徐小林
　　　　　周　兵

第三版前言

《植物学》由中国农业科学技术出版社优秀教材资助出版，2008年出版后，多所高校作为教材或重要参考书使用，深得好评；2012年列为农业部"十二五"规划教材，2013年由11所院校修订再版。本次修订是在前一版的基础上，吸收植物学教学研究和应用的最新成果，由9所院校的专业教师结合实际需要做了全面修订，尤其对绪论和被子植物分类部分做了较多的修改和完善，重点突出了教材的系统性、实用性。

第三版修订分工如下（以章节为序）：王建书负责绪论、第一章第一节；乔永明第一章第二节；郑兴峰第二章第一节；甘小洪第二章第二节；王亚坤第二章第三节；姚振第二章第四节；简在友第二章第五节、第三章第五节、第六节；秦永梅第二章第六节；马晓娣第三章第一节；李霞第三章第二节；卢彦琦第三章第三节、第四节；徐小林第四章第一节；杨向黎第四章第二节；晏春耕第五章第一节、第二节第二部分、第三节；许桂芳、代磊第五章第二节第一部分。全书由王建书、马晓娣统稿。

前　言

　　植物学是生物学的一个分支学科，研究植物的形态、分类、生理、生态、分布、发生、遗传、进化等内容，目的在于开发、利用、改造和保护植物资源，让植物为人类提供更多的食物、纤维、药物、建筑材料等。植物学课程是农学、园艺、园林、植保、茶学、中草药等专业重要的专业基础课。

　　为适应植物学教学改革发展的需要，受中国农业科学技术出版社委托，编写出版了这本全国农业高等院校《植物学》规划教材。

　　在拟定大纲和编写过程中，根据植物学目前教学的实际情况，参考了国内外一些有影响的教材，在充分吸收其优点的同时，注意更新内容、删繁就简，适度改革了教材体系，重要的名词术语均列出英文。本教材的主要特点，是在体现植物学教学的科学性、系统性的基础上，加强内容的应用性、实用性。

　　在教材结构方面，各章开始设置了言简意赅的内容提要，便于学生把握学习思路；各章最后设置了内容较为精炼的小结，便于学生掌握学习要点；并列出复习思考题，便于学生对知识的回顾和理解。为了提高学生探索、学习植物学的热情和创新意识，跟踪植物学教学和研究热点，适应高等教育的改革发展和日益频繁的国际交流，设置了7个知识探索与扩展内容和8篇英文短篇阅读。

　　教材前三章主要介绍植物的个体发育，包括植物的形态结构、功能以及与环境的相互关系；后两章主要介绍植物的系统分类，包括植物分类知识、植物系统发育，被子植物中重要科群的特征、代表种类和利用。为增强符合人才培养目标及本课程教学的针对性和教学适应性，考虑到我国不同地域植物种类差异较大，教材兼顾南北方和不同专业的需要，重点对粮食、棉花、油料、果树、蔬菜、观赏、药用、饲用以及杂草等植物进行介绍。各院校可根据学时和专业方向选择讲授内容。

　　在教材内容的编排方面，注意符合学生的认知规律，将植物结构和生命活动的基本单位——细胞，以及细胞的组合——组织作为教材的第一章；按照植物个体从营养生长到生殖生长的发育规律和顺序，分别将植物的营养器官和生殖器官列为第二章和第三章。然后以介绍植物类群的特点为主线，揭示植物的演化规律，作为第四章的内容；把演化水平最高级，开发利用最多，与人们关系最密切、最为熟悉的被子植物安排在最后一章。将有关幼苗的内容归为营养器官部分、有关种子的内容归入生殖器官部分进行介绍。

　　编写人员分工如下：王建书编写绪论、第一章第一节、第二章第一、第六节、第三章第二节的第二、第三部分；乔永明、杨德浩编写第一章第二节；汪新娥、王建荣编写第二章第二、第三、第四节；庞建光编写第二章第五节；马晓娣编写第三章第一节，第二节的第一部分、第三、第四、第五、第六节；罗世家、郑小江编写第四章；晏春耕编写第五章第一节、第二节的第二部分、第三节；许桂芳编写第五章第二节的第二部分。大纲集中了编写人员的意见，由王建书、马晓娣负责编写；第五章由许桂芳负责统稿，全书由王建书负责统稿。

在教材编写过程中，得到中国农业科学技术出版社和河北工程大学的大力支持；教材中的许多材料和插图引自国内外已出版的植物学教材和相关参考书，在此一并致谢！

由于编写水平所限，教材中难免存在缺点和错误，期望得到读者批评指正，提出宝贵意见，以便在今后进一步修订。

编者

2008 年 1 月

目　　录

绪　论

内容提要　简述了有关植物学的基本问题。通过实例介绍植物的主要特点和植物自我保护的防御机制；以植物形态和种类为例，介绍植物适应生存环境形成的多样性；通过植物学的形成和发展简史，说明植物学理论来自于生活实践；简述植物学知识在生产、生活中的应用以及学习植物学的目的和方法。

一、植物的特点

按照传统的分类观点，生物分为动物和植物两大类；动物可以自由移动、吞食食物，植物则相反。事实上，在植物中也有可以自由移动和吞食食物的种类，如衣藻在水中能游动，猪笼草可"捕食"昆虫并吸收其营养。植物与动物的区别表现在许多方面，例如，植物含有叶绿素可进行光合作用，植物细胞具有细胞壁，植物的生长主要在根尖和茎尖进行，植物体的组织系统与动物差异较大等。

动物直接或间接依赖于植物生活。植物体一般不能移动，为了抵御动物的侵袭，植物尤其是草本植物，在长期演化过程中，形成了多种防御机制（defensive mechanisms）。归纳起来，植物的防御方法通常可分为三类：第一类是植物体的某些部位形成尖硬的结构（图1），使食草动物无法下口。有的植物的枝条变成尖、直而硬的刺，可刺穿欲来采食的动物的厚皮，使动物无法靠近；有的叶或叶的一部分变成刺状（图2），除自我保护外还兼有攀缘作用；有的硬刺毛既短又硬，类似针，常有倒钩（图3），成簇生长；有些植物的叶、果实甚至整个植株，分布有螫毛，只要轻轻触及，毛尖便刺入体内，酸性毒液随之流入，使皮肤灼痛或肿胀；有些植物产生腺毛，长在枝叶或果实上，腺毛可分泌黏性胶，粘在取食的动物嘴上难以清除，植物体上密被的毛也可粘在动物的喉咙，致使动物不愿再来取食。植物防御的第二类方式是植物体产生或分泌化学物质。有的分泌出包含废物或有毒的乳汁，皮肤接触引起发红、肿胀甚至水疱；有的含有剧毒物质生物碱，微量即可使动

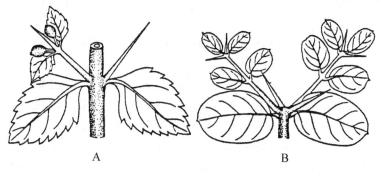

图1　枝变成的刺

A. 马鞭草科假连翘属（*Duranta*）　　B. 夹竹桃科假虎刺属（*Carissa*）

图2 罂粟科蓟罂粟属（*Argemone*）
植物叶上的刺

图3 紫葳科猫爪草（*Bignonia un-guiscati*）带钩的刺

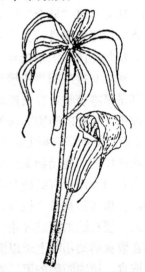

物死亡；有的植物具有苦味或刺激性气味、不愉快的气味使动物远离而去；此外含有单宁、树脂、精油和硅质等，也是免受动物攻击的机制。第三类是拟态（mimesis），植物在外观、颜色、形状等方面，与其他植物或动物具有的特殊的防御武器极为相似。例如，天南星科的某些植物，长有类似蛇所具有的杂色和各种斑点，食草动物误认为这些植物是蛇或其他致命生物而远离。魔芋属的 *Amorphophallus bulbifer*，其花序从地面长出后，远看像蛇的头部。在印度大吉岭和西隆地区的雨季，可以见到一种叫眼镜蛇（*Amorphophallus arisaema*）的植物（图4），紫色总苞片覆盖着肉穗花序并下垂，类似眼镜蛇的头部。此外，植物形成角质层、木栓层，不仅可防止病原菌和昆虫的侵袭，还可以阻挡阳光的灼射，使植物的生存得到了保护。

图4 天南星属（*Arisaema*）
植物的花序形似眼镜蛇的头部

二、植物的多样性

植物由于在长期的演化中适应生存环境，不仅形成了与动物不同的特点，也形成了植物之间不同的形态、结构、生活习性。

在大小方面，小的植物不到 1 μm，大的植物如澳洲桉树，高达 150 多米。在结构方面，简单的植物仅由一个细胞构成，如衣藻；进一步演化，植物体出现多细胞群体，如团藻；直至发展到多细胞个体，具有高度的组织分化并形成器官。

在营养方式方面，有自养植物和异养植物。自养植物含有叶绿素，能够自制养料，也称绿色植物；异养植物也称非绿色植物，有寄生和腐生之分。从活的生物体中吸收营养物质生活的称寄生（parasiticus），有些是完全依靠寄主为生的，称寄生植物，如菟丝子、大花草；有些是半寄生植物，如桑寄生等。值得一提的是大花草（*Rafflesia arnoldi*）和寄生花（*Sapria himalayana*）。大花草是 1818 年 Stamford Raffles 在苏门答腊岛发现的，花为植物中最大的花，直径 50 cm，重达 8 kg（图 5），单性，青紫色，肉质，味道腐臭，茎和根退化成细丝状深入寄主根部，茎在寄主内先形成花芽，然后突出开放；寄生花与大花草同科，两者十分形似，只是前者花小些，直径在 15～30 cm。从腐败的生物体中摄取养料的称腐生，如兰科植物天麻；最特别的是鹿蹄草科水晶兰，靠腐烂的植物来获得养分，全身不含叶绿素，叶子退化成鳞片状贴在茎的旁边，不能进行光合作用，没有一片绿叶，但能长出可爱的钟形白花。食虫植物既是自养又是异养植物，可吸收和消化昆虫体内蛋白质中的氮素，猪笼草便是其中之一（图 6）。已发现的食虫植物约 500 种。例如，茅膏菜（sundew）（图 7）叶表面覆盖有大量微红色腺毛，腺毛受到含氮物质刺激则分泌黏液和消化酶，昆虫被捕获和消化；捕虫堇（but-terwort）（图 8）是一种小型草本植物，生长在喜马拉雅山脉海拔 3 000～

图 5　寄生植物大花草

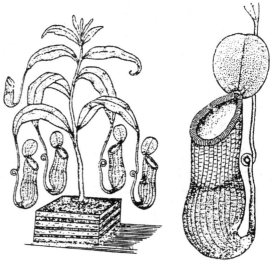

图 6　猪笼草属（*Nepenthes*）植物，
笼状捕虫器（右）

4 000 m 的高山草甸，它的根发育不良，叶上的腺体分有柄和无柄两种类型，后者分泌黏液，当昆虫被粘住时，叶片受到蛋白质刺激而卷合，无柄腺体分泌消化物质将蛋白质消化、吸收，之后叶片展开；捕蝇草（venus fly-trap）（图 9）的叶片以中脉为界分为两个部分，每部分的表面有三根极为敏感被称作"机关"的毛，受到轻微刺激叶片两个部分突然闭合，覆盖在叶片上表面淡红色消化腺分泌酶类，将捕获昆虫消化吸收；茅膏菜科貉藻（water fly-trap）（图 10）分布较为广泛，无根，食虫方式与捕蝇草相似，不同的是"机关"毛和消化腺体较多，叶边缘具有尖端向内的牙齿；狸藻（bladder-wort）（图 11）叶的裂片变成具有入口的泡状，直径 3～5 mm，如同真空管能将物体由外吸入内，微小水生生物一旦被吸入，之后管自动关闭并分泌酶进行消化吸收。

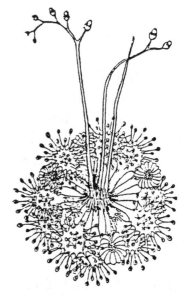

图 7　茅膏菜属（*Drosera*）植物

图8 捕虫堇属（*Pinguicula*）植物

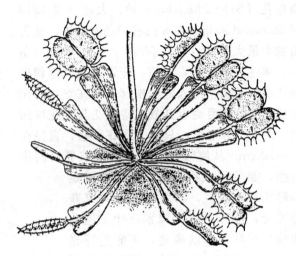

图9 捕蝇草属（*Dionaea*）植物

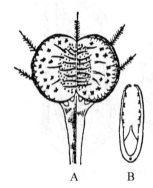

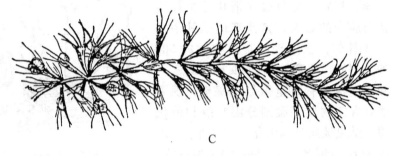

图10 貉藻属（*Aldrovanda*）植物

A. 张开的叶 B. 闭合叶切面 C. 植株

在寿命方面，短的仅生活数十分钟，长的可达数千年。生活周期在一年内完成，并结束其生命，称为一年生植物（annual plant），如水稻、玉米、春小麦、棉花、花生等。在两个年份内完成生活周期，第一年进行营养生长，第二年结果、死亡，称为二年生植物（biennial plant），如冬小麦、萝卜、白菜、甘蓝等。生活周期在两年以上的草本和木本植物，称为多年生植物（perennial plant）。生长时间长者可达上千年，如巨杉可生长3 500年。多年生草本植物的地上部分，当年开花结果后枯死，地下部分生活多年，每年萌发新的地上部

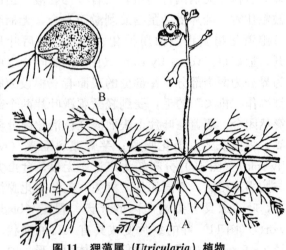

图11 狸藻属（*Utricularia*）植物

A. 植株 B. 泡状叶片放大

分并多次开花和结实，如甘蔗、甘薯、马铃薯、玉竹、大丽花、百合等。少数多年生植物，仅结实一次而全株枯死，如新疆阿魏、竹等。环境也可改变植物的习性，如棉花、蓖麻在北方为一年生植物，在华南则为多年生植物。

在质地方面，有草本植物（herb）、藤本植物（liane）和木本植物（woody plant）。草本植物常柔软细弱，有一年生、二年生和多年生等多种类型；藤本植物的茎细长，不能直立，只能缠绕或攀缘其他物体向上生长，又可分为木质藤本和草质藤本两类，前者如葡萄、猕猴桃、省藤等，后者如草莓、黄瓜、南瓜、牵牛等；木本植物茎干常坚硬直立，可生活多年，分为有明显主干，在较高处分枝的乔木（tree）和主干不明显，植株一般比较矮小，常由基部分枝的灌木（shrub），前者如银杏、苦楝、杨树、桉树、松、云杉、杨、榆等，后者如月季、丁香、木槿、海桐、紫荆、柑橘等。

根据生长环境和分布，有水生（aquaticus）、陆生（terrestris）和附生（epiphyticus）植物。生于水中的植物，叫水生植物（hydrophytes）。水生植物可分为浮水植物（如浮萍）和沉水植物（如红藻可在水深 200 多米处生活）；陆生植物根据需光及耐光强度不同，可分为阳地植物、阴地植物和耐阴植物。附生植物附着生长于其他种植物体上，能自制养料，不需吸取被附生者的养料而独立生活。另外，植物在一些特定环境中相应出现一些特殊类型，如高山植物、沙生植物、盐生植物、旱生植物（xerophytes）、中生植物（mesophytes）、湿生植物等。

已知植物的总数达 50 余万种，我国有近 4 万种。根据植物的形态结构、生活习性和亲缘关系，可将植物分为低等植物和高等植物两大类。低等植物包括藻类、菌类和地衣植物；高等植物包括苔藓、蕨类和种子植物，其中，种子植物有裸子植物和被子植物之分。如此丰富多样的植物类型，是由于植物有机体与环境之间长期相互作用并逐渐演化形成的。

三、植物学的形成、发展及应用

植物学是研究植物体生命活动与植物界发展规律，并利用这些理论与知识为人类服务的科学。植物学是随着人类的实践活动形成和发展起来的。

我国是研究植物最早的国家之一，从公元前 2196 年开始，对多种植物进行了记载，以后国内外有许多著作问世。1665 年英国人虎克（R. Hooke）利用显微镜首先观察到植物细胞，为研究植物体内部结构开辟了途径。1838～1839 年，德国植物学家施莱登（M. J. Schleiden）和动物学家施旺（T. Schwann）提出细胞学说。18 世纪瑞典科学家林奈（C. Linnaeus）创立植物分类系统和双名法，为植物分类奠定了基础。1851 年 Hofmeis 确定了苔藓和蕨类植物的世代交替。1852 年 Tulasne 首先发现地衣。1865 年德国植物学家 R. Caspary 发现凯氏带。1874 年 Hooker 首先发现猪笼草具有"食虫"能力，1877 年 Vines 明确猪笼草消化昆虫的能力是由于植物腺毛分泌胰蛋白酶的结果。1883 年 Goroschankin 在松属植物中首先发现了植物的受精现象。达尔文的《物种起源》出版之后，在 1887～1909 年，恩格勒（A. Engler）和普兰特（K. Prantl）提出了植物的自然分类系统，对植物分类的发展有着深远的影响。还有许多学者从不同领域对植物学的发展做出了贡献，形成了植物学的完整体系。随着科学的发展，有些内容从植物学中分离，建立起独立的分支学科。

植物学的形成和发展源于人类的实践，同时它在人类实践活动中的应用也是多方面的。在生产方面，应用植物形态解剖学方法研究经济植物的解剖结构，可为提高产量和经济效益提供依据，例如，漆树中所含的漆液是优良的工业原料，通过解剖可以确定漆液产生、运输的部位以决定割漆的深度；对中草药进行比较解剖，可以准确地鉴别原植物，如被称作白头翁的植物有18种，分属4科12属，应用植物解剖学，鉴定准确、简单；对农作物中双子叶植物和单子叶植物叶片的解剖，可以更科学地说明除草剂的选择效果。应用植物分类学方法，根据植物间的亲缘关系，可为寻找新的育种材料、开发植物资源提供理论依据。例如，毛茛科普遍存在毛茛苷和木兰花碱，因此提取这两种化学成分，可把毛茛科植物作为研究和筛选的对象，快速而高效。在建筑方面，植物茎的巧妙结构为人们寻求支持作用强、材料节省的建筑方案提供了参考依据；王莲叶的叶脉为骨架状细脉，我国的首都体育馆就是根据王莲叶科学而精致的结构而建成了拱形馆顶。在文化生活方面，许多成语与植物有关，如根深叶茂、藕断丝连、叶落归根、瓜熟蒂落等，这些成语蕴藏着相应的植物知识。在植物资源利用方面，可将植物划分为食用植物、药用植物、工业用植物、环境植物和种质植物资源五大类，其合理开发和利用对经济发展有重要作用。近年来，以利用野菜、野果、野生保健饮料食品植物资源为主加工而成的绿色食品受到普遍关注。

本书主要包括植物细胞学、植物形态学、植物解剖学、植物系统学和被子植物分类学的内容。植物学的应用范围十分广泛。植物学作为专业基础课，在课程体系中占有重要地位，学习植物学将为相关专业学习后续课程奠定必要的理论基础。

四、学习植物学的目的和方法

植物学研究的内容与人们的生产和生活有着密切关系。经济发展区划的制定、新品种选育、资源植物的开发利用、生物技术的应用等都需要植物学的理论与技术，只有掌握了植物学的理论与知识，才能使生产向优质、高产、高效的方向发展。

本教材以粮、棉、油、药用、果树、蔬菜、花卉、园林植物等与人类生活关系密切的被子植物为重点，从植物体的组成——细胞和组织开始，来学习植物营养器官和生殖器官的发生规律和结构，掌握植物界的基本类群和被子植物重要科的分类。通过植物学的学习，为植物生理学、土壤学、作物以及果蔬和观赏植物栽培学、遗传育种学以及植物保护等课程打下必要基础，对今后从事生产、教学和研究工作有所帮助。

学习植物形态解剖部分，要把握结构与功能之间、植物与环境之间的关系，从植物的发育和结构中建立动态、立体的概念。学习植物系统分类部分，要始终贯穿由简单到复杂、由低级到高级的进化概念。加强理论联系实际，并突出植物学知识在实际生产中的应用。

英文阅读

Botany

Botany. The science that deals with the study of living objects goes by the general name of biology (*bios*, life; *logos*, discourse or science). Since both animals and plants are living, biology includes a study of both. Biology is, therefore, divided into two branches: botany (*botane*, herb) which treats of plants, and zoology (*zoon*, animal) which treats of animals.

Scope of Botany. The subject of botany deals with the study of plants from many points of view. This science investigates the internal and external structures of plants, their functions in regard to nutrition, growth, movements and reproduction, their adaptations to the varying conditions of the environment, their distribution in space and time, their life-history, relationship and classification, the laws involved in their evolution from lower and simpler forms to higher and more complex ones, the laws of heredity, the uses that plants may be put to and, lastly, the different methods that can be adopted to improve plants for better uses by mankind.

第一章　植物细胞与组织

内容提要　细胞是生物体结构和生命活动的基本单位。本章介绍植物细胞的结构、功能，细胞的分裂。论述了被子植物组织的主要类型、结构和功能。在知识探索与扩展栏目中，提供了"细胞理论的建立""叶绿体和线粒体的 DNA"两个内容。本章是学习和理解植物体的结构、功能，以及结构和功能与环境之间统一关系的基础。

植物特别是高等植物的植物体由器官构成，器官由组织构成，组织由细胞构成。学习植物细胞的形态结构、功能和生长分化以及植物组织的概念、类型和功能等知识，可为了解和探究植物体的结构功能和生命活动规律奠定基础。

第一节　植物细胞

植物和动物有机体是由单个或许多细胞构成的。细胞（cell）是生物体的基本结构单位和生命活动的功能单位。同样，植物细胞是构成植物体形态结构和生命活动的基本单位。最简单的植物，其植物体仅由一个细胞构成，即单细胞植物。单细胞植物的一个细胞，能够进行各种生命活动；多细胞植物的个体，可由几个到亿万个细胞组成。多细胞植物的个体中的所有细胞，在结构和功能上密切联系、分工协作，共同完成个体的各种生命活动。细胞具有独立的、有序的、自主调控的代谢体系；细胞能够通过分裂而增殖，是生物个体发育和系统发育的基础；细胞是遗传的基本单位，并具有遗传的全能性。

一、植物细胞的发现及其意义

细胞一般都很小，要用显微镜才能看到。因此，细胞的发展以及对细胞的了解，是和显微镜的发明和改进分不开的。1665 年，英国学者虎克（Robert Hooke）首次发现了植物细胞。他用自制的显微镜（放大倍数为 40～140 倍）观察软木的结构，发现其中有许多形状类似蜂窝的小室，他将其称为细胞（cell）。虽然他看到的只是植物细胞的细胞壁，却引起了人们对植物和动物的显微结构进行广泛研究的兴趣。许多学者观察了多种动植物的生活细胞，但对细胞的了解限于细胞外形的状况持续了 100 多年。荷兰学者列文虎克（Anthoni van Leeuwenhoek）、意大利学者马尔比基（Marcello Malpighi）等先后用显微镜观察了不同的植物和动物材料，1831 年英国植物学家布朗（Robert Brown）从兰科植物的叶表皮细胞中发现了细胞核，1835 年法国科学家迪特罗谢（Henry Dutrochet）在低等动物中发现了细胞的"内含物"（细胞质），逐渐了解到细胞内还有细胞核、细胞质等内容物。1838～1839 年，德国植物学家施来登（Mathias Schleiden）和动物学家施旺（Theodor Schwann）提出了细胞学说。随后的学者发现了细胞分裂的现象，1855 年德国的细胞病理学家魏尔肖（Rudolf Virchow）提出了"一切细胞来源于细胞的分裂"的著名论断，使细胞学说得以完善。

细胞学说认为植物和动物都是由细胞构成的；所有的细胞是由细胞分裂或融合而来；卵和精子都是细胞；一个细胞可以分裂形成组织。恩格斯对细胞学说给予了高度评价，将它列为 19 世纪自然科学的三大发现（细胞学说、进化论和能量守恒定律）之一。细胞学说的重要意义在于从理论上确立了细胞在整个生物界的地位，从细胞水平将有机体统一了起来。

在光学显微镜下观察到的细胞结构称为显微结构（microstructure）；在电子显微镜下观察到的结构称为亚显微结构（submicroscopic structure）或超微结构（ultrastructure）。20 世纪初，细胞的主要显微结构均已查明，但还不清楚各部分的功能和彼此间的相互联系，直到 20 世纪 40 年代发明电子显微镜后，使有效放大倍数超过 100 万倍（光学显微镜的有效放大倍数为 1 200 倍），现已基本查明生活细胞的超微结构。随着新仪器和新技术的产生和应用，对细胞结构和功能的研究更加深入，使人类对细胞结构的认识甚至深入到了分子水平，因而对生命的本质有了更清楚的认识。

知识探索与扩展

细胞理论的建立

1838～1839 年，德国植物学家施莱登（M. J. Schleiden）和解剖学家施旺（T. schwann），通过各自的研究工作，指出细胞是动植物的基本结构和生命单位，建立了细胞理论。这是 1665 年英国的虎克发现细胞以来，第一次对细胞进行的理论性概括。

施莱登于 1804 年生于德国汉堡，先后学过法律、医学，后到柏林大学学习植物学。1838 年，他发表论文《植物发生论》，成为细胞理论的基础。1839 年，他去耶鲁大学学习，毕业后不久，被任命为植物学副教授。施莱登是一位性情古怪但很有才干和创造力的科学家。他才思敏捷，善于抓住问题的本质，但他为人傲慢，易于激动，看问题常带主观片面性。施莱登对当时植物学界的林奈学派（主要从事植物标本的采集、分类、鉴定、命名，而忽视植物的结构、功能、发育、受精和生活史的研究）感到不满。他主张植物学应该研究植物的构造、生长和发育。他以对科学的敏感性，从布朗发现的而未被人们重视的细胞核入手，观察早期花粉细胞、胚珠和柱头组织内的细胞核，发现幼小的胚胎细胞内有细胞核存在，联想细胞核一定与细胞发育有密切关系，进一步考虑细胞的产生和形成问题。根据观察和研究，提出所有的植物，不论其复杂程度如何，都是由各种不同的细胞组成的，这些细胞又是以相同的方式产生的。因此，细胞是一切植物结构的基本生命单位，一切植物都是以细胞为实体发育而成的。施莱登于 1842 年出版植物学教科书《科学植物学的原理》，曾轰动了当时的学术界，是植物学进展中的一个转折点。

施旺于 1810 年生于德国的诺伊斯，早年在维尔茨堡及柏林学医，1834 年毕业后，成为柏林解剖研究所著名生理学家缪勒的助手。他在 1834～1839 年期间，从事动物和植物细胞的显微镜研究，1839 年在出版的《关于动植物结构与生长一致性的显微镜研究》中提出一切动物和植物都是由细胞组成的。他认为细胞是生命的基本单位，一切有机体的生命都从单个细胞开始，并随着其他细胞的形成，而发育成长，施旺把这些基本论点归结为细胞理论。施旺性情温和，善于思考，为人谨慎、保守，他的性格在许多方面与施莱登恰好形成鲜明的对照，但他们之间保持着良好的友谊。

施莱登也曾在缪勒的实验室工作过，并在那里与施旺相识。施莱登在发表《植物发生论》以前，把上述未发表的结果告诉了施旺，为他统一植物和动物的生命现象提供了基本原理。有一次，施莱登与施旺共进午餐时，谈到细胞核在细胞发育中起着重要的作用，施旺立即想起在研究蝌蚪时，见到过类似的核结构。他们一起去施旺的实验室，共同考察了脊索细胞的核，施莱登认为与植物细胞的核很相似，于是施旺抓住这种动物细胞与植物细胞的相似性，进行深入研究，形成了细胞理论的基础。

细胞理论的建立，不仅是 19 世纪末产生细胞学的重要基础，而且对当时生物学的各领域都有很大影响。例如，瑞士生物学家克里克尔证明精子不是外来的寄生物，而是一种细胞，后来又提出卵也是单个细胞，通过分裂而发育成有机体。由于细胞理论对生物学发展的重大贡献，因此，与达尔文进化论一起，被誉为 19 世纪生物学上的巨大成就。

二、植物细胞的形状与大小

植物细胞的形状（shape of plant cells）多种多样，有球状体、多面体、纺锤形和柱状体等。单细胞植物体或分离的单个细胞，因细胞处于游离状态，常常近似球形。多细胞植物体中，由于细胞间的相互挤压，使大部分的细胞成多面体。高等植物体内的许多细胞，其形状的特殊，更体现着形态和功能的统一。与运输有关的细胞多呈长管状；与支持作用有关的细胞多呈纺锤形；与保护作用有关的细胞多扁平（图 1-1）。细胞的形状取决于细胞的遗传性、所担负的功能以及对环境的适应，且伴随着细胞的生长和分化，常相应地发生变化。

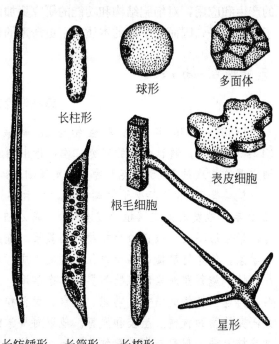

图 1-1 植物细胞的形状

植物的细胞一般都比较小，多数须在显微镜下才能分辨，其直径一般在 10～100 μm；也有比较大的细胞，肉眼可见，如西瓜的果肉细胞，直径约 1 mm；棉花种子上的表皮毛长达 75 mm；苎麻茎的纤维细胞，最长可达 550 mm。

在植物体内，一般生理活跃的细胞常常较小，而代谢活动弱的细胞则往往较大。此外，细胞的大小也受外界条件的影响，例如，水肥供应的多少、光照的强弱、温度的高低或化学药剂的使用等，都可以使植物细胞大小（size of plant cells）发生变化。

三、细胞生命活动的物质基础——原生质

构成细胞生命活动的物质称为原生质（protoplasm），它是细胞结构和生命生活的物质基础。

原生质不是单一的物质，它具有十分复杂的化学组成。在不同种类的生物体以及不同

发育时期的细胞中，原生质的化学组成也不同，然而所有的原生质具有相似的基本组成成分。

（一）原生质的化学组成

原生质含有碳、氢、氧、氮四种主要元素，约占细胞全重的 90%；所含的硫、磷、钠、钙、钾、氯、镁、铁等元素约占细胞全重的 9%；此外，含有硅、锰、铜、锌、钼等多种微量元素。原生质由上述元素构成分子量大小不同的化合物所组成，这些组成原生质的物质可分为有机物和无机物两类。

1. 有机物 组成原生质的重要有机物有蛋白质、核酸、脂类和糖类，占细胞干重的 90% 以上，它们参与细胞的结构和生命活动。其次还有微量活性物质。

（1）蛋白质 蛋白质（protein）是组成原生质的重要成分，其含量占原生质干重的 60% 以上。蛋白质是以氨基酸（amino acid）为单位构成的长链分子。由两个氨基酸相连构成的化合物叫做二肽；三个氨基酸相连，叫做三肽；更多个氨基酸相连，叫做多肽。50 个或更多氨基酸连接就成为一个蛋白质分子，一个蛋白质分子可含有几百个甚至几万个氨基酸分子。目前已知构成蛋白质的氨基酸有 20 多种。由于氨基酸的种类、排列顺序和数目不同，可形成极其多样的蛋白质。

原生质中的蛋白质具有一定的结构。它们通过多种化学键形成蛋白质的多种空间构型，也可以和其他物质结合。例如，与糖、脂肪、核酸等结合而形成的结构蛋白，它们组成细胞的某些部分。酶也是蛋白，一个生活细胞中约有 3 000 种酶，作为生化反应的催化剂合理地分布在细胞的特定部位。由此可见，蛋白质是种类繁多、结构复杂的一类高分子有机化合物，各种不同的蛋白质在原生质生命活动中起着重要作用。例如，核蛋白主要存在细胞核内，与细胞遗传有密切关系；脂蛋白存在于细胞的各种膜结构上，决定着膜对物质的吸收、运输能力；酶对生化反应具有专化、高效等特异性。蛋白质的多样性，是细胞生命活动多样性的物质基础，也是自然界生物多样性的物质基础。

（2）核酸 核酸（nucleic acid）是由小分子的单位——核苷酸（nucleotide）相连形成的长链分子，每个核苷酸是由一个戊糖、一个磷酸基团和一个含氮碱基组成。核苷酸中的戊糖有两种，即核糖和脱氧核糖；组成核苷酸的含氮的碱基有五种，它们是腺嘌呤（A）、鸟嘌呤（G）、胞嘧啶（C）、胸腺嘧啶（T）和尿嘧啶（U）。像多肽链中不同的氨基酸一样，在多个核苷酸长链形成的核酸中，不同的核苷酸可以出现多种多样的排列顺序。

根据所含戊糖类型的不同，核酸可分为含有核糖的核糖核酸（RNA）和含有脱氧核糖的脱氧核糖核酸（DNA）。两者在结构上基本相似，其分子是糖和磷酸形成一个长链构架，碱基再连接在糖分子上。主要不同的是 RNA 为一条长链，所含碱基是 A、G、C、U 4 种；而 DNA 的分子为双链，所含碱基是 A、G、C、T 4 种。

DNA 分子的立体结构是由两条互补的多核苷酸长链形成的双螺旋结构，可形象地把它比作是一个螺旋的梯子，两条糖—磷酸分子链犹如梯子的侧架，连接两个侧架的碱基，按 A 对 T 和 C 对 G 的固定模式有规律的结合，组成梯子的横档（图 1-2）。DNA 双链分子的重要特点是在细胞中能进行精确的自我复制。复制是通过双链的分离，然后各以一条侧链为模板，复制出一条对应的互补链，从而形成两个新的 DNA 分子，而每个分子都是原来分子的精确复制品。

核酸是细胞中主要的遗传物质，它是遗传信息的携带者，通过复制使遗传信息有可能传到子细胞中去，同时，DNA分子的碱基顺序决定了细胞中蛋白质合成时氨基酸的排列顺序，因此，它是蛋白质合成的模板。RNA主要存在于细胞质中，有核糖体RNA（rRNA）、转运RNA（tRNA）和信使RNA（mRNA）三种形式，RNA直接参与蛋白质的合成。这样，核酸在细胞中通过控制蛋白质的合成来控制细胞的遗传特性的表达，因而决定植物的生长发育的表现型。

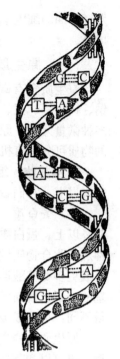

图1-2 DNA分子的双螺旋结构

（3）脂类 脂类（lipid）是一大类脂肪性物质，包括油、脂肪、磷脂等，它们也都是长链化合物，但分子链比蛋白质和核酸短的多。脂类共同特点是在水中很难溶解，一般是疏水的。脂类在细胞中起各种作用：一般的中性脂肪是由3个脂肪酸与1个甘油分子形成，它是细胞中一种高能量的储藏形式；磷脂是细胞中重要的脂类，它与蛋白质构成细胞的质膜和细胞内部的各种膜。此外，有些脂类物质形成角质、木栓质和蜡质，作为细胞壁的覆饰物质，由于它们的疏水性，造成细胞壁的不透水性。有些脂类物质在细胞生理上有活跃的作用，例如衍生脂类的类胡萝卜素等。

（4）糖类 糖类（saccharide）由C、H、O组成，其分子式为$C_n(H_2O)_n$，也称为碳水化合物。细胞中重要的糖可分为单糖、双糖和多糖三类。

它是光合作用的产物，是细胞进行代谢活动的能源，同时，也是构成原生质、细胞壁的主要物质和合成其他有机物的原料。

单糖是一种简单的糖，即不能用水解的方法降解成更小的糖单位的糖类，细胞中重要的单糖是五碳糖和六碳糖：前者如核糖和脱氧核糖，是核酸的组成成分之一；后者如葡萄糖，是光合作用的直接产物，是细胞最主要的能源和原料。

双糖是由两个单糖分子脱去一分子的水聚合而成，其通式为$C_{12}H_{22}O_{11}$，通常为晶体，溶于水，有甜味。蔗糖和麦芽糖是植物细胞中重要的双糖，为糖类储藏形式。

多糖是由许多单糖分子脱去相应数目的水分子聚合而成，其通式是$(C_6H_{10}O_5)_n$，n的数值很高。多糖不溶于水，无甜味。多糖经过酶的作用可水解成葡萄糖。植物细胞重要的多糖有淀粉、纤维素、果胶物质等，淀粉是绝大多数植物细胞糖类储藏的主要形式，纤维素和果胶物质是细胞壁的主要成分。

（5）活性物质 原生质中的生理活性物质是指含量极微但生理作用极其重要的有机物质，主要有维生素、激素、抗菌素等，它们在细胞中的含量极少，但是生活细胞以至整个植物体正常生命活动必不可少的物质。

蛋白质、核酸、脂类、糖类四大类生物大分子化合物，以极其复杂的形式有序地结合在一起，加之生理活性物质，组成了原生质以及细胞的各种组分和生理特化的部分。

2. 无机物 无机物主要包括水、无机盐和气体。

（1）水 原生质中含量最多的物质是水，水占生活细胞总重量的$60\%\sim90\%$。水在原生质中具有重要作用：缺少水，原生质没有生命活动能力；没有水，细胞不能生活。

水在原生质中以游离水（free water）和结合水（bond water）两种方式存在。游离水是代谢反应物的溶剂，占细胞水分的大部分。结合水与有机大分子结合，成为原生质的结构物质。生命活动中各种化学反应的物质都必须溶解于水，水为细胞中的生物化学反应提供了环境，水本身也是参与生化反应的物质，植物体内的大部分物质的转运也要溶解在水中，水的比热较大，其温度的变化较为缓慢，保证了细胞或植物体的温度相对稳定，也使得代谢速率保持相对稳定。水分的多少影响原生质的存在状态和活动：水分充足时，原生质的生命活动旺盛；水分不足时，原生质的生命活动缓慢或停止。

植物体中的含水量与植物种类、个体发育阶段和所处环境有关，如旺盛生长的幼苗和嫩叶含水量可达鲜重的 60%～90%，成长的树叶含水量为鲜重的 40%～50%，休眠的储藏种子含水量仅占 10%～14%。

（2）无机盐 原生质中的无机盐多呈离子状态与蛋白质等结合在一起，如铁、铜、锌、锰、镁、钾、钠、钙等。原生质中无机盐的含量虽然很少，但在生命活动中是必需的，除作为某些高分子化合物的必要元素外，也是植物细胞生命活动中不可缺乏的物质，对维持细胞的酸碱度、调节细胞的渗透压等均起重要作用。

除此之外，原生质中还有溶于水中的气体，如氧和二氧化碳等。

（二）原生质的胶体性质

原生质是一种具有一定黏性和弹性，表现为无色半透明、半流动状态的黏稠液体。

原生质的化学成分极其复杂，它是由蛋白质、核酸、多糖等生物大分子形成直径 1～500 nm 大小的颗粒，均匀地分散在原生质所含的水溶液中而形成的。由于大分子颗粒和水分子相互碰撞，同时某些带有相同电荷的大分子颗粒又相互排斥，所以这些颗粒分散在水溶液中而不会凝聚下沉。这些大颗粒称为胶粒，有巨大的表面，可以吸附着许多物质和水分子，形成紧密的吸附水层。原生质是一种亲水胶体，有极强的亲水性。由于原生质胶粒带有电荷，它使原生质具有很大的吸水力和对物质的吸附作用，为物质交换及各种化学反应创造了极其有利的条件。

原生质的物理状态受外界环境和内部条件影响而变化，例如，水分子多时，原生质中大分子胶粒分散在水溶液介质中，此时原生质近于液态，称作溶胶；水分子少时，胶粒连接成网状，水溶液分散在胶粒网中，此时近于固态，称为凝胶。温度的高低也可引起原生质胶体状态的改变。同样，原生质胶体的状态影响代谢活动的强弱，如果胶体被破坏，原生质也就丧失了活性，失去了生命的特性。

细胞中的原生质是个动态体系，其化学成分是不断变化的，这就表现了原生质的生命特征，也就是说原生质在经常地、不断地进行新陈代谢。生活的原生质能够从周围环境中吸取水分、空气以及营养物质，经过一系列复杂的生理生化作用，合成为原生质本身的物质，这个过程称为同化作用；与此同时，原生质的某些物质，不断地分解，成为简单的物质并释放出能量，供给生命活动所需要，这个过程称为异化作用。同化和异化分别包含一系列合成和分解的生化反应，这两个方面共同构成了新陈代谢，所以，原生质是一个动态平衡的生化反应的开放系统。

四、植物细胞的基本结构和功能

植物细胞（plant cells）虽然多种多样、大小不一，但是，由于在系统发育上，所有的植物和动物都是由原始的单细胞生物演化而来的，在个体发育上所有细胞都是由细胞分裂或细胞融合所产生的，所以，一般植物细胞都有相同的基本结构和功能（basic structure and function）。

植物细胞由原生质体（protoplast）和细胞壁（cell wall）两部分组成（图1-3）。细胞壁由原生质体分泌的非生活物质所构成，包被在原生质体的外侧，对原生质体有保护作用；原生质体是由生命物质——原生质所构成，是原生质的总称，它是细胞各类代谢活动进行的场所。此外，细胞中尚含有多种非生命的储藏物质或代谢物质，统称为后含物（ergastic substance）。

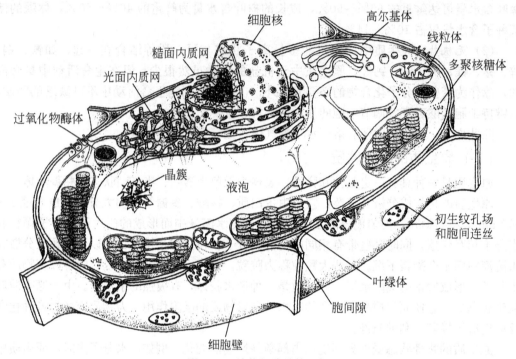

图1-3 植物细胞结构图解

（一）细胞壁

细胞壁（cell wall）是植物细胞最外面的一层，也是与动物细胞最显著的区别之一，动物细胞无细胞壁。细胞壁有保护原生质体的作用，并在很大程度上决定了细胞的形态和功能。一般认为细胞壁在本质上属于非生命结构，由原生质体分泌的非生活物质构成，然而细胞壁的存在对于植物体的生命活动却至关重要。细胞壁具有一定的硬度和弹性，多数情况下对于水及其中溶解的小分子物质是自由通透的，这使植物细胞既能够无阻碍地从环境中获取水分，同时也避免了原生质体的过度膨胀而破裂。由于细胞壁限制了原生质体的膨胀，导致细胞内部产生一种流体静压力，称为膨压，对于植物细胞的增大和维持幼嫩植株的坚挺状态至关重要。适应于支持作用的细胞壁会特化成坚硬的结构，是植物体得以"站立"的主要原因。另外，细胞壁在物质的吸收、蒸腾、运输与分泌中也发挥着重要作用。

1. 细胞壁的层次（cell wall layers） 细胞壁从外向内依次可分为胞间层、初生壁和次生壁三层结构（图1-4）。这是由于细胞在发育过程中，原生质体向外分泌壁物质在种类、数量、比例以及物理组成上的差异，使细胞壁出现成层现象（lamellation）。

（1）**胞间层**　胞间层（intercellular layer）又称为中层（middle lamella），是细胞壁的最外层，位于两细胞之间，是由相邻的两个细胞向外分泌的果胶（pectin）物质构成的。果胶是一类多糖物质，胶黏而柔软，能将相邻的细胞彼此粘连在一起，同时又有一定的可塑性，能缓冲细胞间的挤压又不致阻碍细胞扩大表面面积。果胶易于被酶或酸、碱溶解，从而引起胞间层以及细胞的相互分离。例如西瓜、番茄、苹果等果实成熟时，产生果胶酶，将果肉细胞的胞间层溶解，细胞彼此分离，使果实变软。

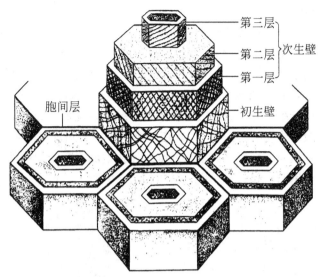

图 1-4　细胞壁的分层

（2）**初生壁**　初生壁（primary wall）位于胞间层的内侧，初生壁发生在细胞停止生长前，是相邻细胞分别在胞间层两面沉积壁物质而成，一般较薄，厚度 $1\sim3~\mu m$。但有的较厚，如柿子胚乳细胞；有的局部增厚，如厚角组织细胞。然而，增厚的初生壁是可逆的，即在一定情况下厚的初生壁又可以变薄，例如，柿子胚乳细胞的壁物质在种子萌发时，分解转化，厚壁又变薄，厚角组织在转变成分生组织时，其增厚的壁也能变薄。初生壁的主要成分是纤维素（cellulose）、半纤维素（hemicellulose）、果胶和少量的糖蛋白。初生壁中的果胶成分使其质地柔软并有较大的可塑性，能随着细胞的生长而延展。另外，由于果胶和半纤维素是高度亲水性的，因而初生壁对水和大多数水溶性的物质是通透的。在初生壁中还有很少量的糖蛋白，其中一种富含羟脯氨酸，称为伸展素（extensin），被认为与初生壁的生长和增加细胞壁的刚性有关。许多细胞在形成初生壁后，如不再有新壁层的积累，初生壁便成为它们永久的细胞壁。

（3）**次生壁**　次生壁（secondary wall）是细胞在停止生长后，在初生壁内侧继续沉积物质形成的细胞壁层。次生壁较厚，一般 $5\sim10~\mu m$，其主要成分是纤维素，含有少量的半纤维素，并常常含有木质（lignin），由于缺乏果胶类成分，质地较坚硬而不易伸展，有增强细胞壁机械强度的作用。但是，不是所有的细胞都具有次生壁，许多细胞终生仅具有初生壁。大部分具次生壁的细胞，如起支持作用（如纤维）和输导水分的细胞，在次生壁完成积累后原生质体会解体死亡。在光学显微镜下，厚的次生壁可以显出外层、中层和内层三层结构。因此，一个典型的具有次生壁的厚壁细胞（如纤维或石细胞），其细胞壁可看到有五层结构：胞间层、初生壁和三层次生壁。

2. 细胞壁的化学组成和结构　构成细胞壁的物质，种类甚多，按其在组成细胞壁中的作用，主要分为构架（framework）物质和衬质（matrix），构架物质主要是纤维素，衬质则含有非纤维素的多糖、水和蛋白质。在形成了构架和衬质后，某些细胞还分泌附加物质，结合到衬质或构架中，或存在于壁的外表面，从而使壁的组成成分、物理性质和功能都进一步特化。物质结合进衬质称为内镶（incrustation），在其外表的称为复饰（adcrustation）。

（1）细胞壁的构架物质——纤维素 纤维素是一类多糖，一个纤维素分子是由2 000～14 000个葡萄糖分子聚合成的直链，链长可达4 μm。在细胞壁中纤维素分子结合成为生物学上的结构单位，称为微纤丝（microfibril），电镜下可以辨认。许多微纤丝进一步结合，成为光学显微镜下可见的大纤丝（macrofibril）。所以，高等植物细胞壁的构架，是由纤维素分子组成的纤丝系统。纤丝系统是由分子链—微团—微纤丝—大纤丝等一系列的级别构成的（图1-5）。在纤维素的构架间具有间隙，其中充满了衬质，或者说衬质包埋或填充了构架。如果将细胞壁比作钢筋混凝土的构件，那么，由纤维素构成的构架，相当于钢筋，起骨干作用，衬质相当于混凝土，包埋、填充了钢筋，起辅助加固的作用。

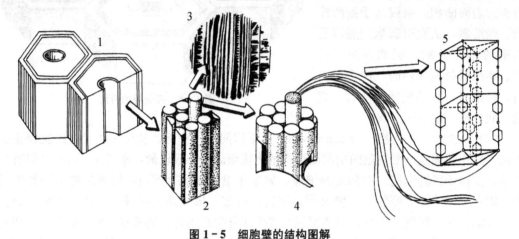

图1-5 细胞壁的结构图解
1. 细胞壁的一部分　2. 大纤丝　3. 扫描电镜下的微纤丝　4. 微纤丝的结构
5. 纤维素分子构成的长链及其晶格

纤维素的微纤丝，在细胞壁的不同层次中的排列方向是不一致的：在一般初生壁中，微纤丝的方向大体上垂直于细胞的长轴；在具有厚的次生壁的纤维细胞中，其次生壁可进一步地分为在光学显微镜下可见的内、中、外三层，各层中微纤丝的方向不同。微纤丝的排列方向与细胞的长轴越近于平行，则细胞的抗张强度越大。

（2）细胞壁的衬质 细胞壁的衬质由非纤维素的多糖、蛋白质和水组成。衬质是一种亲水的凝胶，膨胀能力强，可塑性大且易于变形。衬质中的水很重要，是构成衬质凝胶的一部分。细胞壁水分含量的变化，会引起衬质质地的可逆变化以及微纤丝和衬质的黏着程度，例如，厚角组织细胞壁的伸展能力极大，原因之一就是壁的含水量高，使纤维素的微纤丝在稀薄的衬质中易于滑动所致。而在次生壁中，尤其是含脂类物质的壁含水就很少。水在壁内也起溶剂和化学上的作用，明显地影响细胞壁对分子和离子的透性，含水多则透性大。细胞停止生长后，水所占的壁内间隙，逐渐被木质素充满，使衬质和整个壁更加刚硬。

衬质含有蛋白质和多糖（主要是果胶物质和半纤维素），其中，蛋白质有的是酶，有的是结构蛋白，它们是在细胞质中合成后转运到细胞壁的，酶与细胞壁大分子的合成、转移及水解有关。除此以外，衬质还含有黏液，例如，根毛、水生植物的叶、种子表面的细胞壁中常可见到，是一类正常的生理产物，有其一定的生理作用。而一些木本植物，在受伤部位的细胞壁中形成树胶，则是一种病理产物，例如，桃胶。

（3）细胞壁的特化　细胞壁的特化（specification of cell walls）与细胞壁的内镶物质和复饰物质的积累或渗入有关。

细胞壁的内镶物质。内镶物质主要有木质和矿质。木质是厚壁组织和输水组织的细胞中次生壁的重要组成成分。木质和衬质中多糖的结合，能强化细胞壁，这种木质渗入细胞壁的过程，称为木化（lignification）。矿质（如 K、Mg、Ca、Si）的不溶化合物积累在细胞壁内，称为矿化（mineralization）。禾本科、莎草科、桔梗科植物的表皮细胞的外壁中，常积累有 SiO_2，称为硅化（silicification）。

细胞壁的复饰物质。复饰物质主要有角质、蜡质、木栓质和孢粉素等，前三者都属脂类物质。例如，植物地上器官的表皮细胞，常有角质被覆于外壁表面，称为角化（cutinization）。角化过程所形成的角质膜，能使外壁不透水，不透气，增强了外壁的抵抗能力。有些植物表皮细胞除角化外，还分泌有蜡质，被覆于角质膜外，更增强其抗性，例如，李的果皮，芥蓝和甘蔗茎的表皮细胞等。木栓细胞壁全部含木栓质，称为栓化（suberization），其嫌水性比角化壁更强，又是热的不良导体，老茎、老根外表都有这类木栓细胞。孢粉素（sporopollenin）见于花粉、孢子的外壁，孢粉素的理化性质极为稳定，因此花粉及孢子的外壁能长期保存。

细胞壁最主要的化学组成是纤维素。不同类型的细胞其细胞壁的理化性质上有着明显的差异，是由于细胞壁中填加了不同成分的壁物质，以适应其不同的生理功能。细胞壁结构的特化常表现为厚度与化学组成上的改变。代谢活跃的生活细胞一般仅具有薄而柔软的初生壁（如分生细胞与薄壁细胞），使其适应于细胞的生长、分裂以及物质的合成与储藏等生理活动；有些生活细胞的初生壁发生不规则的加厚（如厚角细胞），是兼具支持和生长功能的细胞；有些担负传递养料功能的细胞会在初生壁上有许多褶皱状的内突生长（如传递细胞），有效增加了与原生质体的接触面积。

3. 纹孔和胞间连丝

（1）纹孔　细胞壁在生长时并不是均匀增厚的。在初生壁上具有一些明显的凹陷区域，称为初生纹孔场（primary pit field）。初生纹孔场区域在细胞壁形成次生壁时不增厚而成为孔状结构，称为纹孔（pit）。相邻两细胞的纹孔常成对存在，称为纹孔对（pit pair）。纹孔对中的胞间层和两边的初生壁，合称纹孔膜（pit membrane），纹孔的腔称为纹孔腔（pit cavity）。纹孔有各种大小和细微结构，并可区分为两种常见的类型，即单纹孔（simple pit）和具缘纹孔（bordered pit）。单纹孔的次生壁在纹孔腔边缘终止而不延伸，与初生壁近乎垂直，整个纹孔腔的直径大小几乎是一致的。单纹孔常见于薄壁细胞、纤维和石细胞；具缘纹孔的次生壁在纹孔腔边缘向细胞内隆起，形成一个弯形的延伸物，拱起在纹孔腔上，这种拱起的次生壁叫纹孔缘（pit border），其顶部开口——纹孔口（pit aperture）显著较小，与单纹孔不同。具缘纹孔常见于输水的管胞和导管。相邻细胞的纹孔对可能是由同型纹孔组成的单纹孔对或具缘纹孔对，也可能是由单纹孔与具缘纹孔组成的半具缘纹孔对（图 1-6）。某些裸子植物，特别是松柏类植物的管胞常具有较为特殊的具缘纹孔，在纹孔膜的中央形成了一个圆盘状加厚的结构，称为纹孔塞（torus, pit plug），周围未增厚部分称为塞周缘（margo），塞周缘较柔韧，受压时可伸张。这种结构具有活塞的作用，当液流很快时，压力会把纹孔塞推向一侧，使纹孔塞堵住纹孔口，压力消失后，又恢复原状，因此可以调节胞间液流。

（2）胞间连丝 相邻的细胞间有许多纤细的原生质丝穿过初生壁上的微细孔眼彼此联系着，这种穿过细胞壁的原生质细丝称为胞间连丝（plasmodesma）（图1-7）。在电子显微镜下，胞间连丝是相邻细胞的质膜穿越相邻细胞间的壁上直径40～50 nm的小管道而彼此相连，管道中央有更细的小管，称为连接管（desmotubule），它将相邻细胞的内质网连接起来，使原生质充满了管道的其余部分（图1-8）。胞间连丝是细胞间特定物质运输与信号传递的重要通道，胞间连丝可能分布于整个初生壁，也可能聚集在某些称为初生纹孔场的特定的较薄区域。

胞间连丝把所有生活细胞的原生质体连接成一个整体，称为共质体（symplast），从而使多细胞植物体在结构和生理活动上成为一个统一的有机体。相对地，细胞壁、细胞间隙和非生活的维管组织（如导管）共同组成了非原生质体的空间，称为质外体（apoplast）。

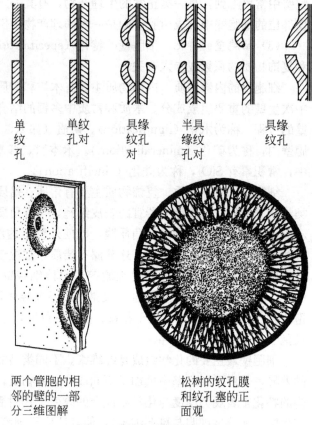

单纹孔　单纹孔对　具缘纹孔对　半具缘纹孔对　具缘纹孔

两个管胞的相邻的壁的一部分三维图解　　松树的纹孔膜和纹孔塞的正面观

图1-6　纹孔的类型及纹孔对

（二）原生质体

植物细胞除细胞壁以外的整个结构属于原生质体（protoplast），是由生命物质——原生质（protoplasm）所构成，可分为质膜、细胞质和细胞核三部分。

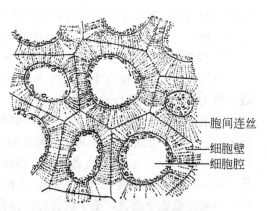

胞间连丝
细胞壁
细胞腔

图1-7　光学显微镜下的胞间连丝

原生质的化学组成包括水、无机盐、生物大分子（蛋白质、糖类、脂类和核酸）、有机小分子（氨基酸、单糖、脂肪酸和核苷酸）和各种微量的有机化合物。原生质中的蛋白质、核酸、多糖等生物大分子长链化合物，以很小的颗粒（称为胶粒）均匀地分散在以水为主而溶有单糖、氨基酸、无机盐的液体中，形成具有一定弹性和黏度的、半透明的、不均一的亲水胶体。这些大分子形成的胶粒为物质交换和生化反应提供了场所和有利条件。

同种胶粒带有相同电荷而互相排斥，使胶粒在液体中均匀分布而不凝结下沉，保证了原生质结构的稳定性和生理功能的正常。原生质胶体的胶粒分散在液体中，叫做溶胶；胶粒相连成网状，液体分散在胶粒网中叫做凝胶。原生质从周围吸收或向周围释放物质的过程，表现出原生质具有生命现象。在细胞中，原生质的成分不断地随着细胞的代谢活动而发生变化。原生质体是细胞各类代谢活动进行的主要场所。

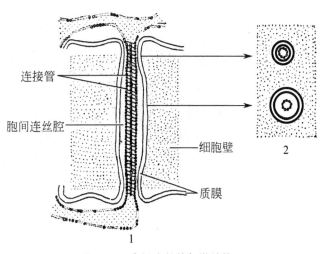

图 1-8 胞间连丝的超微结构

1. 纵切面 2. 横切面

1. 质膜 质膜（plasma lemma，plasma membrane）又称原生质膜、细胞膜（cell membrane），是原生质体最外面的一层透明薄膜，外与细胞壁接触，将细胞的内环境与外环境隔开。

（1）**质膜的结构和功能** 在电子显微镜下观察质膜的横切面，质膜呈现出明显的暗—亮—暗的三条带，总厚度约为 7.5 nm，两侧的暗带为蛋白质分子，厚度各约 2 nm，中间的亮带为脂质分子，厚度约 3.5 nm，这种在电子显微镜下显示出由三条带组成的膜称为单位膜（unit membrane）。

质膜有重要的生理功能：它为细胞提供相对稳定的内环境；具有选择透过性，使营养物质有控制地进出细胞，而废物能排出细胞；能向细胞内形成凹陷，吞食外围的液体或固体小颗粒；在细胞识别（cell recognition）、细胞内外信息传递等过程中具有重要作用。

（2）**质膜的化学组成** 质膜的组成为：类脂（主要是磷脂）约占 50%，蛋白质占 40%，糖类和水占 2%～10%。1972 年 S. J. Singer 和 G. Nicolson 提出了描述质膜结构的流动镶嵌模型（fluid mosaic model），质膜中间的脂质由两层磷脂类分子组成，是质膜的骨架，两层磷脂分子非极性的疏水尾部相对，有极性的亲水头部朝向磷脂双分子层的表面。质膜两侧的蛋白质分子以各种方式镶嵌在磷脂双分子层中，有的结合在磷脂双分子层的表面，有的嵌入磷脂双分子层，有的横跨磷脂双分子层。蛋白质和磷脂双分子都具有流动性，因而质膜总是处于变化之中（图 1-9）。

除质膜外，细胞内还存在着类似的膜结构，例如，液泡膜、叶绿体膜、线粒体膜、内质网膜与核膜等，它们与质膜一起统称为生物膜。细胞内很多重要的生命活动，例如，光合作用与呼吸作用等均在膜上发生。细胞内部膜结构的产生使细胞内部区室化，为细胞内功能特化奠定了基础。

原生质体若失水而收缩，原来与细胞壁紧贴的质膜便会与细胞壁分离，称为细胞的质壁分离（plasmolysis）。当水分恢复后还可发生质壁分离复原。

2. 细胞质 细胞质（cytoplasm）是原生质体中质膜以内细胞核以外的原生质部分，

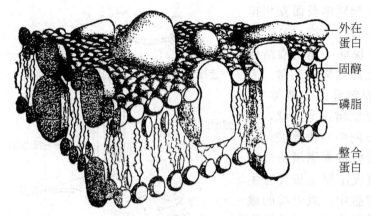

外在蛋白

固醇

磷脂

整合蛋白

图1-9　质膜的流体镶嵌模型

可进一步分为胞基质（cytoplasmic matrix）和细胞器（organelle）。

（1）**胞基质**　胞基质是包围细胞器的细胞质部分，是细胞质中无明显结构的透明胶状物，蛋白质含量占 20%～30%，还含有丰富的脂类、核酸等成分，是细胞内重要的代谢场所，细胞与环境，以及各种细胞器之间的物质运输、能量交换、信息传递等都要通过胞基质来完成。在生活细胞中常能观察到胞基质按一定方向流动的现象，称为胞质环流（cytoplasmic streaming）。在具单个液泡的细胞中，胞基质围绕液泡沿一个方向运动；在具多个液泡的细胞中，则有几个不同方向的运动。胞质环流可以促进细胞内各种物质运转以及细胞与外界环境间的物质交换。

（2）**细胞器**　细胞器是细胞质中具有特定形态结构和功能的微器官，也称为拟器官或亚细胞结构，包括质体、线粒体、液泡、内质网、高尔基体、核糖体、微体以及微管与微丝组成的细胞骨架等，其中质体与液泡在光学显微镜下即可分辨，细胞器一般需借助电子显微镜方可观察。

①**质体（plastids）**　质体是植物细胞特有的细胞器。质体有不同类型，在结构上外围均有双层单位膜组成的质体膜，内有蛋白质的液态基质和分布在基质中的膜系统。在不同的质体中，内部的膜系统的发育程度不同；基质中还含有 DNA、核蛋白体和质体小球（plastoglobulus）。

在幼期的细胞内，例如，根端和茎端分生组织细胞、胚以及卵等细胞中，其质体尚未分化成熟，称为前质体（proplastid）。随着细胞的长大和分化，前质体逐渐分化为成熟的质体，成熟质体根据所含色素的不同，可分为叶绿体（chloroplast）、白色体（leucoplast）和有色体（chromoplast）三种类型。

叶绿体的首要作用是光合作用。叶绿体含有绿色的叶绿素（chlorophyll）、黄色的叶黄素（xanthophyll）和橘红色的胡萝卜素（carotin）三类色素，其中叶绿素含量高，因而叶绿体呈绿色。叶绿素是主要的光合色素，它能吸收和利用光能，直接参与光合作用，其他两种色素不能直接参与光合作用，只能将吸收的光能传递给叶绿素分子，起辅助光合作用的功能。

高等植物的叶绿体，一般呈球形、卵形或透镜形，长径 3～10 μm。叶绿体由被膜（chloroplast envelop）、类囊体（thylakoid）和基质（stroma, matrix）三部分组成。在电子显微镜下观察，叶绿体外面由双层单位膜包被，内部充满亲水的蛋白质的基质和密布在基质间的类囊体（图 1-10）。其中，基质是无色的，其中常有同化淀粉；类囊体是由单层膜围成的，在基质间到处延伸，组成了复杂的类囊体系统（thylakoid system）。类囊体系统在许多部位由圆舌状的片层（lamella）整齐地垛叠在一起形成基粒（granum），构成基粒的类囊体部分称为基粒片层（granum lamella）；连接基粒的类囊体部分称为基粒间膜（fret）或基质类囊体（stroma thylakoid）。叶绿素分子分布在类囊体膜上，与光合作用相关的酶类则定位于基粒或基质中，分别负责光合作用的光反应与暗反应。

高等植物的叶绿体，主要存在于植物的绿色细胞中，在一个细胞内可能有 10 多个或多至几百个叶绿体。例如，菠菜叶的一个栅栏组织细胞内，有 300～400 个叶绿体；一个海绵组织细胞内，有 200～300 个叶绿体。叶绿体有自己的 DNA、RNA 和核糖体，可以自我复制和分裂，是半自主性的细胞器。

白色体不含可见色素，呈无色颗粒状或球形（图 1-11），约 $2\ \mu m \times 5\ \mu m$。在电子显微镜下，可以看到白色体由双层膜包被，但内部没有发达的膜结构，不形成基粒，主要分布于储藏细胞中，常聚集在细胞核附近。白色体与物质的积累储藏有关，包括合成储藏淀粉的造粉体（amyloplast）（图 1-12）、合成脂肪的造油体（elaioplast）以及合成储藏蛋白质的造蛋白体（proteinoplast）。

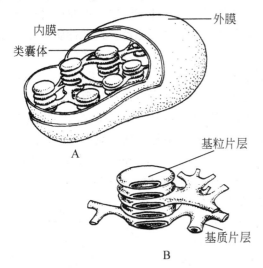

图 1-10　叶绿体的超微结构

A. 叶绿体　B. 基粒与基质片层

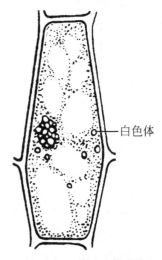

图 1-11　紫鸭跖草叶片

皮细胞（示白色体）

有色体是含有胡萝卜素及叶黄素的质体，能积累淀粉和脂类，由于两种色素比例不同，常呈现黄色、橙色或橙红色，主要存在于花、果实中（图 1-13），少数存在于植物体的其他部分，如胡萝卜的根。有色体的形状多种多样，例如，许多花瓣以及黄辣椒果实中的有色体呈球状，红辣椒果实中的有色体呈管状，旱金莲花瓣中的有色体呈针状等。有色体的结构比较简单，与白色体相似。有色体在花与果实中表现出的鲜艳色彩可以吸引昆虫和其他动物传粉或传播种子。

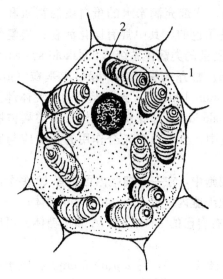

图1-12 赤东属植物的淀粉
储藏细胞（示造粉体）
1. 淀粉粒　2. 造粉体

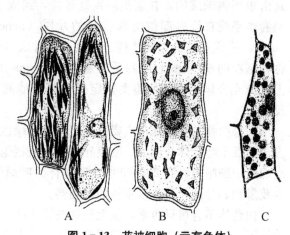

图1-13 花被细胞（示有色体）
A. 鹤望兰属萼片细胞内的纺锤形有色体
B. 旱金莲萼片细胞内的结晶体形有色体
C. 金盏花属花瓣细胞内的圆球形有色体

　　质体在细胞中数目不一，它们具有自己的遗传物质（质体DNA），可通过自身分裂进行增殖。叶绿体是进行光合作用的场所，其他两者为储能性细胞器。这三种质体在起源上均可由未分化的前质体衍生而来，而且它们之间在一定条件下可以相互转化。

　　前质体是较小的、无色或浅绿色的未分化质体，通常存在于根、茎的分生组织细胞中。前质体是三种类型质体的前体，可以转变成为叶绿体、白色体和有色体。前质体最初缺少层膜结构，当它在光照下分化成为叶绿体，前质体的内膜形成扁平囊泡，并逐渐排列产生基粒和基粒间膜结构；在黑暗或光照不足时，不能形成正常的类囊体系统，而形成由小管组成的立方体的网格状结构，称为前片层体（prollamellabody），这样的质体称为黄化体或黄色体（etioplast）。在获得光照后，黄化体又可发育成为叶绿体。

　　叶绿体、白色体和有色体，随着细胞的发育和环境条件的变化可以相互转化（图1-14）。白色体在光照的情况下可转化为叶绿体，如萝卜、大葱、马铃薯等的地下部分，露出土面后即可转变为绿色。同时，叶绿体也可随着细胞的发育和环境条件的变化而转化为有色体，如番茄白嫩的子房，随着果实的发育可转化为绿色的幼果，进而变成红色或橙色的成熟果实；叶片进入秋季后，会由绿色转变为黄色等颜色，也是叶绿体转化为有色体的例子。

　　②线粒体　线粒体（mitochondria）是进行呼吸作用的主要细胞器。它们多呈棒状、球状或分枝状，线粒体常比质体小，长径为1～2 μm。用电镜观察，可见线粒体外具有双层单位膜构成的膜，外膜包被整个线粒体，

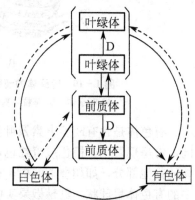

图1-14 质体转化的图解
实线表示分化，虚线表示脱分化，
箭头D表示通过分裂增殖

内、外层膜之间有宽约 8nm 的膜间腔（lumen），内膜在许多部位向内延伸形成管状的内褶，称为嵴（cristae），在嵴之间的线粒体腔内，充满液态基质（图 1-15）。与呼吸作用有关的酶，定位在基质和内膜中，基质中还含有 DNA、脂类、蛋白质、核糖体和含钙颗粒。

在不同种类的细胞中，线粒体的数目相差很大。例如，玉米的一个根冠细胞内，估计有 100～3 000 个线粒体。在一定类型的细胞内，单位体积细胞质所含线粒体的数目，大体上是稳定的。例如，伴胞的细胞质，约 1/5 的体积为线粒体所占有。线粒体既可被细胞质运动而带动，也可自主运动，移向需要能量的部位。线粒体是细胞中物质氧化（呼吸作用）的中心，与能量转换有关，即分解糖、脂肪和蛋白质等有机大分子并释放能量（ATP）。线粒体也是半自主性的细胞器，有自己的 DNA 与复制酶，能够通过自身分裂进行增殖。

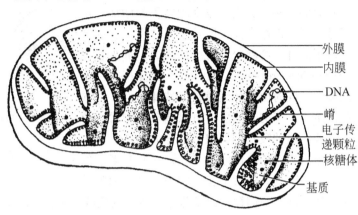

图 1-15 线粒体的超微结构

外膜
内膜
DNA
嵴
电子传递颗粒
核糖体
基质

知识探索与扩展

叶绿体和线粒体的 DNA

真核细胞中的叶绿体和线粒体，有自己的 DNA 并呈环状，是一类半自主的细胞器。它们是如何形成的呢？内共生理论（endosymbiotic theory）认为，叶绿体和线粒体的 DNA 与细菌的环状 DNA 相似，一分为二的繁殖方式也与细菌类似，说明两种细胞器的起源与细菌可能存在一定关系。另外，线粒体的体积、膜结构的某些特点、核糖体的大小和结构等与细菌的相似，表明线粒体可能起源于有氧产能的细菌。至于叶绿体和线粒体受细胞核内的 DNA 和两种细胞器本身 DNA 双重控制的原因，"重组假说"（Recombination hypothesis）认为，叶绿体 DNA 和细胞核 DNA 的形成，是由叶绿体的前体与寄主细胞内共生后，共生者之间 DNA 重组所致。重组的结果，叶绿体前体演化成为叶绿体，寄主细胞核演化为绿色植物的细胞核。线粒体 DNA 的形成可能与叶绿体的类似。

③液泡 液泡（vacuoles）是由单层单位膜包被、膜内充满着液体的细胞器。液泡的膜称为液泡膜（tonoplast），内部的液体称为细胞液（cell sap）。液泡膜也具有选择通透性，一般高于质膜。细胞液以水为主要成分，还含有许多种类的有机物和无机物，它们多半处于溶解状态。

幼小的细胞内液泡小而多，随着细胞生长，液泡逐渐增大，并彼此合并，最后常形成一个中央大液泡（图 1-16），通常占据细胞总体积的 80%～90%。成熟的植物细胞具有中央大液泡，是植物细胞区别于动物细胞的另一个特征。中央大液泡形成以后，细胞质的其余部分连同细胞核一起，被挤向细胞的周缘位置，成为紧贴细胞壁的一薄层。这样，就使很少的细胞质和环境之间有最大的接触面。

液泡有重要的生理功能，包括调节细胞的渗透压、储存细胞的代谢产物、参与大分子物质的降解等。大多数细胞体积的增加是由于液泡吸水而增大体积所致，这样在细胞内部形成了向外（细胞壁）膨胀的压力，称为膨压（expansion pressure），使组织和细胞保持一定的刚性。同时由于液泡膜具有选择透性，液泡就产生了一定的渗透压，可以调节细胞对水分和营养物质的吸收。液泡中储存的糖类、有机酸和蛋白质是初生代谢的产物；一些有毒性的次生代谢产物如尼古丁和单宁等，也从细胞质

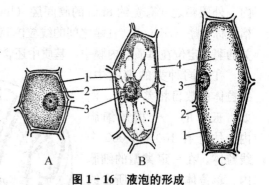

图 1-16　液泡的形成
A~C. 液泡形成的各个时期
1. 细胞壁　2. 细胞质　3. 细胞核　4. 液泡

中运送到液泡中储存，使细胞免于有毒物质的侵害，同时也使得植物的病原菌和一些食草动物难以侵害植株。液泡中溶解有一类称为花青素（anthocyanin）的水溶性色素，使植物的营养体、花以及果实呈现蓝色、紫色、鲜红色、暗红色等各种颜色。另外液泡中含有大量的水解酶类，线粒体和质体等细胞器都可以在液泡中被降解。

④内质网　内质网（endoplasmic reticulum，ER）是一个由单层膜围成的扁平的囊、槽、池或管，形成相互沟通的网状系统（图 1-17）。膜厚 5~6 nm，比质膜薄。从切面上看，内质网是两层平行的膜，中间夹有狭窄的空间，两层膜之间的距离为 40~70 nm。内质网膜可与核膜的外层膜相连，也可经过胞间连丝与相邻细胞的内质网相连。内质网一般没有固定的大小，其形态

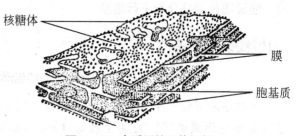

核糖体

膜

胞基质

图 1-17　内质网的立体图解

在细胞的不同发育阶段变化很大，按生理功能可分为粗糙型内质网（rough ER）和光滑型内质网（smooth ER）两类：粗糙型内质网因其外表面附着有核糖体颗粒而得名，形态多为扁平的囊泡状，其功能是合成特定的蛋白质分子，并将其转运至细胞的部分或转运至高尔基体，最终释放到细胞外；光滑型内质网的外表面是光滑的，没有核糖体附着，形态多为管状，主要与脂类、多糖的合成、转运有关。粗糙型内质网和光滑型内质网常彼此相连并可互相转变。内质网是动态而易变的结构，其形状、数量、类型以及在细胞内分布的位置，因细胞类型而异，并且随细胞的发育时期、生理状况而相应发生变化。例如，休眠的形成层细胞有 sER，而分裂活动的形成层细胞有 rER。在形成导管前，凡有 ER 存在处，以后不会沉积次生增厚的壁物质；在形成筛管前，凡端壁附近有 ER 处，将来则形成筛孔；花粉形成外壁前，凡内方有 ER 处，将来形成萌发孔。

内质网有多方面的功能，具有制造、包装和运输代谢产物的作用。内质网还有"分室"作用（compartmentation），将细胞分隔成许多小室，使各种不同的结构隔开，能分别地进行不同的生化反应。内质网还是细胞内合成膜的主要场所，液泡、微体与高尔基体的膜均来自于内质网。

⑤高尔基体　高尔基体（golgi body, dictyosomes）是由单层膜构成的扁平囊叠加在一起所组成。扁平囊呈圆形，边缘膨大且具穿孔（图1-18）。一个细胞内的全部高尔基体，总称为高尔基器（golgi apparatus）或高尔基复合体（golgi complex）。一个高尔基体常具5～8个囊（cisterna），囊内有液状内含物。从囊的边缘可分离

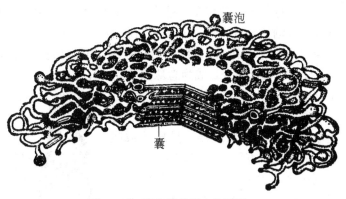

图1-18　高尔基体的立体图解

出许多小泡——高尔基小泡，它们可转移到细胞质中与其他来源的某些小泡融合，也可与质膜结合。在一个高尔基体的各个囊之间，有厚约10 nm的物质，将它们黏在一起。

　　高尔基体也是动态的结构，并且表现具有极性。高尔基体的各个囊向一侧凸出。其凸出的一面是形成面（forming face），又称顺面（cisface）；凹入的一面是成熟面（maturing face），也称反面（trans face）。形成面靠近内质网，来自内质网的分泌小泡在此聚集融入高尔基体的囊泡，将内质网合成的分子转运至高尔基体的内腔，穿越高尔基体的内部通道后到达成熟面，通过分泌小泡释放到细胞表面。高尔基体的主要功能，是在细胞内将ER合成的物质运输到某些部位去。高尔基体与细胞的分泌功能相联系，分泌物可以在高尔基体中合成，或来源于其他部分，经高尔基体进一步加工后，再由高尔基小泡将它们携带转运，用来提供细胞壁的生长或分泌到细胞外面去。当小泡输送物质参与壁的生长时，小泡向质膜移动，先与质膜接触，两者的膜发生融合，然后小泡内容物向壁释放出去，添加到壁上（图1-19）。在有丝分裂形成新细胞壁的过程中，可以看到大量高尔基体小泡，运送形成新壁所需要的多糖物质，参与

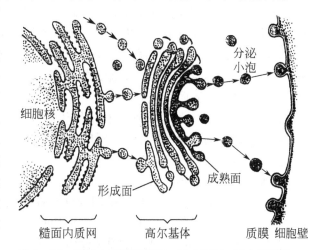

图1-19　细胞内膜系统图解，示内质网、高尔基体和质膜的相互关系

新细胞壁的形成。根的根冠细胞分泌黏液，松树的树脂道（resin canal）细胞分泌树脂等，均与高尔基体活动有关。

　　⑥核糖体　核糖体（ribosomes）又称为核糖核蛋白体或核蛋白体，是合成蛋白质的场所。在结构上，一个完整的核糖体是由两个近于半球形而大小不等的亚单位结合而成的，没有被膜包裹，直径17～23 nm。生活细胞都有核糖体，在多细胞有机体中，凡生长旺盛、代谢活跃的细胞内核糖体特别多。在细胞内，它们主要存在于细胞质的胞基质中，但是，在细胞核、内质网外表面及质体和线粒体的基质中，也有核糖体存在。在分生组织

细胞中核糖体大多游离在胞基质中，而在分化和成熟的细胞中，则多附着在内质网膜的外表面。核糖体含有大约 40% 的蛋白质和 60% 的核糖核酸（ribonucleic acid，RNA）。在合成蛋白质的过程中，核糖体的两个亚单位时合时分，常常是几个到几十个核糖体与 mR-NA 分子的长链结合，成为念珠状的复合体（图 1-20），称为多聚核糖核蛋白体（polyribosome）。它们游离于胞基质中或结合到内质网的外表面，合成蛋白质。

⑦微体 微体（microbodies）是由单层膜包围的细胞器，呈球状或哑铃形的颗粒，直径 0.2～1.5 μm。通常根据所含有的酶的种类和参与代谢途径的不同，把微体分为过氧化物酶体（peroxisome）和乙醛酸循环体（glycoxysome）两类。过氧化物酶体存在于高等植物的光合细胞内，它们常和叶绿体、线粒体结合在一起，执行光呼吸（photorespiration）功能，在光呼吸相关的乙醇酸代谢中起重要作用。乙醛酸循环体主要存在于油料植物种子的胚乳或子叶细胞内，在大麦、小麦种子的糊粉层以及玉米的盾片细胞内也有存在，脂肪经乙醛酸循环体所含的几种酶逐步被分解，转变为糖类以供利用。

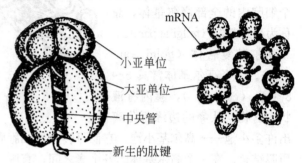

图 1-20 核糖体和多聚核糖体

⑧溶酶体和圆球体 溶酶体（lysosome）是由内质网分离出来的小泡形成的，是分解蛋白质、核酸、多糖等生物大分子的细胞器。溶酶体具单层膜，是大小 0.5 μm 到几个微米的泡状结构，内含许多水解酶。在植物细胞中的一些小液泡，凡含有水解酶的，就是溶酶体。溶酶体的形状多种多样。溶酶体在细胞中的功能，是分解从外界进入到细胞内的物质，也可消化细胞自身的局部细胞质或细胞器。当细胞衰老时，其溶酶体破裂，释放出水解酶，消化整个细胞而使细胞死亡。

圆球体（sphersome）和糊粉粒也属于溶酶体性质的。不过，圆球体除含水解酶之外，还含有脂肪酶，能积累脂肪。圆球体的膜是半单位膜。

溶酶体和圆球体普遍存在于植物细胞中。

⑨细胞骨架 真核细胞中由蛋白质纤维构成的网架系统，称为细胞骨架（cytoskeleton）。细胞骨架由微管、微丝和中间纤维三者构成。细胞骨架决定了细胞的形状和细胞质中各种成分的有机分布，并且参与了细胞的分裂、生长和分化等活动。

微管（microtubules）是由两种微管蛋白围成的中空的长管状结构（图 1-21），管的外径约 25 nm，中空的腔的直径为 12 nm。微管是一种动态的结构，其长度不定，没有分支，但有时可见微管的壁外垂直地伸出臂状突起，与邻近的微管或其他细胞器、膜系统等相接。微管随着细胞的分裂、生长和分化过程，不断地发生自我装配和拆卸，装配和拆卸可在管的两端同时或不同时进行。微管有多方面的功能：在植物细胞分裂时，微管形成纺锤体来控制染色体的运动；对细胞壁的生长和分化起作用，当两个子细胞形成时，微管决定新的细胞壁合成的位置和方向；在细胞内分布的微管，起支架作用，使细胞维持一定形状，例如，有花植物的精细胞呈纺锤形，是和细胞质中的微管与细胞长轴相一致地排列有关；影响细胞内物质的运输和胞质运动；参与构成低等植物的纤毛、鞭毛，影响整个细胞的运动。

微丝（microfilaments）是由球形蛋白连接成的两条细丝扭在一起构成的直径约 7 nm

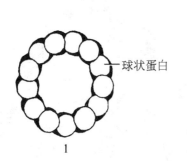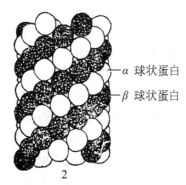

球状蛋白

α 球状蛋白

β 球状蛋白

1

2

图 1-21 微管的模型

1. 横切面 2. 纵切面

的结构。其长度不定。微丝的主要功能有：微丝聚集成束，沿平行于胞质环流的方向排列，控制细胞的胞质环流；花粉管的生长也与微丝有关。

中间纤维（intermediate filament）是一类直径介于微管和微丝之间的中空管状纤维，直径 10 nm。

微管、微丝和中间纤维共同构成细胞骨架（cytoskeleton）或微梁系统（microtrabecular system），将细胞内的各种结构连接和支架起来，以维持在一定的部位上，使各种结构能执行各自的功能。

3. 细胞核 细胞核（nucleus）是生活细胞中最显著的结构。细胞内的遗传物质 DNA 几乎全都存在于核内。因此，细胞核是细胞的控制中心。

（1）细胞核的形态 细菌和蓝藻细胞的遗传物质聚集于细胞中央的一个称为核区或拟核的区域，没有膜结构将其与细胞质分开，这种细胞称为原核细胞（prokaryotic cell）。除此之外，生活的植物细胞的细胞质中，一般都有一个近于球形的细胞核，这种细胞称为真核细胞（eukaryotic cell）。细胞核在光学显微镜下容易看到，除球形外，细胞核也有许多不同的形状。例如，禾本科植物气孔器中的保卫细胞，细胞核呈哑铃形；花粉粒中的生殖细胞，细胞核呈纺锤形；而一些花粉粒中营养细胞的细胞核形成许多不规则瓣裂。细胞核的大小、形状、所占的比例和它在细胞中的位置，均随着细胞的生长而变化：幼年细胞的细胞核占的体积比例较大，位于细胞质的中央，呈球形，例如，在胚以及根端和茎端的分生组织细胞中，直径为 $7{\sim}10\ \mu m$，为整个细胞体积的 $1/3{\sim}1/2$；在薄壁组织和其他许多分化成熟的细胞内，核的直径一般为 $35{\sim}50\ \mu m$，如苏铁的卵细胞核，直径可达 1 mm，肉眼可见；最小的细胞核是某些真菌的细胞核，直径不超过 $0.5\ \mu m$。随着细胞的长大，细胞核的体积比例逐渐变小，当细胞质被增大了的液泡挤压到细胞的四周时，细胞核也随之被挤压到细胞的一侧，形状也常发生变化，又如很多植物根尖的表皮细胞的核，常常是移到将要形成根毛突起的部位。有些植物中的细胞核有趋伤现象。

一般来说，没有核的细胞是不能长期正常生活的，但少数生活的细胞，如分化成熟的筛管分子，其细胞核解体，因而不具核。有些细胞具有双核和多核，例如，一些花药绒毡层的细胞、乳汁管以及许多真菌和藻类植物的细胞。

（2）细胞核的结构 细胞核的结构包括核膜、核仁、核质三部分（图 1-22）。

①核膜 核膜（nuclear membrane）包被在核的外围，与外方的细胞质紧密接触，既

保持一定的界限又密切联系。核膜很薄，要在电子显微镜下才能分辨清楚，可见核膜是内、外两层相距 10 nm 到几十纳米的单位膜所组成，又称为核被膜（nuclear envelope）。核膜经常与内质网相连，它们在起源上有密切关系。在核膜的有些部位，双层膜合并形成直径为 50～80 nm 的核孔（nuclear pore）。核被膜也是选择通透的膜，离子、分子量较小的物质可以通过。但是，分子量较大的物质，则需经核孔进出。核孔是细胞核内外物质交换的通道，是一个相对独立的复杂结构，即核孔复合体（nuclear pore complex）。核孔仅容许某些物质进出，如输入 RNA、DNA 的核苷酸前体、组蛋白和核糖体的蛋白质，输出 mRNA、tRNA 和核糖体的亚单位。但是，物质经核孔进出，并非自由通过。

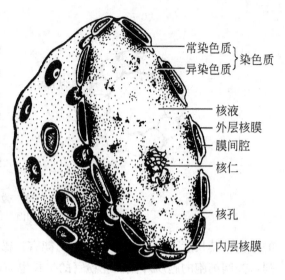

图 1-22　细胞核模式图

在核被膜的外膜和细胞质接触面上，有时结合有核蛋白体；有时在一些部位，外膜向外延伸到细胞质中去，可以和内质网相连。因此，内、外膜间的间隙和内质网的基质是连续的（图 1-23）。

②核仁　在光学显微镜下，核仁（nucleolus）是细胞核中致密的圆形或椭圆形结构，核仁的外表面不存在膜，核仁是细胞核内合成核糖体 RNA 的场所，也是形成核糖体亚单位的部位。在电镜水平上，核仁有颗粒、纤维、染色质和蛋白质的基质四种基本结构。生活的细胞

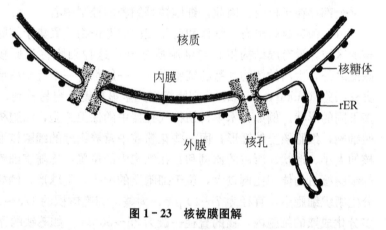

图 1-23　核被膜图解

核内，常有 1 个或几个核仁。核仁主要由蛋白质和少量 RNA 组成。

③核质　核仁以外、核膜以内的物质是核质（nucleoplasm）。用光学显微镜观察，在生活细胞的核质中无法分辨出结构。当细胞固定染色后，核质中被染成深色的部分，称染色质；其余不染色的部分，称为核液。

染色质（chromatin）在电子显微镜下呈现一些交织成网状的细丝，主要成分是 DNA和蛋白质。染色质是细胞中遗传物质存在的主要形式。染色质细丝是由许多称为核小体（nucleosome）的基本单位连接而成。核小体直径 10 μm，每个核小体的中心由 8 个组蛋白分子，DNA 双螺旋围盘在它表面，核小体之间有一段 DNA 双螺旋，并由另一个组蛋白分子相连。这种染色质的基本结构，经进一步螺旋缠绕形成 2 级、3 级、4 级结构，成

为染色单体（chromatid），从而构成染色体。在不分裂的细胞核中，染色质是不明显的，当细胞核进行分裂的时候，染色质发生螺旋缠绕形成染色体（chromosome）。

核液（nuclear sap, karyolymph, nucleochlema）是在核膜内充满着的、黏滞的胶状物质。核液呈透明状态，其中，有 RNA 聚合酶、核糖体，也有微管和微丝，一般认为核糖体小亚基在核液中装配。核仁和染色质分布在核液中。

（3）细胞核的功能 细胞核的主要功能是储存和复制 DNA，传递遗传信息，在细胞遗传中起重要作用；通过控制蛋白质的合成对细胞的生理功能起调节作用；合成和向细胞质转运 RNA。DNA 以半保留方式复制，含量倍增，从而在细胞分裂时为子细胞准备好了一整套和母细胞相同的遗传物质。基因是遗传物质的基本单位，存在于染色质或染色体的 DNA 分子链上。基因的复制、转录、转录初产物的加工过程都在细胞核内进行。由此，可进一步理解细胞核是细胞的控制中心。失去细胞核的细胞就停止生长和代谢，不能进行增殖，经光合作用形成的同化淀粉也不会溶解，且细胞生活的时间也很短，很快就会死亡。

五、植物细胞的后含物

后含物是原生质体新陈代谢的各种产物，是细胞中无生命的物质。后含物一部分是储藏的营养物质，另一部分是细胞不能再利用的废物。后含物的种类很多，包括淀粉、脂类、蛋白质、单宁以及各种形态的结晶等，这些物质可能分布在细胞壁、胞基质或细胞器中。有些后含物在医疗上具有重要的价值，是植物可供药用的主要因素，例如，以溶质状态分布在细胞液中的生物碱、苷、鞣质等，故后含物的性质与形态常作为中草药鉴定的重要依据。

（一）糖类

1. 淀粉 淀粉（starch）是植物细胞中最普遍的储藏物质，储藏淀粉常呈颗粒状，称为淀粉粒（starch grain）。淀粉粒在许多细胞中都可见到，尤以储藏器官的细胞中最多，例如，种子的胚乳、子叶以及植物的块根、块茎、根状茎中都含有大量淀粉粒（图 1-24）。淀粉属于一种多糖，在光合作用中产生的葡萄糖，可暂时储存在叶绿体中，转化为同化淀粉，然后再度分解成可溶性糖类并被转运到储藏细胞的造粉体内，由造粉体将它们重新合成储藏淀粉，一个造粉体可能形成一粒或几粒淀粉粒。淀粉积累时，先形成淀粉的核心——脐点（hilum），然后环绕脐点层层沉积，由于直链淀粉和支链淀粉交替分层沉积，常显示出明暗相间的层纹结构（annular striation lamellae）或称轮纹。淀粉粒有各种形状，脐点可能靠近中心或偏向一边。依据脐点的数目常将淀粉分为三种类型：单式淀粉（simple starch

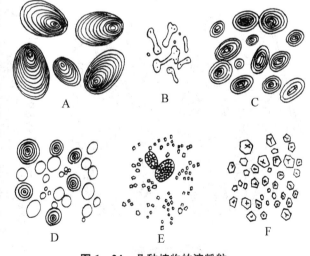

图 1-24 几种植物的淀粉粒
A. 马铃薯 B. 大戟 C. 菜豆 D. 小麦 E. 水稻 F. 玉米

grain）只具有一个脐点和许多轮纹围绕；复式淀粉（compound starch grain）具有两个以上脐点，且每个脐点各具自己的轮纹；半复式淀粉（half compound starch grain）也具有两个以上脐点，但每个脐点除具各自的轮纹外，外面还包有共同的轮纹（图1-25）。在一个细胞内，可能兼有这三种淀粉粒。

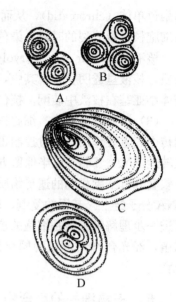

不同植物的淀粉粒的大小、形状和脐所在的位置，都各有其特点。在生药鉴定、商品检验上可作为依据。淀粉遇碘呈蓝—紫色。

2. 菊糖　菊糖（inulins）是果糖分子的聚合物，常见于菊科、桔梗科等植物中。在生活细胞内，菊糖处于溶解状态，但在组织脱水干燥或置于乙醇中时则可观察到析出的球状或半球状的菊糖结晶。

（二）蛋白质

图1-25　马铃薯块茎的淀粉粒
A、B. 复式　C. 单式　D. 半复式

蛋白质（proteins）以多种形式存在于细胞中。储藏蛋白质常呈固体状态，可以形成结晶状、无定形或颗粒状结构——糊粉粒（aleurone grain），存在于细胞的液泡、胞基质、细胞核或质体中（图1-26）。结晶蛋白质因具有晶体和胶体的二重型，因此称拟晶体（crystalloid），以与真正的晶体相区别。与结构和功能蛋白不同，储藏蛋白质是稳定的非活性物质，在需要时方被消化利用。许多种子的胚乳和子叶里含有丰富的糊粉粒（图1-27），在禾谷类作物中常集中分布在胚乳最外面的一层或几层细胞，称为糊粉层

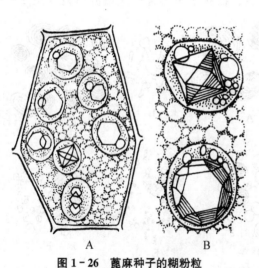

图1-26　蓖麻种子的糊粉粒
A. 一个胚乳细胞　B. A中一部分的放大，示两个含有拟晶体和磷酸盐球形体的糊粉粒

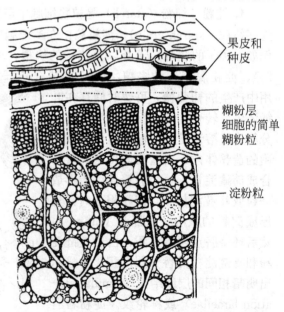

图1-27　小麦籽实横切面（示糊粉粒和淀粉粒）

果皮和种皮

糊粉层细胞的简单糊粉粒

淀粉粒

（aleurone layer）。糊粉粒还含有水解酶，因此，除了是一种蛋白质的储藏结构外，还可以看作是一种被隔离的含水解酶的溶酶体。储藏蛋白质遇碘呈黄色。

（三）脂肪和油类

脂肪和油类（fats and oils）是细胞中含能量最高的储藏物质，在常温下脂肪呈固态，而油呈液态。它们呈固体或小油滴状存在于每个细胞中，没有膜的包被（图1-28），通常是由光滑内质网或质体所产生。油滴广泛存在于植物的各种器官，特别是种子中，有些植物种子如蓖麻、芝麻、油菜等含油量可以达到重量的45%。脂肪与油可作食用和工业用，有的供药用，如蓖麻油常用于泻下剂，大风子油可用于治疗麻疯病等。遇苏丹Ⅲ或苏丹Ⅳ呈橙红色。

图1-28 椰子胚乳细胞（示油滴）

（四）晶体

在植物细胞中，常可见到无机盐形成的各种形状的晶体（crystal）（图1-29）。晶体常沉积在液泡内，其外常有一层膜。常见的晶体是草酸钙和碳酸钙。一般认为晶体是代谢产生的废物，集中在个别细胞里，形成晶体后便避免了对细胞的毒害。但是，有些钙可能重新参加到代谢中去。

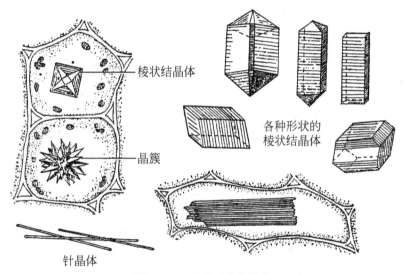

图1-29 各种形状的晶体

1. 草酸钙结晶 草酸钙（calcium oxalate）结晶是钙元素在植物体中沉积的最普遍形式，常为无色透明的结晶（图1-30），晶体的形状与分布常具有分类意义。

常见的草酸钙晶体有以下几种。

（1）方晶 方晶（solitary crystal，cubical crystal）又称块晶，通常呈斜方形、菱形、长方形等，如甘草、黄柏为单晶，莨菪为双晶。

（2）针晶 针晶（acicular crystal）为两端尖锐的针状，在细胞中大多成束存在，称为针晶束（raphides）（图1-31），常存在于黏液细胞中，如半夏、黄精。

（3）晶簇 晶簇（cluster crystal，rosette aggregate）由许多菱状晶体集合而成，一

般呈多角形星状（图1-32），如大黄、人参。

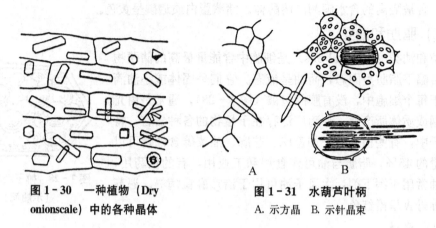

图1-30　一种植物（Dry onionscale）中的各种晶体

图1-31　水葫芦叶柄
A. 示方晶　B. 示针晶束

（4）砂晶　砂晶（microcrystal，crystal sand）为细小的三角形、箭头状或不规则形，聚集在细胞里，如颠茄、牛膝、地骨皮。

（5）柱晶　柱晶（columnar crystal，styloid）为长柱形，长度为直径的4倍以上，如射干、淫羊藿叶等。

2. 碳酸钙结晶　碳酸钙（calcium carbonate）结晶多存在于植物叶的表皮细胞中，如穿心莲、大麻。其一端与细胞壁连接，形状如一串悬垂的葡萄，称为钟乳体（cystolith），多存在于爵床科、桑科、荨麻科等植物叶的表层细胞中（图1-33）。

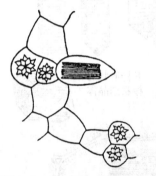

图1-32　芋头属（*Colocasia*）植物中的针晶束和晶簇

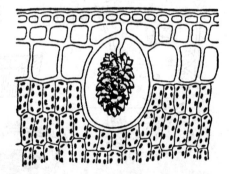

图1-33　印度橡胶树叶中的钟乳体

此外，纤维中也可含有晶体。纤维细胞的次生壁上密嵌细小的方晶称为嵌晶纤维，如紫荆皮、南五味子根；纤维细胞的周围包围着许多含晶薄壁细胞称为晶鞘纤维，如黄柏、甘草、葛根等，在中药材的显微鉴定中经常遇到。

（五）次生代谢产物

植物次生代谢物质（secondary metablolite）是植物体内合成的、在植物细胞的活动中没有明显或直接作用的一类化合物，也称细胞后含物。但对植物适应不良环境或抵御病原物侵害、吸引传粉媒介以及植物的代谢调控等方面有重要作用。

1. 酚类化合物　植物中酚类化合物包括酚、单宁、木质素等。单宁（tannins），工业上称鞣质，在商业上称栲胶。是广泛分布于植物体中的一类酚类化合物的衍生物，在显微镜下观察植物切片，常表现为一团团黄色、红色或褐色的粗或细的颗粒，具涩味，遇铁盐呈蓝色以至黑色。单宁主要存在于细胞质和液泡中，也可能分布在细胞壁、叶、周皮、微管组织的细胞中以及未成熟的果实的果肉细胞中。如柿、石榴的果实中，柳、桉和胡桃等的树皮中。单宁可普遍性地存在于一种组织的细胞中，也可在组织中形成散在的单宁异细胞。单宁在植物生活中有防腐、保护作用，能使蛋白质变性，当动物摄食含单宁的植物时，可将动物唾液中蛋白质沉淀，使动物感觉这种植物味道不好而拒食；单宁还可抑制细菌和真菌的侵染。药用有抑菌和收敛止血的作用。

2. 色素 植物细胞中的色素（pigment），除包括存在于质体中的叶绿素和类胡萝卜素等光合色素外，还包括存在于液泡中的一类水溶色素，称为类黄酮色素，存在于部分植物的花瓣以及果实细胞中。类黄酮色素中的花色素苷是红、淡红、淡紫和蓝色的，显出的颜色因细胞液的 pH 值而异，在酸性溶液中呈橙红—淡红色，在碱性溶液中呈蓝色，中性时呈紫色。类黄酮色素中的黄酮或黄酮醇使花呈微白到淡黄色，能强烈地吸收紫外光，因而使昆虫易于见到，有利于昆虫传粉。落叶季节叶的颜色，除了因为叶绿体的叶绿素破坏，叶黄素颜色显现外，红色和紫色是由于黄酮或黄酮醇氧化产物形成的。当叶暴露在强光下，存在有蔗糖时，形成的颜色更为显著。

3. 生物碱 生物碱（alkaloid）是植物体中广泛存在的一类含氮的碱性有机化合物，多为白色晶体，具有水溶性。有人认为生物碱是代谢作用的最终产物，也有人认为是一种储藏物质，可使植物免受其他生物的侵害。生物碱在植物界中分布很广，含生物碱较多的有罂粟科、茄科、防己科、茜草科、毛茛科、小檗科、豆科、夹竹桃科和石蒜科植物等。亲缘关系相近的植物，常含化学结构相同或类似的生物碱，一种植物中所含的生物碱常不止一种。

生物碱有多方面的用途，如金鸡纳（*Cinchona succirubra*）树皮中所含的奎宁（quinine）是治疗疟疾的特效药；烟草中的尼古丁（nicotine）有驱虫作用，因而几乎没有昆虫光顾含烟碱的植物；吗啡、小檗碱、莨菪碱和阿托平等都有驱虫作用；作为外源试剂，烟碱可抗生长素，抑制叶绿素合成；秋水仙素处理正在有丝分裂的细胞，与微管结合，抑制纺锤体形成，而形成多倍体，因此可用于育种工作。

4. 非蛋白氨基酸 非蛋白氨基酸（nonprotein amino acid）结构上与蛋白氨基酸非常相似，在植物体内以游离形式存在，起防御作用，可以抑制动物体内蛋白质氨基酸的吸收或合成，或者被结合进正常的蛋白质中，从而导致动物体内某些蛋白质功能的丧失。例如，刀豆氨酸被草食动物摄入后，可以被精氨酸 tRNA 识别，在蛋白质合成过程中取代精氨酸，导致酶失活。但是，合成刀豆氨酸的植物体内有完善的辨别机制，可以区别刀豆氨酸和精氨酸，从而避免刀豆氨酸被错误地结合进正常蛋白质。

六、植物细胞的分裂

植物细胞分裂（division of plant cells）是细胞的基本活动，是生物个体生长、发育和繁殖的基础，也是生命得以延续的根本前提。通过细胞分裂产生的新细胞，有的再经生长后又可进行下一次分裂，如此周而复始，不断产生新细胞；也有一部分新细胞不再分裂而进行分化，形成不同功能的各种细胞群即组织，从而构成各种器官。因此，细胞的分裂，就单细胞植物来讲，每经一次分裂就增多了一个新个体；对于多细胞植物，细胞分裂为植物体的组建提供了所需的细胞。所以，细胞分裂对植物的生活和后代繁衍有重大意义。植物细胞的分裂包括无丝分裂、有丝分裂和减数分裂三种方式。对于高等植物来说，有丝分裂是植物体增加细胞数目的主要方式，减数分裂则是与有性生殖紧密伴随的产生性细胞的主要方式。

一个细胞从结束一次分裂开始，到下一次分裂完成为止的整个过程，称为细胞周期（cell cycle）。细胞周期可分为间期（interphase）和分裂期（图1-34）。间期是细胞进行生长的时期，合成代谢最为活跃，进行着包括 DNA 合成在内的一系列有关生化的活动并且积累能量，准备分裂。分裂期是进行细胞分裂的时期。前面所讲的植物细胞的基本结构是指处在间期的细胞的结构，分裂期的细胞结构变化较大。

（一）无丝分裂

无丝分裂（amitosis）相对有丝分裂而言，也称直接分裂（direct division），是较简单的一种细胞分裂方式，其特征是分裂时核内的染色质不形成染色体，也不发生像有丝分裂过程中出现纺锤丝和纺锤体等一系列复杂的变化。无丝分裂通常是在 DNA 完成复制后，核仁先一分为二，然后细胞核伸长并在中部缢缩，最终断裂为两个子核，进而产生出新的细胞壁而形成两个子细胞（图1-35）。

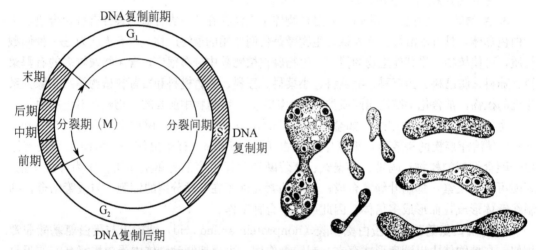

图1-34　植物细胞周期示意图　　　图1-35　棉花胚乳游离时期细胞核的无丝分裂

无丝分裂与有丝分裂比较，速度较快，耗能较少。无丝分裂不能保证遗传物质均匀分配到两个子细胞中去，从而涉及遗传的不稳定性问题。无丝分裂在低等植物中较为常见，在高等植物的愈伤组织、不定芽、不定根的产生以及胚乳形成时也常有出现，在一些正常组织中，如薄壁组织、表皮、顶端分生组织、花药的绒毡层细胞等，也有出现。

（二）有丝分裂

有丝分裂（mitosis）又称为间接分裂（indirect division），在分裂过程中，细胞核里因出现染色体与纺锤丝而得名。它是一种最普遍而常见的分裂方式，在高等植物中，除了花粉母细胞形成花粉粒、胚囊母细胞形成胚囊以减数分裂方式进行外，其他细胞的分裂，一般都以有丝分裂方式进行，例如，植物根尖和茎尖的分生组织以及形成层细胞的分裂都属于有丝分裂。有丝分裂包括了核分裂（karyokinesis）和其后的胞质分裂（cytokinesis）两个步骤。核分裂是细胞核一分为二的一个连续过程，在形态结构上表现出一系列复杂的变化。

根据核的这些变化的连续过程，为了描述的方便，将其分为前期、中期、后期和末期等四个时期。通常在核分裂后期的终了和末期过程中，可见细胞质也相应地分裂——胞质分裂。一个细胞经过一次有丝分裂，产生染色体数目和母细胞染色体数目相同的两个子细胞。

细胞分裂的间期，核膜与核仁清晰可见，遗传物质 DNA 分子形成疏松的染色质结构分散于核液中。本期内最关键的生化事件是 DNA 分子的复制，涉及了多种 RNA 和蛋白质的合成以及 DNA 分子的解旋复制，在进入下一时期前 DNA 的拷贝工作已经完成。

有丝分裂各时期的特点如图 1-36 所示。

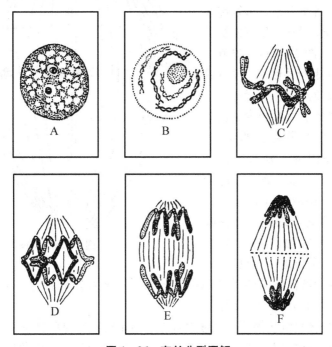

图 1-36 有丝分裂图解
A. 分裂间期 B. 前期 C. 中期 D、E. 后期 F. 末期

1. 前期 染色体的出现是进入分裂前期（prophase）的标志性特征。在这一时期，核仁解体，核膜破裂，纺锤丝、纺锤体开始出现，染色质浓缩变粗。

间期细胞核的染色质是在光学显微镜下不能看见的细长的细丝。进入分裂前期时，染色质细丝开始螺旋缠绕而逐渐增粗，成为可见的念珠状的细丝，随着分裂的进行，继续地螺旋化缩短、变粗，成为一个个染色体，散布在核的范围内，每条染色体由两条序列相同的染色单体组成，两者在着丝点处相连（图 1-37）。当染色体缩至最短，即前期后半时期，核仁解体，其组成物质的一部分转移到了染色体，待至后期时被分配到两子核中，再参与两子核的核仁形成。前期最末了，核膜也破裂，和内质网结合起来。前期终了前，在核的两极开始出现了少量的由微管组成的细丝，这时开始形成纺锤体。

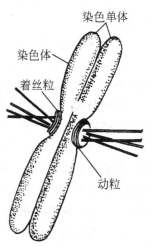

染色单体
染色体
着丝粒
动粒

图 1-37 染色体结构模式图

2. 中期 中期（metaphase）是染色体排列在细胞中央的赤道面上、纺锤体（spindle）完全形成的时期。核膜的破裂或瓦解，标志着前期的结束而进入中期。

各个染色体的两条染色单体以及纺锤体清晰可见。微管进一步组装而伸长，形成纺锤丝，其中有的通过两极，有的从一极附着到染色单体的着丝点（kinetochore）上。每个染色体的两条染色单体，各有一个着丝点，分别和某一极的纺锤丝相连。这样，所有的纺锤丝构成了纺锤体（图 1-38）。纺锤丝在染色体的运动上起重要作用，没有或破坏了纺锤丝，染色体就不能运动。中期时，由于微管的作用，所有的染色体开始移动，从前期分散存在的状态，逐渐集中到细胞的中部，所有染色体的着丝点，都排在中部平面上，这个面称为赤道面（equatorial plane）。一定种类的植物，其每个细胞内染色体的数目，通常是恒定的。在中期时，染色体结构清晰，易于进行计数。

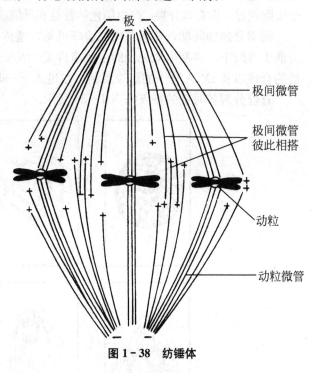

图 1-38 纺锤体

3. 后期 各个染色体的两条染色单体分离，是进入分裂后期（anaphase）的标志。染色体分别由赤道面移向细胞的两极。

此时期，染色体仍继续缩短，达最短程度。由于纺锤丝的牵引与收缩使每个染色体从着丝点处分开，相背地离开赤道面，向两极移动，到两极集中。染色单体对一旦分开后，就成为两个子染色体。因此，通过分裂后期，细胞的两极各有数目相同的一整套染色体。

若在此时期使用微管抑制药物如秋水仙素，将导致染色体无法移动而使细胞中的染色体数目加倍。

4. 末期 末期（telophase）是形成两个子核和胞质分裂的时期。染色体到达两极后，凝缩的染色体逐渐解开螺旋转变为疏松的染色质细丝。在染色质外围，新的核膜出现，核仁重新出现，形成了两个子核。

胞质分裂在核分裂的后期即开始发生，在染色体靠近两极时，两极的纺锤丝消失，但在两个子核间的纺锤丝却保留下来，并且增多微管向赤道面四周离心地扩散，进而形成一个密集的桶状结构，称为成膜体（phragmoplast）。包含多糖物质的高尔基体小囊泡开始在成膜体中部集结并彼此相连，形成了细胞板（cell plate）并向四周扩展，直到与母细胞的侧壁相连而将两个子细胞完全隔开，其中包含的壁物质成为新细胞壁的胞间层部分，进而产生新的初生壁。在形成细胞板的过程中，留下一些具有细胞质结构的间隙，即形成胞间连丝。

核分裂和胞质分裂通常是连续的，但有时胞质分裂会延迟到多次核分裂后再发生，这常出现于很多种子的胚乳细胞中；有时甚至会仅有核分裂而没有胞质分裂，从而导致了多核细胞的产生，例如被子植物的无节乳汁管与花药中的绒毡层细胞。

经过核分裂和胞质分裂，一个母细胞成为两个子细胞。有丝分裂中染色单体的分离保证了子细胞染色体的数目和与母细胞的相同，因此保持了细胞遗传的稳定性。

细胞通过有丝分裂所产生的子细胞，有的进入新的分裂过程；有的进行生长和分化。细胞生长是指细胞体积和重量的增加，是植物个体生长发育的基础，包括原生质体生长和细胞壁生长两个方面。细胞分化则是指在植物个体发育过程中，细胞在形态、结构和功能上的特化过程。它为植物个体发育过程中组织和器官的形成奠定了基础。

（三）减数分裂

植物在有性生殖过程中，要进行细胞的减数分裂（meiosis）。在减数分裂过程中，细胞连续分裂两次，但染色体只复制一次，使同一个母细胞分裂产生的 4 个子细胞的染色体数目只有母细胞的一半，因此，称减数分裂。在被子植物中，它发生在花粉母细胞开始形成花粉粒和胚囊母细胞开始形成胚囊的时候。

减数分裂是与生殖细胞或性细胞形成有关的一种分裂，高等植物在开花过程中形成雌、雄性生殖细胞——卵和精子，必须经过减数分裂。减数分裂是一种特殊的有丝分裂，即在连续两次核分裂中，DNA 只复制一次，因此，所形成的子细胞染色体较母细胞染色体数减少一半，由 2n 变成 n，故精子和卵细胞的染色体数都是 n。植物的有性生殖过程必须经过精子和卵细胞的结合，这样融合后的细胞——合子，染色体又恢复原来的数目 2n。减数分裂全过程包括两次连续的分裂，即减数第一次分裂和减数第二次分裂。减数第一次分裂的前期发生同源染色体配对的现象，即由两个染色体配对，一个来自父本，是精子带来的，另一个来自母本，是卵细胞中的，它们在大小和形状上都很相似，由它们配合成对的过程，就叫同源染色体配对。每对同源染色体的每一个染色体含有两个染色单体，但两个染色单体并不立即分开，所以此时的每对同源染色体共有四个染色单体。四个染色单体的两条发生交叉，导致遗传物质交换；减数第一次分裂的后期，每对同源染色体分开，分别进入细胞两极，这个过程使染色体数目较原来母细胞的减少了一半，即分至两极的染色体只有原来母细胞 2n 的一半即 n。随后再进入减数第二次分裂，这是通常的有丝分裂，每一染色体的两个染色单体从着丝点处分开，每个子染色体再分别移向两极。这样通过减数分裂全过程形成了 4 个子细胞，而每个子细胞核内染色体数较原来母细胞数（2n）减半，形成只含有单倍数（n）的染色体（图 1-39）。

1. 减数分裂的过程

（1）第一次分裂——减数分裂Ⅰ　包括前期Ⅰ、中期Ⅰ、后期Ⅰ、末期Ⅰ共四个时期，其中，前期经历时间最长，变化最大。

①前期Ⅰ　又分以下五个时期：

细线期（leptotene）：染色体开始出现，成极细的线状，由于此时 DNA 和组蛋白的合成早已完成，所以此时的染色体实际已包括两个染色单体，但在光学显微镜下还难以分辨。

偶线期（zygotene）：分别来自父本和母本的同源染色体两两配对即联会（synapsis），形成联会复合体。

粗线期（pachytene）：配对完成后，染色体逐渐变粗变短，同时，成对的同源染色体各自纵向分离，结果每一条同源染色体形成两条染色单体，因而每对同源染色体含有两对姊妹染色单体，称为四联体（tetrad），这一时期同源染色体上的一条染色单体与另一条同源染色体上的染色单体发生交叉，并在交叉部位两条非姊妹染色单体发生断裂，互换染色体片段，从而改变了原来的基因组合，使后代发生变异。

双线期（diplotene）：粗线期以后同源染色体趋于分开，由于交叉常常发生在不止一个位点，因此，这时可以看到同源染色体在一处或多处相连（交叉）。

终变期（diakinesis）：染色体更为缩短，并移向核的周围，核仁、核膜逐渐消失。

②中期Ⅰ　与有丝分裂一样，中期Ⅰ的特点也是染色体排列到细胞的赤道板上，但由于在前期Ⅰ发生了同源染色体的联会，因而在减数分裂Ⅰ的中期，同源染色体不分开，仍是成对地排列到细胞中央。

③后期Ⅰ　由于染色体牵丝的牵引，两条同源染色体（各含两条染色单体）分别向细胞两极移动，结果使细胞两极各有一组染色体。

④末期Ⅰ　染色体解螺旋变细，但不完全伸展，仍然保持可见的染色体形态，每个子核中染色体数目只有母细胞的一半。

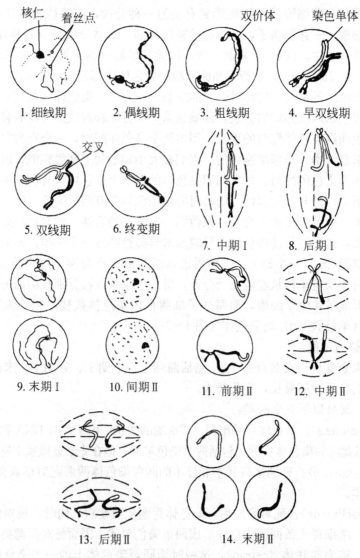

图1-39　细胞减数分裂图解（示一条染色体）

（2）第二次分裂——减数分裂Ⅱ 在第一次分裂结束后，经过短暂的间期便开始了减数第二次分裂。它实际上就是一般的有丝分裂（图1-40），也分四个时期，即前期Ⅱ、中期Ⅱ、后期Ⅱ、末期Ⅱ。前期Ⅱ时间较短，中期Ⅱ染色体排在赤道面上并形成纺锤体，后期Ⅱ着丝点彼此分开，两组子染色体分别向两极移动，末期Ⅱ染色体弥散成染色质，核膜重建，最后细胞板出现，形成四个结合在一起的子细胞，叫四分体。每个子细胞的染色体数都是2n之半，成为单倍数n。

2. 减数分裂的特点及意义 减数分裂的特点总结如下：①减数分裂只发生在植物的生殖过程中。②减数分裂形成的子细胞内染色体数目是母细胞的一半。③减数分裂由两次连续的分裂来完成，故形成四个子细胞称为四分体。④减数分裂过程中，染色体有配对、交换和分离等现象。

减数分裂具有重要的

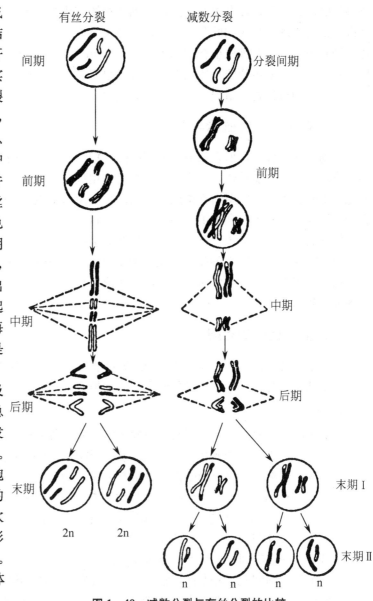

图1-40 减数分裂与有丝分裂的比较

生物学意义，它是有性生殖中必须的一个过程，经过减数分裂，后代染色体数目才能维持不变，否则一代代染色体成倍增加，会引起细胞的无限增大和遗传性的混乱。经减数分裂的细胞染色体只有一个染色体组称为单倍体，以 n 表示。在有性生殖时，经雌雄细胞结合，染色体又恢复为两个染色体组。细胞中含有两个染色体组的个体称为二倍体，以 2n 表示。

第二节 植物组织

从系统发育来看，组织的形成是植物进化过程中结构复杂化、完善化的产物。植物经过漫长的进化过程，逐渐由低等的单细胞植物体演化为高等的多细胞植物体，多细胞植物又继续进化出现了细胞间的分工，其体内分化出许多生理功能不同、形态结构相应发生变化的细胞组合，这些细胞组合被称为组织（tissue）。植物组织之间有机配合，紧密联系，形成各种器官。从植物的个体发育上来看，组织是细胞分裂、生长和分化的结果，植物个体生长发育的过程就是组织分化和形成的过程。

一、植物组织的概念与形成

植物个体发育中，形态相似、来源相同、担负相同生理功能的一种或几种类型的细胞群组成的结构和功能单位，称为组织。组织是由同一个细胞，或是同一群分生细胞生长、分化而来的。由一种类型细胞构成的组织，称为简单组织（simple tissue）；由多种类型细胞构成的组织，称为复合组织（compound tissue）。

植物的每个器官都包含有多种不同类型的组织，其中，每一种组织具有一定的形态结构和分布规律，行使特定的生理功能，具有相对的独立性，但对整个植物体又有其从属性。植物组织之间存在着密切的关系，相互依存和配合，有机组合在一起，共同完成植物的各项生命活动。

二、植物组织的类型

植物组织的种类很多，通常按生长发育的程度，分为分生组织和成熟组织两大类。每一类根据其不同特点可以进一步分成不同的种类。

（一）分生组织

在植物胚胎发育的早期，胚胎由胚性细胞组成，所有细胞均能进行分裂，随着胚进一步生长发育，多数细胞开始生长、分化，发育为成熟组织而停止细胞分裂，只有位于根尖、茎尖等生长部位的部分细胞仍然保持有分裂能力，并可以一直保持在成熟植物体中。这些位于植物体特定部位，能持续或周期性进行分裂的细胞群，称为分生组织（meristem）。分生组织的活动直接关系到植物体的生长和发育，在植物个体成长中起着重要作用。分生组织的细胞分裂活动，为植物体不断增加新细胞，提供形成各种成熟组织的材料，其自身在一定时间内持续保持分裂能力。

分生组织的细胞发育程度低，较为幼嫩，没有分化或分化程度很低，有旺盛的分裂能力，细胞排列紧密，细胞壁较薄，富含线粒体、高尔基体和核糖体，质体处于前质体阶段，细胞代谢活跃。

1. 按来源和性质分 根据来源和性质，将分生组织分为原分生组织、初生分生组织和次生分生组织。

（1）原分生组织 原分生组织（promeristem）是直接由胚细胞保留下来的分生组织，一般具有持久而强烈的分裂能力。细胞较小，近于等径，排列紧密，无间隙，细胞核相对较大，细胞质丰富，内含线粒体、内质网等，无明显液泡。原分生组织位于根和茎生长点的最先端，它是产生其他组织的最初来源。

（2）初生分生组织 初生分生组织（primary meristem）由原分生组织衍生而来，位于原分生组织后部，两者无明显界限。初生分生组织的细胞一方面继续具有很强的分裂能力，另一方面已经开始了初步分化，细胞的形态彼此已经有所不同，细胞体积增大，并出现了液泡。

初生分生组织分化为原表皮（protoderm）、基本分生组织（ground meristem）和原形成层（procambium）三个部分，并逐步发育为成熟组织，所以初生分生组织是由未分化的原分生组织到分化后的成熟组织之间的过渡类型。由初生分生组织分裂、生长、分化而形成的各种成熟组织，统称为初生组织。

（3）次生分生组织　次生分生组织（secondary meristem）是由某些分化程度较低的成熟组织经过脱分化重新恢复细胞分裂能力而形成的分生组织。次生分生组织的细胞多呈长形，液泡明显。一般位于裸子植物和双子叶植物根、茎等器官的侧方，维管形成层和木栓形成层是典型的次生分生组织。次生分生组织活动的结果是产生次生结构，由次生分生组织形成的各种成熟组织，统称为次生组织。

2. 按分布位置分　根据在植物体中分布的位置，分生组织又可以分为顶端分生组织、侧生分生组织和居间分生组织（图 1-41）。

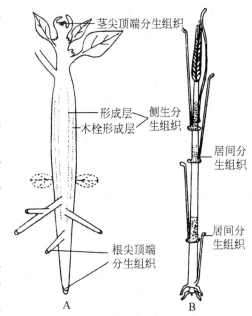

图 1-41　分生组织在植物体内的分布示意图
A. 顶端分生组织和侧生分生组织的分布
B. 居间分生组织的分布

（1）顶端分生组织　顶端分生组织（apical meristem）位于根、茎及各级分枝的顶端，包括原分生组织和其衍生的初生分生组织。细胞体积小而呈等径形，细胞排列紧密，一般无细胞间隙，细胞壁薄，原生质浓厚，细胞核位于中央并相对较大，无液泡和质体，或只有前液泡或前质体，通常没有后含物。

顶端分生组织一般能长期保持分裂能力，其分裂活动可以使根、茎等器官不断伸长。茎的顶端分生组织还可以形成叶和腋芽，使植物体扩大营养面积，并产生生殖器官。

（2）侧生分生组织　侧生分生组织（lateral meristem）主要分布于双子叶植物和裸子植物根、茎的周侧，靠近器官的边缘，与所在器官的长轴成平行排列，包括维管形成层和木栓形成层，属于次生分生组织。与顶端分生组织比，侧生分生组织的细胞有明显的区别，例如维管形成层细胞大部分呈长梭形，原生质体高度液泡化，细胞质并不浓厚。

侧生分生组织主要进行切向分裂，使器官横向发展。如维管形成层的活动是使根和茎不断增粗，而木栓形成层的活动是使长粗的根、茎或受伤器官的表面形成周皮，起保护作用。

（3）居间分生组织　居间分生组织（intercalary meristem）是穿插在成熟组织之间的分生组织，是某些植物顶端分生组织在一些器官局部的保留，分裂一段时间后，就完全转变为成熟组织。

居间分生组织存在于许多单子叶植物的茎和叶中，如水稻、小麦等禾本科植物，茎的节间基部保留有居间分生组织，当顶端分生组织分化成幼穗后，居间分生组织的活动，可以完成拔节和抽穗生长，使茎快速长高；葱、蒜、韭菜叶的基部也保留有居间分生组织，所以这些植物的叶子上部被剪去后，还能继续伸长；落花生雌蕊柄基部也是由于分布有居间分生组织，才能在开花后把子房伸入土中形成果实。

把分生组织两种分类方法对应起来看，顶端分生组织包括原分生组织和初生分生组织，居间分生组织属于初生分生组织，而侧生分生组织则属于次生分生组织。

（二）成熟组织

分生组织分裂产生的大部分细胞，经生长、分化后，逐渐丧失分裂能力，形成各种具有特定形态结构和生理功能的组织，称为成熟组织（mature tissue）。成熟组织在生理上和形态结构上具有一定的稳定性，通常不再进行分裂，所以，又称为永久组织（permanent tissue）。只有某些细胞分化程度较低的成熟组织，在一定的条件下，可以经过脱分化恢复分裂能力，成为次生分生组织。

根据生理功能的不同，成熟组织可以分为保护组织、基本组织、机械组织、输导组织和分泌结构。

1. 保护组织　保护组织（protective tissue）位于植物体表面，由一层至几层细胞组成，具有防止水分过度蒸腾，控制植物与环境的气体交换，抵抗机械损伤和病虫害侵袭等保护功能，维护植物体内正常的生理活动。保护组织有表皮和周皮两种。

（1）表皮　表皮（epidermis）由初生分生组织的原表皮分化而来，属于初生保护组织。通常表皮由一层生活细胞组成，分布于幼根、幼茎、叶、花、果、种子等器官的表面。只有少数植物的某种器官（如夹竹桃的叶、兰科植物的气生根）的表皮由多层细胞构成，称为复表皮。表皮主要由表皮细胞和气孔器组成（图1-42），有的植物还有毛状体、排水器和异细胞等。

表皮细胞是表皮最基本的成分。表皮细胞多为砖形或不规则形的扁平细胞，细胞间排列紧密，结合牢固，无细胞间隙。细胞中有大液泡，一般无叶绿体，有时含有白色体、有色体或晶体等。水生植物和某些生长于阴湿处的植物，表皮细胞内可形成叶绿体。

茎和叶等植物体气生（地上）部分的表皮，其细胞外壁常不同程度地加厚和角质化，并形成连续的角质膜（cuticular membrane）覆于整个表皮的表面（图1-43）。角质膜的超微结构包括两层：外层由角质和蜡质组成，称为角质层（cuticle）；内层则是由角质、纤维素和果胶构成，称为角化层（cuticular layer）。角质膜的厚薄随植物种类和生态环境的不同而有差异。某些植物角质膜外面还覆盖着蜡质的"白霜"，称为蜡被，如甘蔗、高粱的茎秆外表和

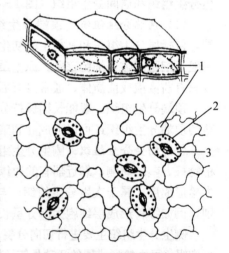

图1-42　双子叶植物叶表皮
1. 表皮细胞　2. 气孔器　3. 保卫细胞

葡萄、李的成熟果实表面以及鹤望兰等植物叶的下表皮上都有蜡被。角质膜和蜡被是高度不渗透的，一方面，对植物体本身而言，可使植物体表不易浸湿，防止病菌孢子的附着及萌发，可减少水分蒸腾，利用对光照的反射作用，避免强光的灼伤；另一方面，对某些溶液进入表皮也将发生一定的阻滞作用。因此，在生产实践中，植物表皮外层的结构是选育抗病品种、使用农药或除草剂时必须考虑的因素。

气孔器（stomatal apparatus）是调节水分蒸腾和进行气体交换的结构，普遍分布于植物体气生部分的表皮上，叶片上的气孔器数量最多。气孔器由两个特化的保卫细胞（guard cell）围合而成，彼此间可形成一个开口，称气孔（stoma）。有的还有副卫细胞。

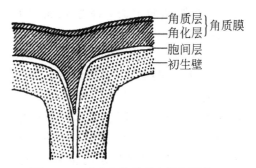

图 1-43　表皮细胞外壁上的角质膜

许多植物的保卫细胞为肾形，而禾本科植物的保卫细胞为哑铃形（图 1-44）。保卫细胞的细胞壁不均匀加厚，靠近气孔部分的内侧壁较厚，外侧壁较薄，细胞内含有丰富的细胞质、较多的叶绿体和淀粉粒，这种结构与气孔自动调节开闭有密切关系。某些植物如禾本科、莎草科、景天科、石竹科石竹属植物，在保卫细胞的侧面或周围，有 1 个至数个与表皮细胞形状不同的细胞，称为副卫细胞（subsidiary cell）。

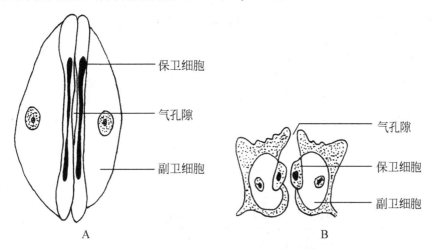

图 1-44　水稻表皮上的气孔器

A. 顶面观　B. 中部横切侧面观

毛状体为表皮上由单细胞或多细胞构成的毛状附属物，形态多种多样（图 1-45），由表皮细胞分化而来，具保护、吸收和防止水分丧失等功能。有些植物具有分泌功能的表皮毛，也称为腺毛，可以分泌出芳香油、黏液、树脂、樟脑等物质。

（2）周皮　周皮（periderm）是取代表皮的次生性保护结构，具有次生增粗生长的器官，如双子叶植物、裸子植物的老根、老茎，其表皮会因器官增粗而被破坏，这时这些器官的近表面处就会产生木栓形成层，它是一种次生分生组织。木栓形成层进行平周分裂，向外分化形成细胞径向成行排列的木栓层（phellem），向内分化成栓内层（phelloderm）。木栓层、木栓形成层和栓内层共同组成的结构，称为周皮（图 1-46）。

木栓层由多层细胞构成，在横切面中细胞呈长方形，紧密排列成整齐的径向行列，细胞壁较厚，并且强烈栓化，细胞成熟时原生质体死亡解体，细胞腔内通常充满空气，这使木栓层具有高度不透水性，并有抗压、隔热、绝缘、质地轻、具弹性、抗有机溶剂和多种化学药品的特性，在植物表面形成有效的保护层，同时这种特性也可利用在日用或工业等方面，如暖水瓶上的软木塞就取材于栓皮栎等植物周皮的木栓层。

栓内层位于木栓形成层的内侧，一般只有一层细胞，细胞壁薄，为生活细胞，常含有叶绿体。

在周皮的某些部位，木栓形成层细胞比其他部分更为活跃，向外衍生出许多圆球形排列疏松的薄壁细胞，形成补充组织（complementary tissue）。补充组织细胞数目不断增加，逐渐向外突出，最后撑破表皮和木栓层，形成小裂口，称为皮孔（lentical）（图1-47）。皮孔形态各异，是植物周皮上的通气结构，通过皮孔内部的生活细胞能与外界进行气体交换。

组成周皮的三层结构中，木栓形成层属次生分生组织，木栓层属次生保护组织，栓内层属次生薄壁组织。所以，周皮实际上是一种复合组织，具保护功能的是木栓层。

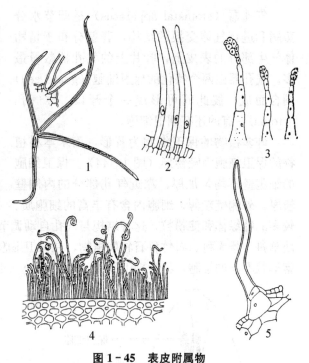

图1-45 表皮附属物

1. 棉属叶的簇生毛　2. 棉种皮上的幼期表皮毛　3. 烟草的腺毛
4. 甘蔗茎表皮上的蜡被　5. 大豆的表皮毛

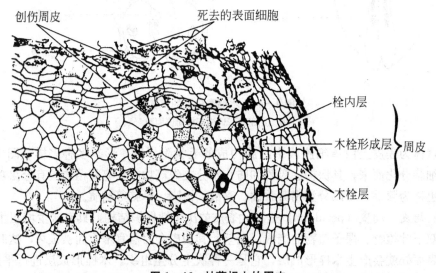

图1-46 甘薯根上的周皮

2. 基本组织　基本组织（ground tissue）广泛分布在植物各个器官中，在植物体内所占比例最大，是构成植物体的一种最基本的组织，细胞壁通常较薄，一般只有初生壁而无次生壁，因此，又称为薄壁组织（parenchyma）。基本组织主要与植物的营养活动有关，是植物执行营养物质吸收、合成、转化、贮藏等功能的主要场所，故也称为营养组织（vegetative tissue）。

基本组织的细胞间隙较大，细胞壁薄，有较大的液泡，细胞排列疏松，一般都具有细胞间隙（图1-48）。细胞分化程度较低，有潜在的分生能力，在一定的条件下，部分细胞可转化成分生组织，基本组织的这种特性是创伤修复、扦插、嫁接成活以及组织培养获得再生植株等的基础。此外，薄壁组织有较大的可塑性，在植物体发育的过程中，常能进一步发育为特化程度更高的组织，如可发育为厚壁组织。

根据生理功能的不同，基本组织进一步可分为：吸收组织、同化组织、储藏组织、通气组织和传递细胞等。

（1）同化组织 同化组织（assimilating tissue）的主要特点是细胞中含有大量的叶绿体，组织呈绿色，分布于植物体的绿色部分，如幼茎和幼果近表皮的皮层部分，尤其是叶的叶肉，是最典型的同化组

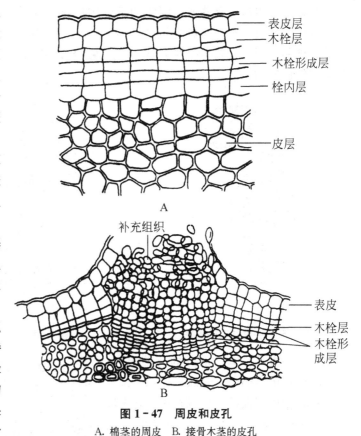

图1-47 周皮和皮孔

A. 棉茎的周皮 B. 接骨木茎的皮孔

织。同化组织的主要生理功能是进行光合作用，合成有机物质。

（2）吸收组织 根尖处的表皮，其细胞壁和角质膜均薄，并且部分细胞的外壁向外突起形成根毛（图1-49），这使其具有明显的吸收作用，并且大大增加了吸收的面积（图1-50）。因此，根的表皮与其他器官的表皮不同，根的表皮虽然也有一定的保护功能，但其主要功能是吸收土壤中的水分和无机盐，属吸收组织（absorptive tissue），而不是典型的保护组织。

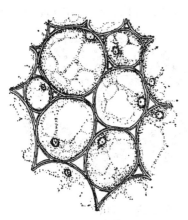

图1-48 茎的基本组织

图1-49 根毛

（3）储藏组织　有些薄壁组织的细胞中储藏有大量的淀粉、蛋白质、脂肪等营养物质，这类薄壁组织称为储藏组织（storage tissue），主要存在于各类储藏器官，如块根、块茎、球茎、鳞茎、果实和种子中，根、茎的皮层和髓（图1-51）以及其他薄壁组织也都具有储藏的功能。

图1-50　芥菜幼苗的根毛

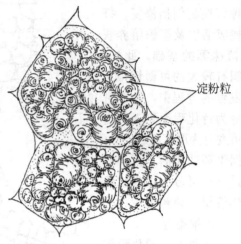

淀粉粒

图1-51　马铃薯块茎的储藏组织

另外，储藏有丰富水分的薄壁组织，称为储水组织（aqueous tissue）（图1-52）。一般储水组织的细胞较大，液泡中含有大量的黏性汁液，多存在旱生的肉质植物中，如仙人掌、龙舌兰、景天、芦荟等。

（4）通气组织　湿生和水生植物体内的基本组织中具有特别发达的细胞间隙，它们形成较大的气腔或气道，并相互连通，这类基本组织称为通气组织（aerenchyma，ventilating tissue）（图1-53）。通气组织有利于植物内部组织的气体交换，

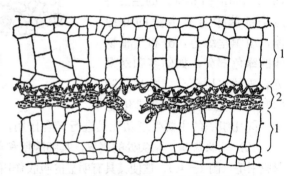

图1-52　秋海棠叶横切面（示储水组织）
1. 储水组织　2. 同化组织

或使植物适应于水中的漂浮生活，如水稻、莲等植物体内就有发达的通气组织。

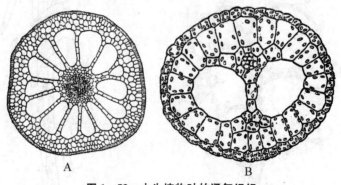

图1-53　水生植物叶的通气组织
A. 狐尾藻　B. 金鱼藻

（5）传递细胞　传递细胞（transfer cell）是一种特化的薄壁细胞，细胞壁一般为初生壁，向内突起形成许多指状或鹿角状的不规则突起（图1-54）。内突生长的细胞壁使质膜面积大大增加，扩大了原生质体的表面积与体积之比，且细胞间具有发达的胞间连丝，这些都有利于细胞与周围细胞和环境间进行物质交换。所以，传递细胞是一类具有物质短途运输功能的薄壁细胞，故也称转输细胞或转移细胞。

传递细胞多出现在溶质大量集中、与短途运输有关的部位，例如普遍存在于叶的小叶脉中，在输导分子

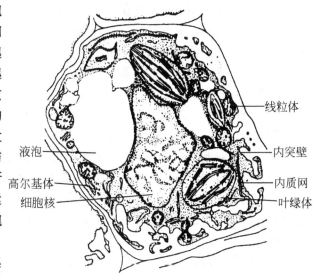

图1-54　蚕豆茎初生木质部中的一个传递细胞

周围，成为叶肉和输导分子之间物质运输的桥梁。另外，在许多植物茎或花序轴节部的维管组织中、分泌结构中，种子的子叶、胚乳或胚柄等部位也有分布。

3. 机械组织　机械组织（mechanical tissue）是植物体中起支持、巩固加强作用的组织，一般具有一定硬度和韧性，有很强的抗压、抗张和抗曲折的能力。植物能有一定的硬度，枝干能挺立，树叶能平展，能经受风、雨及其他外力的侵袭，都与机械组织的存在有关。机械组织的形成是植物对陆地生活适应的结果，同时机械组织的出现也使植物体长的十分高大成为可能。

机械组织多具有细胞壁以不同方式、不同程度增厚和成束或成片存在的特点，根据细胞形态结构和细胞壁加厚方式的不同，机械组织可分为厚角组织和厚壁组织。

（1）厚角组织　厚角组织（collenchyma）的细胞呈长棱柱状，端壁平或偏斜，最显著的特征是细胞壁不均匀加厚，增厚部分多在细胞相互毗接的角隅处，也有一些植物的细胞壁是在切向壁或靠近胞间隙的壁上加厚。增厚处的主要成分是纤维素、果胶质和半纤维素，但不含木质素，从成分可以看出厚角组织加厚的细胞壁仍然属于初生壁。另外，细胞含有叶绿体，排列紧密，彼此重叠连接成束，没有细胞间隙或间隙很小（图1-55）。这些特点使厚角组织有一定的坚韧性，并具有可塑性和延伸性，既具有支持能力，又不妨碍器官的迅速生长

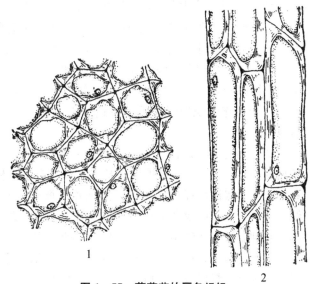

图1-55　薄荷茎的厚角组织
1. 横切面　2. 纵切面

和变形。所以厚角组织普遍存在于正在生长或经常摆动的器官之中，是幼嫩器官和草本植物的主要支持组织。多见于草质茎、叶柄及花柄等处近表皮的周缘部分。在叶片中，多分布在较大叶脉的一侧或两侧。厚角组织有时成束纵向集中在器官的边缘，使器官外表出现棱角，增强了支持力量，如芹菜、薄荷、南瓜的茎和叶柄中。一般植物的根及单子叶植物中很少形成厚角组织。

（2）**厚壁组织** 厚壁组织（sclerenchyma）细胞具有均匀增厚的次生壁，并且常木质化，细胞腔很小，成熟后原生质体一般解体消失，成为只有细胞壁的死细胞，机械支持能力较强。根据细胞形状的不同，厚壁组织可分为纤维和石细胞两类。

①纤维 纤维（fiber）细胞多是两端尖削的长纺锤形，长比宽大许多倍，其细胞壁强烈地次生增厚，常木质化，较坚硬。细胞腔小，原生质体解体消失，壁上有少数纹孔。纤维细胞互以尖端穿插连接，多成束、成片地分布于植物体中，形成植物体内主要的加强支持或强化韧性的机械组织。纤维又有韧皮纤维和木纤维两种。

韧皮纤维（phloem fiber）是指分布于韧皮部的纤维，有时也将分布在皮层、维管束鞘部分的纤维统称为韧皮纤维（图1-56）。增厚的细胞壁主要由纤维素组成，没有木质化或木质化程度很低。所以韧皮纤维坚韧而有弹性，而硬度不大。细胞长度明显比木纤维长，通常为 1~2 mm，但麻类作物的较长，黄麻的为 8~40 mm，大麻10~100 mm，苎麻 5~350 mm，最长的可达 550 mm，这些植物的韧皮纤维可作为纺织原材料或用于制作麻绳或麻袋等。

木纤维（xylem fiber）是分布于木质部的纤维，是"木材"的主要成分之一。木纤维细胞壁强烈地次生性增厚，并高度木质化，细胞腔小。这使木纤维坚硬、抗压性强，但韧性较低，弹性小，脆而易断。木纤维细胞较短，一般长约 1 mm。木纤维不宜直接用作纺织原料，而可供造纸或人造纤维。

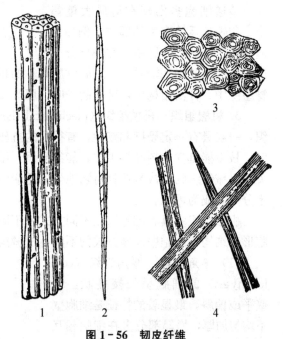

图 1-56 韧皮纤维
1. 纤维束 2. 纤维细胞 3. 亚麻韧皮纤维细胞横切面
4. 黄麻韧皮纤维细胞

②石细胞 石细胞（stone cell）多没有明显长轴和短轴的区分，形状变化较大，最常见的为等径的，但也有形状较长的，或具有多分枝的，或呈不规则的星状（图1-57）。石细胞具有极度增厚的次生壁，并强烈木质化，有时也可栓化或角质化，常出现同心层纹。壁上有分枝的纹孔道从细胞腔放射状分出。细胞腔极小，原生质体解体消失，成为仅具坚硬细胞壁的死细胞，具有很强的支持作用。

石细胞分布很广，往往成群分布在薄壁细胞之间，有时也可单个存在。在植物的皮层、韧皮部、髓以及某些植物的果皮、种皮，甚至叶中都可见到，例如桃、李、梅、椰子等果实的坚硬的"核"，主要由石细胞构成。水稻的谷壳，花生的"果壳"，豌豆、菜豆的

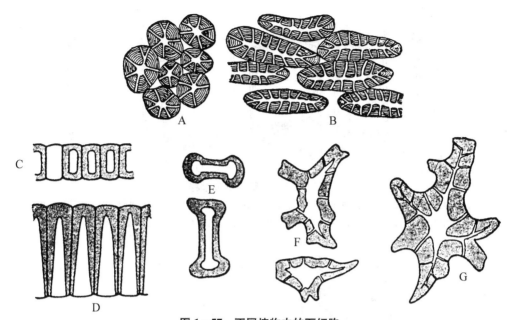

图 1-57 不同植物中的石细胞

A. 梨果肉　B. 椰子内果皮　C. *Onion scale* 表皮　D. *Phaseolus* 种皮

E. 豌豆种皮　F. 茶叶　G. *Tsuga*

种皮中都有大量石细胞存在。梨果实中的"砂粒"就是由石细胞聚集而成的石细胞团。

4. 输导组织 输导组织（conducting tissue）是植物体内专门长距离运输水溶液和同化产物的组织。其细胞分化成管状分子，贯穿于各器官之间，并相互连接，形成一个复杂而完善的运输系统。根据运输的主要物质不同，可将输导组织分为两大类：一类是输导水分和无机盐的导管和管胞，另一类是运输同化产物的筛管和筛胞。

（1）导管 导管（vessel）是普遍存在于被子植物木质部中输导水溶液的组织，而裸子植物和蕨类植物体内只有管胞，没有导管。导管由许多长管状的、细胞侧壁不同方式增厚并木质化的死细胞纵向首尾连接而成，并在相互连接的端壁上形成穿孔。组成导管的每一个细胞称为导管分子或导管节。

导管形成过程中，导管分子直径显著增大，细胞内出现大液泡，细胞的侧壁形成不同形式的次生加厚并木质化。当加厚完成时，导管分子发生细胞自溶现象，液泡膜破裂，释放出水解酶，原生质体分解消失（图 1-58）。同时，上下相连的两个导管分子之间的端壁（end wall）局部解体，形成一个大的单穿孔（simple perforation）或由数个孔组成的复穿孔（compound perforation），具有穿孔的端壁，称为穿孔板（perforation plate）。导管分子纵向排列，端壁上的穿孔使导管形成连续的中空长管状组织，成为高效输送水溶液的通道。

根据导管在器官中发育的先后次序和侧壁次生性增厚并木化时形成的花纹不同，导管可以分为环纹、螺纹、梯纹、网纹和孔纹五种类型（图 1-59）。

环纹导管（annular vessel）：木质化增厚的次生壁呈环状，平行排列，环状部分之间的部分是没有增厚的初生壁，还保持较大的延展性。

螺纹导管（spiral vessel）：木质化增厚的次生壁呈螺旋带状绕加在初生壁的内侧。

梯纹导管（scalariform vessel）：木质化增厚的次生壁呈横条突起，间距短，像梯子似的。

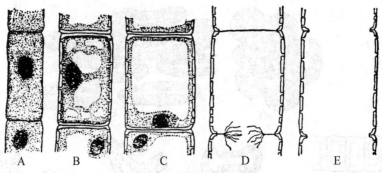

图 1-58 导管的发育过程

A. 幼嫩的导管细胞，无次生壁形成　B. 细胞体积增大，细胞核增大，液泡增大，次生壁开始形成

C. 细胞体积增至最大程度，形成大液泡，次生壁加厚完成　D. 原生质体消失，端壁处解体　E. 导管形成

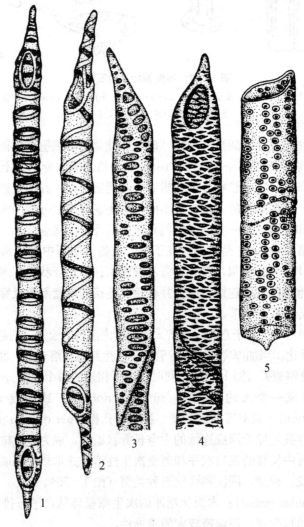

图 1-59 导管的类型

1. 环纹导管　2. 螺纹导管　3. 梯纹导管　4. 网纹导管　5. 孔纹导管

网纹导管（reticulated vessel）：木质化增厚的次生壁呈突起的网状，"网眼"为未增厚的初生壁。

孔纹导管（pitted vessel）：导管壁几乎全部木质化增厚，只有纹孔处未增厚。纹孔多为具缘纹孔，也有单纹孔。

有时在同一导管中可见到两种不同的增厚方式或出现某些过渡类型。

环纹、螺纹导管较早分化，一般存在于原生木质部中。它们的口径较小，输导能力较弱，但由于管壁多为未增厚的部分，可以适应器官的生长而延伸。在导管的伸长过程中，脆弱的部分常易被折断、拉破而形成气腔。如禾本科植物茎的维管束中，常出现这种现象。梯纹导管直径较大，出现于器官停止伸长的部分。网纹导管和孔纹导管的次生壁坚固，口径常更大，出现于器官组织分化的后期，位于后生木质部或次生木质部中。

导管的输导功能并非是永久保持的。随着植物的生长以及新导管的产生，有些比较老的导管常逐渐失去输导能力。侵填体（tylosis）的形成是造成导管堵塞、输导能力下降甚至完全丧失的根本原因。由于木质部中临近导管的薄壁细胞胀大，通过导管壁上未增厚的部分或纹孔侵入导管腔内，形成大小不一的囊泡状突出物。初期，薄壁细胞的原生质和细胞核随着细胞壁的突进而流入其中，后来则常为单宁、树脂等物质所填充。这种堵塞导管的囊状突出物称为侵填体（图 1-60）。侵填体在洋槐、桑、核桃和栎等木本植物中甚为普遍，一些草本植物如南瓜、茄和甘蔗中也有。当植物体受到病菌侵害时，侵填体阻塞导管，可防止病情扩大。此外，侵填体的形成，可增强木材的坚实度和耐水性。

（2）管胞 管胞（tracheid）是蕨类植物和裸子植物体内唯一的输水组织，而多数被子植物木质部中除了导管，同时也存在有管胞。

管胞也是中空的长管状细胞，两端封闭且斜尖，呈长梭形，成熟时原生质体解体消失，侧壁类似导管也以不同方式增厚并木质化，形成环纹管胞、螺纹管胞、梯纹管胞、网纹管胞和孔纹管胞 5 种类型（图 1-61）。

相对于导管，管胞直径较小，端壁不形成穿孔，细胞间不是像导管那

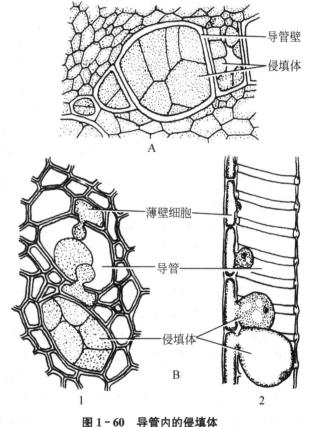

图 1-60 导管内的侵填体
A. 木薯块根导管中的侵填体 B. 洋槐茎导管中的侵填体
1. 导管横切面 2. 导管纵切面

样首尾相接，而是相互以偏斜的末端穿插连接成束，水溶液主要通过侧壁上相邻的纹孔向上输送，每一个管胞就是一个输导水溶液的单位，所以管胞的输水效率较低。但是，管

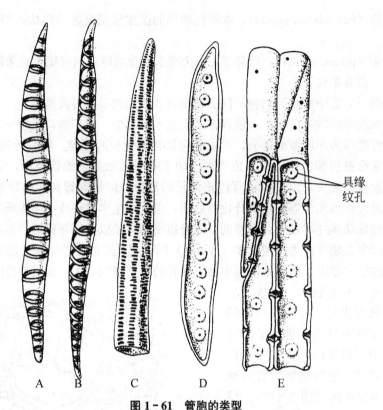

具缘
纹孔

图1-61 管胞的类型

A. 环纹管胞 B. 螺纹管胞 C. 梯纹管胞 D. 孔纹管胞

E. 4个毗邻孔纹管胞的一部分，示纹孔的分布及管胞间的连接

的壁部较厚，细胞腔较小，且成束存在，因此，管胞在具有输导功能的同时，还具有较强的机械支持能力。

（3）筛管和伴胞 筛管（sieve tube）是存在于被子植物韧皮部，运输同化产物等可溶性有机物的一种输导组织。筛管由一系列长管形的、端壁形成筛板的生活细胞纵向连接而成，组成筛管的细胞称为筛管分子（图1-62）。筛管分子的细胞壁为初生壁，由纤维素和果胶构成，在筛管分子的端壁和部分侧壁特化出许多小孔，称为筛孔（sieve pore）。筛孔常成群聚集在稍微凹陷的区域内，这样的区域称为筛域（sieve area），特化出筛域的端壁称为筛板（sieve plate）。只有一个筛域的筛板，叫单筛板；具有多个筛域的筛板，叫复筛板。筛孔内有较粗的原生质丝使上下相连的筛管分子的原生质体联系起来，这种较粗的原生质丝称为联络索（connecting strand）。有机物质就是通过联络索在筛管分子间进行运输的。筛管分子是生活的细胞，在发育早期有细胞核，浓厚的细胞质中有线粒体、高尔基体、内质网、质体和黏液体存在，其中，黏液体（slime body）是筛管分子所特有的蛋白质，叫韧皮蛋白（phloem protein），又称为P-蛋白质，P-蛋白质有ATP酶的活性，可能与同化产物的运输有关，对堵塞受伤筛管的筛孔有一定的作用。在成熟过程中，细胞核解体，液泡膜破裂，其他细胞器也逐渐退化，最后只留下退化的线粒体和质体。

筛孔的内侧会积累由一种特殊的糖类（$\beta-1$，3葡聚糖）形成的胼胝质，形成筒状构造，当筛管分子进入休眠或老化时，胼胝质不断增多，成为垫状沉积在整个筛板上，联络索则相应地收缩变细，直至完全消失，筛孔也被堵塞。这种由胼胝质在筛孔处形成的垫状物称为胼胝体，胼胝体具可逆性。一些多年生的双子叶植物在冬季来临时，筛管分子端壁形成胼胝体，暂时停止输导作用，到翌年春天，胼胝体消融，筛管分子的功能又逐渐恢复（图1-63）。较老的筛管分子形成胼胝体后，即失去输导能力，而被新的筛管分子所替代。一般单子叶植物筛管的输导功能在整个生活期内都不丧失。

在筛管分子的侧壁处，往往紧邻着一个至数个高度特化的薄壁细胞，称为伴胞（companion cell）。伴胞为狭长形，两端尖削，较小，横切面多呈三角形或方形。伴胞与筛管分子有相同的起源，即同一母细胞不均等纵裂，形成一大一小或一大数小的细胞，较小的细胞发育成伴胞（图1-64）。在有些木本植物中，发育成伴胞的较小细胞能进行几次横裂，进而形成数个短小的伴胞。

伴胞核较大，高尔基体、线粒体、质体、粗面内质网等细胞器丰富，膜系统发达，代谢旺盛。伴胞与筛管分子紧密连接，由胞间连丝相互贯通，担负着将物质运进或运出筛管和细胞间短距离横向运输作用。同时，具细胞核的伴胞对于维持无核的筛管分子的生理机能有着重要的意义，它们共同构成一个复杂的功能单位，伴胞与筛管分子两者间具有共生死特点。

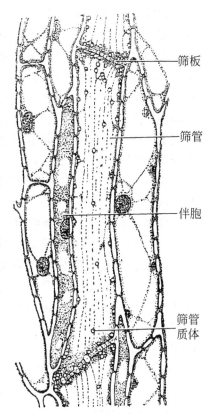

图1-62　烟草茎韧皮部中的
筛管与伴胞纵切面

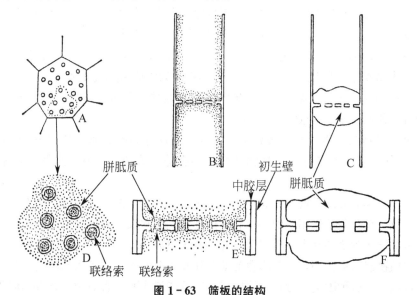

图1-63　筛板的结构

A、D. 表面观　B、C、E、F. 侧面观　A、B、D、E. 具功能的筛板
C、F. 停止作用或处于休眠期的筛板

此外，蕨类植物和裸子植物韧皮部中输导同化产物的是一种较筛管分子细长，末端斜尖的细胞，称筛胞（sieve cell）。筛胞是活细胞，成熟后无核，细胞壁上的筛域特化程度不大，多分布在侧壁上，不形成筛板。筛胞以斜壁或侧壁相连而纵向叠生，输导能力不及筛管，是比较原始的输导结构。

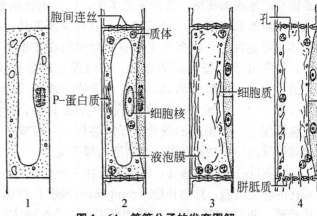

图1-64　筛管分子的发育图解

1. 筛分子前身在分裂　2. 筛分子具有P-蛋白质，伴胞前身（深色细胞）在分裂　3. 筛分子的核退化，液泡膜部分破毁，P-蛋白质分散，旁有两个伴胞　4. 成熟筛管分子，在筛孔处衬有胼胝质和含有一些P-蛋白质，看不到内质网

导管和筛管是被子植物体内输导组织的主要组成部分，但常常也是植物遭受某些病菌侵袭的感染途径。如棉花枯萎菌的菌丝可从导管中侵入，某些病毒可通过媒介昆虫而进入韧皮部，引起病害发生。因此，了解作物致病的主要途径，对于研究、施用内吸农药、防治病害具有重要的实践意义。

5. 分泌结构　有些植物在新陈代谢过程中，能合成一些特殊的有机物或无机物，聚积在细胞、胞间隙、腔道中，或通过一定的细胞或细胞组成的结构排出体外，这种现象称为分泌（secretory）。

植物分泌的种类繁多，有挥发油、乳汁、蜜汁、树脂、糖类、单宁、生物碱、黏液、消化液、酶、杀菌素及盐类等，这些分泌物在植物的生活中起着多种作用：蜜汁和芳香油能引诱昆虫等动物，有利于花粉和果实的传播；盐生植物能通过分泌，排出体内过多的盐分，免受高盐毒害；杀菌素和抗生素，可以抑制病原微生物的侵染；另外，许多分泌物质，如杜仲胶、橡胶、生漆、芳香油和蜜汁等，对人类生活有重要的经济价值。

由于进行分泌活动的细胞或细胞组合在来源、形态、分布及所产生的分泌物质等方面变化较大、类型复杂，所以，将凡能产生分泌物质的细胞或特化的细胞组合，称为分泌结构（secretory structure）。通常根据分泌结构的发生部位和分泌物是否排出体外，将分泌结构分为外分泌结构和内分泌结构两大类。

（1）外分泌结构　将分泌物排到体外的分泌结构称为外分泌结构（external secretory structure）。外分泌结构多分布于植物体表，如腺毛、腺鳞、蜜腺、盐腺、排水器等（图1-65）。

①腺毛　是具有分泌功能的毛状体。一般由头部和柄部两部分组成：头部由单个或多个分泌细胞组成，具有分泌作用；柄部具有支持作用，但常没有分泌能力。棉花、烟草、野芝麻和天竺葵等植物的茎和叶上均有腺毛分布。腺毛（glandular hair）的分泌物主要是挥发油和黏液，对植物起保护作用。如鹰嘴豆的幼茎和叶片上的腺毛有泌水的功能；食虫植物的变态叶上，可以产生多种腺毛，分别分泌蜜露、黏液和消化酶，有引诱、黏着和消化昆虫的作用。植物体表上腺毛的有无及其形态类型，在植物鉴定时常具有一定的参考价值。

②腺鳞　是鳞片状的腺毛，其头部较大，扁平状，没有柄部或极短，呈鳞片状排列。

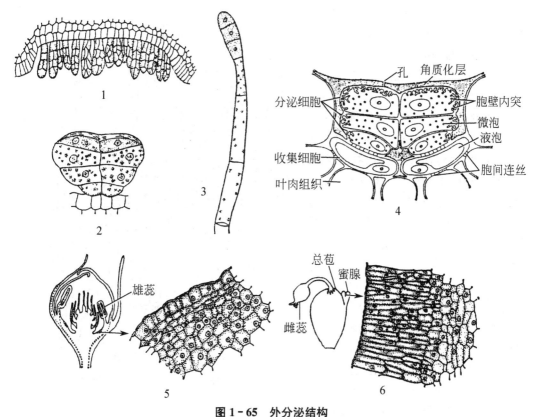

图 1-65 外分泌结构

1. 棉叶中脉的蜜腺 2. 薄荷属的腺鳞 3. 烟草的腺毛 4. 无叶柽柳的盐腺
5. 草莓的花蜜腺 6. 一品红 (*Euphorbia Pulcherrima*) 花序总苞上的蜜腺

腺鳞（glandular scale）在植物中较普遍，常见于唇形科、菊科、桑科等植物，例如唇形科的薄荷，其腺鳞的头部由 8 个细胞构成，可分泌薄荷油。

③蜜腺 是一种分泌蜜汁的多细胞构成的外分泌结构，由表皮或表皮及其内层细胞共同形成，分布于植物体外表的某些特定部位。蜜腺（nectary）可分为两类：一类是花蜜腺（floral nectary），生长于花部，如油菜、草莓、刺槐花托上的蜜腺，分泌蜜汁招引昆虫，与植物传粉有关，许多虫媒花均具有花蜜腺；另一类花外蜜腺（extrafloral nectary），生长于茎、叶等营养体部位，如棉花中脉、蚕豆托叶及蔷薇科李属植物的叶缘上均有花外蜜腺存在。蜜腺的分泌细胞多与维管组织相靠近，它所分泌的蜜汁成分是由维管组织的韧皮部运送来的。花蜜腺发达、蜜汁分泌量多的植物是良好的蜜源植物，经济价值很高，如紫云英、油菜、洋槐和枣等。

④盐腺 是一种能将多余的盐分以溶液状态排出体外的分泌结构，常见于盐生植物的体表。各种植物有不同的泌盐方式，如滨藜属的某些种，叶面腺毛的头部为泡状大型单细胞，通过胞间连丝将叶内过多盐分聚积在其中，达到一定程度后，腺毛衰亡，盐分随之沉积于叶表，排出体外；白花丹和柽柳的盐腺（salt gland），其头部由多个分泌细胞组成，柄部则由一个至数个收集细胞组成，分泌细胞与收集细胞之间有胞间连丝相连，盐分由收集细胞进入分泌细胞，最后通过角质膜中的裂隙排出体外。

⑤排水器 是植物叶片和叶缘处的将体内过多水分排出体外的结构（图 1-66），由水

孔（water pore）和通水组织（epithem）构成。水孔一个至多个，位于排水器（hydathode）的表面，由一对丧失控制开闭作用的保卫细胞组成，所以水孔总是张开着的。水孔下方有气室，气室周围是一些排列疏松、不含叶绿体的小型薄壁细胞，它们构成通水组织。通水组织与脉梢的管胞衔接，当植物体内水分过多时，便可通过排水器排出体外，在叶尖或叶缘形成水滴，这种排水过程称为吐水（guttation）。吐水现象是根系正常活动的一种标志，常发生在暖湿的夜间或清晨。

⑥消化腺（digestive）　食虫植物分泌消化物质的腺体（图1-67）。

（2）内分泌结构　分泌物不排至植物体外，而是积聚于细胞内、胞间隙、腔穴或管道等处的分泌结构称为内分泌结构（internal secretory structure）。常见的内分泌结构有分泌细胞、分泌腔、分泌道、乳汁管等（图1-68）。

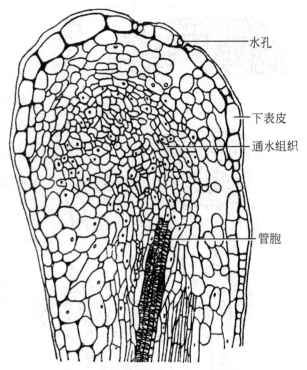

水孔
下表皮
通水组织
管胞

图1-66　油菜叶缘的切面，示排水器

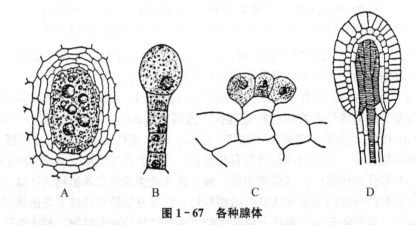

A　　　　　B　　　　　C　　　　　D

图1-67　各种腺体

A. 柑橘果皮上的油腺　B. *Boerhaavia* 果实上的腺毛　C. 捕虫堇的消化腺　D. 茅膏菜的消化腺

①分泌细胞（secretory cell）　是单个散布于各器官的薄壁组织中含特殊分泌物的细胞，成熟后是生活的细胞或死细胞。与周围的薄壁细胞相比，分泌细胞一般体积较大，细胞壁稍厚，形成为伸长的囊形、管形或分支形，因此，也称为异细胞（idioblast）。根据分泌物的不同，分泌细胞可分为油细胞（如樟科、木兰科、八角科）、黏液细胞（仙人掌科、落葵科、锦葵科）、含晶细胞（山茶科、鸭跖草科、石蒜科）、单宁细胞（豆科、景天科、蔷薇科）、芥子酶细胞（白花菜科、十字花科），以及树脂细胞等。

②分泌腔　是植物体内由多细胞组成的贮藏分泌物的腔室状结构。根据形成特点可分

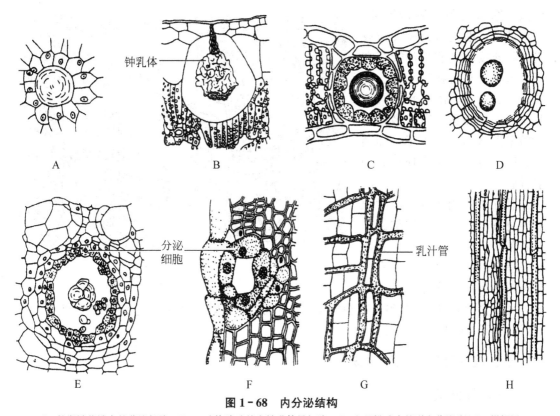

图1-68　内分泌结构

A. 鹅掌楸芽鳞中的分泌细胞　B. 三叶橡胶叶的含钟乳体异细胞　C. 金丝桃叶中的裂生分泌腔　D. 柑橘属
果皮中的溶生分泌腔　E. 漆树的漆汁道　F. 松树的树脂道　G. 蒲公英的乳汁管　H. 大蒜叶中的有节乳汁管

为两种类型：一是溶生分泌腔（lysigenous secretory cavity），由具分泌能力的薄壁细胞群
通过细胞壁溶解而形成的分泌腔（secretor cavity），原来细胞中的分泌物贮积于腔内。例
如，柑橘的叶片与果皮，棉花的茎秆、叶片和子叶等均具这类分泌腔。二是裂生分泌腔
（schizogenous secretory cavity），由具分泌能力的细胞群通过胞间层溶解，细胞相互分离
而形成的分泌腔，如桉树属的某些植物。

　　③分泌道（secretory canal）　是一种管状的内分泌结构，内贮分泌物。按照发生状
况亦可分为溶生型和裂生型。其中，以裂生型分泌道最为常见。例如，在松柏类植物的茎
中，在裂生而成管状分泌道的胞间隙周围，环生具分泌能力的薄壁细胞（上皮细胞），能
够分泌树脂，积存于分泌道内，特称树脂道（resin canal）；漆树茎中的裂生型分泌道贮
积漆汁，特称漆汁道（lacquer canal）。树脂与漆汁均能增强木材的耐腐蚀性。此外，菊科
和伞形科的植物，也具裂生型分泌道，内含挥发油。至于溶生型分泌道，如心叶椴芽鳞内
具溶生黏液道；芒果属茎叶中的分泌道则为裂—溶生型分泌道。

　　④乳汁管（laticifer）　是能够分泌乳汁的管状结构（图1-69）。按其形态发生特点，
可分为两种类型：一是无节孔管，由单细胞发育而成，沿植物体生长方向强烈伸长，有
的形成分枝，随株体生长而延贯于植物体，这样的乳汁管特称为乳汁细胞（laticiferous
cell），如银色橡胶菊和杜仲的乳汁管。其中，杜仲既是传统的药用植物，又是硬橡胶资源
植物，其成熟的乳汁细胞单个、成双或三五成群分布于茎皮中，呈细丝状，两端膨大，细

胞核、细胞质和细胞器解体，液泡破裂，细胞内充满硬橡胶粒。具分枝的无节乳汁管存在于大戟属、夹竹桃等植物。二是有节乳汁管，由多数长圆柱形细胞连接而成，通常多为细胞端壁溶解而贯连形成，如莴苣、蒲公英、三叶橡胶树等的乳汁管。

乳汁成分相当复杂，对植物自身具保护功能，如防御微生物侵染、覆盖创伤等。乳汁也是重要的工业原料，如三叶橡胶树的乳汁含大量橡胶，罂

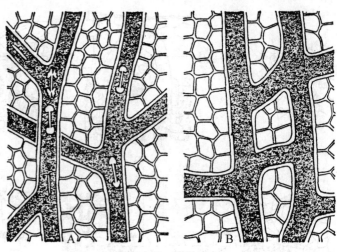

图1-69　乳汁道
A. 乳汁细胞　B. 乳汁管

粟的乳汁含罂粟碱、吗啡碱；有些植物的乳汁尚含蛋白质、淀粉、糖类、萜类、油类、单宁等，具有很高的经济价值。

三、复合组织和组织系统

（一）复合组织

如前所述，在植物个体发育中，凡由同一类型细胞构成的组织，称为简单组织，如分生组织、薄壁组织；由多种类型细胞构成的组织称为复合组织，如表皮、周皮、木质部、韧皮部、维管束等。

1. 木质部和韧皮部　木质部（xylem）包括导管、管胞、木薄壁细胞和木纤维；韧皮部（phloem）包括筛管、筛胞、伴胞、韧皮薄壁细胞和韧皮纤维。

木质部和韧皮部的组成成分中包含了输导组织、机械组织、薄壁组织等，是典型的复合组织，其中最主要的成分是纤维状的机械组织和管状的输导组织，因此木质部和韧皮部又合称为维管组织（vascular tissue）。木质部和韧皮部在植物体内经常结合在一起形成束状结构，称为维管束。

维管组织的形成，对于植物适应陆生生活具有重要意义，是植物进化过程中的又一次飞跃，标志着植物进入了一个新的发展阶段。从蕨类植物开始至种子植物，都有维管组织分化，特别是种子植物中的被子植物，体内的维管组织更为发达，更为完善，这也是它们在地球上繁荣昌盛的主要原因之一。

2. 维管束　由原形成层分化而来，由木质部和韧皮部共同组成的束状结构称为维管束（vascular bundle）。

（1）根据维管束内形成层的有无来分　可将维管束分为有限维管束和无限维管束两类。

①有限维管束　在维管束形成过程中，原形成层全部分化为初生木质部和初生韧皮部，没有保留下能继续分裂出新细胞的形成层，因此，有限维管束不能形成次生组织，不能继续增粗发展。大多数单子叶植物中的维管束属有限维管束（closed vascular bundle）。

②无限维管束 在维管束形成过程中，原形成层除分化为初生木质部和初生韧皮部之外，在两者之间还保留一层分生组织——束中形成层，并通过该形成层的细胞分裂活动，向内产生次生木质部，向外产生次生韧皮部，因而能够继续增粗扩大。裸子植物和大多数双子叶植物的维管束属无限维管束（open vascular bundle）。

（2）根据木质部与韧皮部的位置和排列情况分 可将维管束分为以下几种类型（图1-70）。

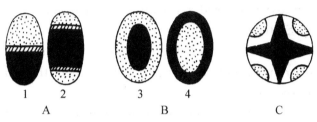

图1-70 维管组织的排列类型图解
A. 并生排列（1. 外韧维管束 2. 双韧维管束） B. 同心排列（3. 周韧维管束 4. 周木维管束）
C. 辐射排列
（缀点部分表示韧皮部，黑色部分表示木质部，斜线表示形成层）

①外韧维管束（collateral bundle） 韧皮部排列在外侧，木质部在内侧，两者内外并生成束。根据束中形成层的有无，这类维管束又可分为有限外韧维管束和无限外韧维管束。单子叶植物茎的维管束为有限外韧维管束，双子叶植物茎的维管束为无限外韧维管束。

②双韧维管束（bicollateral bundle） 木质部内、外两侧都有韧皮部的维管束。如瓜类、茄类、马铃薯和甘薯等茎的维管束。

③周木维管束 木质部围绕韧皮部呈同心圆状的维管束。如芹菜、胡椒科的一些植物茎中，以及少数单子叶植物（如香蒲和鸢尾）的根状茎中均有周木维管束（amphivasal bundle）。

④周韧维管束 韧皮部围绕木质部呈同心圆状的维管束。被子植物的花丝，酸模、秋海棠的茎，以及蕨类植物根状茎中均有周韧维管束（amphicribral bundle）。

⑤辐射维管束 特指幼根中辐射排列的维管组织。在幼根的初生结构中，木质部和韧皮部呈辐射状相间排列，木质部形成若干辐射角，韧皮部间生于辐射角之间，两者交互排列，实际上并不连接成束状。因此，也有人认为，不宜称为辐射维管束，而应称为辐射排列的维管组织或维管柱。

英文阅读

Plant Tissue Systems

The tissues of plant are organized into three tissue systems: the dermal tissue system, the vascular tissue system and the ground tissue system.

Dermal Tissue System

The dermal tissue system consists of the epidermis and the periderm. The epidermis is a single layer of closely packed cells. It both covers and protects the plant. It can be thought of as the plant's "skin." Depending on the part of the plant that it covers, the dermal tissue system can be specialized to a certain extent. For instance, the epidermis of a plant's leaves secretes a coating called the cuticle that helps the plant retain water. The periderm, also called bark, replaces the epidermis in plants that undergo secondary growth. The periderm consists of cork cells and protects the plant from pathogens, prevents excessive water loss and provides insulation for the plant.

Vascular Tissue System

The vascular tissue system is made up of xylem and phloem throughout the plant. It allows water and other nutrients to be transported throughout the plant.

Ground Tissue System

The ground tissue system synthesizes organic compounds, supports the plant and provides storage for the plant. It is mostly made up of parenchyma cells but can also include some collenchyma and sclerenchyma cells as well.

（二）组织系统

植物的各个器官或整个植物体，由一些复合组织在结构上和功能上进一步组成的复合单位，称为组织系统（tissue system）。组织系统把植物体的各种器官汇连起来，形成一个有机的整体。通常，植物体内的各种组织归纳为以下三种组织系统。

1. 保护组织系统 保护组织系统又称皮组织系统（dermal tissue system），包括表皮和周皮，覆盖于植物体外表，形成整个植物体的连续保护层，在植物个体发育的不同阶段起着不同程度的保护作用。

2. 维管组织系统 维管组织系统简称为维管系统（vascular tissue system），是植物体内全部维管组织的总称。维管系统连续地贯穿于整个植物体，输导水分、盐分和有机养料，把植物执行不同功能的各个区域以及各个器官连接起来，形成统一的有机整体。

3. 基本组织系统 基本组织系统（ground tissue system）简称为基本系统。主要包括各类薄壁组织、厚角组织和厚壁组织，分布于皮系统和维管系统之间，是植物体的基本组成部分。

植物的整体结构表现为维管组织包埋于基本组织之中，而外面又覆盖着保护组织系统。除表皮或周皮始终包被在最外面，各个器官结构上的变化，主要表现在维管组织和基本组织的构成类型及相对分布上的差异。

本章小结

细胞是生物有机体的基本结构单位，也是生物有机体代谢和功能的基本单位。

生活细胞中有生命活动的物质称为原生质，由多种无机物和有机物组成，主要包括水、无机盐、核酸、蛋白质、脂质、多糖等。原生质的重要理化性质，表现为原生质的胶体性质，原生质的黏性和弹性；最重要的生理特性是具有生命现象，即具有新陈代谢的能力。

植物细胞的体积通常很小，直径一般为 $10\sim100\ \mu m$。植物细胞的形状是多种多样的，有球状体、多面体、纺锤形和柱状体等。植物细胞以细胞壁、液泡、质体等一些特有的细胞结构区别于动物细胞。

真核植物细胞由细胞壁和原生质体两大部分组成。细胞壁包在细胞最外围，具有支持和保护其内原生质体的作用，其主要成分是多糖和蛋白质，多糖包括纤维素、半纤维素和果胶质，其中纤维素是主要构成物质。有时细胞壁中会加入木质素、脂质化合物（角质、木栓质、蜡质等）和矿物质（碳酸钙、硅的氧化物等）。细胞壁可分成三层，即胞间层、初生壁和次生壁，其上常有纹孔和胞间连丝。

原生质体是指生活细胞中细胞壁以内各种结构的总称，是细胞内各种代谢活动进行的场所，包括细胞膜、细胞质、细胞核等结构。

质膜包围在原生质体表面，主要由脂质、蛋白质分子组成。目前，质膜结构的流体镶嵌模型得到广泛认可，即磷脂质的双分子层组成质膜的骨架，蛋白质分布在膜的表面或不同程度地嵌入脂质双分子层的内部，两类分子在膜内可以进行各种形式的运动。质膜能控制细胞与外界环境之间的物质交换，同时在细胞识别、细胞间的信号传导、新陈代谢的调控等过程中具有重要作用。

细胞质由细胞器和胞基质两部分组成。细胞器包括质体（叶绿体、有色体、白色体）、线粒体、内质网、高尔基体、液泡、溶酶体、圆球体、微体和核糖体等，各种细胞器在结构和功能上密切相关。胞基质是细胞中各种复杂代谢活动进行的场所，它为各个细胞器执行功能提供必需的物质和介质环境。胞质运动有利于细胞内物质的转运，促进了细胞器之间生理上的相互联系。

植物细胞的细胞质内普遍存在细胞骨架，包括微管系统、微丝系统和中间纤维系统。它们在细胞形状的维持、细胞及细胞器的运动、细胞分裂、细胞壁形成、信号转导以及细胞核对整个细胞生命活动的调节中具有重要作用。

细胞核是细胞遗传与代谢的控制中心，由核膜、核仁和核质组成。核质包括染色质、核液。

后含物是植物细胞中的一些储藏物质或代谢产物。种类很多，有糖类、蛋白质、脂质、角质、栓质、蜡质、结晶、单宁、树脂和植物碱等。

细胞分裂是植物个体生长发育的基础，植物细胞分裂的方式分为有丝分裂、无丝分裂和减数分裂三种。细胞从一次分裂结束开始到下一次细胞分裂结束所经历的过程称细胞周期，可划分为分裂间期和分裂期。

细胞生长是指细胞体积和重量的增加。细胞分化则是指细胞在形态、结构和功能上的特化过程。

植物组织有简单组织和复合组织之分。按发育程度，植物组织分为分生组织和成熟组织两大类。

按在植物体内存在的部位，分生组织可划分为顶端分生组织、侧生分生组织、居间分生组织；按来源和性质可分为原分生组织、初生分生组织和次生分生组织。

成熟组织分为保护组织（包括表皮、周皮）、基本组织（包括吸收组织、同化组织、储藏组织、通气组织和传递细胞）、机械组织（包括厚角组织、厚壁组织，其中厚壁组织又分为纤维和石细胞，纤维又有韧皮纤维和木纤维两种）、输导组织（一类是输导水分和无机盐的导管和管胞，另一类是运输同化产物的筛管和筛胞）和分泌结构（包括外分泌结构、内分泌结构两类。外分泌结构包括腺毛、腺鳞、蜜腺、盐腺、排水器等；内分泌结构包括分泌细胞、分泌腔、分泌道、乳汁管等)。

由导管、管胞、木纤维和木薄壁细胞等组成的结构,称为木质部;由筛管、伴胞、韧皮纤维、韧皮薄壁细胞等组成的结构,称为韧皮部。木质部和韧皮部也称为维管组织。两者共同组成的束状结构称为维管束。根据形成层的有无,维管束可分为有限维管束和无限维管束;根据木质部与韧皮部的位置和排列情况,维管束可分为外韧维管束、双韧维管束、周木维管束、周韧维管束和辐射维管束。

植物器官或植物体中,由一些复合组织组成的结构和功能基本单位,称为组织系统。通常将植物体中的各类组织归纳为保护组织系统、维管组织系统和基本组织系统。

复习思考题

1. 细胞学说的主要内容是什么?有什么重要意义?
2. 植物细胞有哪些基本结构?它们各具什么作用?
3. 胞间层、初生壁、次生壁有什么区别?它们的成分和功能如何?
4. 细胞壁上有哪些结构?功能如何?
5. 生物膜的结构和作用如何?
6. 植物细胞具有哪些细胞器?它们的形态结构和功能怎样?
7. 细胞核的形态结构和功能怎样?
8. 细胞后含物有哪些种类?有什么作用?
9. 植物细胞分裂方式有哪几种类型?各有什么特点?
10. 详述植物细胞有丝分裂的主要过程。
11. 详述植物细胞减数分裂的主要过程,有什么意义?
12. 什么叫组织?植物主要的组织类型有哪些?
13. 植物分生组织有几种类型?它们在植物体上分布位置如何?
14. 表皮和周皮有什么区别?
15. 简述基本组织的特点、类型和主要生理功能。
16. 厚角组织与厚壁组织有什么区别?
17. 为什么管胞和筛胞在输导能力上不及导管和筛管?
18. 分泌结构有哪些类型?试举例说明。
19. 被子植物木质部和韧皮部的组成和主要功能是什么?
20. 什么是维管束?可分为哪些类型?
21. 植物有哪几类组织系统?有何分布规律?

第二章 被子植物的营养器官

内容提要 植物的种子萌发形成幼苗，幼苗进一步发育，形成具有根、茎、叶三大营养器官的植物体。本章重点介绍幼苗的形成和类型，营养器官的形态、结构、发育与功能，以及各器官的结构特点与功能和环境的相互关系。被子植物营养器官的知识是植物学的重点内容之一。

植物器官（organ）是由多种组织构成的、具有一定形态和功能的植物体的结构单位。植物细胞分化形成不同的组织，各种组织有机结合成为具有特定形态结构、担负不同生理功能的器官。被子植物体由根、茎、叶、花、种子和果实六种器官组成。其中，根、茎、叶担负着吸收、运输、制造营养物质等功能，与植物的营养生长有密切关系，称为营养器官（vegetative organ）；花、种子和果实具有繁衍后代延续种族的功能，与植物的生殖有密切关系，称为生殖器官（reproductive organ）。植物各器官之间在生理、结构和功能方面有着明显的差异，但彼此间又密切联系，相互协调，共同构成一个完整的植物体。

第一节 幼 苗

营养器官的产生和发育是从幼苗开始的，下面首先介绍幼苗的形成和类型。

一、幼苗的形成

种子萌发后，胚开始生长，由胚所长成的幼小植物体称作幼苗（seedling）。种子在萌发形成幼苗的过程中，仍然靠种子内的储藏物质作为自己的养分，因此农业上要选粒大、粒重的种子，以使幼苗肥壮，从而提高作物产量。

种子在萌发过程中，通常是胚根先突破种皮向下生长，形成主根。这一特性具有重要的生物学意义，因根发育较早，可以使早期幼苗固定在土壤中，及时从土壤中吸收水分和养料，使幼苗能很快独立生长。之后，胚芽突出种皮向上生长，伸出土面而形成茎和叶，逐渐形成幼苗。

但水稻籽实萌发时，胚芽首先膨大伸展，然后胚芽鞘突破谷壳而伸出，胚根比胚芽生长稍迟，随即，胚根也突破胚根鞘和谷壳而形成主根。在主根伸长后不久，其胚轴上又生出数条与主根同样粗细的不定根，在栽培学上把它们统称为种子根。同时，胚芽鞘与胚芽伸出土面后，胚芽鞘纵向裂开，真叶露出胚芽鞘外，形成幼苗（图2-1）。

小麦籽实萌发时，首先露出的是胚根鞘，以后胚根突破胚根鞘形成主根（图2-2），然后从胚轴基部陆续生出1~3对不定根。同时胚芽鞘也露出，随后从胚芽鞘裂缝中长出第一片真叶，以后又出现第二、第三片叶……形成幼苗。

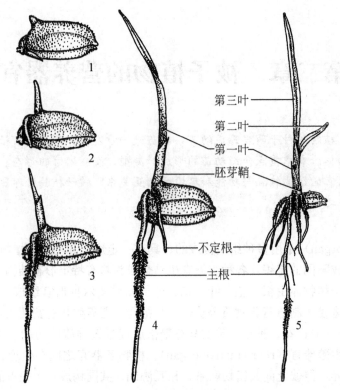

图 2-1 水稻籽实的萌发过程
1～5 为萌发顺序

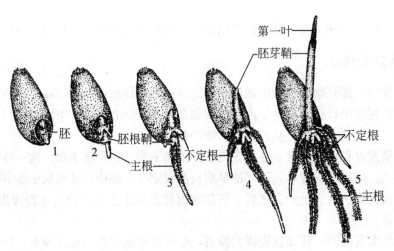

图 2-2 小麦籽实的萌发过程
1～5 为萌发顺序

二、幼苗的类型

不同植物有不同形态的幼苗，根据子叶出土与否把它们分为两类：子叶出土幼苗（epigaeous seedling）和子叶留土幼苗（hypogaeous seedling）。

（一）子叶出土幼苗

双子叶植物如大豆、棉花以及各种瓜类的无胚乳种子，在萌发时，胚根首先伸入土中形成主根，接着下胚轴伸长，将子叶和胚芽推出土面，这种幼苗是子叶出土的。从第一片真叶到子叶节之间的主轴是由上胚轴形成的。以后胚芽进一步发育和生长，形成地上部分的茎和叶。子叶内营养物质耗尽即枯落（图2-3、图2-4）。

蓖麻种子萌发时，胚乳内的养料经分解后供胚发育使用，随着胚轴的伸长，将子叶和胚芽推出土面时，残留的胚乳附着在子叶上，一起伸出土面，但不久就脱落消失（图2-5）。

单子叶植物洋葱种子的萌发和幼苗形态与棉花、蓖麻等不同。当种子开始萌发时，子叶下部和中部伸长，将根尖和胚轴推出种皮之外，以后子叶很快伸长，露在种皮之外，呈弯曲的弓形。这时，子叶先端仍被包在胚乳内吸收养料。进一步生长，弯曲的子叶渐伸直，将子叶先端推出种皮外，待胚乳的养料被吸收用尽，干瘪的胚乳也就从子叶先端脱落下来，同时，

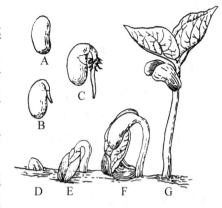

图2-3　大豆种子的萌发
A. 大豆种子　B. 种皮破裂，胚根伸出　C. 胚根向下生长，并长出根毛　D. 种子在土中萌发，胚轴突破土面　E. 胚轴伸直延长，牵引子叶脱开种皮而出　F. 子叶出土，胚芽长大　G. 胚轴继续伸长，二片真叶张开，幼苗长成

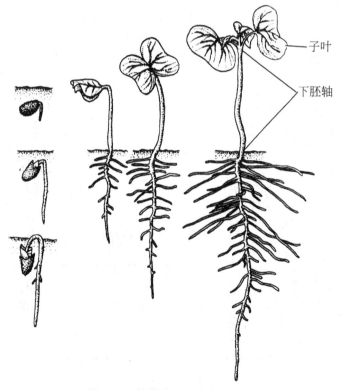

子叶
下胚轴

图2-4　棉花种子子叶出土萌发

子叶出土后，渐转为绿色。此后，第一片真叶从子叶鞘的裂缝中伸出，并在主根周围长出不定根（图2-6）。

（二）子叶留土幼苗

双子叶植物无胚乳种子如豌豆（图2-7）、荔枝、柑橘和有胚乳种子如三叶橡胶种子，以及单子叶植物的水稻、小麦、玉米等有胚乳种子萌发时，下胚轴并不伸长，子叶留在土中，靠上胚轴或中胚轴的伸长把胚芽推出土面（图2-8）。

落花生兼有子叶出土和子叶留土幼苗的特点。因它的种子上胚轴和胚芽生长较快，同时下胚轴也相应生长。所以，播种较深时，子叶不出土，播种较浅时，则子叶露出土面（图2-9）。

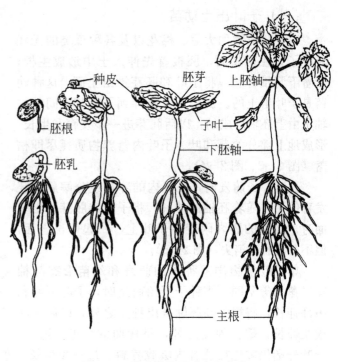

图2-5　蓖麻种子子叶出土萌发

在农业生产上，一般说，子叶出土幼苗的种子可适当浅播（但顶土力强的种子，如菜豆可以适当深些）。而对于子叶留土的幼苗，播种可以适当深些。另外，还要根据种子的大小、土壤的湿度等条件综合考虑决定播种深浅。

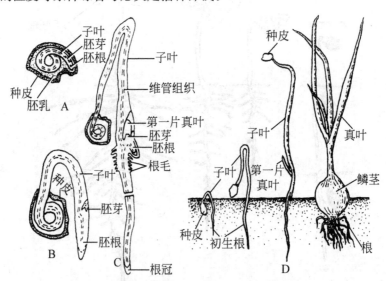

图2-6　洋葱种子萌发，形成子叶出土幼苗

A. 种子纵切面　B. 萌发种子的纵切面
C. 早期幼苗的纵切面　D. 子叶出土幼苗的形成过程

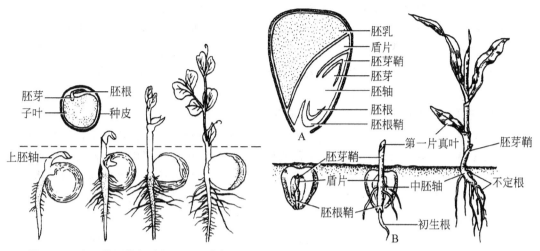

图 2-7 豌豆种子萌发过程，示子叶留土

图 2-8 玉米种子（籽实）萌发，形成子叶留土幼苗
A. 种子（籽实）纵切面 B. 子叶留土幼苗形成过程

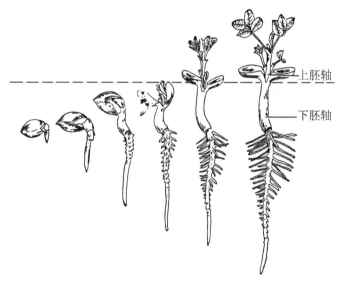

图 2-9 落花生种子萌发过程

知识探索与扩展

植物细胞的全能性

　　植物细胞的全能性是指体细胞可以像胚胎细胞那样，经过诱导分化发育成为一株植物，并且具有母体植物的全部遗传信息。这个概念是 1902 年由德国著名的植物学家 G. Haberlandt 提出的。他认为，高等植物的每个细胞都具有进一步分裂和发育的能力，从一个体细胞可以得到人工培养的胚。

　　植物体的所有细胞都来源于一个受精卵的分裂，经过不断的细胞分裂所形成的千千万万个子细胞，尽管它们在分化过程中会形成根、茎、叶等不同器官或组织，但它们具备有相同的基因组成，都携带着亲本的全套遗传特性，即在遗传上具有"全能性"。因此，只要培养条件适合，离体培养的细胞就有发育成一棵植株的潜在能力。

为了验证这个设想，Haberlandt 对一些单子叶植物的叶肉细胞进行了培养。遗憾的是，结果连细胞分裂的现象也没有观察到。此后，有不少人在继续做类似工作。由于当时的科学技术水平有限，并受到试剂、药品等条件限制和人们对细胞生理系列化知识的匮乏，试验均未能达到预期的效果。

1958 年 F. C. Steward 等用打孔器从胡萝卜肉质根中取出一块块组织，放在加有各种植物激素的培养基上诱导产生愈伤组织，之后又将愈伤组织转入液体培养基内，并把培养瓶放在缓慢旋转的转床上进行旋转培养，使培养瓶内的细胞分裂增殖并游离出了大量的单个细胞，由这些单个细胞再进一步分裂增殖，形成了一种类似于种子中胚的结构，称胚状体。将胚状体接种在试管内的琼脂培养基上，胚状体进一步发育长成为胡萝卜植株，移栽后可开花结实，地下部分长出肉质根。

这一重大突破，有力地论证了 Haberlandt 提出的细胞"全能性"的设想。至今，大约已有上千种植物通过对它们根、茎、叶、花、果的培养形成了植株。这些成就从广泛的试验基础上，有力地验证了植物细胞"全能性"的理论。

第二节 根

根（root）通常是构成植物地下部分的营养器官。主要机能是使植物体固定在土壤中，从土中吸收水分、矿质盐和氮素供植物生长所利用。此外，根还具有贮藏、分泌和繁殖作用。菱的沉水根为绿色，可以进行光合作用（图 2-10）。"根深叶茂，本固枝荣"可以说明根在植物生长中的作用。

一、根的类型和根系

按照根的发生部位不同，根可分为定根（normal root，fixed root）和不定根（adventitious root）两类。定根是胚根发育来的根，包括主根和侧根。种子萌发时胚根突破种皮形成主根（axial root，main root）。侧根（lateral root）是从主根上长出来的分枝，侧根的分枝上还可以再生分枝。不定根（adventitious root）是从茎部或叶部、老根或胚轴上生出的根。例如柳树插条上生的根就是一种不定根，秋海棠叶上也可长出不定根（图 2-11）。

根系（root system）是一株植物所有根的总称。根系有两种类型：直根系和须根系。直根系（tap root system）是主根发达而明显，侧根的长短粗细显著次于主根。裸子植物和大多数的双子叶植物都属直根系植物（图 2-12）。须根系（fibrous root system）是主根生长缓慢、早期停止生长或死亡，主要由不定根所组成的。大多数单子叶植物属于须根系植物（图 2-13）。

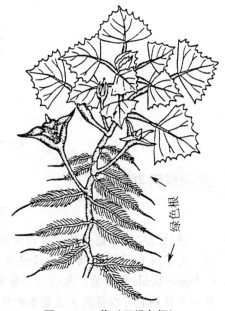

图 2-10 菱（示绿色根）

根系在土壤中的分布是非常广泛的，在良好的生态环境下，地下部分的扩展范围要远远大于地上部分。

植物根系钻入土壤的深度因植物而异。主根发达的植物根系，一般入土较深。例如，棉花的主根一般可以深入土层 60 cm 以上，有些品种在灌溉良好的地方可深达 2 m 以上。也有的植物根系朝着水平的方向发展，这类植物一般侧根发达，并占有较大比例。例如，某些仙人掌类植物根系钻入土壤中深度不深（6～8 cm），但其水平长度则达数米以上，以便较快地吸收土表的降水。向深处分布的根系称为深根系，向水平方向分布的根系称作浅根系。通常情况下生长在沙漠或地下水位较低环境中的植物往往具有深根系（某些仙人掌例外），生长在沼泽地区或地下水位较高环境中的植物往往具有浅根系。

图 2-11 秋海棠叶上的不定根和不定芽

根系钻入土壤中的深浅除决定于植物种类外，还决定于根系生长的环境条件。例如，生长在比较干燥环境条件下的柳树根系入土较深，生长在水边的柳树入土较浅。

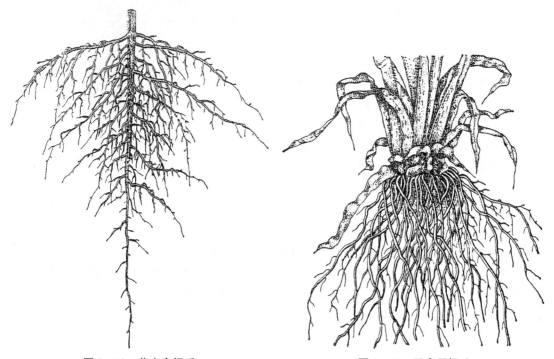

图 2-12 黄麻直根系　　　　　　　　图 2-13 玉米须根系

在林区中，一小块地段上往往生长着不同种类的植物，由于这些植物根系钻入土壤中的深度不同，所以它们的根系分布在不同深度的土壤中，形成所谓地下成层现象。地下成层现象可以保证植物从不同层次中吸收养分。利用这一原理，农业生产上的间作、套种往往可增产。例如，我们把具须根的玉米与具直根系大豆进行间作，可提高产量。地上部分的茎和叶完全依靠根供给水分和矿物质养料，所以地上部分与地下部分必须保持一定平衡。一般地上部分的发展不会超过地下部分的发展。如根系受到破坏，就会引起地上部分的枯萎或死亡，所以在移栽植物时应尽量减少根系的损伤。如根系受到破坏，就应剪去一部分枝叶以减少水分的蒸腾，这样才能移栽成功。农业上进行玉米移栽时，一方面尽量减轻对根系的损伤，另一方面可剪去一部分叶，以利于移栽成功。

二、根尖的形态结构及其生长动态

每条根的顶端根毛生长处及其以下的一段，称作根尖（root tip）。根尖从顶端起，可依次分为根冠、分生区、伸长区、根毛区（成熟区）等四区（图 2-14）。但气生根和水生根没有根冠或根毛。除根冠与分生区之外，区与区之间并无明显界限，这是由于生长发育是一个连续依次渐进的过程。

（一）根冠

根冠（root cap）位于根尖的顶端，由许多薄壁细胞组成冠状结构。根冠包被着根尖的分生区，具有保护根尖的幼嫩分生组织的机能。根冠由薄壁细胞所构成，细胞内含有淀粉粒。根冠细胞排列疏松，向外分泌黏液，这种黏液是高度水合的多糖，可能为果胶物质。由于这种黏液的覆盖，可使根尖易于在土壤颗粒间推进，并保护幼嫩的生长点不受擦伤。同时，由于黏液的覆盖，形成一种吸收表面，对于促进离子的交换与物质的溶解有一定的作用。

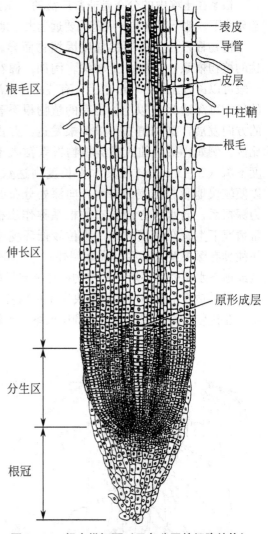

图 2-14 根尖纵切面（示各分区的细胞结构）

切除根冠，根就失去了向地性的反应，若将根尖水平放置，就可以看到根冠细胞内的淀粉粒在重力作用下很快就沉积到细胞下方，结果引起了根的向地性反应，因此，人们长时期认为根冠细胞内的淀粉粒与根的向地性有密切关系。

（二）分生区

分生区（meristematic zone）位于根冠上方，长度 1～2 mm。分生区的顶端部分是原分生组织（promeristem），原分生组织是一群最有胚性而保持着旺盛分裂能力的细胞群，由于它的活动产生了根的其他组织，所以此区亦称生长点（growing point）。分生区顶端分生组织，其细胞的形状为多面体，排列紧凑，细胞间隙不明显，细胞壁很薄，细胞核很大（约占整个细胞体积的 2/3），细胞质浓密，液泡很小，外观不透明。

根据组织的发生情况，种子植物根尖分生区的最前端为原生分生组织的细胞。它们的分裂活动具有分层特性（图 2 - 15），在分生区的后部，分别形成了原形成层（procambium）、基本分生组织（ground meristem）和原表皮（protoderm）三种初生分生组织，以后进而分化为初生的成熟组织（primary mature tissue）。根的原分生组织具有分层现象，分层常因植物种类不同而有差异。现将常见的两类分述如下。

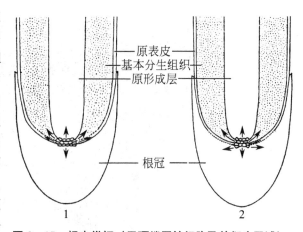

图 2 - 15　根尖纵切（示顶端原始细胞及其衍生区域）
1. 大麦、玉米根尖原始细胞的分层活动
2. 烟草根尖原始细胞的分层活动

在大麦等单子叶植物根尖中，其原始细胞的第一层产生原形成层，进一步分化为中柱（stele）；第二层产生基本分生组织和原表皮，将来进一步分化为皮层（cortex）和表皮（epidermis）；第三层为根冠原（calyptrogen），进而形成根冠。另一类在烟草等双子叶植物的根尖中，也有三层原始细胞，第一层形成中柱，第二层形成皮层，第三层形成根冠与表皮。

分生区的细胞能进行垂周分裂（anticlinal division）和平周分裂（periclinal division）（图 2 - 16），使根生长，同时补充根冠细胞。

（三）伸长区

分生区的上面就是伸长区（elongation zone），长度为数毫米（一般 2～5 mm）。伸长区的细胞伸长迅速，细胞质成一薄层位于细胞的边缘部分，液泡明显，并逐渐分化出一些形态不同的组织。原生韧皮部的筛管和木质部导管相继出现，其中原生木质部成熟较原生韧皮部迟。伸长区的外观透明、洁白，可与生长点区别。伸长区的细胞迅速伸长，是根尖深入土层的主要推动力。

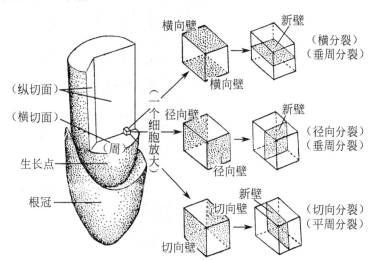

图 2 - 16　根尖立体模式图（示细胞分裂方向）

（四）根毛区

根毛区（root hair zone）长度为几毫米到几厘米。根毛区表面密被根毛，增大了根的吸收面积。根毛区是根部吸收水分的主要部分。其内部的细胞已停止分裂活动，已分化为各种成熟组织，故亦称为成熟区（maturation zone）（图 2 - 17）。

根毛是表皮细胞向外突出形成的顶端密闭的管状结构，成熟根毛长度介于 0.5～10 mm，

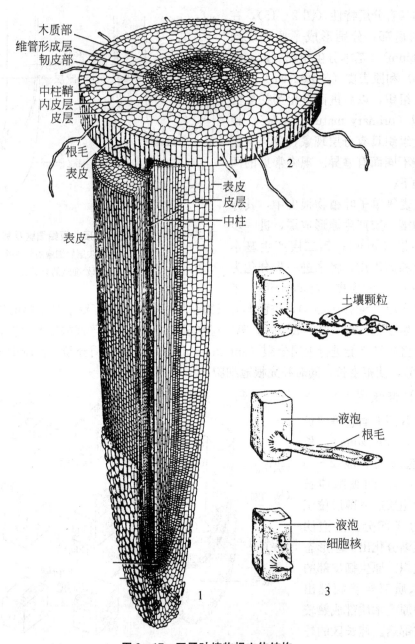

图 2-17 双子叶植物根立体结构
1. 根尖纵切面　2. 根毛区横切面　3. 根毛的发育

直径 5～17 μm。极少数植物根毛可以出现分叉，甚至形成多细胞根毛。

　　根部发生根毛有两种情况：有的植物具有同型的根表皮层，其全部表皮细胞形态相似，都有产生根毛的潜能；有的植物具有异型根表皮层，由于原表皮细胞进行不均等的细胞分裂，形成两个形态特性不同的子细胞。一个细胞较长，成为一般的表皮细胞；另一个细胞较短，含有较浓的原生质和较大的细胞核和核仁，是形成根毛的原始细胞。这种原始细胞被称为生毛细胞，禾谷类植物以及水生植物马尿花（*Hydocharis mmosusranae*）、眼子菜属（*Potamogeton*）等的根中，可以明显地看到生毛细胞的分化。

根毛对湿度特别敏感，在湿润的环境中，根毛的数目很多，每平方毫米的表皮上，玉米约有 420 条，豌豆约有 230 条。在淹水或干旱情况下，根毛一般很少。当土壤干旱或植物体内缺水时，首先会导致根毛枯死，从而影响吸收，以后虽然获得水分，但根毛还要几天的时间才能重新产生，这是干旱减产的主要原因之一。因此，在农业生产上必须及时采取抗旱措施。

根毛的寿命很短，一般不超过二三周。根毛区上部的根毛逐渐死亡，而下部又产生新的根毛，不断更新。随着根尖的生长，根毛区则向土层深处推移。许多根毛分别与新的土粒接触，并分泌有机酸，使土壤中难溶性的盐溶解，大大增加了根的吸收效率。

根毛的生长和更新对吸收水肥非常重要。所以，果树、蔬菜和作物在移植时，因纤细的幼根和根毛常被折断损伤，大大降低了吸收功能，所以，移植后的苗木，往往会出现短期萎蔫，新根和根毛重新发生之后，才逐渐返青。农业生产上，采用小苗带土移植，幼根和根毛受损较少，返青较快，有利于作物生长成活。果树、蔬菜移植时，剪去一些次要的枝叶，以减少水分蒸发，有利于成活。

三、根的初生结构

（一）双子叶植物根的初生结构

通过根尖的成熟区做横切，可以观察到根的初生结构（primary structure）包括表皮、皮层和中柱三部分。棉花根横切面可用来阐明双子叶植物根的初生结构特点（图 2-18）。

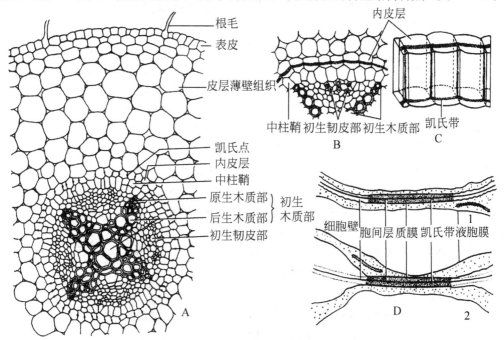

图 2-18 棉花根横切面（示初生结构）

A. 棉花根横切面　B. 示内皮层　C. 示凯氏带　D. 示凯氏带超微结构

1. 正常细胞中，凯氏带部位的质膜平滑，其他处的质膜呈波纹状

2. 质壁分离后，凯氏带处的质膜仍与壁粘连，其他处的质膜与壁分离

1. 表皮　表皮（epidermis）是最外一层排列紧密的细胞，由原表皮发育而来。表皮细胞呈砖形，排列紧密，没有细胞间隙，其长轴与根的纵轴平行，在横切面上，它们近于方形。根的表皮没有气孔的分化，角质膜薄或不发达，这对于保证水分和溶于水中的物质内渗有适应意义。

2. 皮层　皮层（cortex）在表皮以内，由多层薄壁细胞组成，占幼根横切面的很大比例，是水分和溶质从根毛到中柱的横向输导途径，也是幼根贮藏营养物质的场所，并有一定的通气作用。

有些植物中，皮层的最外一层或数层细胞，形状较小，排列紧密而整齐称为外皮层（exodermis）。当表皮上的根毛枯死后，外皮层细胞的细胞壁木栓化，起着临时保护的作用。

皮层的最内层有一层形态结构和功能都较特殊的细胞，称为内皮层（endodermis）。其细胞较小、紧密排列成一环、把皮层与中柱隔开。从幼根的吸收部位开始，内皮层的细胞壁在径壁和横壁上具有一条木质栓化的带状增厚，木栓质和木质沉积在初生壁和胞间层中。这一增厚结构称为凯氏带（Casparian strip）（图2-18）。最初是由德国植物学家 R. Caspary 于1865年发现的。凯氏带与质膜紧密贴合。由于凯氏带的存在，使物质自皮层进入中柱，都必须通过内皮层的具有选择透性的质膜或原生质体，这对于植物根的选择吸收和维持中柱内水溶质运输有重要意义。

少数双子叶植物的根，内皮层细胞的细胞壁，常在原有的凯氏带基础上再进行五面木质栓化加厚（只有邻接皮层一面的壁没有加厚）或六面全部加厚（即全部细胞壁都加厚）。这类植物根的中柱似乎被一层不透水的套子所隔开。但不是所有的内皮层细胞都进行五面加厚或六面加厚，通常在横切面上靠近木质部角端的那一部分内皮层细胞保持薄壁的状态。这种薄壁的细胞称为通道细胞。水和溶解在水中的矿物质通过通道细胞进入中柱（图2-19）。

3. 中柱　中柱（stele）又称维管柱（vascular cylinder），指内皮层以内的中轴部分，根的中柱是由原形成层发育而来。中柱的结构较复杂，由中柱鞘、初生木质部、初生韧皮部、薄壁组织等四部分组成（图2-20）。

（1）**中柱鞘**　中柱鞘（pericycle）位于中柱外围与内皮层相毗连，由一层或几层薄壁细胞所组成，有潜在的分裂性能，侧根、不定芽等起源于此。当进行次生生长时维管形成层的一部分及木栓形成层也发生于中柱鞘。

（2）**初生木质部**　初生木质部（primary xylem）位于根的中央，主要功能是输导水

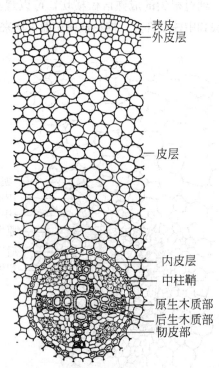

图2-19　石龙芮（*Ranunculus sceleratus*）幼根横切面

标注：表皮、外皮层、皮层、内皮层、中柱鞘、原生木质部、后生木质部、韧皮部

分。初生木质部具有辐射角（木质部束），辐射角的尖端为原生木质部（protoxylem），是较早形成的，其导管口径小而壁薄，属于环纹导管和螺纹导管。后生木质（metaxylem）部靠近中心，是较晚形成的，其导管口径大，为梯纹、网纹、孔纹导管（图 2-21）。根的初生木质部由外向内分化成熟的方式，称外始式（ex-arch），是根初生木质部与茎不同的重要特性。这种外始式的特性有利于缩短由根毛吸入物质经过皮层而输入到导管的途径，对于及时保证物质的运输有其适应意义。

原生木质部的束数是相对稳定的。例如，油菜、烟草、番茄的主根有 2 束原生木质部，称二原型（diarch）；豌豆、紫云英的主根为三原型（triarch）；棉花、花生、向日葵为四原型（tetrarch）；梨、苹果为五原型（pent-arch）。但作物不同品种间，其原生木质部束数有时会发生变化。茶树因品种不同而有 5 束、6 束、8 束和多至 12 束的。一般认为主根中的原生木质部束数较多的，其形成侧根的能力也强，这是茶树优良品种的特征之一。此外，同一植物的不同根中，原生木质部的束数也可以有差别。如甘薯主根为四原型，而在侧根及不定根中却为五原型或六原型。

此外，在根的离体培养试验中，外因也可影响原生木质部的束数。在培养豌豆三原型根尖切段时，培养基加入适量的吲哚乙酸（IAA），可促进原形成层的直径增加，使新生出的根端组织中分化出六原型的木质部。

（3）初生韧皮部　初生韧皮部（primary phloem）为若干束，分布于初生木质部辐射角之间，它们与原生木质部束相间排列。

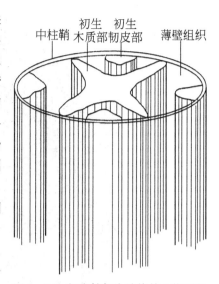

图 2-20　根中柱初生结构的立体图解

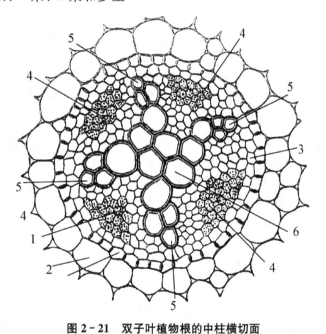

图 2-21　双子叶植物根的中柱横切面
1. 皮层薄壁组织　2. 内皮层　3. 中柱鞘
4. 初生韧皮部　5. 原生木质部　6. 后生木质部

这也是根维管束系统与茎不同的重要特征。初生韧皮部的主要功能是输导同化产物。初生韧皮部分为原生韧皮部（protophloem）和后生韧皮部（metaphloem），前者在外方，后者在内方，发育方式也是外始式。

（4）薄壁组织　通常分布在初生木质部和初生韧皮部之间。有些植物根的初生木质部在中部具薄壁组织的髓（pith）（图 2-22）。

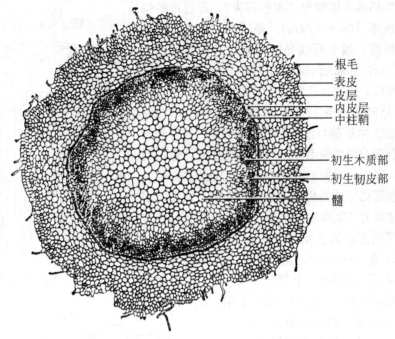

根毛
表皮
皮层
内皮层
中柱鞘

初生木质部
初生韧皮部

髓

图 2 - 22　茶主根横切面（示初生结构）

（二）单子叶植物根的结构特点

单子叶植物以禾本科植物为例，其根的基本结构与双子叶植物一样，也分为表皮、皮层和中柱三部分（图 2 - 23）。但各部分结构有其特点，特别是没有维管形成层和木栓形成层，不能进行次生生长，故根不能无限地加粗。禾本科植物的内皮层，在发育后期其细胞壁常呈除外切向壁的五面加厚。在横切面上，增厚的部分呈马蹄铁形（图 2 - 24）。与原生木质部相对的内皮层细胞为通道细胞（passage cell），一般认为是根内外物质运输的主要途径。

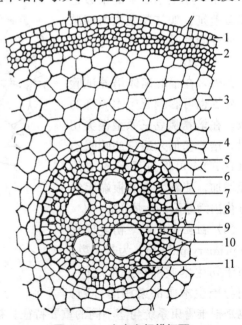

中柱的最外层为一层薄壁细胞组成的中柱鞘，是侧根发生之处。中柱鞘位于根体的深层部位，侧根从中柱鞘起源发生，被称为内起源（endogenous origin）。在根的较老部分，中柱鞘细胞木化增厚，产生侧根的功能减弱。初生木质部一般为多原型，一般在 6 束以上。根的中央通常有薄壁细胞组成的髓。根的发育后期，髓部细胞的细胞壁常发生增厚，加强了中柱的支持作用。

图 2 - 23　小麦老根横切面
1. 表皮　2. 厚壁组织　3. 皮层薄壁组织　4. 内皮层
5. 通道细胞　6. 中柱鞘　7. 原生木质部　8. 后生木质部
9. 髓　10. 原生韧皮部　11. 后生韧皮部

发育时期较长的根部称为老根，主要特征是表皮与根毛大多枯萎；外皮层形成厚壁组织，如有通气结构的则已发育完善（图 2－25）；内皮层加厚显著；有的植物如水稻，整个中柱全部木质化。

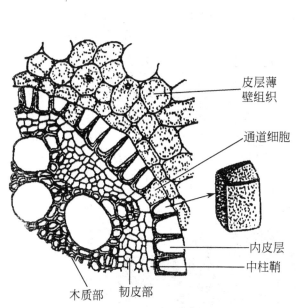

图 2－24　鸢尾属植物根横切面的一部分

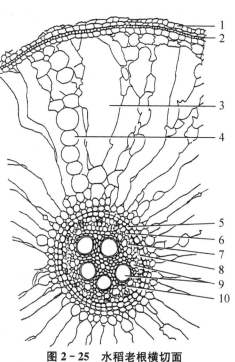

图 2－25　水稻老根横切面
1. 表皮　2. 外皮层　3. 气腔　4. 残余的皮层薄壁
细胞　5. 内皮层　6. 中柱鞘　7. 初生韧皮部
8. 原生木质部　9. 后生木质部　10. 厚壁细胞

（三）侧根的发生

植物的主根或不定根在初生生长后不久，产生侧根。侧根起源于中柱鞘的一定部位。在二原型的根中，侧根发生于原生木质部与原生韧皮部之间（如胡萝卜），或正对原生木质部（如萝卜）产生；在三原型、四原型根系中，多正对原生木质部；在多原型的根中，则多正对原生韧皮部而发生（图 2－26）。

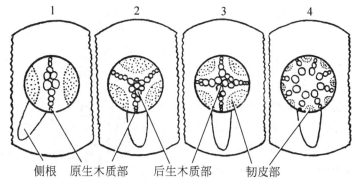

图 2－26　不同原型的根中，侧根发生位置的图解
1. 二原型　2. 三原型　3. 四原型　4. 多原型

　　侧根产生时，相应部位的中柱鞘细胞发生变化：细胞质增加，液泡变小。它们首先进行切向分裂，增加细胞层数，继而进行各个方向的分裂，产生一团细胞，形成侧根原基，其顶端逐渐分化为生长点和根冠。最后侧根原基的生长点细胞进一步分裂、生长和分化，穿过母根的皮层，伸出表皮，成为侧根（图2-27）。侧根的结构有时与主根有所不同，如茶（图2-22、图2-28）。

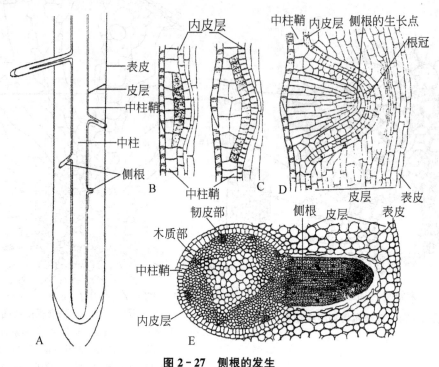

图2-27　侧根的发生

A. 侧根发生的位置　　B~E. 侧根发生的过程

　　在根的初生生长过程中，侧根不断地产生。侧根产生的多少和快慢与作物吸收水、肥的效率有关。中耕、施肥、假植等措施能促进侧根发生。

四、双子叶植物根的次生生长和次生结构

　　大多数双子叶植物的主根和较大的侧根在完成了初生生长之后，由于次生分生组织的活动，不断地产生次生维管组织和周皮，使根的直径增粗。这种生长过程称为次生生长，形成的结构称为根的次生结构（secondary structure）。次生分生组织包括维管形成层和木栓形成层。

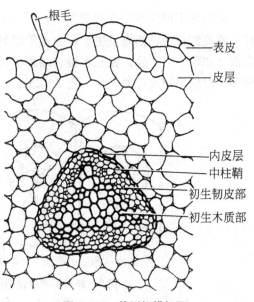

图2-28　茶侧根横切面

（一）次生分生组织的形成和活动

1. 维管形成层的发生及活动　在根毛区或成熟区内，位于初生韧皮部内侧，保持未分化状态的薄壁细胞开始脱分化，进行分裂活动，成为维管形成层（vascular cambium）的主要部分。初期在根的横切面上，维管形成层仅片段存在，它是由一行扁平的、排列整齐的细胞所组成的。不久，每个形成层片段继续向左右两侧扩展，直至与中柱鞘相接（图 2-29），此时正对原生木质部外面的中柱鞘细胞也进行

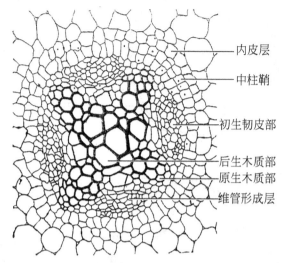

内皮层

中柱鞘

初生韧皮部

后生木质部
原生木质部
维管形成层

图 2-29　陆地棉根中柱的横切面（示维管形成层的发生）

分裂，成为形成层的一部分。至此，维管形成层连成了波形封闭的环。

维管形成层一经发生之后，即进行切向分裂，向内产生次生木质部，向外产生次生韧皮部。形成层的分裂初期并非均匀一致，往往是形成层圈凹入的部分（即邻近初生韧皮部束内侧部分）产生次生木质部较凸出的部分早而快，所以量多，因此将凹入的形成层向外推移，结果使形成层在根的横切面上逐渐成为圆圈形的环。形成层成圆圈形环后各部分细胞的分裂速度趋于一致，因此，根的增粗是均匀一致的。

维管形成层变为圆圈后，仍然不断地向内、外分裂；使根的直径渐渐增粗，维管形成层的位置也渐向外移。同时，维管形成层细胞进行径向分裂，扩大其周径，以适应次生木质部（secondary xylem）的增粗变化。一般植物根中，维管形成层向内分裂所形成的次生木质部细胞数量较向外形成的次生韧皮部（secondary phloem）为多。所以，根的次生结构中，次生木质部所占比例很大（图 2-30）。

维管形成层除产生次生韧皮部和次生木质部以外，在正对初生木质部辐射角处，由中柱鞘发生的形成层段也分裂出径向排列的薄壁细胞——射线（图 2-31）。木质部中的木射线（xylem ray）和韧皮部中的韧皮射线（phloem ray）合称维管射线（vascular ray）。它的主要生理功能是使物质能够进行横向运输，还具有贮藏营养物质的作用。

老根形成次生结构后，根的直径显著增粗。由于初生韧皮部比较柔弱，它们常被挤压于次生韧皮部之外，有时只剩压碎后的残余部分，其输导同化产物的功能由次生韧皮部来取代。但呈辐射状态的初生木质部仍然保留于根的中部（图 2-31），这是区分老根与老茎的重要特征之一。

2. 木栓形成层的活动　根的次生维管组织出现后不久，中柱鞘细胞恢复分裂，产生木栓形成层（cork cambium），由木栓形成层的活动产生根的次生保护组织——周皮。

中柱鞘细胞恢复分裂能力后，首先进行切向分裂，结果形成多层细胞。木栓形成层向外产生多层木栓层细胞，向内产生一至数层栓内层细胞。木栓层、木栓形成层和栓内层三者共同构成了周皮（图 2-32）。周皮形成后，木栓层以外的皮层、表皮由于得不到营养物质而死

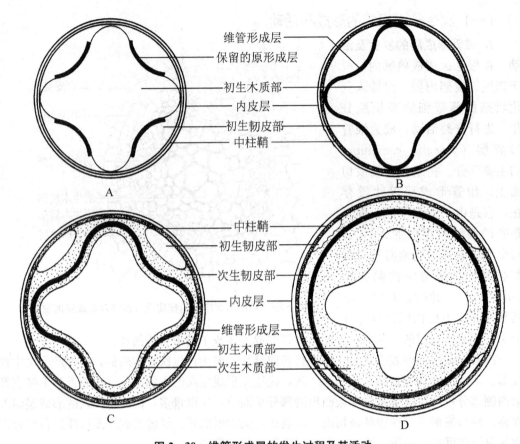

图 2-30 维管形成层的发生过程及其活动
A. 维管形成层片段 B. 波形维管形成层环 C. 形成次生维管束 D. 圆形形成层环

亡脱落。

在多年生的老根中，木栓形成层每年重新发生，配合维管形成层的活动，其位置逐年向内推移，最后可深入到次生韧皮部，多年生植物的根部，由于周皮的逐年产生和死亡后的积累，以致可形成较厚的树皮。

（二）双子叶植物根的次生结构

根的维管形成层和木栓形成层活动形成根的次生结构（图 2-33），次生结构包括次生保护组织周皮和次生维管组织。周皮包括木栓层、木栓形成层和栓内层。次生维管组织包括次生韧皮部和次生木质部。周皮木栓层由排列整齐的木栓细胞组成，木栓细胞为死细胞，其细胞壁木栓化，具有防止透水透气的作用。次生韧皮部由筛管、伴胞、韧皮纤维和薄壁细胞等组成，次生木质部由导管、木纤维和薄壁细胞等组成。次生韧皮部和次生木质部中的薄壁组织细胞，具有贮藏和运输功能，分为纵向薄壁组织系统和横向薄壁组织系统，横向薄壁组织系统组成次生射线。在根次生结构的横切面上，自外向内依次为周皮、韧皮部、形成层、木质部、髓。

松果菊根的中柱鞘细胞靠外的部分分化为木栓形成层，而内部的部分则形成多层疏松排列的类似皮层的薄壁组织，常被称为次生皮层（secondary cortex）。此外，有些植物因有异常形成层，而出现异常次生生长（图 2-34）。

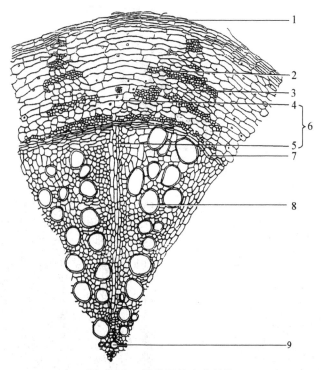

图 2 - 31　棉花根的次生结构

1. 周皮　2. 韧皮纤维　3. 韧皮部　4. 韧皮射线　5. 木射线
6. 维管射线　7. 形成层　8. 次生木质部　9. 初生木质部

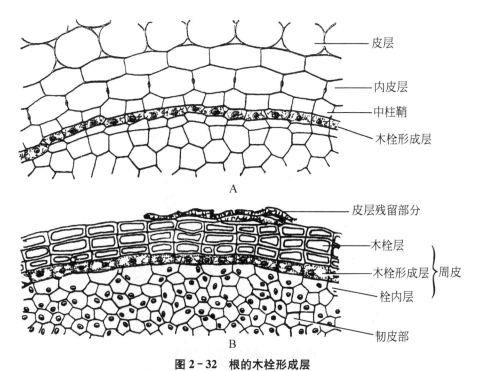

图 2 - 32　根的木栓形成层

A. 葡萄根横切面，示木栓形成层由中柱鞘发生　B. 橡胶树根横切面，示周皮

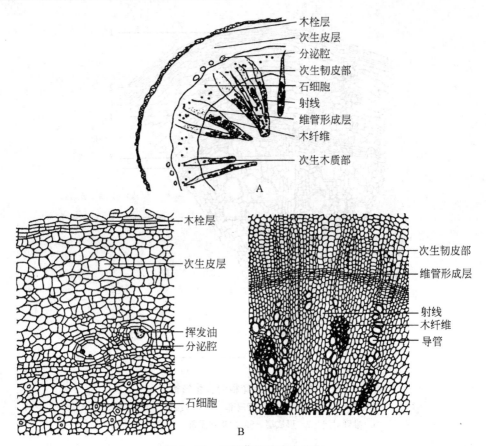

图 2-33　松果菊根的次生结构

A. 横切面简图　B. 横切面详图

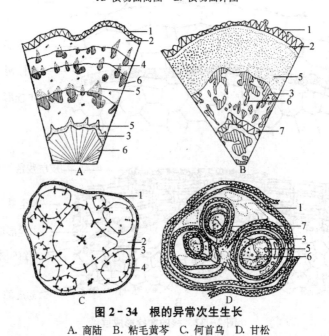

图 2-34　根的异常次生生长

A. 商陆　B. 粘毛黄芩　C. 何首乌　D. 甘松

1. 木栓层　2. 皮层（次生皮层）　3. 最初的维管形成层　4. 异常的维管形成层　5. 韧皮部　6. 木质部　7. 木间木栓

五、根瘤和菌根

（一）根瘤

很多豆科植物的根部能产生各种形状和颜色的瘤状突起称为根瘤（图2-35）。它是由一种具有固氮能力的细菌（称根瘤菌）侵入根的皮层细胞内形成的。根瘤菌（rhizobi-um）侵入皮层细胞后，刺激皮层细胞进行分裂，结果形成一小瘤状突起物，即为根瘤（root nodule）。

根瘤细菌具有固氮作用。它能把大气中游离氮转变为含氮化合物，供给豆科植物利用。根瘤菌依靠植物供给生活所必需的水分和养料。这样，绿色植物和非绿色植物之间建立了一种共生关系。所谓共生（symbiosis），就是两种生物有机体密切共居，彼此有利益，各得所需的现象。

根瘤菌固氮作用所制造的含氮物质的一部分，还可以从植物的根部分泌到土壤中，这一部分含氮物能被其他生物利用。实践证明，豆类植物与谷类植物间作，因豆类植物增加了土壤中的含氮量，可提高谷类植物产量。

（二）菌根

除根瘤菌外，许多植物的根还可以与土壤中的某些真菌共生，形成一种菌与根的结合体（图2-36），称作菌根（mycorrhiza）。据菌丝在根中生长分布的不同，常将菌根分为三种类型。

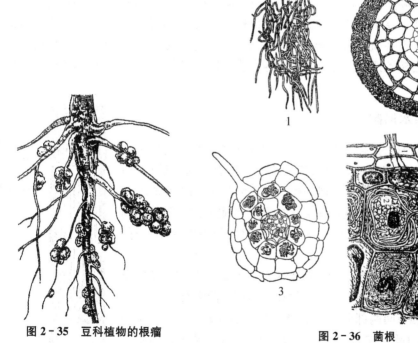

图2-35　豆科植物的根瘤

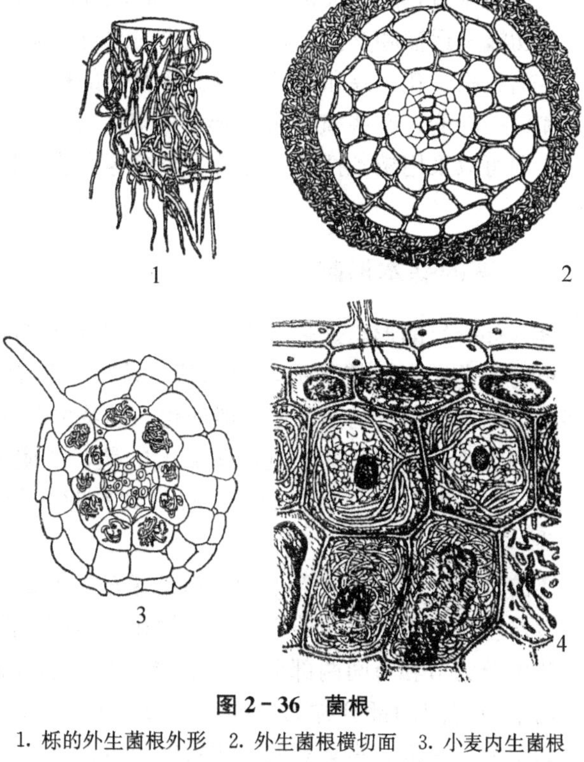

图2-36　菌根

1. 栎的外生菌根外形　2. 外生菌根横切面　3. 小麦内生菌根横切面　4. 二叶舌唇兰内生菌根纵切面

1. 外生菌根　真菌的大部分菌丝包被在幼根的表面形成一种菌丝套子，少部分菌丝侵入表皮和皮层细胞的间隙中，但并不侵入皮层细胞内部，这称作外生菌根（ectotrophic mycorrhiza）。外生菌根常呈灰白色，短而粗，常二叉分枝，根毛稀少或者无，根被菌丝套子包被着，不直接与土壤相接触。许多木本植物，如马尾松、油松、冷杉、云杉、栓皮栎、桉树、毛白杨等常有外生菌根。

2. 内生菌根　真菌的菌丝在幼根的表面并不显著，菌丝侵入根的皮层细胞内，这种根在外表上和正常的根没什么差别，只是颜色较暗，这叫内生菌根（endotrophic mycorrhiza）。如兰科、杜鹃花科、鸢尾属、草莓属、胡桃属植物等多具内生菌根。

3. 内外生菌根　有些植物的幼根，真菌的菌丝不仅包裹着根尖，而且也侵入皮层细胞内和细胞间隙中，称为内外生菌根（ecto-endotrophic mycorrhiza）。如桦木属、柳属、苹果、银白杨、柽柳等植物的菌根。

一般来讲，菌根中的真菌与高等植物是共生的，真菌自土壤中吸收水分和矿质养料供给高等植物，高等植物提供碳水化合物和其他有机物供给真菌。真菌在根外的菌丝分布在土壤中，相当于根毛或代替根毛作用。菌根外的菌丝在土壤中蔓延较广，具有较大的吸收表面，因而真菌的吸收效率较植物的根毛为强。在自然界中。菌根对于很多森林树种的正常生活是十分必要的。在不含菌类的土壤上造林时，必须考虑菌类的接种问题。

第三节　茎

种子萌发后，随着根系的发育，上胚轴和胚芽向上发育为地上部分的茎和叶。茎的主要生理功能是运输和支持，茎将根吸收的水分和矿物质养料运输到叶，又将叶制造的有机物质运输到根、花、果和种子。茎支持着全部枝叶，又要抵抗风、雨、雪等外力。茎也有贮藏和繁殖功能。有些植物可以形成鳞茎、块茎、球茎、根状茎等变态茎，贮藏大量养料，人们可以采用枝条扦插、压条、嫁接等方法来繁殖植物。此外，绿色的茎还能进行光合作用。

一、茎的基本形态

茎（stem）的形态是多种多样的，有三棱形的，如马铃薯和莎草科植物的茎；有四棱形的，如薄荷、益母草等唇形科植物的茎；有多棱形的，如芹菜的茎。但一般而论，植物的茎多为圆柱体形。

茎的大小也有很大的差别，最高大的茎，如澳洲的一种桉树高达 150 m。但也有非常短小的茎，短小到看起来似乎没有茎一样，如蒲公英和车前草的茎。

茎的性质因植物不同而不同，有的柔软，有的颇坚硬。植物学上常根据茎的性质将植物分为草本植物和木本植物两大类。

茎可分为节和节间两部分。茎上着生叶的部位称为节（node）；相邻两个节之间的部分称为节间（internode）。有些植物的节很明显，如玉米、甘蔗、高粱等的节非常明显（图 2-37），形成不同颜色的环，上面还有根原基。但大多数植物的节不明显，只是叶柄处

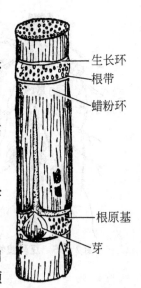

生长环
根带
蜡粉环

根原基

芽

图 2-37　甘蔗茎

略突起，表面无特殊结构。

着生叶和芽的茎称为枝条（shoot）。枝条上节间长短差异很大，其长短往往随植物体的不同部位、植物的种类、生育期和生长条件而有差异。如玉米、甘蔗等中部的节间较长，茎端的节间较短；水稻、小麦、油菜等在幼苗期，各节间密集于基部，节间很短，抽穗后，节间较长；苹果、梨等果树，它们植株上有长枝和短枝，长枝的节与节间距较长，短枝的节与节间距较短。短枝是开花结果的枝，称为花枝或果枝。在果树栽培上特别重视果枝的生长状况，常采取一些措施来促进、控制果枝的生长发育，以达到高产、稳产的目的。

木本植物的枝条（图2-38），其叶片脱落后留下的痕迹，称为叶痕（leaf scar）。叶痕中的点状突起是枝条与叶柄间的维管束断离后留下的痕迹，称维管束迹（bundle scar）或叶迹（leaf trace）。花枝或小的营养枝脱落后留下的痕迹称枝迹（branch scar）。

枝条外表往往可见一些小形的皮孔，这是枝条与外界进行气体交换的通道。有的枝条由于顶芽的开放，其芽鳞脱落后，在枝条上留下的密集痕迹，称为芽鳞痕（bud scale scar）。因顶芽每年春季开放一次，因此，根据芽鳞痕的数目和相邻芽鳞痕的距离，可判断枝条的生长年龄和生长速度。这在果树栽培上，对于选择枝条，进行扦插或嫁接是有实践意义的。

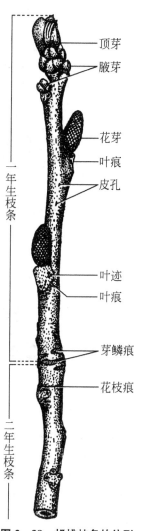

图2-38 胡桃枝条的外形

（图右侧标注：顶芽、腋芽、花芽、叶痕、皮孔、叶迹、叶痕、芽鳞痕、花枝痕；左侧：一年生枝条、二年生枝条）

二、芽和分枝

（一）芽及其类型

1. 芽的基本结构 芽（bud）是未发育的枝或花和花序的原始体。芽的中央是幼嫩的茎尖。茎尖上部节间极短，节不明显，周围有许多突出物，这是叶原基（leaf primordium）和腋芽原基（axillary bud primordium）。在茎尖的下部，节与节间开始分化，叶原基分化为幼叶，将茎尖包围，这是芽的基本结构（图2-39）。将来芽进一步生长，节间伸长，幼叶展开长大，便形成枝条。若为花芽，其顶端的周围产生花各组成部分的原始体或花序的原始体。有些芽外有芽鳞包被。

2. 芽的类型 按照芽生长位置、性质、结构和生理状态，可将芽分为下列几种类型。

（1）定芽和不定芽 这是按芽在枝上的生长位置来分的。定芽生长在枝的一定位置。定芽包括顶芽（terminal bud）（生长在枝的顶端）和侧芽（lateral bud）或称腋芽（axillary bud）（生长在叶腋处的芽）。如有多个腋芽在一个叶腋内，除一个腋芽外，其余的都称为副芽。悬铃木的芽被叶柄基部所覆盖，叶落后芽才显露，这种芽称为柄下芽（图2-40），也属于定芽。如芽不是生于枝顶或叶腋，而是由老茎、根、叶上或从创伤部位产生的芽，称不定芽（adventitious bud）。如桑、柳等的老茎，甘薯、刺槐等的根，秋海棠、大叶落地生根（*Kalanchoe daigremontiana*）的叶上都能产生不定芽（图2-41）。

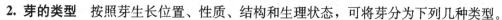

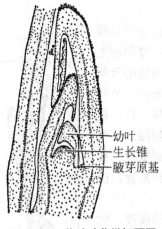

图 2-39 茶叶叶芽纵切面图

幼叶
生长锥
腋芽原基

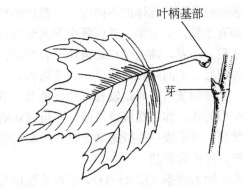

叶柄基部

芽

图 2-40 悬铃木的叶柄下芽

图 2-41 大叶落地生根叶上的不定芽

（2）叶芽、花芽和混合芽 这是按芽发育后所形成的器官来分的。叶芽（leaf bud）将来发育为营养枝；花芽（flower bud）发育为花或花序；混合芽同时发育为花（或花序）、枝、叶。梨和苹果的顶芽便是混合芽（mixed bud）（图 2-42）。花芽和混合芽一般较肥大，易与叶芽区别。

（3）裸芽和鳞芽 按芽鳞的有无可分为裸芽（naked bud）（无芽鳞包被，实际是被幼叶包围着的茎、枝顶端的生长锥）和鳞芽（scaly bud）（外有芽鳞保护）。多数温带木本植物的芽都是鳞芽。多数草本植物的芽为裸芽。整个甘蓝的包心部分可视为一个巨大的裸芽。

（4）活动芽和休眠芽 按生理活动状态可分为活动芽和休眠芽。能在当年生长季节中萌发的芽，称为

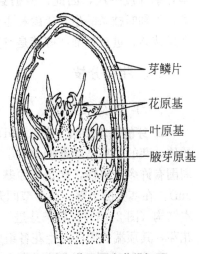

芽鳞片

花原基

叶原基

腋芽原基

图 2-42 苹果混合芽纵切面

活动芽（active bud）。当年生长季节不活动，暂时保持休眠状态的芽称为休眠芽（dormant bud）。一年生草本植物上的芽，多为活动芽。温带多年生木本植物，其枝条上近下部的许多腋芽为休眠芽。活动芽和休眠芽在不同条件下可以互相转变。例如，植物受到外界条件的刺激（创伤或虫害）往往可以打破休眠状态，芽便可萌发。相反地，当高温干旱的突然降临，也会促使活动芽转为休眠芽。

一个具体的芽，由于分类根据不同，可给予不同的名称。例如，小麦的顶芽，是活动芽，也可称为花芽，又可称为裸芽。同样梨的鳞芽可以是顶芽或侧芽，也可以是休眠芽，

又可以为混合芽。

（二）茎的分枝

植物按照一定的分枝方式进行分枝，分枝是植物的基本特性之一。植物界常见的分枝方式有三种：单轴分枝、合轴分枝、假二叉分枝（图 2 - 43）。植物的合理分枝，使植物地上部分在空间分布协调，以充分利用空间，接受光能。单轴分枝在裸子植物中占优势，而合轴和假二叉分枝都是被子植物主要分枝方式，它们较为进化。合轴分枝和假二叉分枝较为进化的原因是由于顶芽的停止活动，促进了侧芽的生长，从而使地上部分有更大的伸展性，为枝繁叶茂、扩大光合面积创造了有利条件。

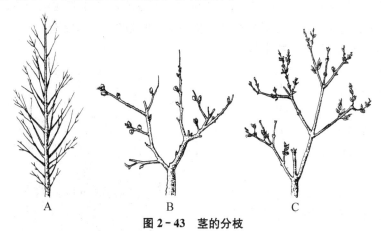

图 2 - 43　茎的分枝
A. 单轴分枝　B. 合轴分枝　C. 假二叉分枝

1. 单轴分枝　又称总状分枝（racemose branching）。植物体有一个明显的主轴，主轴顶芽不死，年年向上生长，顶芽下面的侧芽继续展开，依次发展成侧枝，侧枝比主轴细得多。侧枝也以同样的方式进行分枝，结果形成一个尖塔形或圆锥形的植物体，叫单轴分枝（monopodial branching）。多数裸子植物（如银杏、侧柏、圆柏等）和一些草本植物具有总状分枝。

2. 合轴分枝　植物的顶芽活动到一定时间后，生长变得极慢，甚至死亡，或分化为花芽，或发生变态，而靠近顶芽的腋芽则迅速发展为新枝代替主茎的位置。不久，这条新枝顶芽又同样停止生长，再由其侧边的腋芽所代替。这种分枝方式叫合轴分枝（sympodial branching）。合轴分枝实质是一段很短的枝与其各级侧枝分段连接而成，因此是曲折的，节间很短，较多的花芽得以发育，能多结果，故为丰产的分枝形式。如番茄、马铃薯、榆树、桃树以及大多数落叶乔木和灌木等都具有合轴分枝方式。许多果树如柑橘类、葡萄、枣、李等，都具有合轴分枝特性，其植株上有长枝（营养枝）和短枝（果枝）之分。茶树和一些树木在幼年期为单轴分枝，长成后则出现合轴分枝。

3. 假二叉分枝　当植物的顶芽生长成一段枝条后，停止发育，而顶端两侧对生的二个侧芽同时发育为新枝。新枝的顶芽生长活动也同母枝一样，再生一对新枝。如此继续发育，外表上形成二叉分枝，实际上是一种合轴分枝方式的变化，被称为假二叉分枝（false dichotomy branching），如丁香、七叶树、泡桐和很多石竹科植物都具有假二叉分枝方式。

二叉分枝（dichotomy branching）由顶端分生组织本身分裂为二所形成的，这与假二叉分枝是不同的。二叉分枝多见于低等植物（如网地藻）和少数高等植物如地钱、石松、卷柏等。

深入了解植物的分枝习性，在生产实践上有很重要的意义，可以为栽培农作物、果树、蔬菜、花卉等进行合理整枝、及时调控植物的营养生长和生殖生长的关系提供科学依据。一般情况下，进行整枝的原则是既要保证植物枝叶繁茂健壮，有良好的营养生长，为生殖生长积累养料，以充分发挥果枝的增产作用，又要防止营养生长过旺，引起枝叶徒长，养料分散，病虫滋生，对植物的生殖生长、开花结实带来不利影响。例如，在棉花栽培中，当棉苗开始出现一二个果枝时，把第一果枝以下的营养枝摘掉，可以减少营养物质的消耗，促使果枝生长和花蕾发育；当果枝上的花蕾达到一定数量时，把主茎和果枝的顶芽摘掉，使留下的、一定数量的果枝和花蕾得到充分的营养供应，可以增加有效蕾数和铃重，促进成熟一致。在种植瓜类、番茄、茄子等蔬菜时也常采用摘心整枝的方法以促进早熟与丰产。

禾本科植物的分枝方式和上述的分枝方式不同，这类植物的地上部茎节上很少发生分枝，分枝只发生在接近地面或地面以下的下部茎节上。这种发生在下部茎节上的分枝方式称作分蘖（tillering）（图 2 - 44），发生分枝的节叫分蘖节。土壤肥力、光照、温度、土壤水分和通气状况等对分蘖影响很大，因此，对这些条件的合理利用是控制分蘖数目的主要手段。

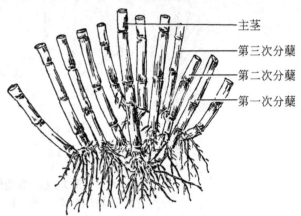

主茎
第三次分蘖
第二次分蘖
第一次分蘖

图 2 - 44 水稻植株基部（示分蘖）

三、茎尖的分区和茎的初生结构

位于茎顶端的分生组织，经过分裂、生长、分化而形成的组织称为初生组织，初生组织构成了茎的初生结构。

（一）茎尖的分区

茎尖与根尖一样也可分为分生区、伸长区和成熟区三个部分，但茎尖所处的环境以及所担负的生理功能与根尖不同，所以，没有类似根冠的结构。同时，各区的结构也有不同的特点（图 2 - 45）。

1. 分生区 分生区位于茎尖的顶端，其最顶端部分是原分生组织。原分生组织最外面的二层细胞（多数双子叶植物）或一、二层细胞（单子叶植物）为原套（tunica），只进行垂周分裂（图 2 - 46）。原套以内的部分，细胞进行各种方向的分裂，这一部分细胞称作原体（corpus）。原套细胞活动的结果增加了茎表面层的面积，原体细胞活动的结果增加了茎中心柱的体积。

距原套、原体不远的部位生有若干小突起物即叶原基，它是由原表皮层及其内侧的一层或数层局部的基本分生组织细胞进行强烈地细胞分裂形成的，将来发育成叶。

通常在第二或第三叶原基的腋部又发生出一小突起物，这叫腋芽原基，其在发生时，茎尖叶原基腋部的原表皮层细胞和原表皮层下面的数层基本分生组织细胞进行强烈地细胞分裂，结果形成了一小突起物，这就是腋芽原基，将来发育成腋芽。叶原基和腋芽原基均属外起源（exogenesis），与侧根的内起源不同。

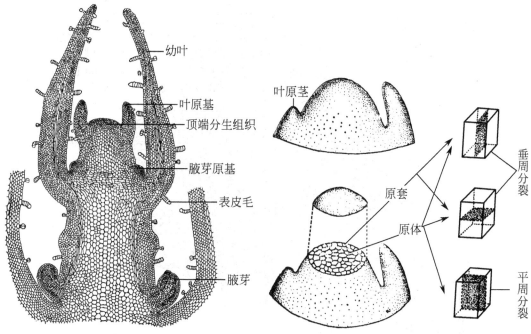

图 2-45　锦紫苏茎尖纵切　　　图 2-46　茎尖立体结构示意图

上为茎尖外形；下为茎尖横剖：示原套、原体

2. 伸长区　茎尖的伸长区较长，一般可达数厘米。本区的特点是细胞迅速伸长。伸长区的内部，已由原表皮、基本分生组织、原形成层 3 种初生分生组织逐渐分化出一些初生组织。伸长区细胞的有丝分裂活动逐渐减弱。伸长区可视为顶端分生组织发展为成熟组织的过渡区域。

3. 成熟区　伸长区的下面就是成熟区。此区的主要特点是细胞的有丝分裂和伸长生长都趋于停止，细胞逐渐完成各种不同的成熟变化，发展成各种不同的成熟组织，形成茎的初生构造。

在生长季节里植物的长高主要是靠顶端分生组织活动而引起的生长，称为顶端生长。顶端生长是由于分生区内的细胞分裂，伸长区内细胞的伸长和成熟区内细胞分化的结果，从而使植物节数增加，节间伸长，同时产生新的叶原基和腋芽原基。

（二）茎的初生结构

1. 双子叶植物茎的初生结构　对双子叶植物茎尖成熟区做横切，可以观察到茎的初生结构，包括表皮、皮层和中柱三部分（图 2-47、图 2-48）。

（1）**表皮**　幼茎最外面的一层细胞称作表皮，由原表皮层发育而来。表皮细胞多为砖形，排列紧密，无间隙。表皮细胞的外壁常加厚并角质化，形成角质层。

茎的表皮上有少数气孔分布，有些植物还有表皮毛。表皮这种结构上的特点，既能起到防止茎内水分过度散失和病虫侵入的作用，又不影响透光和通气，仍能使幼茎内的绿色组织正常地进行光合作用。这是对环境的适应。

（2）**皮层**　皮层位于表皮与中柱之间，大部分由薄壁组织组成。茎的皮层在横切面上占有较小的宽度，这一点和根的皮层是不同的。

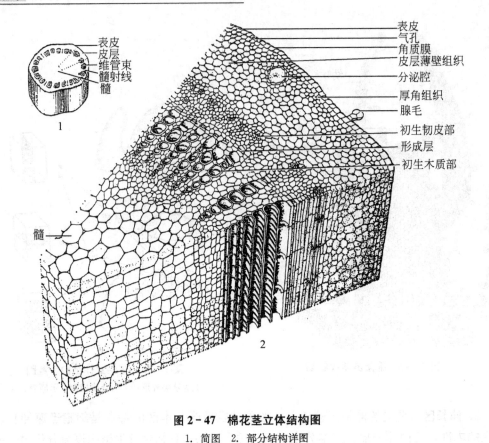

图 2 - 47　棉花茎立体结构图
1. 简图　2. 部分结构详图

在靠近表皮的皮层内常含有厚角组织，这在一定程度上加强了幼茎的支持作用。靠近表皮的皮层厚角组织和薄壁组织都含有叶绿体，故使幼茎呈绿色。幼茎皮层中具有厚角组织和绿色组织的这种特点，在幼根中是不存在的。

有些植物茎的皮层中有分泌腔（如棉花、向日葵）、乳汁管（如甘薯）或其他分泌结构的分布。有些则具有含晶体和单宁的细胞（如花生、桃）；有的木本植物茎的皮层内有石细胞群的分布。

茎的内皮层不明显，并且大部分茎的内皮层没有凯氏带，只有少数植物如向日葵、眼子菜等茎的内皮层才具有凯氏带。有些植物茎皮层的最内层细胞，富有淀粉粒，称为淀粉鞘。然而，也有不少植物缺乏明显的淀粉鞘。

（3）中柱　中柱是皮层以内的中轴部分。在茎中由于皮层和中柱之间常无明显界限，现有人采用"维管柱（vascular cylinder）"代替"中柱"一词。在横切面上，茎的中柱占有较大的面积，这一点和根的中柱是不同的。中柱由维管束、髓、髓射线等组成。

①维管束　维管束是从原形成层发育而来的，草本植物的维管束与维管束之间的间距较宽。多数木本植物幼茎维管束之间的间距较小，几乎连成完整的环。在立体结构中，各维管束是彼此交织贯连的。

茎的维管束在发育过程中，其初生木质部是最内侧的先形成原生木质部，然后进行离心发育，逐渐分化形成后生木质部，称为内始式（endarch），茎初生木质部的发育方式与根初生木质部的外始式发育顺序正好相反（图 2 - 49）。茎的初生韧皮部为向心发育。

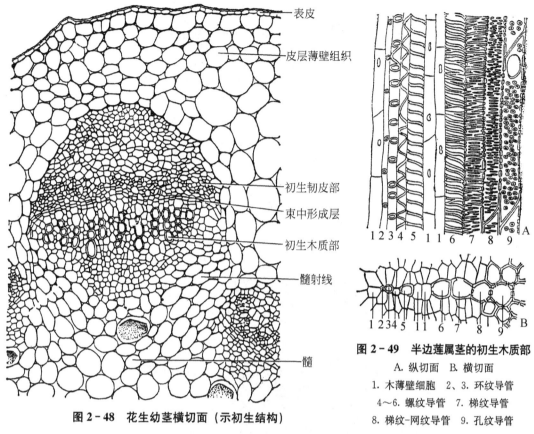

图 2-48　花生幼茎横切面（示初生结构）

图 2-49　半边莲属茎的初生木质部

A. 纵切面　B. 横切面

1. 木薄壁细胞　2、3. 环纹导管
4~6. 螺纹导管　7. 梯纹导管
8. 梯纹-网纹导管　9. 孔纹导管

多数双子叶植物茎中的维管束都是外韧维管束，即韧皮部在木质部的外面。也有些植物茎中（如葫芦科、茄科植物）在木质部的里外两面都有韧皮部，这叫双韧维管束。双子叶植物茎中的维管束由木质部、形成层和韧皮部三部分所构成，是无限维管束。

②髓和髓射线　髓和髓射线是中柱内的薄壁组织。位于幼茎中心的部分，称为髓。位于两个维管束之间连接皮层与髓的部分，称为髓射线。髓具有贮藏的功能。髓射线除有贮藏功能外，还可作为横向输导物质的途径（图 2-50）。

茎的中柱和根的中柱在结构上有很多不同点。其主要不同点是：茎的中柱中有髓和髓射线，根的中柱中没有髓射线，通常没有髓；在横切面上茎的中柱所占面积较大，根的中柱所占面积较小。茎和根的中柱在构造上形成这种不同的特点，是与它们所担负的功能不同有关。此外，根具有中柱鞘，中柱鞘参与形成层的发生，并且是侧根发生的部位。茎中无中柱鞘；根的初生木质部与初生韧皮部为相间排列，茎的则为内、外排列；根的初生木质部的发育为外始式，茎初生木质部发育顺序为内始式，与根初生木质部的外始式发育顺序有根本的不同（图 2-51）。

2. 单子叶植物茎的结构特点和生长

（1）单子叶植物茎的结构　以禾本科植物为例介绍单子叶植物茎的结构特点。其茎中的维管束为有限维管束，维管束内无维管形成层，也不产生木栓形成层。因此，没有次生生长和次生结构，茎不能在初生生长的基础上继续增粗。

禾本科植物茎的维管束散生于基本组织中，由外至内分为表皮、基本组织和维管束三

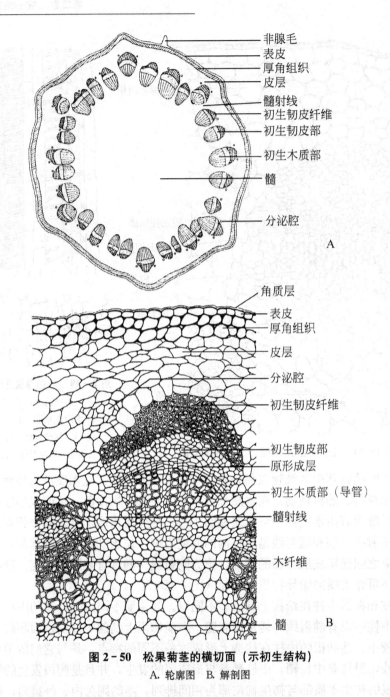

右侧标注（A图，自上而下）：
非腺毛
表皮
厚角组织
皮层
髓射线
初生韧皮纤维
初生韧皮部
初生木质部
髓
分泌腔

A

右侧标注（B图，自上而下）：
角质层
表皮
厚角组织
皮层
分泌腔
初生韧皮纤维
初生韧皮部
原形成层
初生木质部（导管）
髓射线
木纤维
髓

B

图 2-50　松果菊茎的横切面（示初生结构）

A. 轮廓图　B. 解剖图

个组织系统。现以玉米、水稻、小麦、甘蔗为例，详述其结构。

①表皮　表皮是由一种长细胞、二种短细胞和气孔器有规律地排列而成。长细胞是角化的，构成表皮的大部分；二种短细胞是栓质化的栓细胞（cork cell）和含有大量二氧化硅的硅细胞（silica cell），它们位于二个长细胞之间，排成整齐的纵列（图 2-52）。

表皮细胞外壁硅酸盐沉积的多少，即硅质的厚薄，与茎秆强度和对病虫害抵抗力的强弱有关。甘蔗茎的表皮上还有一层蜡被覆盖着，它是由许多棒状蜡线平行排列而成。表皮上的气孔器与叶的气孔器相同，也是由一对哑铃形的保卫细胞和一对副卫细胞所构成。

②**基本组织** 在玉米、水稻等茎的表皮内方，基本组织（fundamental）中有几层厚壁细胞，它们连成一环，形成坚强的机械组织（图 2 - 53），其发育的程度与抗倒伏性的强弱有较大的关系。小麦茎内表皮下方也有机械组织，但在幼期为绿色组织所隔开，绿色组织细胞内含有叶绿体，可以进行光合作用。机械组织以内是由大量薄壁细胞所构成的基本组织。有些植物由于茎外围细胞内含有花色甙而呈紫红等色。

③**维管束** 维管束散生于基本组织中，维管束的排列方式分为两类（图 2 - 54）：一类如水稻、小麦，散生的维管束大体上排列为内、外两轮。外轮的维管束较小，位于茎的边缘，大部分埋藏于机械组织中；内轮的维管束较大，周围为基本组织所包围。水稻茎的基本组织中还具有气腔，常分布于两轮维管束之间，形成良好的通气组织。水稻和小麦的节间中空，形成髓腔。另一类禾本科植物

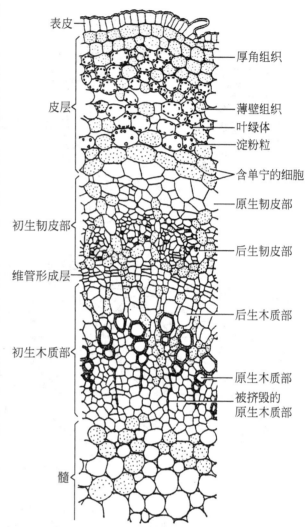

图 2 - 51 桃属茎横切面（示初生结构）

表皮 —— 厚角组织

皮层 —— 薄壁组织
叶绿体
淀粉粒

含单宁的细胞

原生韧皮部

初生韧皮部

后生韧皮部

维管形成层

后生木质部

初生木质部

原生木质部
被挤毁的原生木质部

髓

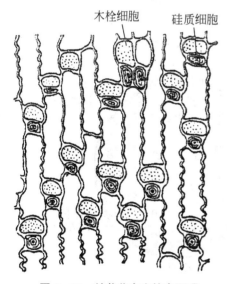

木栓细胞　硅质细胞

图 2 - 52 甘蔗茎表皮的表面观
具有木栓化细胞和硅质细胞的茎表皮

如玉米、甘蔗等，其茎内为基本组织所充满，维管束分散排列于其中，愈近边缘的维管束，数量愈多而形状愈小，维管束间的相互距离较近。相反地，愈近中心，维管束愈少，形状则较大，相距也较远。

禾本科植物茎的每一个维管束，为 1～2 层由厚壁机械组织细胞组成的维管束鞘（bundle sheath）所包围。维管束鞘里面为初生韧皮部和初生木质部，没有束中形成层，称为有限维管束。初生木质部位于维管束的内方（近轴方），其横切面呈"V"形。"V"形的基部（近轴方）为原生木质部，包含一个至几个环纹导管和螺纹导管及少量木薄壁细胞。在分化过程中，导管常遭破坏，其四周的薄壁

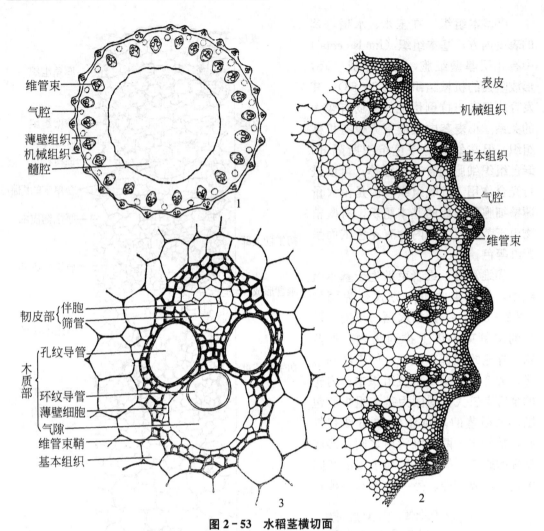

图 2-53　水稻茎横切面

1. 横切面轮廓图　2. 横切面的部分放大　3. 一个维管束的放大

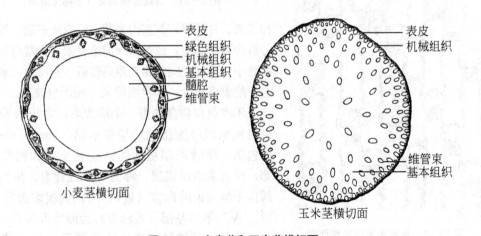

图 2-54　小麦茎和玉米茎横切面

细胞互相分离而形成一个气隙，也称为原生木质部腔。在"V"形上方（远轴方）的两侧各有一个后生的大型孔纹导管，在这两个导管之间，有少数小型的孔纹管胞和一些薄壁细胞将它们连接起来。

初生韧皮部位于木质部的外方，其中的原生韧皮部常被挤毁，后生韧皮部主要由筛管和伴胞组成。筛管较大，呈多边形，每一筛管旁侧有一个三角形或长方形的小型细胞，即为伴胞。

芦笋属单子叶植物百合科，茎的结构与玉米、甘蔗有些类似，但机械组织比较明显（图 2-55）。

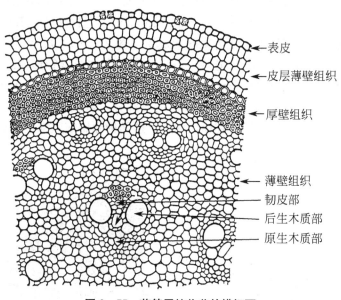

图 2-55 芦笋属植物茎的横切面

（2）禾本科植物茎的居间生长和初生增粗生长

①居间生长 禾本科植物茎，在每个节间基部，保留有短时间分裂能力的居间分生组织。通过居间分生组织的分裂活动产生许多新细胞，继续生长、分化，最后形成茎中的各种成熟组织，这种现象称为居间生长（intercalary growth）。当幼苗基部节间进行居间生长，节间开始伸长时，农业上称为拔节。抽穗时，茎的伸长特别迅速，这是因为数个节间同时进行居间生长的结果。由居间分生组织的分裂活动所形成的成熟组织，靠近节间上方的，是早成熟的组织；靠近基部的，是幼嫩的组织。居间生长对作物倒伏的复原也起着重要的作用。

居间分生组织的分裂能力并不能持久保留，待生长到一定时期，本身也进行分化成熟，而失去分裂性能。因此，稻、麦等抽穗后，穗子长到一定高度时，就停止了伸长。

②初生增粗生长 禾本科植物的维管束中没有形成层，属有限维管束，因此，禾本科植物茎的加粗并不是由于形成层的活动，而是由于茎尖的顶端在靠近茎轴外围的部位，有一些扁平的细胞，它们比较有规律地排列成行，具有分裂能力，称为初生增厚分生组织（primary thickening meristem）。由于初生增厚分生组织进行平周分裂，产生许多薄壁细胞，使茎尖的直径增大。在节间完全伸长后，通过初生增厚分生组织的分裂和形成的薄壁细胞的体积增大和分裂，还可以使茎轴发生有限的增粗。初生增厚分生组织活动的产物仍属初生性质的组织。它们的分裂活动的效应使得茎秆在靠顶端分生组织不远处，就出现比较明显的增粗。这是玉米、甘蔗、高粱等的茎比某些双子叶植物如棉花、花生的茎还粗壮的原因。

四、茎的次生生长和次生结构

(一) 双子叶植物茎的次生生长

多数双子叶植物的茎能够进行增粗生长。其增粗生长主要是靠维管形成层和木栓形成层共同活动而产生次生维管组织和周皮来实现的。

1. 维管形成层的发生与活动　原形成层发育为初生组织时，在初生韧皮部和初生木质部之间保留着一层具有分生能力的组织，即为形成层，由于这部分形成层是在维管束范围之内，因而又称为束中形成层（fascicular cambium）。当次生生长开始，连接束中形成层的髓射线细胞恢复分裂性能，变为束间形成层（图 2-56）。最后，束中形成层和束间形成层（interfascicular cambium）连成一环，它们共同构成维管形成层（图 2-57）。维管形成层由纺锤状原始细胞（fusiform initial）和射线原始细胞（ray initial）组成。纺锤状原始细胞呈长纺锤形，构成维管形成层的主要部分。射线原始细胞较小，细胞近乎等径，分散在纺锤状原始细胞之间。在横切面上，这两种原始细胞都呈扁平状，平周排列成整齐的一环（图 2-58）。

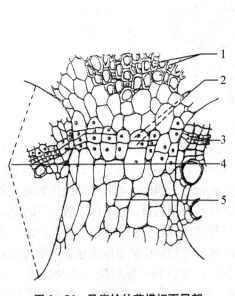

图 2-56　马兜铃幼茎横切面局部
（示束间形成层）

1. 纤维　2. 束间形成层　3. 束中形成层
4. 维管束　5. 髓射线

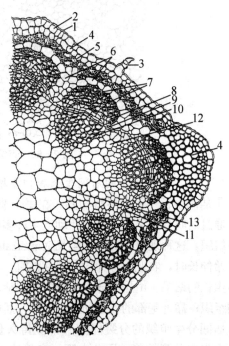

图 2-57　紫苜蓿茎横切面

1. 角质层　2. 表皮　3. 表皮毛　4. 皮层厚角组织　5. 皮层薄壁组织　6. 淀粉鞘
7. 原生韧皮部厚角组织状组织　8. 后生韧皮部　9. 束中形成层　10. 初生木质部
11. 束间形成层　12. 髓射线　13. 髓

维管形成层开始活动时，主要由纺锤状原始细胞进行平周分裂，向外向内增加细胞层数。向外产生的新细胞分化为次生韧皮部，添加在初生韧皮部内方，向内产生的新细胞分化为次生木质部，添加在初生木质部的外方，构成纵向的次生组织系统（图 2-59）。大多

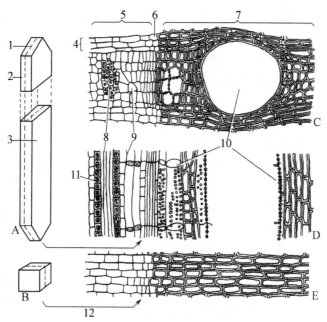

图 2 - 58 维管形成层及其衍生组织

A. 纺锤状原始细胞 B. 射线原始细胞 C. 刺槐茎横切面一部分

D. 刺槐茎径切面一部分,示轴向系统 E. 刺槐茎径切面一部分,示射线

1. 平周分裂 2. 径向面 3. 切向面 4. 射线 5. 韧皮部 6. 形成层 7. 木质部
8. 纤维 9. 筛管 10. 导管 11. 含晶细胞 12. 射线原始细胞

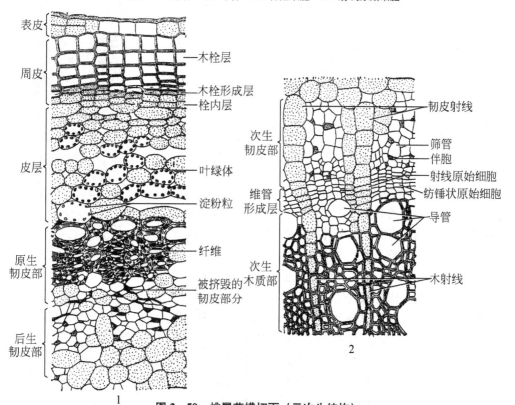

图 2 - 59 桃属茎横切面(示次生结构)

1. 外侧部分 2. 内侧部分

数植物形成的次生木质部较次生韧皮部多。射线原始细胞也进行平周分裂产生薄壁细胞，向外形成韧皮射线，向内形成木射线，二者合称维管射线，横走于次生韧皮部和次生木质部内，构成径向的次生组织系统。

由于维管形成层的分裂活动而产生了次生维管组织（图2-60）。许多草本和木本双子叶植物（如蓖麻属、柳属等）的茎中，维管束之间的间隔较大。当束中形成层和束间形成层一旦衔接成环后，束中形成层分裂产生的次生木质部和次生韧皮部，增添于维管束内，使维管束的体积增大，而束间形成层所分裂出来的次生韧皮部和次生木质部则组成新的维管束，添加于原来维管束之间，使整个维管束环直径扩大。一些藤本植物（如葡萄属、马兜铃属）的茎，其束间形成层分裂产生射线薄壁组织。而较多的木本植物和一些草本植物（如椴树属、丁香属等）的茎中，它们的维管束相互紧靠，几乎成为连续的圆筒，维管形成层的主要部分是束中形成层，束间形成层只占一小部分。随着维管形成层的分裂活动，产生一些次生维管组织，使维管束直径不断增大，茎秆也相应增粗。

在木本茎的横切面上，可以看到一些同心的圈层，此即年轮（图2-61）。年轮（annual ring）是由于维管形成层的活动具有周期性的变化而形成的，在春季时维管形成层细胞分裂较快，所产生的导管和管胞生长也快，这些导管的体积较大，壁都较薄，颜色较浅。到了初夏以后，维管形成层细胞分裂较慢，所产生的导管和管胞生长也慢。这些导管和管胞的体积较小，壁较厚，颜色较深。维管形成层春季活动所产生的木材称作早材（early wood），初夏以后维管形成层活动所产生的木材称作晚材（late wood）。早材和晚材构成了植物的年轮（图2-62）。一年当中的早材和晚材并没有明显的分界线，可是一个年轮的晚材与下一个年轮的早材之间却有明显的分界线。根据年轮的分界线常可以计算出植物的年龄，并且在植物生活的不同年代里，由于各年气候条件不同，所以年轮的宽狭度也就不同。根据年轮的宽狭度可以推算出在植物生活的年代里的气候状况。

维管形成层的活动所以具有周期性的变化，是因为一年当中的季节有变化的缘故。在春季时，温、湿条件适宜，植物生长新的枝叶，这时维管形成层细胞分裂也快，产生薄壁、口径大、生长快的导管和管胞；初夏以后，气温和水分等条件逐渐不适宜树木的生长，维管形成层的活动减弱，所产生的木材较少，其中的导管和管胞直径较小而壁较厚，

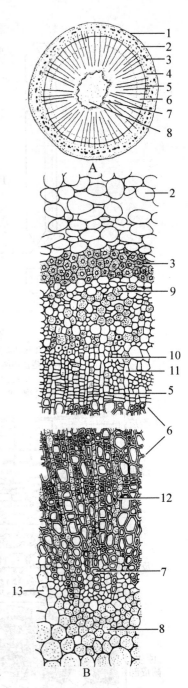

图2-60 梨茎横切面
（示次生结构）

A. 轮廓图　B. 解剖图一部分
1. 周皮　2. 皮层　3. 韧皮纤维
4. 韧皮部　5. 形成层　6. 次生木质部
7. 初生木质部　8. 髓　9. 初生韧
皮部　10. 次生韧皮部　11. 韧皮
射线　12. 木射线　13. 髓射线

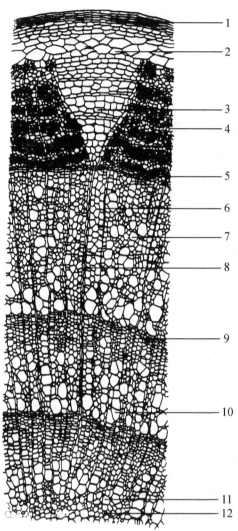

图 2－61 椴树三年茎的横切面

1. 周皮　2. 皮层　3. 韧皮射线　4. 次生韧皮部
5. 形成层　6. 维管射线　7. 次生木质部
8. 木射线　9. 晚材　10. 早材　11. 后生木质部
12. 原生木质部

利于增强茎的支持能力。

生长在热带多雨地区的木本植物，由于一年内气候、雨量等条件相差不大，没有明显的季节变化，因此维管形成层的活动也就没有周期性的变化，所以年轮不明显或没有年轮。

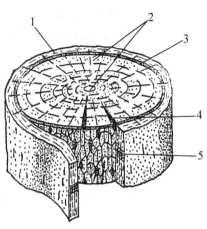

图 2－62　一段老茎的立体结构图解
1. 树皮　2. 木质部　3. 形成层
4. 木射线　5. 韧皮射线

在某些树木茎干的横切面上，次生木质部从颜色上可以区分为两个明显的部分，靠近形成层的部分颜色较浅，称作边材（sap wood）；茎中心的部分颜色较深，称作心材（heart wood）。边材具有输导水分和贮藏营养物质的作用，由边材转变成心材后，木质部失去了输导和贮藏的功能。心材是随着树干的不断增粗而逐渐形成的。木质部距离外围的韧皮部越远，得到营养物质越困难，最终引起这部分细胞衰老和死亡。因此，心材里没有活的组织。而导管和管胞丧失输导功能的另一原因，是由于侵填体的侵入以及单宁、树脂、树胶等有机物质的积累。由于侵填体的形成，致使较老的边材内的木薄壁细胞死亡，而逐年转变为心材。心材虽无导水作用，但对植物体的机械支持作用却有增加。少数木本植物在生长后期，心材被菌类侵入而腐蚀，形成空心树干，由于边材和韧皮部的存在虽仍能生活，但易被外力折断。

研究木材的构造有助于鉴定树种和确定植物的亲缘关系。

维管形成层的活动如下：

2. 木栓形成层的发生与活动 双子叶植物茎在适应内部直径增大的情况下，外周出现了木栓形成层，由木栓形成层的活动产生了新的保护组织——周皮，由周皮代替了表皮而起保护作用（图2-63）。

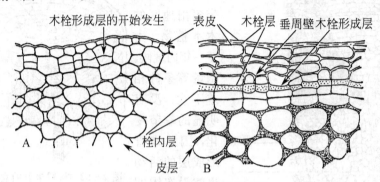

图2-63 天竺葵属茎横切面
A. 木栓形成层的发生 B. 木栓层和栓内层的形成

不同植物木栓形成层最初的发生部位是不一样的，有的起源于表皮（如梨、苹果），有的在近表皮的皮层薄壁组织（如马铃薯、桃）或厚角组织中（如花生、大豆）发生，有的也可在皮层较深处的薄壁组织（如棉花）中，甚至在初生韧皮部发生（如茶属）。多数植物木栓形成层的活动期是有限的，通常生存几个月就失去活力，以后木栓形成层每年重新发生，在第一次周皮的内方产生第二层新的木栓形成层，再形成新的周皮。这样木栓形成层的位置逐渐向内移。在老茎中，木栓形成层可以直至次生韧皮部中发生。新形成的木栓层阻断了其外周组织与茎内部组织之间的联系，使外周的组织不能得到水和养料的供应而死亡。这些失去生命的组织包括多次产生的周皮，总称为树皮。园艺上冬天刮树皮除虫或虫卵，去掉的就是这部分树皮。但也有将维管形成层以外所有的组织统称为树皮的，这就包括了历年产生的周皮和一些已死的皮层、韧皮部等，这是树皮的广义的概念。

树皮所积累的组织越来越多，使树皮越来越厚。因木栓质轻而具有弹性、抗酸、防震，并为热、电、声的不良导体，因此，木栓层发达的树皮（如栓皮栎）常用来制作软木塞、救生漂浮设备，又可做隔热、绝缘材料。

不同植物中由于木栓形成层的发生、分布以及树皮组成分子的积累情况不同，树皮常表现出不同形态。如果木栓形成层呈鳞片状分布，老的周皮就呈鳞片状脱落，这叫鳞片状树皮，如法国梧桐。有些树种的木栓形成层呈筒状分布，树皮一般比较光滑，最后呈筒状脱落，这叫环状树皮，如白桦。有时环状树皮发生纵裂，因而老的周皮呈长带状脱落，如葡萄树。也有很多树种的落皮层不脱落，在树皮上形成许多纵行的沟纹，如柳树、榆树等。老的周皮脱落的原因通常由于周皮的木栓层中夹有未栓质化的细胞（叫拟木栓细胞）层或夹有细胞壁较薄的木栓细胞层（如白桦），当树皮因湿度变化而涨缩时，落皮层就从周皮的这些薄弱层处脱落下来。

观察老的枝条可以看到外表有一些浅褐色的小突起，这些突起就是皮孔（图2-64）。皮孔常产生于原来气孔的位置，其内方的木栓形成层不形成木栓细胞，而形成许多圆球形的、排列疏松的薄壁细胞（补充组织）。随着补充组织（complementary tissue）的增多，向外突出，形成裂口，从而形成了皮孔。皮孔是老枝与外界气体进行交换的通道。

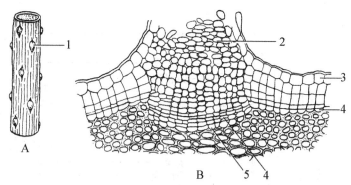

图 2-64　接骨木属植物的皮孔

A. 茎外形　B. 皮孔部位解剖

1. 皮孔　2. 补充组织　3. 表皮　4. 木栓形成层　5. 栓内层

　　双子叶植物的茎经过次生生长，形成了茎的次生结构（图 2-65）。由初生结构至次生结构的发育过程图解见图 2-66。

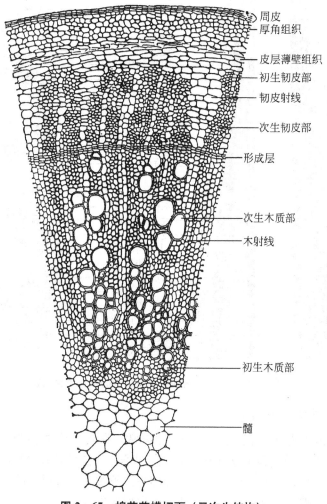

周皮
厚角组织
皮层薄壁组织
初生韧皮部
韧皮射线
次生韧皮部
形成层
次生木质部
木射线
初生木质部
髓

图 2-65　棉花茎横切面（示次生结构）

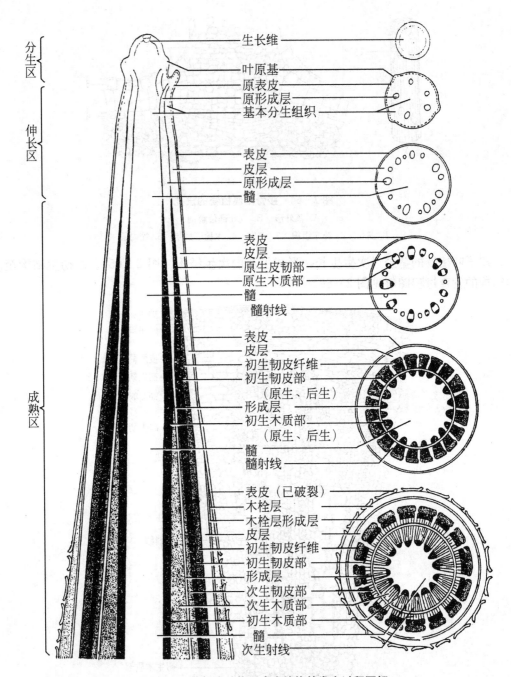

分生区
生长锥
叶原基
原表皮
原形成层
基本分生组织

伸长区
表皮
皮层
原形成层
髓

成熟区
表皮
皮层
原生皮韧部
原生木质部
髓
髓射线

表皮
皮层
初生韧皮纤维
初生韧皮部
（原生、后生）
形成层
初生木质部
（原生、后生）
髓
髓射线

表皮（已破裂）
木栓层
木栓层形成层
皮层
初生韧皮纤维
初生韧皮部
形成层
次生韧皮部
次生木质部
初生木质部
髓
次生射线

图 2-66　茎初生结构至次生结构的发育过程图解

（二）茎的异常次生结构

有些双子叶植物茎中，维管形成层的发生异常，形成异常次生结构（图 2-67、图 2-68）。大多数单子叶植物茎没有次生生长，因而也没有次生结构，但少数热带或亚热带的单子叶植物如龙血树、芦荟、丝兰、朱蕉等例外。不过其维管形成层的发生和活动，不同于双子叶植物，一般是在初生维管组织外方产生形成层（图 2-69）。

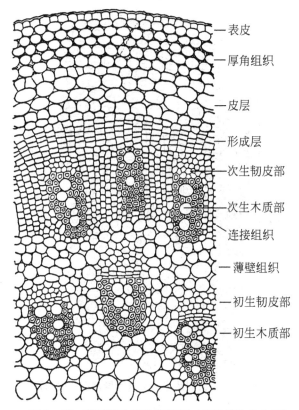

图 2-67　苋属植物茎的横切面（示异常次生生长）

表皮
厚角组织
皮层
形成层
次生韧皮部
次生木质部
连接组织
薄壁组织
初生韧皮部
初生木质部

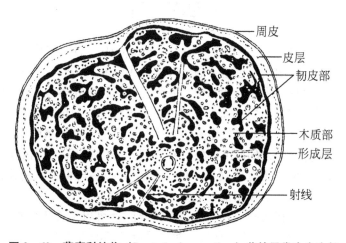

图 2-68　萝摩科植物（*Leptadenia spartium*）茎的异常次生生长

周皮
皮层
韧皮部
木质部
形成层
射线

（三）双子叶植物茎节部结构特点

节部有叶或枝与茎相连。茎内维管束由节部斜向伸入叶柄，这种斜向生于茎内的维管束称为叶迹。同样，如果是枝，斜生的维管束在茎内的部分，称枝迹。叶迹和枝迹因是斜向伸出，它们的位置逐渐转移到茎的皮层和边缘。结果，使节部的皮层和中柱之间无明显划分的界限，各维管束的排列也不成一环。位于叶迹或枝迹的近轴处，是一些薄壁细胞，这些薄壁组织的区域，分别称为叶隙或枝隙。

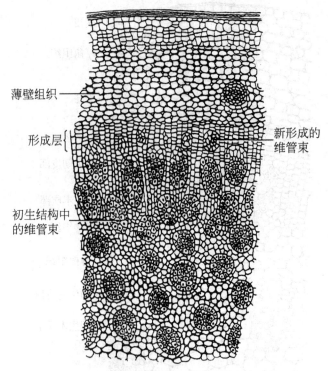

薄壁组织

形成层

初生结构中
的维管束

新形成的
维管束

图 2 - 69　龙血树茎横切面（示异常次生生长）

第四节　叶

叶（leaf）的主要生理功能是光合作用（photosynthesis）、蒸腾作用（transpiration）和气体交换作用。光合作用是绿色组织通过叶绿体色素和有关酶类的活动，利用太阳能把二氧化碳和水合成有机物（主要是葡萄糖）并将光能转化为化学能而储藏起来，同时释放氧气的过程。可以说，整个动物界和人类都是直接地或间接地依靠绿色植物光合作用所制造的有机物质而生活，其释放的氧气也是生物生存的必需条件。蒸腾作用是根吸水的主要动力；蒸腾作用还可降低叶片的温度，使叶片在强烈的阳光下不致因受热而灼伤。气体交换作用是植物与周围环境进行气体交换（O_2、CO_2 的吸进与释放）的作用，气体交换作用对于植物的生活与植物光合作用都很重要。

此外，有些叶还能进行繁殖，在叶片边缘的叶脉处可以形成不定根和不定芽（图 2-41）。例如，繁殖柠檬、葡萄、秋海棠时，便可采用扦插的方法来进行繁殖。

一、叶的组成和形态

（一）叶的组成

叶起源于茎尖的叶原基。发育成熟的叶分为叶片、叶柄和托叶三部分（图 2-70），称为完全叶（complete leaf），缺少任何一部分的叶称不完全叶，如甘薯、油菜的叶缺托叶，烟草的叶缺叶柄。

大多叶片是叶的绿色扁平部分，具有较大的表面面积。叶片（blade 或 lanina）是薄的，可以缩短叶肉细胞和叶表面的距离，有利于气体交换和光能的吸收；而较大的表面面积可以扩大叶片与外界环境的接触面。

叶柄（petiole）多为细长柄状，有些植物叶柄的基部微微膨大，这膨大的部分叫叶枕。叶柄是茎和叶间物质交流的主要通道，同时又支持叶片。叶柄能扭曲生长，从而改变叶片的位置和方向，使各叶片不致互相重叠，可以充分接受阳光，这种特性称为叶的镶嵌性。例如种植管理甘薯时，必须翻动枝叶不使其产生不定根，经翻动后，叶片倾斜杂乱，通过叶柄的扭转，又可使叶片一致向上。

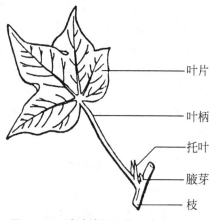

图 2 - 70　陆地棉枝上的一片完全叶

托叶（stipule）是叶柄基部的附属物，通常成对生。托叶的形态因植物而异：棉花的托叶为三角形；苎麻的托叶为薄膜状；豌豆的托叶大而呈绿色。多数托叶的寿命短，具有早落性。有些植物，如玉兰，托叶脱落后留有明显的托叶痕。

禾本科植物的叶由叶片和叶鞘组成（图 2 - 71）。叶片呈条形或狭带形，纵列平行脉序。叶鞘（leaf sheath）狭长而抱茎，具有保护、输导和支持作用。叶片和叶鞘连接处的外侧称为叶环，栽培学上称为叶枕（pulvinus），有弹性和伸延性，借以调节叶片的位置。在叶片与叶鞘相接处的腹面，有膜状的突出物，称为叶舌（ligulate），它可以防止水分、昆虫和病菌孢子落入叶鞘内。在叶舌的两旁，有一对从叶片基部边缘伸长出来的略如耳状的突出物，称为叶耳（auricle）。叶耳、叶舌的有无、大小及形状，常可作为识别禾本科植物的依据之一。

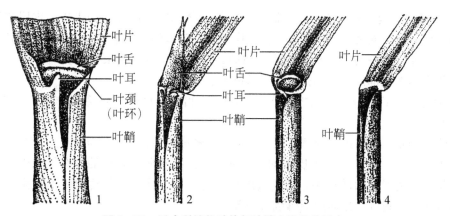

图 2 - 71　禾本科植物叶片与叶鞘交界处的形态
1. 甘蔗叶　2. 水稻叶　3. 小麦叶　4. 稗叶

（二）单叶和复叶

一个叶柄上只生一叶片，不论完整的或是有叶裂的，都叫单叶（simple leaf），如棉花、梨、甘薯的叶。如果在叶柄上着生两个以上完全独立的小叶片，则叫复叶（compound leaf），如花生、栾树、蔷薇等的叶。其叶柄称为总叶柄（common petiole）或叶轴（rachis），总叶柄上的每个叶称为小叶（leaflet），小叶有柄或无柄，小叶的柄称为小叶柄（petiolule）。

单叶与复叶有时易混淆，单叶着生在枝条上，复叶的小叶着生在总叶柄上。总叶柄与枝条有显著的差异，可根据以下几点区分：①总叶柄的顶端没有顶芽，而枝条常有顶芽。②小叶的叶腋一般没有腋芽，芽只出现在总叶柄的腋内，而枝条的叶腋都有腋芽。③复叶脱落时，小叶先脱落，最后总叶柄脱落；枝条上只有叶脱落。④总叶柄上的小叶与总叶柄成一平面，枝条上的叶与小枝成一定角度。由此可以区分单叶和复叶。

此外，全裂叶的裂口可达叶柄，但各裂片的叶脉仍彼此相连，一般与复叶中具小叶柄的小叶容易区分。

二、叶的形成过程

叶的发育开始于茎尖生长锥周围的叶原基，在叶原基形成幼叶过程中，首先进行顶端生长，由于叶原基顶端细胞继续分裂，使整个叶原基伸长为锥形，这叫叶轴。叶轴就是未分化的叶柄和叶片。叶轴伸长的同时，叶轴两边出现了一行边缘分生组织。不久，顶端生长停止，边缘分生组织进行分裂，形成扁平的叶片。没有边缘生长的叶轴基部，就分化为叶柄。如有托叶的叶，托叶的分化较早，叶原基基部细胞迅速分裂、生长、分化为托叶将叶轴包围。

当叶片各部分形成之后，其中的细胞仍继续分裂和长大（居间生长），直到叶片成熟。如在幼叶上用墨水划等距离方格，可以看到居间生长的情况。

双子叶植物叶尖的成熟常先于基部，这在单子叶植物的带形叶中更明显，如葱、韭等叶被切断后，叶基由于能进行居间生长而使叶很快长起来。

三、叶的结构

（一）双子叶植物叶的结构

1. 叶柄的结构　双子叶植物叶柄的结构与幼茎相同，也可分为表皮、皮层和维管束三部分，但也有不同之处：一是在叶柄皮层外围有较多的厚角组织存在，这种厚角组织增强了支持功能，又不妨碍叶柄的伸延、扭曲、摆动；二是维管束排列为半环形，缺口向上，维管束的木质部位于近轴面，韧皮部位于远轴面。

2. 叶片的结构　双子叶植物的叶片由表皮、叶肉、叶脉三部分组成（图2-72）。

（1）表皮

①表皮细胞　表皮细胞形状不规则，彼此紧密嵌合。在叶片横切面上，表皮细胞表现为长方形（图1-42）。在上表皮细胞的外壁，常具有角质膜，它的存在可减少水分的蒸腾、保护叶片免受病菌的侵害、防止过度日照对叶片的伤害，但角质膜不是完全不通透的，水分可以通过叶片角质膜蒸腾散失一部分。

②气孔器　气孔器分散在表皮细胞之间，由两个肾形的保卫细胞围合而成。两个保卫细胞之间的裂生胞间隙称为气孔，有些植物还有副卫细胞。

保卫细胞与表皮细胞是不同的，它与表皮细胞相接的一面，细胞壁较薄，在靠近气孔的部分较厚。表皮细胞通常不具有叶绿体，而保卫细胞具有较多的叶绿体和淀粉粒，有丰富的细胞质，明显的细胞核，这些都与气孔开闭的自动调节有密切关系。当光合作用所积累的淀粉转变为简单的糖分时，保卫细胞中细胞液浓度增加，保卫细胞由周围的表皮细胞吸入水分而膨胀。由于保卫细胞近气孔的细胞壁较厚，扩张较少，而邻接表皮细胞方向的细胞壁较薄，扩张较多，致使两个保卫细胞相对地弯曲，其间的气孔裂缝得以张开。当保

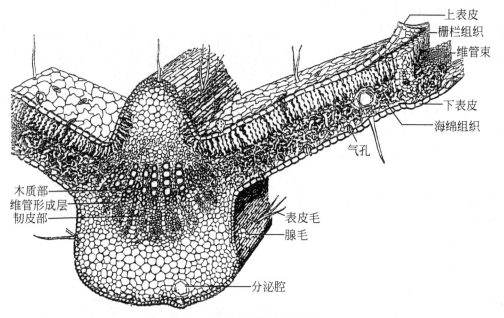

上表皮
栅栏组织
维管束
下表皮
海绵组织
气孔
表皮毛
腺毛
木质部
维管形成层
韧皮部
分泌腔

图 2－72　棉花叶片立体结构图

卫细胞失水时，紧张度降低，就萎软而变直，其间的气孔裂缝就关闭起来。

气孔开闭具有周期性。正常气候条件下，气孔常于晨间开启，有利于光合作用，午前张开到最高峰，此时，气孔蒸腾也迅速增加，保卫细胞失水渐多，中午前后气孔渐渐关闭，下午当叶内水分渐渐增加之后，气孔又再张开，到傍晚后，因光合作用停止，气孔则完全闭合。了解气孔开闭的昼夜周期变化和环境的关系，对于选择根外施肥的时间，有实际意义。

气孔在表皮上的数目、位置和分布有很大的差异。多数植物每平方毫米的下表皮平均有气孔 100～300 个。一般草本双子叶植物的气孔，下表皮多而上表皮少，木本双子叶植物气孔都集中在下表皮。同一株植物，着生部位越高的叶，其单位面积气孔数越多。同一叶片上，单位面积气孔数目在近叶尖、叶缘部分多，原因是叶尖和叶缘的表皮细胞较小，而气孔与表皮细胞数目常成一定比例。

③表皮毛　植物叶的上下表皮上，特别是在下表皮上，常生有不同类型的表皮毛。表皮毛的疏密、类型因植物而异。有些植物的表皮毛具有分泌功能，称为腺毛。

（2）叶肉　叶肉（mesophyll）是叶片进行光合作用的主要部分，其细胞内含有大量叶绿体，形成疏松的绿色组织（图 2－73、图 2－74）。背腹型叶（bifacial leaf）其近轴的一面称为腹面（上面），靠近腹面的叶肉细胞分化为栅栏组织。背腹型叶远轴的一面为背面，靠近背面的叶肉细胞分化为海绵组织。也有些植物（如柠檬、桉树）的叶片为等面型叶（isobilateral leaf），其叶肉没有海绵组织和栅栏组织的分化。

①栅栏组织　栅栏组织（palisade tissue）是一列或几列长柱形薄壁细胞，其长轴与上表皮垂直作栅栏状排列。在横切片上栅栏组织细胞排列似乎很紧，但实际上它们的胞间隙系统仍然很大，每个细胞的大部分都暴露于胞间隙的空间，有利于气体交换。栅栏组织细胞内含有很多叶绿体，叶绿体可以移动，当光线微弱时，它们分散在细胞质内，充分利用散射的光能，在强光下，它们移动而贴近细胞的侧壁，减少受光面积，避免过度发热。

在生长季节，叶绿素含量很高，类胡萝卜素的颜色为叶绿素所遮蔽，所以叶色浓绿。秋天，叶绿素减少，类胡萝卜素的黄橙色便显现出来，于是叶色变黄。有些植物叶显红色、紫色等颜色，这是花色素苷对细胞液 pH 值发生改变的颜色反应。

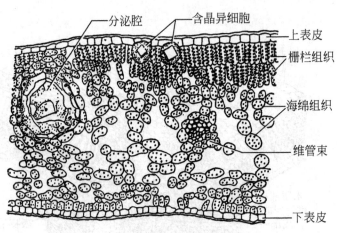

图 2－73　温州蜜柑叶片横切面

②海绵组织　海绵组织（spongy tissue）是位于栅栏组织与下表皮之间的薄壁组织。其细胞排列疏松，特别是在气孔内方，形成较大的气孔下室（substomatic chamber）。细胞内所含叶绿体较栅栏组织少，故叶的下表皮颜色浅些。海绵组织也能进行光合作用，但弱于栅栏组织，适应气体交换的生理功能更为突出。

（3）叶脉　叶片内含有维管束，叶片内的维管束称作叶脉（vein），叶片中央有一条粗大的叶脉，由一至数束维管束所构成。双子叶植物叶主脉和大的侧脉维管束的木质部与韧皮部之间还存有形成层，不过叶脉中形成层活动的期限都很短，只产生少量的次生木质部和次生韧皮部，以后形成层的分裂活动就停止了。

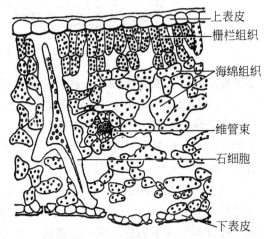

图 2－74　茶叶片横切面

较小的叶脉中，维管束的外围有一层排列紧密的薄壁组织细胞所构成的鞘包被着，这个鞘称维管束鞘。维管束鞘细胞中可含有不同数量的叶绿体。维管束鞘一直延伸到叶脉的末梢。

与小脉和脉梢进行物质交换的维管束鞘薄壁细胞，常具有传递细胞的特征，它们的细胞壁具有向内生长的突起物。由于其细胞壁向细胞腔内突出生长，质膜紧贴向内生长壁，从而使得质膜的表面积大大增加，这对于叶肉与筛管之间光合产物的短途运输，以及韧皮部与木质部之间的溶质变换，都有重要意义。传递细胞有 4 种类型，可由伴胞、韧皮部薄壁细胞、木质部薄壁细胞和维管束鞘细胞变异而来。

从较粗的叶脉到较小的叶脉，叶脉是逐渐变细的。细脉广泛延伸，贯穿于叶肉之中，它们一方面通过叶肉组织分发蒸腾流；另一方面又是输送叶肉光合作用产物的起点。因此，细脉对于输送水分和有机物质有重要作用。

（二）单子叶植物叶片结构特点

下面以禾本科植物为例介绍单子叶植物叶片的结构特点。单子叶植物叶片的结构也包括表皮、叶肉、叶脉三个基本部分，但又有其特殊性（图 2－75）。

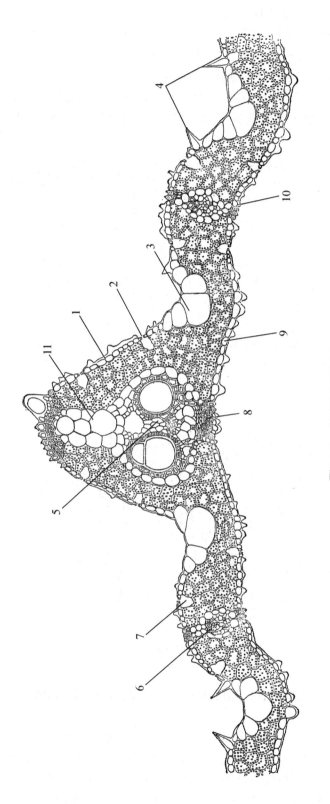

图2-75 水稻叶片横切面

1.上表皮 2.气孔 3.泡状细胞 4.表皮毛 5.大维管束 6.小维管束 7.孔下室 8.厚壁组织 9.下表皮 10.角质层 11.薄壁细胞

1. 表皮 单子叶植物叶片除表皮细胞和气孔器之外，在上表皮上有泡状细胞。

（1）**表皮细胞** 表皮细胞有两种形状：一种表面观为长方形，称为长细胞；另一种表面观较短，称为短细胞（图2-76）。短细胞又有两种类型：一种类型的细胞壁经过了硅质化，细胞壁内充满了硅质，称作硅质细胞；另一种细胞壁栓质化，称作栓细胞。短细胞分布在叶脉上方，且栓细胞和硅细胞有规律的纵向相隔排列。长细胞呈纵行排列，其长径与叶片的延长方向平行。也可和气孔器交互组成纵列，长细胞的外壁角化，而且高度硅化。

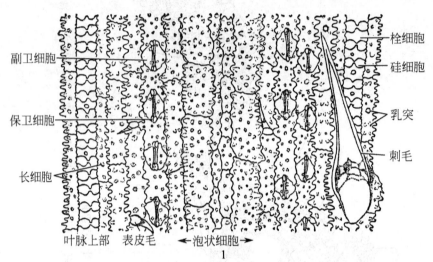

1

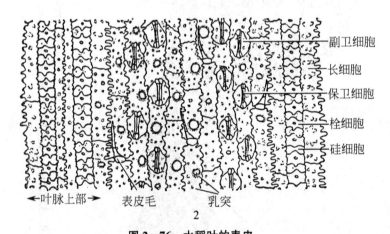

2

图2-76 水稻叶的表皮

1. 上表皮的顶面观　2. 下表皮的顶面观

农业生产上施用硅酸盐或用稻草还田的措施，并注意株间通风，以利细胞壁的硅化和抗病、抗虫性能的提高。

（2）**泡状细胞** 泡状细胞（bulliform cell）又称运动细胞（motor cell）。泡状细胞长轴与叶脉平行，它们的横切面呈扇形，分布于上表皮两叶脉之间。泡状细胞都有大的液泡，不含或少含有叶绿体，径壁较薄，外壁较厚。当天气干旱叶片蒸腾失水过多时，泡状细胞收缩，使叶片内卷成筒状，以减少蒸腾，当天气湿润蒸腾减少时，它们又吸水膨胀，于是叶片又平展了（图2-77）。

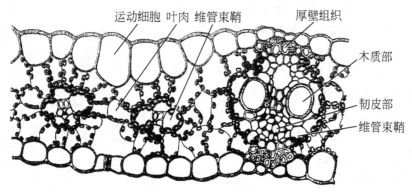

图2-77 玉米叶片横切面

在小麦、玉米、甘蔗的栽培或水稻的晒田过程中，如发现叶内卷，但到傍晚时能复原，说明叶的蒸腾量大于根的吸收量，这是炎热干旱条件下常有的现象。如果叶片到晚上仍不能展开，这是根系不能吸水的标志。

（3）气孔器 禾本科植物的气孔器除由两个长哑铃形的保卫细胞组成之外，在保卫细胞的外侧还有一对近似菱形的副卫细胞。分化成熟的保卫细胞形状狭长，两端膨胀，壁薄，中部的细胞壁特别厚（图1-44）。当保卫细胞吸水膨胀时，薄壁的两端膨大，互相撑开，于是气孔开放，缺水时，两端萎软，气孔就闭合。禾本科植物叶的上下表皮气孔数目差不多（图2-77）。

在表皮细胞、保卫细胞和副卫细胞的外围，分布有外连丝（ectodesmata）。它是连接细胞壁与质膜的纤丝，是营养物质进入叶内的重要通道。外连丝里充满表皮细胞原生质体的液体分泌物，从原生质体表面透过壁向外延伸，与质外体相接。当溶液经外连丝抵达质膜后，就被转运到细胞内部，最后到达叶脉韧皮部。

百合属于单子叶植物，其叶片结构如图2-78所示。

2. 叶肉 禾本科植物的叶肉，没有栅栏组织和海绵组织的分化，这样的叶称等面型叶。叶肉细胞的形状不规则，细胞壁向内皱褶，形成具有"峰、谷、腰、环"的结构，这就有利于叶绿体排列到细胞的边缘，易于接受CO_2和光照，有利于光合作用。当相邻叶肉细胞的"峰、谷"相对时，可使

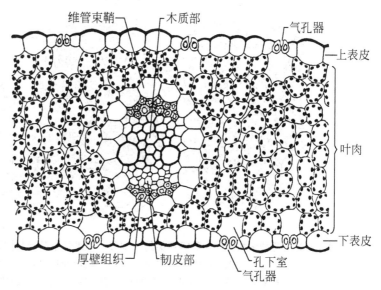

图2-78 百合叶片横切面

细胞间隙加大，便于气体交换（图 2 - 79）。

3. 叶脉 禾本科植物的叶脉为平行脉，一般一个叶脉只含有一束维管束，维管束内含有初生木质部和初生韧皮部，无形成层。

叶脉周围由一层或两层细胞围绕着，形成叶脉的鞘，称为维管束鞘。维管束鞘有两种类型：玉米、甘蔗、高粱的鞘细胞为一层，是薄壁细胞，内含叶绿体；小麦、水稻的鞘细胞为两层，外面的一层细胞壁较薄，细胞较大，内含叶绿体，里面的一层细胞壁较厚，细胞较小，细胞内不含或含少量叶绿体。

根据围绕叶脉的维管束鞘细胞的解剖结构与光合作用的关系，禾本科植物有光合效率高的 C_4 植物和光合效率低的 C_3 植物之分。

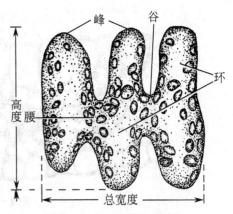

图 2 - 79　小麦叶肉细胞

C_3 植物（如小麦、水稻、大麦等）的维管束鞘细胞（薄壁细胞层）所含细胞器较少，叶绿体较叶肉细胞中小而少；而 C_4 植物（如玉米、高粱、甘蔗等）的维管束鞘细胞中具有丰富的细胞器，所含叶绿体比叶肉细胞中的大而色深，积累淀粉能力也较强（图 2 - 80）。C_4 植物在维管束鞘周围紧密毗连着一圈排列甚为规则的叶肉细胞，呈"花环"状，这种"花环"状排列结构有利于固定还原叶片内产生的 CO_2，从而提高光合效率（图 2 - 81）。C_3 和 C_4 植物不仅存在禾本科植物中，在其他一些植物中也有发现，如莎草科、苋科、藜科等属 C_4 植物，大豆、烟草则属 C_3 植物。

洋葱叶是单子叶植物中较为特殊的类型。叶片近于直立生长，无背腹面的差别，其叶片由外至内依次为表皮、叶肉和分散于叶肉中的维管束（图 2 - 82）。

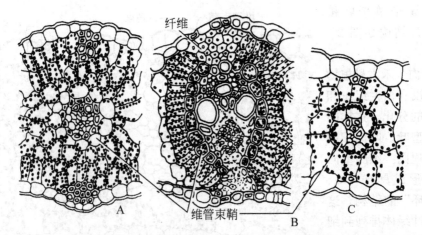

图 2 - 80　几种禾本科作物叶横切面的一部分（示维管束鞘与其周围叶肉细胞的形态结构）

A. 小麦叶（C_3 植物），具大小两层细胞组成的维管束鞘

B. 苞茅属之一种（C_4 植物），维管束鞘与其外围的一层叶肉细胞形成"花环"结构

C. 玉米（C_4 植物），具一层细胞组成的维管束鞘，其细胞中含较大的叶绿体

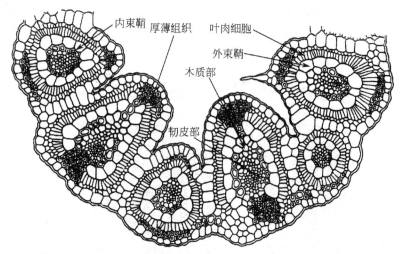

图 2-81 一种垂穗草属植物（*Bouteloua breviseta*）叶横切面（示三碳植物叶的维管束鞘）

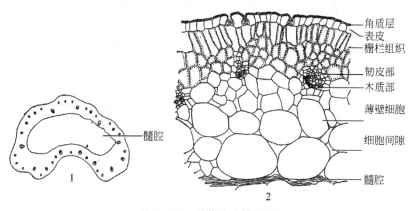

图 2-82 洋葱叶片横切面
1. 叶片横切面轮廓图 2. 叶片横切面一部分详图

（三）不同生态条件下叶的结构特点

植物长期生活在某一特殊的环境下，其叶的解剖结构也相应发生变异，其变异的结果使叶的形态结构、生理功能与生态环境相适应。在生态条件当中，水分、光照强度对叶片解剖结构有明显的影响。植物根据其与水分的关系，可分为旱生植物、中生植物、水生植物三大类。根据与光照强度的关系，植物可分为阴地植物和阳地植物。

1. 旱生植物叶片与水生植物叶片的结构 旱生植物叶片朝着降低蒸腾和贮藏水分两个方面发展（图2-83），其叶的特点：叶小，表皮高度角质化，角质膜较厚，表皮毛和蜡被发达。有的旱生植物具复表皮或气孔

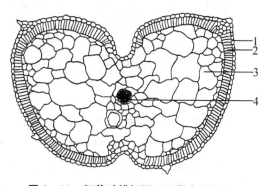

图 2-83 籽蒿叶横切面（示旱生结构）
1. 表皮 2. 栅栏组织 3. 贮水组织 4. 维管束

下陷，也有气孔位于气孔窝内，如夹竹桃（图2-84）。芦荟、松、猪毛菜等植物都属于旱生植物（图2-85、图2-86）。有的旱生植物叶，肉质多汁，常有储水组织，如剑麻、菠萝、景天等。

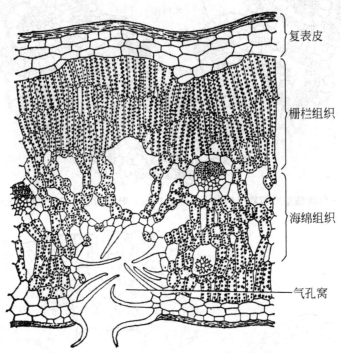

图2-84　夹竹桃叶片的横切面（示旱生结构）

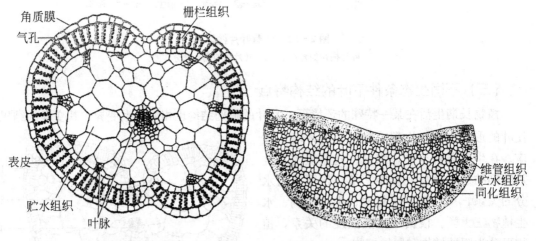

图2-85　一种猪毛菜（*Salsota pesstifer*）
叶横切面（示旱生结构）

图2-86　芦荟叶片横切面（示旱生结构）

水生植物叶片结构：叶片较薄，叶肉细胞层数少，无栅栏组织和海绵组织的分化；由于水中光线不足，叶表皮细胞内常含有叶绿体；有发达的通气系统，表皮无角质膜或角质膜很薄。狐尾藻、角果藻、眼子菜科植物等皆属于水生植物（图2-87、图2-88）。

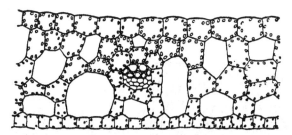

图2-87　眼子菜属植物叶片横切面（示水生结构）

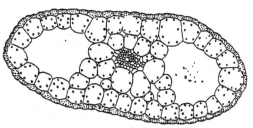

图2-88　角果藻（*Zannichellia palustris*）叶片横切面（示水生结构）

慈姑属（*Sagittaria*）植物的沉水叶（submerged leaf）与挺水叶形状不同，称为异形叶（heterophylly）（图2-89）。睡莲的叶漂浮在水面，叶的上表面直接承受阳光的照射，具有厚的角质层和排列紧密的栅栏组织等适应干旱的结构特征；下表皮浸沉在水中，具有薄的角质层，无气孔并具有发达的通气组织等适应水生生活的结构特征（图2-90）。

2. 阳叶和阴叶的结构特点　光照强度对叶片的结构影响也较大。一类植物适应于强光下生长，而不能忍受荫蔽，这类植物称为阳地植物（sun plant），其叶称阳叶；另一类植物适应于弱光下生长，在全日照条件下，反而会使光合作用下降，这类植物称阴地植物（shade plant），其叶称阴叶。阴地植物与阳地植物的差异在叶的结构上表现明显。

阳叶结构特点：叶片较厚、叶小，表皮的角质膜较厚，栅栏组织、机械组织发达，叶肉细胞间隙较小。多数农作物属于阳地植物。

图2-89　慈姑属植物的异形叶

阴叶结构特点：叶片大而薄，栅栏组织发育不良，细胞间隙发达，叶绿体较大。这些特点，适应于荫蔽条件下吸收和利用散射光来进行光合作用。如将阴地植物置于强光下，由于水分蒸腾过多，水分供需失去平衡，易使叶片萎蔫；同时，还可导致气孔关闭，从而使光合作用下降。

在作物群体中，顶部和向阳的叶具有阳叶结构倾向，而荫蔽的叶有阴叶特点（图2-91）。了解阳叶和阴叶的比例和分布规律，对作物群体合理利用光能，增加产量，具有重要意义。

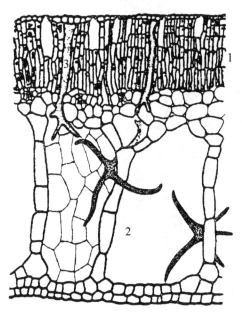

图2-90　浮水植物睡莲叶的结构

1. 栅栏组织　2. 气腔　3. 机械组织

四、离层和落叶

植物的叶生活到一定时期便会从枝上脱落下来,这种现象称落叶(deciduous leaf)。落叶对于植物本身来说是有利的,它能有效地减少蒸腾面积,避免水分过度散失,是植物对低温、干旱等不良环境的一种适应现象。

落叶与叶柄的结构变化有关。木本落叶植物在落叶前,靠近叶柄基部的几层细胞发生细胞学上和化学上的变化,形成离区(图 2 - 92)。以后在离区(abscission zone)的范围内进一步分化产生离层(abscission layer)和保护层

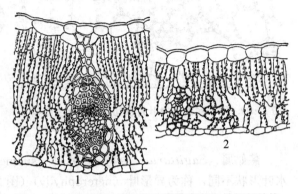

图 2 - 91 栎树叶片在向阳和荫蔽条件下的解剖结构
1. 受光的 2. 背阴的

(protective layer)。保护层在离层之下,起保护作用。叶柄从离层处断离。

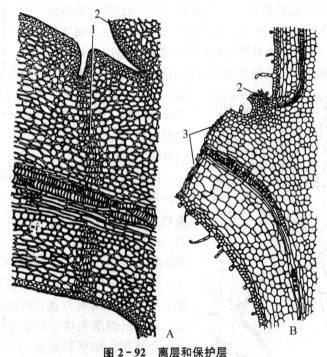

图 2 - 92 离层和保护层
A. 樱桃叶基纵切面,示离层的形成 B. 鞘蕊花属(*Coleus*)
落叶后的茎—叶基纵切面,示保护层
1. 离层 2. 腋芽 3. 保护层

叶脱落后,在茎上所留下的痕迹称叶痕。在叶痕内的凸起是茎与叶柄间维管束断离后所遗留的痕迹,称叶迹。

花柄、果柄在一定条件下也会出现离层,从而使花、果脱落。农业上,研究离层的生理解剖、化学变化过程及与外界环境的关系,对于解决农业上生殖器官的脱落问题具有实际意义。

第五节　营养器官之间的相互联系和相互影响

一株植物各营养器官在结构上和生理上并不是孤立的，而是互相联系和互相影响的，体现着植物生活的整体性和生长相关性。

一、营养器官之间维管系统的联系

（一）根、茎维管束之间的联系

根维管组织初生结构的特点（即间隔排列和外始式木质部）与茎维管组织的初生结构（外韧维管束的环状排列和内始式木质部）明显不同。所以，在根、茎的交界处，维管组织必须从一种形式逐渐转变为另一种形式，发生转变所在的部位称为过渡区（transition zone），一般是在下胚轴的一定部位。

在四原型根转变为具有四个外韧维管束的茎的横切面，可以看出其转变过程（图 2 - 93）：在过渡区发生转变时，中柱往往有所增粗，其中的维管组织发生分叉、转位及汇合等情况，图中最上为幼茎的横切面，有四个外韧维管束；以下分别是下胚轴上、中、下部的横切面，示每个维管束的木质部分为二叉，转向 180°，每一分叉与相邻维管束的一分叉汇合成束，同时逐渐移位到两个韧皮部之间。韧皮部的位置始终不变，从而形成了间隔排列，即图中最下的四原型根的初生结构。

（二）枝、叶之间维管束的联系

茎上长叶的部位称为节。因节部有些维管束从枝的维管柱斜出到边缘，然后伸展进入叶柄内，所以枝的节部维管组织的结构比节间部分要复杂得多。直接与叶相通的维管束位于茎内的部分，称为叶迹（leaf trace）。茎中的叶迹为外韧维管束。当维管束通入叶内后，在叶脉维管束中则表现为木质部位于腹面（近上表面），韧皮部位于背面（近下表面）（图 2 - 94），未发生如根、茎间初生维管束组织结构上的移位。总之，根、茎、叶各营养器官之间的维管系统是互相贯通的。这样就保证了植物体生活中水分、矿质元素和有机物质的输导和转移（图 2 - 95、图 2 - 96）。

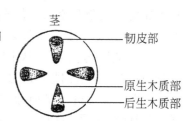

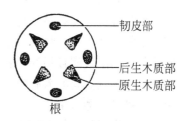

图 2 - 93　根、茎过渡区横切面的图解

二、营养器官之间主要生理功能的相互联系

（一）植物体内水分的吸收、输导和蒸腾

陆生植物生活所需的水分，主要是从根尖的根毛区吸收。根毛对水分的吸收是按照

渗透作用的原理进行的。水分进入根毛后，一方面以不同的途径进入导管中（图2-97）；另一方面由于植物地上部分，特别是绿叶的巨大蒸腾作用，提高了细胞吸水力。使水分沿着导管经过茎，最后到达叶。由于维管束在植物体内纵横贯穿，水分在上升过程中又从木质部的导管或管胞渗透到各部分的活细胞，同时，在水分的传导过程中，也相应促进了矿质盐类和其他溶质的输送，及时地供应了植物生长的需要。

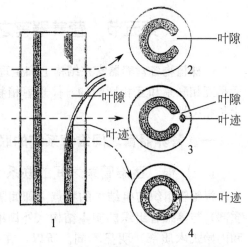

图 2-94 叶与枝条中的叶迹与叶隙图解
1. 节部通过叶迹、叶隙的纵切面 2～4. 分别通过1图中的虚线部位的横切面（图内黑点部分代表维管组织，其余部分是基本组织）

（二）植物体内有机营养物质的制造和运输

植物体内的有机营养物质是通过绿色植物的光合作用所制造的。叶片是进行光合作用的重要场所。它们所制造的有机物，除少数供应本身利用外，都大量运输到根、茎、花、果、种子等器官中去。这种有机物质的运输，是通过韧皮部的筛管进行的。筛管上下贯穿于植物体内，形成了连续的运输途径。筛管中运输的碳水化合物主要是以蔗糖的形式出现的。叶片光合作用制造的己糖通常要转化为蔗糖才能送到其他器官。一般地说，由于筛管两端的渗透压不同，上端筛管细胞的渗透压较高，从周围吸入大量的水分，提高本身的膨压。在膨压较大的情况下，上端筛管细胞把所含的蔗糖液通过筛板压送到下端筛管细胞中。这样，正在生长的茎、根等细胞就获得了光合产生的糖分。如果在生长过程中，主茎的韧皮部受到严重的损伤（如环割），破坏了运输途径，就会影响生长甚至使根部得不到营养物质的供应而终于死亡。

通常认为有机物的运输与呼吸作用和植物生长发育有关。呼吸作用形成的三磷酸腺苷可以给有机物的运输提供能量，同时，韧皮部运输有机物的速率除因植物种类而有差异外，也与呼吸强度有关。有机物的运输与植物生长发育的关系表现为，有机物的运输方向有一定的规律，在植物的一生中，生长中心与有机物的转移动向往往一致。幼嫩的、生长旺盛的、新陈代谢较强的器官和组织，往往是有机物运输的主要方向。

有些植物具有贮藏有机物的能力，将叶片制造、运输的有机物积蓄于块茎、块根以及果实、种子等器官中。

以上说明植物体内有机营养物质的制造、运输、利用和贮藏过程中，植物进化的光合作用、输导作用、呼吸作用以及生长发育等各种生理功能都是相互依存的。同时，植物的这些生理活动又与植物器官的形态结构统一协调。

英文阅读

The Transition from Stem to Root in Some Palm Seedlings

Several anatomists have endeavoured to trace the changes in arrangement tissues accompanying transition from root to stem in the seedlings of palms. Van Tieghem examined

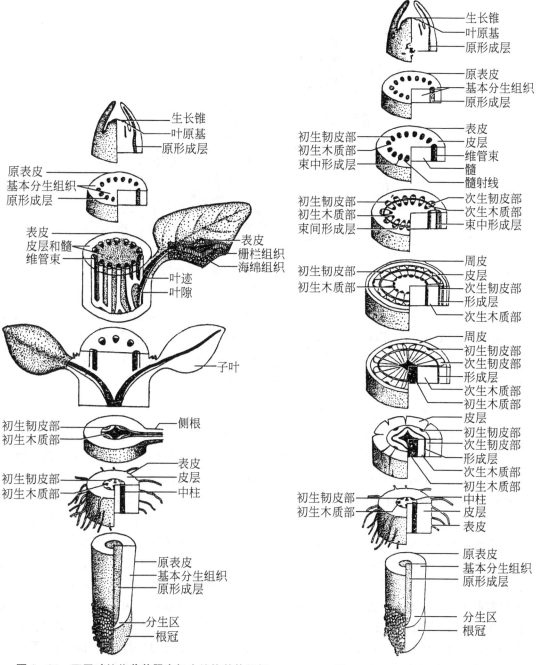

图 2 - 95　双子叶植物营养器官初生结构整体图解

图 2 - 96　双子叶植物营养器官
次生结构整体图解

Phaenix dactylifera L. and came the conclusion that the number of xylem and phloem bundles in hypocotyl is half the number in the root，the transition taking place by the branching of each internal xylem group to right and left of the phloem group external to it，the protoxylem of each branch turning outwards during the process. The phloem groups remain in situ hitherto；each now becomes separated from the next group by a pair of xylem branches with

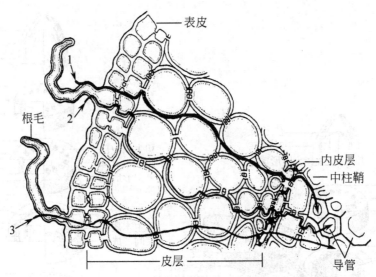

图 2-97 水分从根表面经皮层转运至导管的三条途径
1. 质外体途径 2. 共质体途径 3. 胞间转运

external protoxylem, which fuse to from a single group. Miss Sargant in the course of her extensive work on seedlings examined *Plaenix dacthylifera* and *Thrinax excelsa* and found evidence confirmatory of Van Tieghem's conclusions. From: Eric Drabble. The Transition from Stem to Root in Some Plam Seedlings.

(三) 营养器官的生长相关性

植物体各器官之间,在生长过程中存在着互相促进或互相抑制的关系,称为生长相关性。

1. 地下部分与地上部分的生长相关性——根条比率 "本固枝荣、根深叶茂"这句话反映了植物地上部分与地下部分存在着生长相关性。植物的地上部分把光合产物和生理活性物质输送到根部去利用,而根系从土壤中吸收的水分、矿质、氮素及其合成的氨基酸等重要物质,又往上部输送,供给地上部分的需要。植物根系与枝之间生理上的密切相关,必然导致两者在生长上出现一定的比例关系,这种比例关系称为根条比率。

光照强度、氮肥、磷肥含量等因素,与植物体内碳水化合物的合成和转移有关,从而影响根条比率。阳光充足,根条比率高;阳光不足,根条比率低。由于光线充足,叶片合成的碳水化合物较多,大部分得以向根系输送,根系生长健壮;如果光照不足(或枝叶互相荫蔽),叶片合成较少量的碳水化合物,多被枝叶消耗,碳水化合物很少输送到根系,从而影响根系的生长。土壤中氮肥过多时,根条比率低。氮肥过多时,根部吸收大量的氮素并转移到地上部分,与光合作用产生的碳水化合物合成叶绿素和蛋白质,用于枝叶的茂盛生长,以致转到根系的碳水化合物减少。增施磷肥,对植物体内碳水化合物向根转移,及对根尖生长点的细胞分裂活动都有促进作用,因而可提高根条比率。

土壤中可用水分的含量对根条比率有很大影响:土壤水分少时,根部吸收的水分不能完全满足地上部分的需要,因此,地上部分的细胞伸长生长受到一定的抑制,生长较缓慢,而由于土壤中空气相对较多,有利根系的呼吸和生长,从而根条比率高;在淹水条件下,根系的呼吸和生长受到抑制,根条比率也就下降。

2. 主干与分枝的生长相关性——顶端优势　植物的主干与分枝之间存在着生长相关性。当主干的顶芽生长活跃时，下面的腋芽往往休眠而不活动，如顶芽被摘去或受伤，腋芽就迅速萌动生长而形成枝。这种顶芽对腋芽生长的抑制作用，通常称为顶端优势（apical dominance）。主根与侧根之间也存在与此相似的生长相关性。

顶端优势的强弱除与植物种类有关外，一般认为也受植物体内生长激素浓度的影响，顶芽生长需要的浓度较高，而侧芽生长所需的浓度较低。当顶芽活跃生长时，它产生大量的生长激素，这个浓度适合顶芽本身生长的需要，但大量的生长激素向下传导时，对侧芽的生长活动就起抑制作用。

第六节　营养器官的变态

器官因适应不同的环境，发生生理功能、形态结构改变的现象称作变态（metamorphosis）。植物营养器官的变态是植物若干世代对环境条件适应的结果。变态器官（metamorphosis organ）在外形上往往不易区分，常要从形态发生上来加以判断。

一、根的变态

（一）储藏根

储藏根（storage root）主要特点是其变态根内多储藏有大量营养物质。分为肉质直根和块根两种。

1. 肉质直根　萝卜和胡萝卜都是由主根发育成的肉质直根（fleshy tap root）（图 2 - 98），但其上部为下胚轴发育而成。萝卜肉质直根的大部分是次生木质部，内含有大量储藏着营养物质的薄壁细胞，它的次生韧皮部不发达，所以次生木质部是主要食用部分。木质部内无纤维，在木薄壁组织中的若干部位，有的细胞可以恢复分裂，转变为副形成层（accessory cambium），由副形成层再产生三生木质部（tertiary xylem）和三生韧皮部（tertiary phloem）。

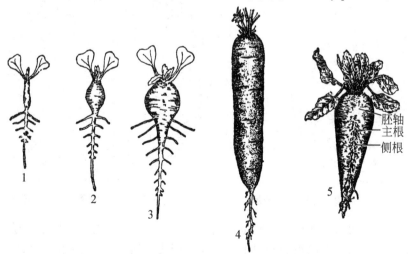

图 2 - 98　几种肉质根的形态

1～3. 萝卜肉质直根的发育过程　4. 胡萝卜肉质直根　5. 甜菜肉质直根

胡萝卜的解剖结构与萝卜基本相似。胡萝卜次生韧皮部非常发达而次生木质部不发达。次生韧皮部内大部分属于韧皮薄壁细胞，韧皮薄壁细胞内含有大量的胡萝卜素，含糖量也很高，食用后，胡萝卜素经胃液消化作用水解为维生素 A。胡萝卜主要食用部分是次生韧皮部（图 2-99）。

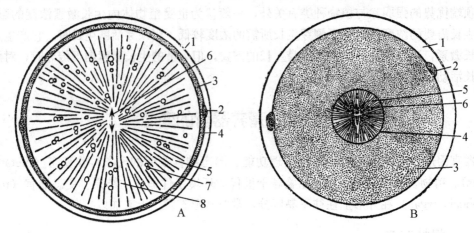

图 2-99　萝卜与胡萝卜肉质根横切面图解

A. 萝卜　B. 胡萝卜

1. 皮层　2. 初生韧皮部　3. 次生韧皮部　4. 形成层　5. 次生木质部　6. 初生木质部　7. 导管　8. 储藏组织

甜菜肉质直根具有三生生长，产生三生维管束，维管束的分布在根的横切面上，呈多层同心圆结构（图 2-100）。

2. 块根　块根（root tuber）多由不定根或侧根发育而成，储藏有大量营养物质。甘薯、木薯（图 2-101）和何首乌（图 2-102）的块根多呈块状，故称块根。

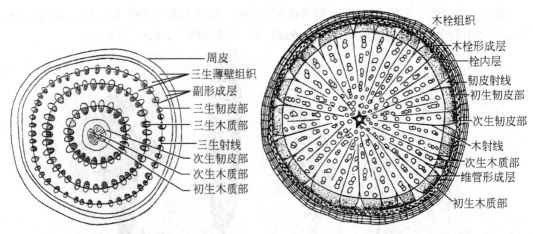

图 2-100　甜菜肉质根横切面图解　　　　**图 2-101　木薯块根横切面图解**

甘薯不定根膨大形成块根，一般是在插植后 20～30 天形成的。其形成过程可分为两个阶段：第一阶段与一般的根的增粗生长一样，形成层活动所产生的次生木质部由木薄壁细胞和分散排列的导管组成；第二阶段是副形成层的出现和活动，出现了甘薯特有的异常生长。副形成层可以由许多分散的导管周围的薄壁细胞恢复分裂而形成，也可以在距导管较远的薄壁组织中出现。副形成层分裂活动的结果：向外产生富含薄壁组织的三生韧皮部和乳汁管；向内产生三生木质部成分。由许多副形成层的活动就能产生更多的储藏薄壁组织，从而导致块根迅速膨大，可见块根的增粗过程是维管形成层和许多副形成层互相配合活动的结果（图 2－103）。

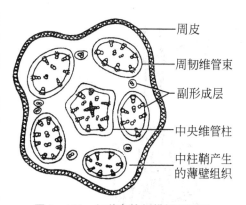

图 2－102　何首乌块根横切面图解

（二）气生根

凡露出地面，生长在空气中的根均称为气生根（aerial root）。根据气生根所担负的生理功能不同又可分为以下几类。

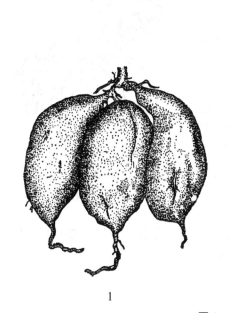

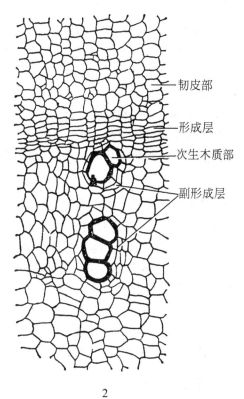

1　　　　　　　　　　　　　　　2

图 2－103　甘薯的块根

1. 甘薯块根的外形　2. 甘薯块根横切面的一部分详图，示副形成层（次生形成层）

1. 支持根（prop root）　　主要生理功能是支持植株，并可以从土壤中吸收水分和无机盐。如玉米、高粱、甘蔗下部茎节长出的不定根（图 2－104）。

2. 攀缘根（climbing root）　　凌霄花和常春藤都是攀缘植物，其茎细长柔弱、不能直立。在这类植物茎上生有很多短的不定根，能分泌黏液，碰着墙壁或其他植物体时就粘着其上，借以攀缘生长，这类根称攀缘根（图 2－105）。

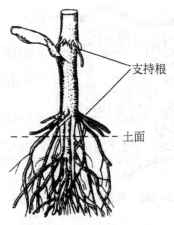

图 2 - 104　玉米的气生支持根

图 2 - 105　常春藤的攀缘根

3. 呼吸根（respiratory root）　　生长在沼泽地区的植物，由于其根被淹没在淤泥里，通气不良，这类植物的根能垂直向上生长，露出地面，暴露在空气中，以进行气体交换，这类根称呼吸根。如红树、水龙和分布在广东沿海一带的根萼海桑就生有这类呼吸根。

热带兰科植物的气生根，附生于树干或其他物体上，具有从潮湿空气中吸收水分或雨水的功能（图 2 - 106）。

图 2 - 106　万带兰（*Vanda*）
（示附生根）

（三）寄生根

旋花科的菟丝子属、列当科的列当属和樟科的无根藤属等寄生植物，它们的叶退化，不能进行光合作用，需要吸收寄主体内的有机物质。在这类植物的茎上生有很多不定根，这种不定根能深入寄主茎中，吸取寄主的营养物质以维持本身的生活，这种不定根称寄生根（parasitic root）。

菟丝子对豆类作物危害很大，它的缠绕茎上生出许多不定根，与寄主接触后，吸器（haustoium）伸入寄主维管组织摄取营养（图 2 - 107）。

二、茎的变态

（一）地下茎的变态

有些植物的部分茎生长于土壤中，称为地下茎（subterraneous stem）。多年生草本植物多借助于这种地下茎来度过寒冷的冬季。地下茎的变态可分为根状茎、块茎、球茎、鳞茎四种。

1. 根状茎　根状茎（rhizome）横向生于土壤中，外形和根颇相似，但两者有根本的区别。根状茎的顶端有顶芽，茎上有节和节间，节上有退化的叶和不定根（图 2 - 108），叶腋有腋芽，腋芽可以发育成地上枝。

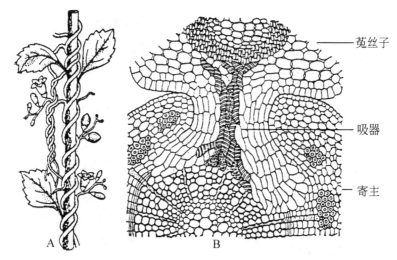

图 2 - 107　菟丝子与寄主的茎

A. 外形　B. 横切面

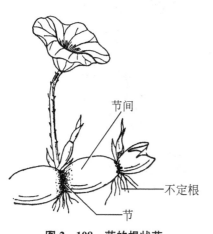

图 2 - 108　莲的根状茎

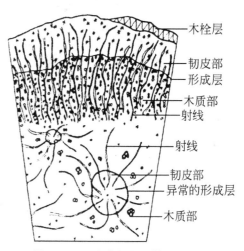

图 2 - 109　大黄根状茎横切面图解

　　根状茎具有不同的形状，有的节间长，如芦苇、白茅。有的短而肥，如姜、菊芋。当耕锄时，根状茎被切断后，每一节上的腋芽仍可发育为新的植株，所以，一般具根状茎的禾本科杂草不但蔓延迅速，而且不易根除。

　　大黄的根状茎除形成正常的次生维管组织外，在髓部多处发生异常的形成层环，并产生韧皮部在内而木质部在外的异常排列的维管组织（图 2 - 109）。

　　2. 块茎　马铃薯块茎（stem tuber）最为典型。马铃薯生长到一定时间，地面下植株基部的腋芽开始发育，形成地下枝。地下枝生长到一定程度后，顶端膨大，形成块茎，块茎顶端生有顶芽，四周有很多凹陷，称为芽眼，作螺旋排列。幼时具鳞片叶，长大后脱落，在芽眼的上方留下叶痕，称为芽眉。每一个芽眼所在处实际上即相当于茎节，相邻的两个芽眼之间即为节间（图 2 - 110）。

　　3. 鳞茎　洋葱的鳞茎（bulb）实际上是一个节间缩短的呈扁平形状的鳞茎盘，其上部为顶芽，四周被生长在节部的鳞叶层层包裹着，鳞叶腋有腋芽。鳞茎盘下端生有不定

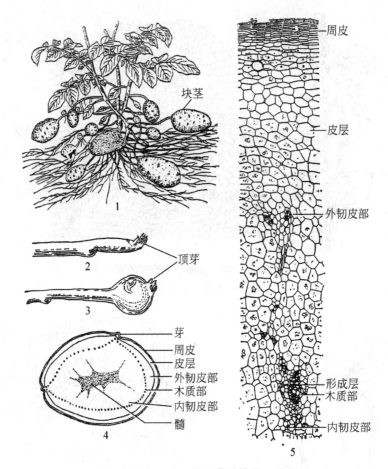

图 2－110　马铃薯的块茎

1. 植株外形，示地下部分的块茎　2～3. 地下茎端积累养料逐渐
膨大形成块茎　4. 块茎横切面的轮廓图　5. 块茎横切面的部分详图

根(图 2－111)。

　　鳞茎多见于单子叶植物，如洋葱、大蒜都生有鳞茎，两者的主要区别是：前者的肉质部分为鳞叶，腋芽不甚发达；后者的肉质部分为腋芽（即大蒜瓣），鳞叶长成后干燥呈薄

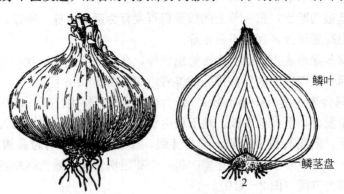

图 2－111　洋葱的鳞茎

1. 外形　2. 纵切面

膜质，包围着腋芽。

4. 球茎 球茎（corm）为圆球形或扁圆球形的肉质地下茎，短而肥大，常见的观赏植物唐菖蒲和药用植物藏红花都生有球茎。荸荠、慈姑也有球茎。球茎顶端有粗壮的顶芽，有时还有幼嫩的绿叶生于其上。节与节间明显，节上有干膜状的鳞片叶和腋芽。球茎储藏大量的营养物质，为特殊的繁殖器官（图2－112）。

图2－112 荸荠的球茎

（二）地上茎的变态

植物的地上茎（aerial stem）也会发生变态，其类型较多，常见的有肉质茎、叶状茎、茎卷须、茎刺4类。

1. 肉质茎 肉质茎（fleshy stem）肥大多汁，常为绿色，不仅可以储藏水分和养料，还可以进行光合作用。许多仙人掌科的植物具有肉质茎（图2－113）。

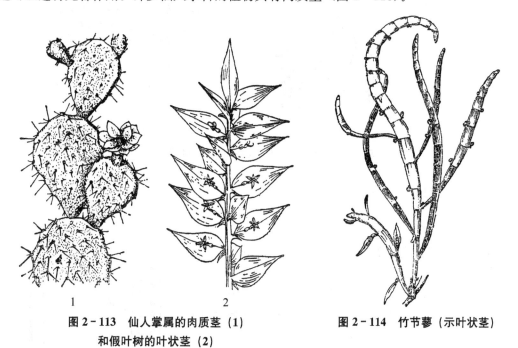

图2－113 仙人掌属的肉质茎（1）
和假叶树的叶状茎（2）

图2－114 竹节蓼（示叶状茎）

2. 叶状茎 有些植物如假叶树（图2－113）、竹节蓼（图2－114）、文竹、昙花等的叶退化，茎变为扁平或针状，长期为绿色，变态成叶的形状，执行叶的机能，这类变态茎称叶状茎（phylloid）。

3. 茎卷须 攀缘植物的茎细而长，不能直立，一部分茎变为卷曲的细丝，其上不生叶，用来缠绕其他物体，使得植物得以攀缘生长，称为茎卷须（stem tendril），如南瓜、葡萄（图2－115）。

4. 茎刺 茎可以变态成刺状物，称作茎刺（stem thorn）。如柑橘、山楂、皂荚的刺都是由茎变态而来（图2－115），茎刺具有保护植物体免受动物侵害的作用。蔷薇、月季等茎上的刺，数目较多，分布无规律，这是茎表皮的突出物，称为皮刺，并非茎的变态（图2－116）。

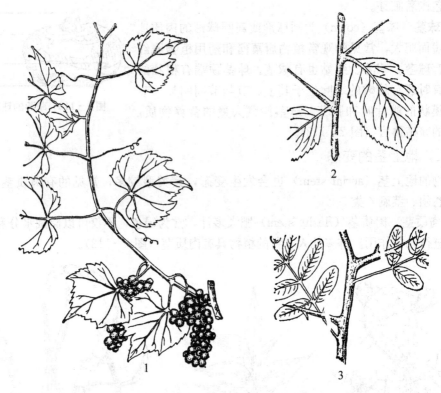

图2-115 葡萄的茎卷须（1）、山楂（2）和皂荚（3）的茎刺

三、叶的变态

（一）叶卷须

由叶的一部分变为卷须状，称叶卷须（leaf tendril），适宜攀缘生长（图2-117）。如豌豆复叶顶端的二三对小叶及菝子复叶顶端的一片小叶，变为卷须，其他小叶未发生变化。有时一对小叶之一变为卷须，另一片为营养小叶，这足以证明这类卷须是小叶的变态。

（二）鳞叶

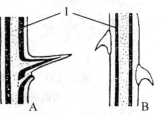

图2-116 茎刺和皮刺
A. 茎刺 B. 皮刺
1. 维管束

鳞叶有多种类型。如百合、洋葱、大蒜、水仙等鳞茎上的肉质鳞叶；冬季有些落叶枝条如杨、核桃包在鳞芽周围的具有保护作用的鳞叶；根茎、球茎等节上的膜质鳞叶。

（三）叶刺

有些植物其叶或叶的某部分变态为刺，称为叶刺（图2-117）。仙人掌属的一些植物在扁平的肉质茎上生有叶刺（leaf thorn），这是这类植物对干旱环境条件的一种适应形式。另外，叶刺还具有保护植物体免受动物吞食的作用。马甲子、刺槐的刺为托叶的变态。叶刺和茎刺一样，都有维管束和茎相通。

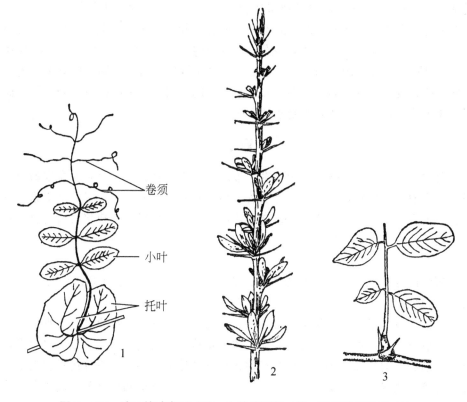

图 2-117　豌豆的叶卷须 (1)、小檗的叶刺 (2)、刺槐的托叶刺 (3)

（四）捕虫叶

　　沼泽地区被水浸透，缺乏空气，这种地区的植物生活必需的矿质养料（特别是硝酸盐类）非常缺乏，一般植物不能生存，但食虫植物能够生活在这种地区。食虫植物生有一种特殊的变态叶，能捕捉小动物，并且能分泌消化液把捕捉的小动物分解消化，而后加以吸收，以获取缺乏的氮元素，这种能捕捉小动物的变态叶叫捕虫叶（insect-catching leaf）。如猪笼草的叶柄很长，基部为扁平的假叶状，中部细长如卷须状，可缠绕他物。上部变为瓶状的捕虫器，叶片生于瓶口，成一小盖覆于瓶口之上，瓶内底部生有多数腺体，能分泌消化液，将落入的昆虫消化利用（图 2-118）。

　　具捕虫器的植物，称为食虫植物（insectivorous plant）或肉食植物（carnivorous plant）。举例见绪论。食虫植物一般具叶绿体，能进行光合作用，在未获得动物性食料时仍能生存，但适当动物性食料可用来补充缺乏的氮素。

图 2-118　猪笼草的捕虫叶

四、同功器官和同源器官

　　根据器官的来源和生理功能等是否相同，将变态器官分为两类，即同功器官和同源器官。凡是变态器官在形态学上的来源不同，但功能相同，形态相似，这样的变态器官称为同功器官（analogous organ），如茎刺与叶刺、茎卷须与叶卷须、块茎与块根等。凡是变态器官在形态学上的来源相同，但功能不同、形态各异的称为同源器官（homologous organ），如茎卷须、根状茎、鳞茎等，它们都是茎的变态。在历史进程中，植物营养器官的变态，可朝着同功或同源的两个方向发展：来源不同的器官，长期适应某种环境执行相似的生理功能，就逐渐发生同功变态；如果来源相同的器官，长期适应不同的环境而执行着不同的生理功能，就会导致同源变态的发生。

本章小结

种子萌发形成幼苗，幼苗进一步发育，形成具有根、茎、叶三大营养器官的植物体。

根是地下的营养器官，主要功能是吸收、固着和支持。根分为定根和不定根。定根又分为主根和侧根。不定根是从茎、叶、老根或胚轴上产生的根。一株植物所有根的总和称为根系。根系有直根系（一般为双子叶植物和裸子植物具有）和须根系（一般为单子叶植物具有）之分。

根的顶端到着生根毛的部位称为根尖。根尖可分为根冠、分生区、伸长区和成熟区（根毛区）四部分。

成熟区的结构为根的初生结构，由表皮、皮层和中柱（或称维管柱）三部分组成。表皮主要是吸收作用。皮层分为外皮层、皮层薄壁细胞和内皮层。内皮层上有凯氏带，是大多数双子叶植物根的特征。单子叶植物根的内皮层细胞五面加厚。中柱的中柱鞘有潜在分裂能力，可产生侧根或参与形成层，初生木质部与初生韧皮部相间排列，均为外始式，不同植物初生木质部束数不同，单子叶植物属多原型，双子叶植物根一般无髓，单子叶植物根中通常有髓。

根的次生结构是维管形成层和木栓形成层共同活动的结果。维管形成层是由初生木质部与初生韧皮部之间的薄壁细胞和部分中柱鞘细胞形成；木栓形成层最早产生于中柱鞘。维管形成层分裂，向内产生次生木质部，向外产生次生韧皮部；木栓形成层向外形成木栓层，向内形成少量的栓内层，共同组成周皮，为次生保护结构。

侧根的产生与初生木质部的束数有关。有些植物的根与细菌或真菌共生，形成根瘤和菌根。菌根分为内生菌根、外生菌根和内外生菌根。

茎是联系根和叶的结构。主要功能是支持和运输，并具储藏和繁殖作用，绿色的幼茎还可进行光合作用。茎的外形多呈圆柱形，有节和节间等。具叶长芽的茎称为枝条。芽是枝、叶、花或花序的原始体。芽可分为定芽和不定芽；叶芽、花芽和混合芽；裸芽和鳞芽；活动芽和休眠芽。

植物的分枝方式主要有单轴分枝、合轴分枝和假二叉分枝。合轴分枝不仅是丰产的株型，也是较进化的分枝方式，与农业生产关系密切。单轴分枝出材率高。禾本科植物的分枝方式称为分蘖。

茎尖分为分生区、伸长区和成熟区。双子叶植物茎的初生结构由表皮、皮层和中柱三部分组成。表皮表面有角质膜等，可减少蒸腾，增强保护功能；皮层主要由薄壁组织组成，近表皮的细胞常分化为厚角组织，内含叶绿体，具支持和光合作用双重功能；维管束成环状，初生木质部的发育为内始式，初生韧皮部为外始式；中心部分称为髓。髓射线是维管束间的薄壁组织。单子叶植物茎结构分为表皮、基本组织和维管束，维管束中无形成层，只有初生结构。维管束散生，仅由木质部和韧皮部组成，具维管束鞘。少数单子叶植物具有初生增粗生长。

双子叶植物茎的次生生长是由于维管形成层和木栓形成层的发生和活动。维管形成层由束中形成层和束间形成层组成，形成层的细胞有纺锤状原始细胞和射线原始细胞两种类型，以平周分裂的方式形成次生维管组织，构成了轴向系统；木射线和韧皮射线构成径向系统。

维管形成层的活动受季节影响，使木本植物形成年轮。年轮包含早材和晚材，其连续多年的活动则形成边材和心材。木栓形成层最初可从皮层、表皮或韧皮部中的薄壁细胞产生，活动结果产生周皮，代替表皮起保护作用。

树皮指形成层以外的全部组织。狭义的树皮概念指历年所形成的周皮及周皮以外的死亡组织。园艺上冬天刮树皮驱出虫卵，去掉的就是这部分树皮。

叶是植物光合作用和蒸腾作用的主要器官，起源于叶原基，经过顶端生长、边缘生长和居间生长形成具叶片、叶柄和托叶三部分的完全叶。禾本科植物的叶由叶片和叶鞘组成，有的还有叶舌和叶耳。

双子叶植物的叶片是由表皮、叶肉和叶脉三部分组成。叶表皮外常有角质膜覆盖，表皮由表皮细胞和气孔器构成，有些还具表皮毛等附属结构。叶肉是进行光合作用的主要场所，背腹叶有栅栏组织和海绵组织的分化。叶脉是水分和营养物质运输的通道，并支持着叶在空间上合理分布。

禾本科植物叶片也是由表皮、叶肉和叶脉组成。表皮由长细胞、短细胞以及泡状细胞等构成。叶肉无栅栏组织和海绵组织的分化，属等面叶，而且叶肉细胞壁多向内形成皱褶，扩大了叶肉细胞的表面积。维管束鞘有两种，分别代表C_4植物和C_3植物维管束鞘的特征。

落叶是叶柄基部形成离层，离层断离所致。落叶后，在离层下面形成保护层。落叶是植物对不良环境的一种适应。

根、茎、叶之间都是由表皮、皮层薄壁组织和维管组织共同构成的一个统一的整体，彼此互相联系、协调生长。植物体内维管组织从根中通过过渡区与茎、叶、枝相连，构成完整的维管系统。木质部使水分、矿质元素通过根系的吸收、茎的运输，供叶进行光合作用和蒸腾作用，光合作用的产物通过韧皮部运输供植物生长利用或储藏。

营养器官的变态分为同功器官和同源器官。

复习思考题

1. 幼苗有哪些主要类型？
2. 根有哪些主要生理功能？试述根的形态结构对生理功能的适应性。
3. 主根和侧根为什么称为定根？不定根是怎样形成的？它对植物本身起何作用？
4. 根系有哪些类型？环境条件如何影响根系的分布？
5. 根尖分为哪几个区？各区的特点如何？说明这些区为什么不能截然划分。
6. 根毛区是吸收的主要区域，但是根毛的寿命比较短暂，根的功能为何能不断维持？
7. 平周分裂和垂周分裂有何区别？它们在形成的新壁面和排列上区别如何？不同的分裂对植物增粗的影响如何？

8. 由外至内说明根成熟区横切面的初生结构。

9. 内皮层的结构有何特点？对皮层与维管束的物质交流有何作用？

10. 根内初生木质部与初生韧皮部的排列如何？

11. 侧根是怎样形成的？简要说明它的形成过程和发生的位置？

12. 根内形成层原来成波状的环，以后怎样会变为圆形的环？说明根的次生结构的形成过程。

13. 根内木栓形成层从何处发生？

14. 何谓共生现象？豆科植物的根瘤形成在农业生产实践上有何重要意义？

15. 什么是菌根？它和植物的关系如何？举例说明几种主要的类型。

16. 茎有哪些主要生理功能？

17. 什么是芽？芽与主干和分枝的发生有什么关系？

18. 根据芽的各种特征，说明芽的类型。

19. 什么是枝条？通常有哪些分枝的形式？了解分枝的形式对农业或园艺整枝修剪工作上有什么意义？举例说明。

20. 从杨树上切下一枝条，它生长已超过 3 年，怎样能够证明它的年龄？

21. 什么是分蘖？分蘖对于农业生产有什么意义？

22. 试比较茎端和根端的分化过程在结构上的异同。

23. 叶和芽是怎样起源的？

24. 茎的分枝和根的分枝在发育上有何不同？

25. 简述双子叶植物草质茎的成熟区横切面的结构。

26. 试说明双子叶植物根和茎初生结构的异同点。

27. 比较成熟双子叶植物草质茎和成熟单子叶植物草质茎的解剖结构。

28. 比较顶端分生组织和维管形成层在植物生长中的作用。

29. 单子叶植物的茎在结构上有何特征？它与双子叶植物的茎有何不同？

30. 详述茎中形成层活动和产生次生维管组织的过程。

31. 什么是原始细胞？纺锤状原始细胞和射线原始细胞在形态和分裂性质上有何不同？

32. 形成层的周径怎样扩大？有什么意义？

33. 年轮是怎样形成的？它如何反映季节的变化？

34. 名词解释：早材，晚材，心材，边材；树皮，皮孔，补充组织。

35. 软木塞是植物茎上什么部分制成的？它有哪些特点适合作为瓶塞、隔音板等材料？

36. 一棵"空心"树，为什么仍能活着和生长？

37. 草本植物和木本植物在适应环境上其优缺点如何？

38. 蒸腾作用的意义如何？植物本身有哪些减低蒸腾的适应方式？

39. 典型的叶通常包括哪些部分？禾本科植物叶的外形特征如何？

40. 怎样区别单叶和复叶？

41. 叶和侧根的起源有何不同？

42. 在观察叶的横切面时，为什么能够同时看到维管组织的横面观和纵面观？

43. 叶的表皮细胞一般透明，细胞液无色，这对叶的生理功能有何意义？

44. 等面叶和异面叶有何不同？

45. 根据气孔与相邻细胞之间的关系，说明气孔可分为哪些主要类型？各有什么特点？

46. 一般植物叶下表面上气孔多于上表面，这有何优点？沉水植物的叶上为什么往往不存在气孔？

47. C_3 植物和 C_4 植物在叶的结构上有何区别？

48. 试举例说明叶的结构与生态环境的关系。

49. 什么是离层和保护层？离层与落叶有何关系？落叶对于植物本身有何意义？

50. 冬季落叶后，植物茎干上出现哪些变化？

51. 为什么说"根深叶茂"？举例说明其间的相互关系。

52. 若从树木茎干上做较宽且深的环剥，则会导致多数树木的死亡。试说明地上部分与地下部分的紧密联系。

53. 名词解释：水孔，维管束鞘，泡状细胞，枝迹，枝隙，叶迹，叶隙。

54. 说明根和茎过渡区之间的维管束联系。

55. 什么是"顶端优势"？在农业生产上如何利用？

56. 什么是植物营养器官的变态？变态和病态有何区别？

57. 哪些变态的营养器官主要具有储藏的作用？它们在实用上的价值如何？试举例说明。

58. 胡萝卜和萝卜的根在次生结构上各有何特点？

59. 甜菜的额外形成层是怎样发生的？

60. 肥大的直根和块根在发生上有何不同？

61. 如何从形态特征来辨别根状茎是茎而不是根？

62. 茎和叶有哪些变态类型？

63. 同功器官和同源器官的区别如何？举例说明。

第三章 被子植物的生殖器官

内容提要 被子植物的种子萌发形成幼苗后，经过一系列的生长发育过程达到成花的生理状态，即进入生殖生长阶段，在植株的一定部位形成花芽，然后开花结果，产生种子。花、果实和种子与植物的生殖有关，因此称为生殖器官。本章论述花的组成和花各部分的发育，着重介绍大小孢子的形成、雌雄配子体的发育、双受精及受精后的胚胎和种子发育过程。本章知识探索与扩展，设置了"开花 ABC 模型""传粉生物学""被子植物的雄性联合体和雄性生殖单位"和"人工种子"四部分内容。

被子植物在整个生长发育过程中，光合作用积累的物质，除供营养生长外，主要用于果实和种子的形成。果实和种子是被子植物有性生殖的产物，同时也是很多农作物的主要收获对象。因此，研究被子植物生殖器官的形态、结构和发育过程，在农业生产上具有重要意义。

第一节 花

花是被子植物特有的生殖器官（reproductive organ）。被子植物的有性生殖，从雌、雄蕊的发育，精细胞和卵细胞的形成，两性配子的结合，直到合子发育成胚，全过程都在花中进行。因此，要了解被子植物的有性生殖过程，必须首先掌握有关花的形态结构及发育的基本知识。

一、花的组成和发生

（一）花的概念和组成

从形态发生和解剖结构特点来看，花（flower）是节间极短且不分枝的、适应于生殖的变态枝条。一朵典型的花通常由花梗、花托、花萼、花冠、雄蕊群和雌蕊群组成（图3-1）。花梗（花柄）是花连接枝条的部分；花托通常是花梗顶端略为膨大的部分，它的节间极短，很多节密集在一起；花萼、花冠、雄蕊群和雌蕊群由外至内依次着生在花托之上。萼片、花瓣、雄蕊和心皮分别为组成花萼、花冠、雄蕊群和雌蕊群的单位，它们都是变态叶。萼片和花瓣是不育的变态叶；雄蕊和心皮是能育的变态叶。

1. 一般植物花的组成

（1）花梗与花托 花梗（pedicel）主要起支持花的作用，也是各种营养物质由茎向花输送的通道。花梗的长短随植物种类而不同，有些植物的花梗很短，有些甚至没有花梗。有的花梗上生有变态叶，称为苞片。果实形成时，花梗成为果柄。

花托（receptacle）有多种形状。例如，白兰的花托伸长呈圆柱状；草莓的花托呈圆锥状

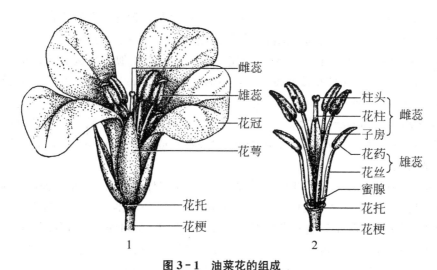

图 3-1 油菜花的组成

1. 花的全貌　2. 除去花萼及花冠，示雄蕊和雌蕊

并肉质化；莲的花托呈倒圆锥状，俗称"莲蓬"；桃的花托呈杯状；梨的花托呈壶状并与花萼、花冠、雄蕊群及雌蕊心皮贴生，形成下位子房。花生的花托在受精后能迅速伸长，将着生在它先端的子房推入土中形成果实，这种花托称为雌蕊柄或子房柄（gynophore）。

　　（2）花萼　花萼（calyx）是花的最外一轮变态叶，由若干萼片（sepal）组成，常呈绿色，其结构与叶相似。有些植物的花萼之外还有副萼（epicalyx），如棉花、草莓等。棉花的副萼为 3 片大型的叶状苞片（苞叶）（图 3-2）。花萼和副萼具有保护幼花的作用，并能为传粉后的子房发育提供营养物质。有些植物，如翠雀，花萼大，呈花瓣状，具彩色，适应于昆虫传粉；茄、茶、桑、柿的花萼在花后宿存；蒲公英等菊科植物的花萼变成冠毛，有助于果实的散布。

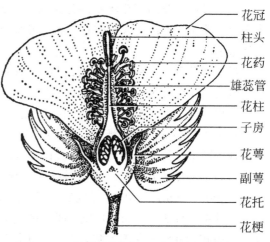

图 3-2 棉花花的纵切面（示花的组成）

　　萼片之间完全分离，称离萼（chorisepalous calyx），如油菜、桑及茶；萼片之间部分或完全合生，称合萼（gamosepalous calyx），合生的部分称为萼筒（calyx tube），未合生的部分称为萼片，如烟草、棉花。

　　（3）花冠　花冠（corolla）位于花萼内轮，由若干花瓣（petal）组成。花冠常有各种颜色：含花青素的花瓣常显红、蓝、紫等颜色；含有色体的花瓣多呈黄色、橙色或橙红色；两者都不存在则呈白色。很多植物花瓣的表皮细胞含挥发性的芳香油；有些植物在花瓣内有芳香腺（一种分泌结构），能放出特殊的香味。花冠的彩色与芳香适应于昆虫传粉。此外，花冠还有保护雌、雄蕊的作用。杨、栎、玉米、大麻及车前等植物的花冠多退化，以适应风力传粉。

　　花瓣之间完全分离为离瓣（chorisepalous corolla），如油菜、桃；花瓣之间部分或全部合生为合瓣（gamosepalous corolla），如南瓜、马铃薯、番茄。花冠下部合生的部分称为花冠筒（corolla tube），上部分离的部分称为花冠裂片（corolla lobe）。

花萼和花冠合称花被（perianth）。当花萼和花冠形态相似不易区分时，也可统称为花被，如洋葱、百合。这种花被的每一片，称为花被片（tepal）。花萼和花冠两者齐备的花为双被花（dichlamydeous flower），如棉花、油菜、花生；缺少其中之一的花为单被花（monochlamydeous flower），如桑、板栗、荔枝、甜菜缺少花冠，百合缺少花萼；既无花萼又无花冠的花称为无被花（achlamydeous flower）或裸花（naked flower），如柳、杨梅、木麻黄的花。

一朵花的花被片大小、形状相似，通过花的中心可以作两个以上的对称面，称为辐射对称花，如梅花、桃花、油菜，又叫整齐花（regula flower）；花的任何一轮器官（尤其是花冠）的形状和大小不相等时，通过花的中心，沿一定方向，只可作一个对称面，称为两侧对称花，又叫不整齐花（irregular flower），如豆科、唇形科植物；通过花的中心没有一个对称面的称为完全不对称花（asy mmetrical flower），也是一种不整齐花，如美人蕉、三色堇。

（4）雄蕊群 一朵花内所有的雄蕊总称为雄蕊群（androecium）。雄蕊（stamen）着生在花冠的内方，是花的重要组成部分之一。花中雄蕊的数目常随植物种类而不同，如小麦、大麦有3枚雄蕊；油菜、洋葱、水稻有6枚雄蕊；棉花、桃、茶、昙花等具有多数雄蕊。

每个雄蕊由花药和花丝两部分组成。花药（anther）是花丝顶端膨大成囊状的部分，内部有花粉囊，可产生大量的花粉粒。花丝（filament）常细长，基部着生在花托或贴生在花冠上。

（5）雌蕊群 一朵花内所有的雌蕊总称为雌蕊群（gynoecium）。多数植物的花只有一个雌蕊。雌蕊（pistil）位于花的中央，是花的另一个重要组成部分。雌蕊可由一个或多个心皮（carpel）组成。一朵花中，依心皮的数目和离合情况的不同而形成不同类型的雌蕊：由1个心皮构成的雌蕊，称为单雌蕊（simple pistil）；由2个或2个以上的心皮联合而成的雌蕊，称为复雌蕊（compound pistil）；有些植物，一朵花中虽然也具有多个心皮，但各个心皮彼此分离，各自形成一个雌蕊，称为离生单雌蕊或离心皮雌蕊群（apocarpous gynoecium）。心皮在形成雌蕊时，通常分化出柱头、花柱和子房三部分。

①柱头 柱头（stigma）位于雌蕊的上部，是承受花粉粒的地方，常常扩展成各种形状。风媒花的柱头多呈羽毛状，增加柱头接受花粉粒的表面积。多数植物的柱头常能分泌水分、脂类、酚类、激素和酶等物质，有的还能分泌糖类及蛋白质，有助于花粉粒的附着和萌发。

②花柱 花柱（style）位于柱头和子房之间，其长短随各种植物而不同，是花粉萌发后花粉管进入子房的通道。花柱对花粉管的生长能提供营养物质，有利于花粉管进入胚囊。

③子房 子房（ovary）是雌蕊基部膨大的部分，外为子房壁，内为1至多数子房室。胚珠着生在子房室内，胚珠着生的部位称为胎座。受精后，整个子房发育成果实，子房壁发育成果皮，胚珠发育成种子。

2. 禾本科植物花的组成 水稻、小麦等禾本科植物的花，与一般双子叶植物花的组成不同。它们通常由2枚浆片（鳞被，lodicule）、3枚或6枚雄蕊及1枚雌蕊组成。在花的两侧，有 1 枚外稃（外颖，lemma）和 1 枚内稃（内颖，pelea）。浆片是花被片的变态器官。外稃为花基部的苞片变态所成，其中脉常外延成芒（awn）。内稃为小苞片，是苞片和花之间的变态叶。开花时，浆片吸水膨胀，撑开外稃和内稃，使雄蕊和柱头露出稃外，适应于风力传粉。

禾本科植物的花和内、外稃组成小花（floret），再由 1 朵至多朵小花与 1 对颖片（glume）组成小穗（spikelet）（图 3 - 3、图 3 - 4）。颖片着生于小穗的基部，相当于花序分枝基部的小总苞（变态叶）。具有多朵小花的小穗，中间有小穗轴（rachilla）；只有 1 朵小花的小穗，小穗轴退化或不存在。不同的禾本科植物可再由许多小穗集合成为不同的花序类型。

一朵具有花萼、花冠、雄蕊群、雌蕊群 4 部分的花，称为完全花，如桃、棉花、茶、水稻、油菜；缺少其中 1 个或几个部位的花，称为不完全花，如南瓜、黄瓜、丝瓜、西瓜。

（二）花芽分化

花和花序均由花芽发育而来。当植物由营养生长转入生殖生长时，有些芽的分化随之发生质之变化，芽内生长锥不再分化形成叶原基和腋芽原基，而是横向扩大，向上突起并逐渐变平，随后按一定规律先后形成若干轮小突起，成为萼片原基、花瓣原基、雄蕊原基和雌蕊原基，以后由这些原基发育成为花的各部分，这一过程称为花芽分化（flower-bud differentiation）。生长锥的显著伸长，可以作为营养生长转入生殖生长的形态指标之一。花芽形成后，顶端分生组织全

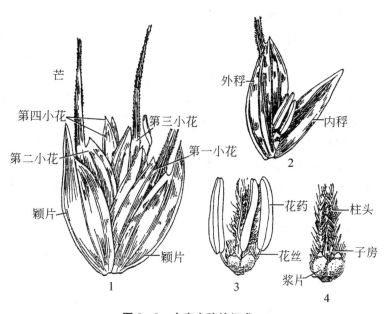

芒
第四小花　第三小花
第二小花　第一小花
颖片
颖片
外稃
内稃
花药
柱头
花丝
子房
浆片
1　　　2　　　3　　　4

图 3 - 3　小麦小穗的组成
1. 小穗　2. 小花　3. 雄蕊　4. 雌蕊和浆片

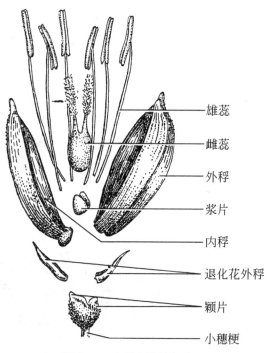

雄蕊
雌蕊
外稃
浆片
内稃
退化花外稃
颖片
小穗梗

图 3 - 4　水稻小穗的组成

部分化，生长锥也就不存在了。

花芽在形态上随植物不同而异，一般花芽比叶芽肥大。有些植物的花芽只分化形成一朵花，如桃、油茶；有些植物的花芽可分化形成许多花而形成花序，如荔枝、板栗。

1. 双子叶植物的花芽分化　根据花芽分化时的形态变化，可以分为以下几个时期：生殖生长锥分化初期、萼片原基形成期、花瓣原基形成期、雄蕊原基形成期和雌蕊原基形成期（图3-5）。当植物开始进入生殖生长时，茎尖生长锥迅速伸长，向上突起呈圆锥形，以后顶部逐渐增宽变平（若为花序原基，则生长锥增大呈半圆形或圆锥形）。随后，生长锥下部周围的细胞分裂较快，形成一些小突起，这就是萼片原基。以后萼片原基向内伸长弯曲，成为萼片。在萼片原基形成后期，在其内侧依次分化形成花瓣原基、雄蕊原基和雌蕊原基。雌蕊原基由1至数个心皮原基组成，心皮原基向上生长，再以各种方式卷合或并合成为雌蕊。

除花托外，花芽各种原基分化的顺序一般是由外向内按花萼、花冠、雄蕊、雌蕊的顺

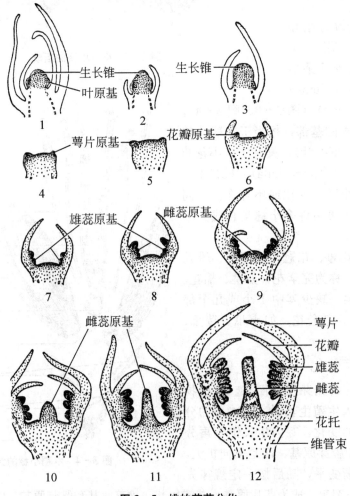

图3-5　桃的花芽分化

1. 营养生长锥　2、3. 生殖生长锥分化初期　4、5. 萼片原基形成期
6. 花瓣原基形成期　7、8. 雄蕊原基形成期　9～12. 雌蕊原基形成期

序进行，但也因植物不同而稍有变化。如油菜、龙眼是花冠最后分化；石榴是雄蕊最后分化；牡丹有多轮雄蕊，各轮分化顺序自内向外离心地进行。

花序的发生与花相似，通常是花序基部或外侧的总苞最早分化，然后向顶或向心进行各花的分化。

落叶树种的花芽分化通常在开花前一年的夏季开始进行，如桃、梨、油桐。分化持续的时间因植物不同而异。一般在分化出各种花部原基或进一步发育后，花芽即转入休眠；到第二年春季，未成熟的花部继续发育直至开花。常绿树的花芽分化，春季开花的树种大多在冬季或早春进行，如柑橘、油橄榄；秋季开花的树种则在当年夏季分化，无休眠期，如茶、油茶。

2. 禾本科植物的花序分化　禾本科植物花序的形成，一般称为幼穗分化。

（1）小麦的幼穗分化　小麦的花序是复穗状花序，小穗无柄，着生在穗轴的两侧，每1小穗含数朵小花。分化开始时，茎的半球形生长锥显著伸长，扩大成长圆锥形。在生长锥继续伸长的同时，生长锥的基部两侧，自下而上地出现一系列环状突起，即苞叶原基（苞叶是退化的变态叶），此阶段称为单棱期。接着，从幼穗中部开始，以向基和向顶的次序发育，在各苞叶原基的叶腋分化出小穗原基。由于小穗原基也呈隆起，与苞叶原基构成二棱，故称为二棱期。以后，小穗原基继续增大，苞叶原基不再发育，而被小穗原基所盖没，最后逐渐消失。

小穗中小花的分化仍在幼穗的中部开始，先在基部分化出2个颖片原基，随后在小穗的两侧自下而上地进行小花的分化，出现小花原基。小花的分化则依次形成1片外稃原基、1片内稃原基、2个浆片原基、3个雄蕊原基及1个雌蕊原基。小麦的雌蕊由2枚心皮组成，雌蕊原基初发生时，心皮合生，呈环状结构，包围着突起的单生胚珠，以后环状结构闭合，上部形成两个花柱，并发育出柱头毛（图3-6）。但每一小穗上部小花的雌、雄蕊常退化，成不孕花。

（2）水稻的幼穗分化　水稻的幼穗分化和小麦有些不同。由于水稻为圆锥花序（穗轴

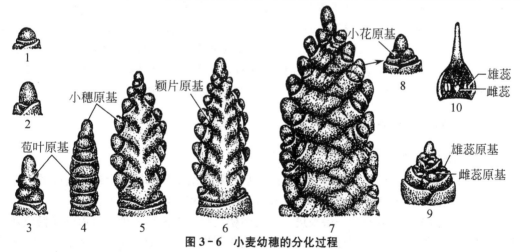

图 3 - 6　小麦幼穗的分化过程

1. 生长锥未伸长期　2. 生长锥伸长期　3. 苞叶原基分化期（单棱期）　4. 小穗分化期开始（二棱期）

5. 小穗分化期末期　6. 颖片分化期　7. 小花分化期　8. 一个小穗（正面观）

9. 雄蕊分化期，示每一小花有3个雄蕊原基　10. 雌蕊形成期

有 1~2 次总状分枝，分枝称为枝梗，枝梗的先端着生有柄的小穗，整个花序呈圆锥状）。当生长锥伸长，出现一系列的苞叶原基后，在各苞叶原基腋部分化出的是一次枝梗原基。再在一次枝梗上，分化出苞叶原基和二次枝梗原基。然后，在各一次枝梗及二次枝梗上，进行小穗原基的分化。水稻小穗原基的各部分化顺序为：先出现 2 个颖片原基和 2 片退化花的外稃原基。再依次产生发育花的外稃、内稃、浆片、雄蕊和雌蕊原基。水稻小花有 6 枚雄蕊，雄蕊原基分为外、内二轮，每轮各形成 3 个原基。

花芽内花被片的排列方式，主要有：镊合状（valvate），指花瓣或萼片各片的边缘彼此接触，但不相互覆盖，如茄、番茄等；旋转状（convolute），指花瓣或萼片每一片的一边覆盖相邻一片的边缘，而另一片又被相邻一片的边缘所覆盖，如棉花、牵牛、夹竹桃等；覆瓦状（imbricate），与旋转状排列相似，但有一片完全在外，另一片完全在内，如桃、梨、油茶等（图 3-7）。

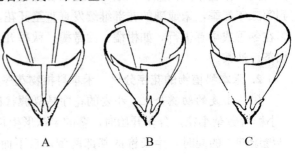

图 3-7 花被片排列方式
A. 镊合状　B. 旋转状　C. 覆瓦状

知识探索与扩展

开花 ABC 模型

花是植物发育过程中的重要结构，它们的形态、发育过程以及对传粉的适应性使其成为进化上极为成功的范例。人们早就发现，有些植物花中的雄蕊变异成为花瓣的现象。

1991 年，Coen 和 Meyerowitz 等根据在金鱼草（*Antirrhinum majus*）和拟南芥（*Arapidopsis thaliana*）中一系列与花器官发育相关的突变体研究，提出了基因控制花器官形态发生的 ABC 模型。根据此模型，萼片、花瓣、雄蕊与雌蕊 4 轮花器官受到 3 组基因 A、B、C 的控制，A 基因单独表达决定萼片的形成，A 基因和 B 基因同时表达形成花瓣，B 基因和 C 基因同时表达形成雄蕊，而 C 基因的表达决定雌蕊的发育。在这个模型中，A 基因和 C 基因相互颉颃，当基因 C 突变后，A 基因在整个花中得以表达，相反亦然。如果基因 A、B 或 C 中的一组缺失，则导致花器官错位发育。

二、雄蕊的发育和结构

（一）雄蕊的发育和结构

雄蕊由花药和花丝组成。雄蕊原基突起之后，经顶端生长和原基上部的有限的边缘生长，原基迅速伸长，上部逐渐增粗，不久即分化出花丝和花药两个部分。

花丝的结构简单，最外为一层表皮，内为薄壁组织，中央有一个维管束（周韧或外韧维管束），此维管束自花托经花丝通入花药中央的药隔（connective）。花丝在芽中常不伸展，临开花前或在开花时，因生长素的诱导，以居间生长的方式迅速伸长。

花药通常具有 4 个花粉囊（pollen sac），锦葵科如棉花等为 2 个。花粉囊是产生花粉粒的处所，每个花粉囊中有很多花粉粒（pollen grain）。花粉粒成熟后，花药开裂，花粉粒由花粉囊中散出而传粉。

（二）花药的发育和结构

1. 花药的发育　花药在发育初期，构造很简单。外围为一层原表皮，内侧为一群形态相同的基本分生组织。由于花药四个角隅的细胞分裂较快，使花药具有四棱的外形。进一步发育时，原表皮细胞进行垂周分裂，发育形成表皮，包围整个花药。基本分生组织细胞进行分裂活动，在中部分化形成维管束和薄壁组织，构成药隔。在四棱的角隅则分化出一列或几列孢原细胞（archesporial cell），由孢原细胞进一步分裂发育形成花粉囊，并产生花粉（图 3-8）。

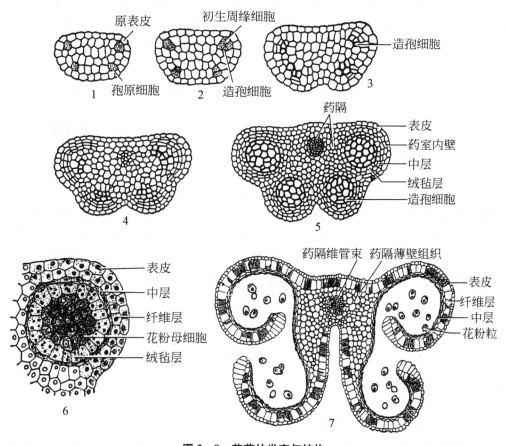

图 3-8　花药的发育与结构

1~5. 花药的发育过程　6. 一个花粉囊放大，示花粉母细胞　7. 已开裂的花药，示花药的结构及成熟花粉粒

2. 花药的结构　花药是雄蕊的主要部分，由表皮、药隔和花粉囊三部分组成。

（1）表皮　表皮是花药最外一层生活细胞，包围整个花药，花药四角部分则成为花粉囊壁的组成部分。成熟花药的表皮细胞横切面略呈扁平形状，外表面有明显的角质层，起保护作用。表皮上常有气孔分布。

（2）药隔　药隔是位于花药中央、4（或 2）个花粉囊相连接的部分，由薄壁细胞包围着的维管束组成。药隔维管束由花丝维管束延伸而来，可为花药发育提供水分和养料。

（3）花粉囊　花粉囊由花粉囊壁及其包围着的花粉组成。花粉囊的壁由外至内依次为表皮、药室内壁、中层和绒毡层。

①药室内壁 位于表皮内方，通常只有一层细胞，初期常储藏大量淀粉和其他营养物质。在花药接近成熟时，细胞径向扩展，细胞内的储藏物质消失。细胞壁除了和表皮接触的一面外，内壁发生多数斜纵向条纹状的次生加厚（有的植物为螺旋状加厚）。加厚的壁物质主要为纤维素，成熟时略为木质化。由于条纹状加厚，所以药室内壁又称纤维层（fibrous layer）。但有些植物如芝麻、甘薯、芭蕉等药室内壁不发生带状加厚。药室内壁在形成纤维层时，常在两个相邻花粉囊交接处的外侧，留下一狭条状的薄壁细胞——裂口（stomium）。花粉粒成熟后，纤维层细胞失水，由于水分子的内聚力和水分子与细胞壁的附着力，把壁拉向细胞的内方，因外切向壁不增厚，产生的皱折较多，而其余壁的部分皱折较少，所产生的机械力使花药在裂口处断开，花粉囊相通。花粉粒通常由裂口沿着花药纵轴形成的裂口散出，称花药纵裂（longitudinal split），如小麦、油菜。此外有孔裂（poricidal），药室顶部或近顶部开一小孔，花粉由此孔散出，如茄、马铃薯、杜鹃；瓣裂（valvate），药室有1～4个活板状的盖，当雄蕊成熟时，盖就掀开，花粉由此孔散开，如小檗、樟树。

②中层 位于药室内壁内侧，由1～3层较小的细胞组成，初期可储有淀粉等营养物质，以后其细胞被挤压逐渐解体和被吸收。所以，成熟的花药一般已不存在中层。但百合成熟的花药，可保留部分中层，并发生纤维层那样加厚。

③绒毡层 是花粉囊壁的最里面的一层细胞，其细胞较大，初期为单核。在花粉母细胞开始减数分裂时，绒毡层细胞核内DNA增加很快。通常核进行分裂，但不伴随细胞壁的形成，所以每个细胞常具有双核或多核（可多达16个核）。绒毡层的细胞质浓，细胞器丰富，细胞质含较多的RNA和蛋白质，并含有丰富的油脂和类胡萝卜素等营养物质，对花粉粒的发育或形成起着重要的营养和调节作用。绒毡层细胞在花粉粒为四分体时期，发育达到顶点，以后开始出现退化的迹象。绒毡层细胞能合成和分泌胼胝质酶，分解花粉母细胞和四分体的胼胝质壁，使单核花粉粒分离。胼胝质酶活动不适时，如过早释放胼胝质酶，会导致花粉母细胞减数分裂不正常，引起雄性不育。绒毡层又能合成蛋白质，通过转运至花粉粒的外壁上，这是一种识别蛋白，在花粉粒与雌蕊的相互识别中，对决定亲和与否，起着重要的作用。

当花粉粒发育完成后，花药也已成熟。此时，由于中层和绒毡层解体消失或仅存痕迹，花粉囊壁只剩下表皮和纤维层。

3. 花粉囊的发育 花粉囊由孢原细胞发育而成。孢原细胞由幼花药四角表皮内方的细胞分化而成。这种细胞比其他细胞大，细胞质浓，径向延长并有更为显著的细胞核，分裂能力强。孢原细胞排成纵行，其数目在不同植物中可能不同：大多数被子植物的花药，其每个角隅有多列孢原细胞，因此在花药横切面上可看到多个；少数被子植物如小麦、棉花等，其花药每个角隅只有一列孢原细胞，这样在花药横切面上只看到一个。孢原细胞进行一次平周分裂，形成内外两层，外层为初生周缘细胞（primary parietal layer），内层为初生造孢细胞（primary sporogenous cell）。

初生周缘细胞进行平周分裂和垂周分裂，产生3～5层呈同心圆排列的细胞，由外至内依次分化形成药室内壁（endothecium）、中层（middle layer）和绒毡层（tapetum），三者与花药表皮的相应部分共同组成花粉囊壁。在花粉囊壁形成的同时，初生造孢细胞也进行分裂，大多数被子植物的初生造孢细胞要经过几次分裂，然后形成花粉母细胞，或称小孢子母细胞。极少数植物的初生造孢细胞可不再分裂，直接发育成花粉母细胞，如棉花、瓜类等。每个花粉母细胞经过减数分裂形成 4 个单核花粉粒（小孢子），单核花粉粒进一步发育形成成熟的花粉粒，储存在花粉囊内。

（三）花粉粒的发育和结构

1. 花粉粒的形成及发育过程　花粉粒由花粉母细胞（pollen mother cell，PMC）经过减数分裂后发育形成。减数分裂前，花粉母细胞排列紧密，早期具有一般的纤维素壁。相邻花粉母细胞间有直径 $1\sim2~\mu m$ 的胞质管（cytoplasmic channel）彼此连接，整个花粉囊内的花粉母细胞群形成一个合胞体（syncytium）。这种连接现象与花粉囊中花粉母细胞的减数分裂同步化，与营养物质、生长物质的迅速运输及分配有关。减数分裂过程中，在花粉母细胞质膜外沉积大量胼胝质并形成胼胝质壁，致使胞间连丝和胞质管被阻断，原有的纤维素壁也随之解体。减数分裂结束后，在四分体（tetrad）周围及各细胞之间均有胼胝质壁包围或分隔。由于胼胝质壁的低透性控制着细胞之间的物质交流，因此可保持四分体细胞之间的独立性，而四分体细胞通过基因重组与分离，在遗传上多少有所不同。在大多数植物中，四分体只维持一个短暂时期。随着胼胝质壁的溶解，子细胞彼此分离，成为 4 个各含一个细胞核的花粉粒，称为单核花粉粒或小孢子。小孢子经过分裂、生长，发育成为成熟的花粉粒。

（1）营养细胞、生殖细胞和精子的形成　初形成的单核花粉粒（小孢子）细胞壁薄，细胞质浓厚，细胞核位于中央（图 3-9）。进一步发育时，单核花粉粒从绒毡层分泌物或降解物中吸收养分和水分，细胞逐渐变成圆球形，体积增大，并形成中央大液泡，细胞核随着移向靠细胞壁的位置。之后，细胞核经过 DNA 复制，在近壁处进行一次有丝分裂，形成两个子核：贴近花粉细胞壁的子核为生殖核；靠近大液泡的子核为营养核。胞质分裂时，细胞板呈弧形，并且弯向生殖核一侧。单核花粉粒被分隔为大小悬殊的两个细胞，大的为营养细胞（vegetative cell），小的为生殖细胞（generative cell），两个细胞之间有胼胝质壁分隔。

最初，生殖细胞呈凸透镜形或半球形，紧贴着花粉细胞壁。之后，细胞逐渐从与花粉壁的交界处向内推移、收缩，逐渐变圆。最后，整个细胞脱离花粉壁，游离在营养细胞的细胞质中。此时，由于胼胝质壁消失，生殖细胞成为一个仅被其本身的质膜及营养细胞的质膜包围（即有两层质膜包围）的裸细胞浸没在营养细胞之中。

生殖细胞经过一次有丝分裂，形成两个精子（即雄配子）。有的植物精子在花粉中形成；有的植物精子在花粉释放后，在萌发的花粉管中形成。因此，当花药成熟时，传粉前的花粉粒可能是 2 个细胞的，也可能是 3 个细胞的，分别称为 2-细胞花粉和 3-细胞花粉。大部分被子植物（70% 的科）的成熟花粉为 2-细胞花粉，如棉花、桃、茶、柑橘、百合等；少数植物的成熟花粉为 3-细胞花粉，如白菜、水稻、玉米、小麦、向日葵等。

（2）花粉壁的形成　花粉壁有内外两层。花粉四分体形成不久，花粉壁即开始发育。单核花粉粒吸收绒毡层提供的物质，在胼胝质壁与质膜之间先沉积纤维素，形成初生外壁（原外壁 primexine），继而在初生外壁的基础上发育形成厚的花粉外壁（exine）以及外壁表面的各种纹饰（sculpture）。有些地方不产生外壁而留下一定形状、一定数目的孔隙或

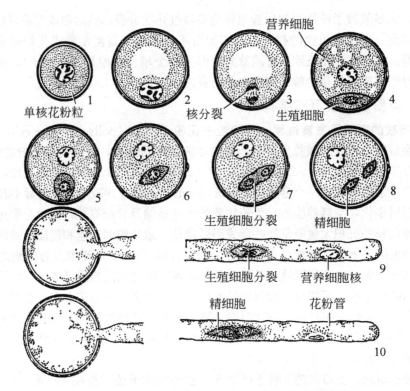

图 3-9　被子植物花粉粒的发育与花粉管中精细胞的形成

1. 新形成的单核花粉粒　2. 单核花粉粒的后期阶段，产生了液泡，细胞核移到近细胞壁的位置上
3. 单核花粉粒的核分裂　4. 分裂结束，二细胞时期，示营养细胞和生殖细胞
5. 生殖细胞开始与细胞壁分离　6. 生殖细胞游离在营养细胞的细胞质中
7、8. 生殖细胞在花粉粒中分裂，形成精细胞　9、10. 生殖细胞在花粉管中分裂，形成精细胞

沟槽，是将来花粉萌发时花粉管向外突出生长之处，因此，称为萌发孔（germinal pore）或萌发沟（germinal furrow）。原有的胼胝质壁随着外壁的形成而消失。与此同时，花粉粒本身合成纤维素、半纤维素、果胶质、蛋白质等物质，在外壁内侧沉积，形成了花粉粒的内壁（intine）。

至此，单核花粉粒发育成含有 2 个细胞或 3 个细胞的花粉粒。花粉粒及其萌发形成的花粉管即是被子植物的雄配子体。

2. 花粉粒的形态和结构　成熟的花粉粒由两层壁和 2～3 个细胞组成。

（1）花粉粒的形态和花粉壁的结构特征　花粉粒的形状和大小随植物种类而不同：水稻、小麦、玉米、柑橘、桃等的花粉粒为圆球形；油菜、桑、百合、梨等的花粉粒为椭圆形；茶的花粉粒为三角形；凤仙花的花粉粒为四角形等（图 3-10）。花粉粒的大小差异很大：小的如紫草科植物，其花粉粒直径只有 4～5 μm；大的如南瓜的花粉粒直径达 150～200 μm；大多数植物的花粉粒直径为 15～50 μm。

花粉外壁较厚、硬而缺乏弹性。外壁的雕纹变化很大，常构成美丽的图案。除光滑的外，常见有条纹、皱波纹及网纹等形式。组成雕纹的分子有刺、小刺、疣、棒状或圆柱状等各种附属物。外壁上萌发孔是外壁不增厚的部分，仅有增厚的内壁，也是花粉粒萌发时花粉管伸出之处。它也有各种形式，如孔、沟等。萌发孔的数量变化较大，如水稻、小麦

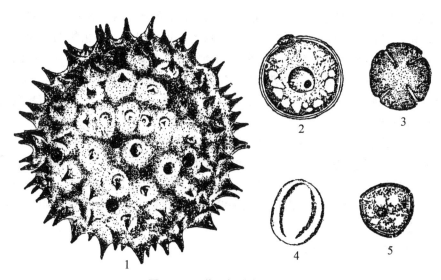

图 3-10　花粉粒的各种形状

1. 棉　2. 水稻（单核期）　3. 柑橘　4. 棠梨　5. 茶

等禾本科植物的花粉只有一个萌发孔；棉花有 8～16 个萌发孔；其他锦葵科植物的萌发孔有多至 50 个以上的，樟科植物的花粉无萌发孔。萌发沟的数量变化较少：油菜等十字花科植物的花粉有 3 条沟，梨属、苹果属及烟草等的花粉 3 条沟中有孔，此外有些植物的花粉只有 1 条沟或有多条沟。花粉外壁的主要成分为孢粉素，此外尚有纤维素、类胡萝卜素、类黄酮素、脂类及蛋白质等，所以花粉常呈现黄、橙色。孢粉素的化学稳定性高，抗酸及抗酶解能力很强，能使花粉外壁的雕纹长期保存。

花粉内壁较薄、软而有弹性。内壁的主要成分为纤维素、果胶质、半纤维素及蛋白质等。内壁包围着营养细胞原生质体，在萌发孔处内壁有所增厚，并在花粉萌发前封闭萌发孔。

无论外壁和内壁，都含有生物活性蛋白质和酶类。外壁蛋白质由绒毡层制造并转移而来，是由孢子体（植物母体）起源，具有基因型的特异性，传粉后在与柱头相互识别的过程中起主要作用。内壁蛋白质由花粉粒本身制造，是由配子体起源，主要含有与花粉粒萌发以及花粉管穿入柱头生长相关的各种水解酶类。花粉壁蛋白或酶类容易在湿润后释放到周围环境中。现已查明，花粉壁蛋白是引起人体发生花粉过敏症（枯草热）的主要过敏原，如豚草属花粉内壁中就含有一种主要过敏原——抗原 E。

（2）营养细胞、生殖细胞和精子　2-细胞花粉中，营养细胞和生殖细胞的结构有很大差异。营养细胞体积大，包含花粉粒中除了生殖细胞（或精细胞）以外的所有部分，有大液泡和丰富的细胞器，RNA 含量较高（对花粉管的生长和生殖细胞的分裂是必要的），并富含淀粉、蛋白质、脂肪等营养物质；营养核结构疏松，核膜上有较多核孔，核质常向外扩散，通常没有核仁，有些植物的营养核呈瓣裂状。生殖细胞的形状在其发育过程中常有变化，成熟时常呈纺锤状或长椭圆形；生殖细胞体积小，无细胞壁，细胞质少，细胞核占据细胞的大部分；生殖核结构紧密，核孔较少，有 1～2 个核仁。此外，在代谢活动方面，营养细胞和生殖细胞也有所不同。通常生殖细胞的代谢活动较低，而营养细胞的代谢活动较旺盛，这对花粉粒的萌发和花粉管的生长有利。

3-细胞花粉中，精细胞（sperm）已经形成。它们的形状在不同植物中常有变化，有椭圆形、球形、纺锤形、弧形、螺旋形、蠕虫形等。即使是同一种植物的不同花粉粒，或在不同的时期，其形态也有所不同，如小麦的精细胞，初期近球形，后呈长椭圆形；水稻的精细胞在花粉粒中为透镜形，受精前则呈球形。精细胞的结构较为简单，缺少细胞壁，外有两层质膜，细胞质呈薄层，内含线粒体、高尔基体、核蛋白体、内质网和微管等多种细胞器，通常不含质体。

各种植物花粉的形状、大小、外壁的雕纹各不相同，具有种属的特异性，已成为孢粉学（Palynology）的重要组成部分。人们常运用花粉形态和结构上的特异性，鉴定植物的种属（包括古植物的种类）、判断地质年代、勘探矿藏（如煤田、石油等）、研究植物不同类群的演化及历史地理分布、鉴定蜂蜜的来源、确定蜜质的优劣，甚至应用于医药学及侦破罪犯作案上。

花药及花粉粒的发育形成过程如下：

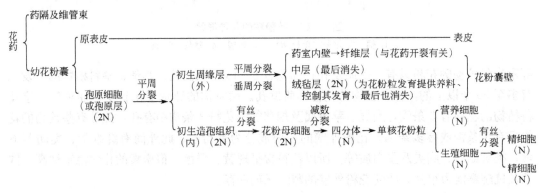

（四）花粉的生活力

花粉的生活力因植物种类不同而有差异。花粉生活力的长短，既决定于植物的遗传性，又受到环境因素的影响。在自然条件下，大多数植物的花粉从花药中散出后只能存活几小时、几天或几个星期。一般木本植物的花粉生活力比草本的要长，如在干燥凉爽的条件下，柑橘花粉可存活 40～50 天；苹果花粉可存活 10～70 天。草本植物中，棉属的花粉在采下 24 小时内，存活的有 65%，超过 24 小时，很少存活。多数禾本科植物的花粉存活不超过 1 天，玉米为 1～2 天。水稻的花粉在田间条件下经 3 分钟就有 50% 丧失生活力，5 分钟后几乎全部没有生活力，可以说是寿命最短的例子。花粉粒的类型也与生活力有关，通常 3-细胞花粉的生活力较 2-细胞的为低，不耐储存，对外界不良条件耐受力较差。

影响花粉生活力最重要的环境因素是温度、相对湿度和气体环境，因此，可通过控制这几个因素，来保持花粉的生活力。一般低温、干燥、低氧、高二氧化碳等条件有利于降低花粉的代谢水平，使花粉处于休眠状态，以延长其寿命。例如，利用液态氮创造-196℃超低温、真空和冷冻干燥的技术，可使花粉寿命大幅度延长。

花粉的生活力与植物育种和栽培的关系很大，因为在进行远距离或不同开花期的亲本杂交育种时，不得不储藏的花粉。因此，研究花粉的生活力和花粉的储藏条件是很有实践意义的。

（五）花粉植物

根据细胞的全能性，任何一个有生命的细胞都具有生长、繁殖、遗传、发育的能力，而花粉粒是一个活细胞，因此可以发育成为一株植物。一粒被子植物的花粉粒，在正常的情况下，可发育成为 3 个细胞的雄配子体。当它在无菌、营养相当丰富、外源激素合适条件下时，细胞就可多次分裂或细胞核先分裂多次，随后形成许多细胞。这些多细胞团块，有的形成愈伤组织（callus），有的直接形成胚状体（embryoid），再由它们分化和长成完整的植株。这种利用花药和花粉粒进行离体培养，使花粉粒长出愈伤组织或胚状体，然后分化成的植株称花粉植物（pollen plant）。由于它是来自花粉母细胞经过减数分裂后形成的花粉粒，其染色体是单倍体的，较花粉母细胞减少了一半，故又称单倍体植物（haploid plant）或称半数体植物。花粉植物比较矮小，不能正常开花结实，其细胞中的染色体需经过人工或自然加倍之后，才能产生正常开花结实的纯合二倍体植物（pure diploid plant）。

花粉植物的培养，不仅是育种方法上的一种新手段，同时也具有较大的现实意义。应用这种方法育种，可以减少杂种分离，缩短育种年限，提高选择效率，减少田间试验所用的土地和劳力，对异花传粉的植物能迅速获得自交系，对现有品种能进行提纯复壮，也可用以开展对植物器官的建成和遗传等方面的研究。

（六）雄性不育植物

有些植物，由于遗传和生理原因或外界条件的影响，花中的雄蕊发育不正常，不能形成正常的花粉粒或正常的精细胞，但雌蕊却发育正常，这种植物称为雄性不育植物。在农作物中如水稻、高粱、玉米、油菜、棉花、南瓜、葱等，往往都能产生雄性不育的植株。雄性不育植物在作物育种上，称为不育系。在杂交育种中，利用其雄性不育的特性，可免去人工去雄的工序，节省人力和时间。利用人工制种的方法，将不同亲本进行杂交，或喷洒化学杀雄剂，都能诱导产生雄性不育植物。

雄性不育植物的雄蕊形态结构，大体可划分为三种类型：花药退化型、花粉败育型和无花粉型。

三、雌蕊的发育和结构

（一）雌蕊的发育

雌蕊由一个或多个心皮组成，每个心皮通常有 3 条维管束，其中与叶片的中脉相当的维管束称为背束（dorsal carpellary bundle），其两侧的维管束称为腹束（ventral carpellary bundle）。心皮在形成雌蕊时，常向内卷合，使近轴的一面（或称腹面）闭合起来，心皮边缘连合之处称为腹缝线（ventral suture）；与近轴相背的一面为远轴面（或称为背面），其上有背束之处称为背缝线（dorsal suture）（图 3-11）。心皮卷合成雌蕊后，其上端为柱头，中间为花柱，下部为子房。

1. 柱头　柱头是承受花粉的地方，也是传粉后与花粉相互识别和选择的场所，常稍膨大或扩大成各种形状。柱头一般具有较大的细胞，表皮细胞常延伸为乳突（papilla）状或毛状，形成特殊的表面结构，适于"捕捉"花粉并为花粉萌发提供必要的水分。雌蕊成熟后，有的植物柱头有分泌物溢出使柱头湿润、有利于粘着花粉并为花粉萌发提供必需基质，这样的柱头称为湿柱头（wet stigma），如烟草、茄、苹果、矮牵牛等。柱头分泌物的成分随植物种类不同而不同，主要为水分、脂类、糖类、酚类化合物、氨基酸和蛋白质。有的植物柱头没有分泌物，称为干柱头（dry stigma）。干柱头在被子植物中最为常见，如油茶、石竹、棉花、柿子及禾本科植物等。干柱头表面有蛋白质薄膜（pellicle），传粉后由于蛋白质的亲水性，可通过其下层的角质层孔隙吸取水分，或在酶的作用下，柱头表面的毛状细胞解体而得到水分，使花粉能正常萌发。

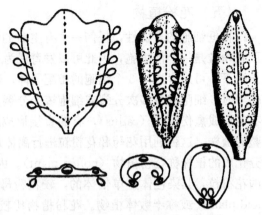

图3-11 心皮形成雌蕊过程示意图

2. 花柱 花柱是柱头和子房之间较细的部分，是花粉萌发后花粉管伸长生长进入子房的通道。有的植物花柱内有1条至多条管道状结构，称为花柱道（stylar canal）。花柱道内表面有1层或2～3层细胞，具有传递细胞特征，这样的花柱称为空心型花柱（hollow style）。有的植物没有花柱道，花柱中央有特殊细胞群组成的引导组织（transmitting tissue），引导组织细胞间隙大，其中充满含糖类、蛋白质等成分的分泌液，这样的花柱称为实心型花柱（solid style）。花粉管沿花柱道或引导组织的胞间隙生长、通过，花柱道细胞和引导组织均可为花粉管的生长提供营养物质和某些趋化物质。

3. 子房 子房是雌蕊基部膨大成囊状的部分，由子房壁（ovary wall）、子房室（locule）、胚珠（ovule）和胎座（placenta）等组成。将子房横切，可见外围有一层子房壁。子房壁的内外面都有一层表皮，表皮上有气孔及表皮毛。两层表皮之间，为多层薄壁细胞及维管束系统（与叶肉的结构相似）。子房室的数目因植物的种类、心皮的数目和心皮连合形成雌蕊的方式而有所不同（图3-12）。

（二）胚珠的发育和结构

胚珠通过胎座着生在子房上，将来发育成种子。发育成熟的胚珠由珠柄、珠心、珠被、合点、珠孔等几部分组成（图3-13）。

随着雌蕊的发育，在子房中逐渐形成胚珠。它们是在子房壁腹缝线的胎座处发生的。首先，在胎座表皮下面的一些细胞经平周分裂，产生一团突起，称为胚珠原基。原基的前端发育为珠心（nucellus），是胚珠中最重要的部分，胚珠中的胚囊就是由珠心的细胞发育而成的。原基的基部发育为珠柄（funiculus）。以后，由于珠心基部的表皮层细胞分裂较快，产生一环状的突起，逐渐向上生长扩展，将珠心包围，仅在珠心的前端留下一孔，此包围珠心的组织即为珠被（integument），前端的小孔称为珠孔（micropyle）。有的植物只有1层珠被，如番茄、向日葵、核桃等；有的植物有2层珠被，如油菜、棉花、桃、百合、水稻、小麦等。有两层珠被的胚珠发育时先形成内珠被（inner integument），后形成外珠被（outer integument）。在珠心基部，珠被、珠心和珠柄连合的部位称为合点（chalaza）。心皮的维管束分枝就是从胎座经过珠柄到达合点而进入胚珠内部的，这是为胚珠输送养料的途径（图3-14、图3-15）。

胚珠生长时，由于珠柄和其他各部分的生长速度常不均等，胚珠在珠柄上的着生方位

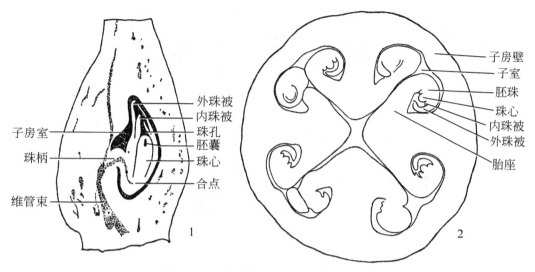

图 3 - 12 子房的切面（示子房室及胚珠）
1. 桃的子房纵切面 2. 棉花的子房横切面

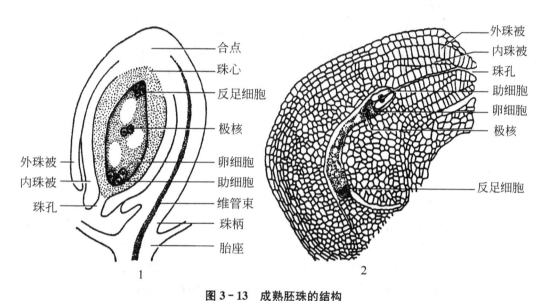

图 3 - 13 成熟胚珠的结构
1. 胚珠结构模式图 2. 油菜的成熟胚珠，示胚囊的结构

有所不同，从而形成不同的胚珠类型（图 3 - 16）：胚珠各部分均匀生长，珠柄、合点、珠孔三者在一条直线上，称为直生胚珠（atropous ovule），如荞麦、大黄、核桃；胚珠下部直立，上部略弯，珠孔偏下，珠孔、珠心纵轴和合点不在一直线上，称为弯生胚珠（campylotropous ovule），如油菜、扁豆、蚕豆、柑橘；珠孔倒转，虽然珠孔、珠心纵轴和合点在一直线上，但珠孔向下靠近，称为倒生胚珠（anatropous ovule），如棉花、稻、瓜类；胚珠形成过程中，一侧生长快，胚珠横卧，珠孔、珠心纵轴和合点所在的直线与株柄成直角，称为横生胚珠（amphitropous），如落花生、锦葵、梅。

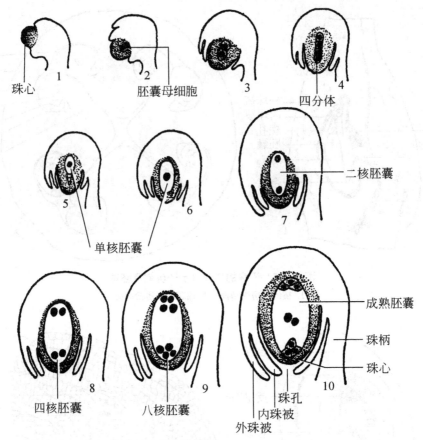

图 3-14　胚珠和胚囊发育过程模式图

（1～10 为发育顺序）

（三）胚囊的发育和结构

1. 胚囊的形成与发育　胚囊在珠心组织中发育形成。最初，珠心是一团相似的薄壁细胞。随着珠被的发育，在靠近珠孔一端的珠心表皮下，形成了一个体积较大、细胞质较浓、细胞核大而显著的孢原细胞（archesporial cell）。孢原细胞进一步发育形成胚囊母细胞（embryo-sac mother cell 或 EMC），其发育形式随植物种类的不同而不同。很多被子植物如棉花等，孢原细胞进行一次平周分裂，形成内、外 2 个细胞：内侧为造孢细胞（sporegenous cell），外侧为周缘细胞（parietal cell）。周缘细胞继续分裂增加珠心的细胞层数，造孢细胞长大成为胚囊母细胞，并被珠心组织推向珠心深处。也有很多被子植物如向日葵、百合、水稻、小麦等，孢原细胞直接长大成为胚囊母细胞（图 3-17）。

胚囊母细胞也称为大孢子母细胞，经过减数分裂形成 4 个具有单倍染色体的大孢子。大孢子四分体通常排成一纵行，近珠孔端的 3 个大孢子退化消失，近合点端的 1 个大孢子发育形成胚囊。这个大孢子从珠心组织吸取营养物质开始长大，最初只含有 1 个细胞核，称为单核胚囊。不久，细胞核连续进行 3 次有丝分裂。第一次分裂形成具有 2 个细胞核的二核胚囊，2 个核分别移向胚囊的两端，胚囊中央则形成大液泡。随着胚囊的长大，2 个核各自分裂两次，共形成 8 个细胞核，在胚囊的两端各有 4 个核。8 个核处于共同的细胞

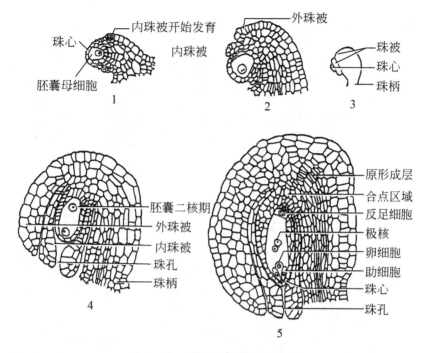

图3－15　卷丹胚珠发育的纵切面

1. 胚珠原基，大型细胞为胚囊母细胞，内珠被开始发育

2. 早期胚珠，内、外珠被和单核胚囊已形成　　3. 胚珠整体外形

4. 两层珠被和2核胚囊已形成　5. 成熟胚珠的结构

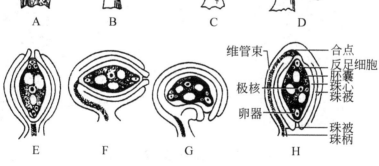

图3－16　胚珠的类型

A～D为外形图，E～H为其剖面图

质中，暂时不形成细胞壁，称为八核胚囊。胚囊接近成熟时，每端各有1个核移向胚囊中部，互相靠拢，这2个核称为极核（polar nucleus）。一些植物的2个极核保持这种状态直到受精；另一些植物的2个极核不久即互相融合，成为1个双倍体的核，称为次生核（secondary nucleus）。极核或次生核与周围的细胞质一起组成胚囊中央的大型细胞，称为

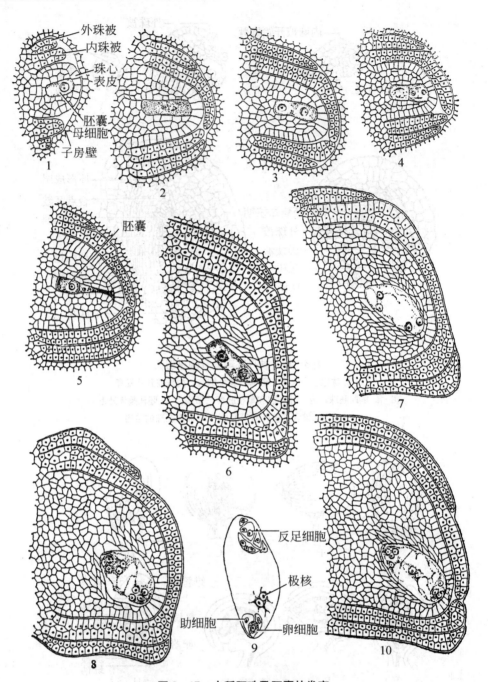

图 3-17 水稻胚珠及胚囊的发育

1. 胚囊母细胞的形成，外珠被和内珠被的发育 2、3. 胚囊母细胞减数分裂的第一次分裂 4. 减数分裂的第二次分裂，形成四分体 5. 四分体上近珠孔端的 3 个细胞退化，1 个发育成胚囊 6~8. 八核胚囊的形成 9. 八核胚囊，珠孔端有一核向胚囊中央移动，成为极核 10. 成熟的胚囊，示卵细胞、助细胞、反足细胞及极核

中央细胞（central cell）。近珠孔端的 3 个核，1 个分化成卵细胞（egg cell），2 个分化成助细胞（synergid），它们常合称为卵器（egg apparatus）。近合点端的 3 个核，则分化成为反足细胞（antipodal cell）。至此，单核胚囊细胞经过分裂、生长和分化，已发育成为 8

核或 7 个细胞的成熟胚囊，这就是被子植物的雌配子体（female gametophyte），其中的卵细胞就是有性生殖中的雌配子（female gamete）（图 3-18）。

上述胚囊发育形式，最初见于蓼科植物中，所以称为蓼型（polygonum type），约有 81% 的被子植物的胚囊属于此类型。

2. 成熟胚囊的结构　被子植物的蓼型成熟胚囊通常由 1 个卵细胞（n）、2 个助细胞（n）、3 个反足细胞（n）和 1 个中央细胞（2 n）组成。

（1）卵细胞　卵细胞是胚囊中最重要的组成部分，是有性生殖的雌配子。分化成熟的卵细胞近梨形，位于珠孔端，与两个助细胞成三角形排列。卵细胞是一个高度极性化的细胞，通常近珠孔端的细胞壁最厚，近合点端的细胞壁逐渐变薄。棉花、玉米等植物的卵细胞合点端的细胞壁消失，只有质膜与中央细胞的质膜邻接。卵细胞珠孔端被液泡占据，细胞质通常集中在合点端，细胞核较大，也位于合点端或偏于一侧。

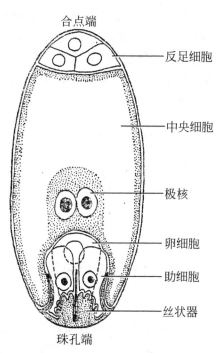

图 3-18　成熟胚囊的图解

（2）助细胞　助细胞与卵细胞在珠孔端排列成三角形。助细胞也是有高度极性化的细胞，在合点端常有一个大液泡或许多小液泡，细胞质集中在珠孔端，细胞核位于中央或偏向珠孔端。细胞壁由珠孔端到合点端逐渐变薄，珠孔端细胞壁向内延伸突起，形成丝状器（filiform apparatus）结构，大大增加了质膜的表面积，这与营养物质的吸收和运转有关。助细胞含有丰富的细胞器，代谢活跃，但其寿命较短，一般在胚囊受精前或受精后不久即退化消失。

目前对助细胞的功能尚不完全了解，一般认为可能有下列几方面的作用：一是经过珠孔区从珠心、珠被等处吸收和运转营养物质进入胚囊；二是合成和分泌某些趋化物质和酶类，引导花粉管定向生长进入胚囊；三是花粉管进入并释放内容物的场所，并有助于精子散向卵细胞和中央细胞。

（3）中央细胞　中央细胞是胚囊中最大的一个细胞，也是高度液泡化的细胞。成熟胚囊的增大，主要由于中央细胞液泡的膨大。中央细胞的壁厚薄变异很大：与卵和助细胞相接处，通常只有质膜而没有壁；而与反足细胞相接处，则有具胞间连丝的薄壁；在胚囊中部与珠心细胞相接处，其壁为原来单核胚囊细胞壁的延展部分。中央细胞的极核或次生核常被许多细胞质悬挂在高度液泡化的细胞中间，或位于紧邻卵器的细胞质中。极核通常很大，核仁也很大。

（4）反足细胞　反足细胞是胚囊中变化最大的细胞，不但细胞数目差异很大，在细胞结构上也因植物不同而有各种变化。多数植物具有 3 个反足细胞，但也有些植物的反足细胞形成后继续分裂，使细胞数目增加，如小麦、玉米有 20～30 个反足细胞，竹类的反足细胞多达 200 个。每个细胞有细胞核 1 个至多个。玉米等植物的反足细胞在与珠心相邻的细胞壁上常形成乳头状内突，具有传递细胞的特征。在玉米等植物反足细胞的分裂过程中，胞质分裂不完全，整个细胞群的原生质体部分或完全地连贯在一起，形成合胞体。反足细胞含有丰富的线粒体、高尔基体等细胞器，代谢活动非常活跃。一般认为具有吸收、传输和分泌营养物质等多种功能。反足细胞通常是短命的细胞，在胚囊受精前或受精后不久即退化，但也有一些植物的反足细胞在形成后体积增大、数目增多，且生存较长的时间。

胚囊发育过程如下：

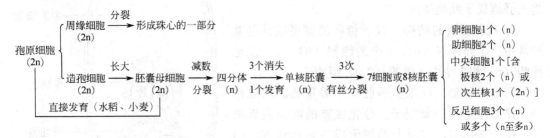

四、开花、传粉和受精

（一）开花

当雄蕊中的花粉粒和雌蕊中的胚囊（或两者之一）已经成熟时，花萼和花冠即行开放，露出雄蕊和雌蕊，这种现象称为开花（anthesis）。各种植物的开花年龄、开花季节和花期的长短各不相同，但有一定的规律性：一二年生植物生长几个月后就能开花，一生中仅开花一次，开花结实后整株植物枯萎死亡；多年生植物在达到开花年龄后，每年按时开花，并能延续多年。也有少数多年生植物，一生只开一次花，如竹、剑麻等。就开花季节来说：多数植物在早春至春夏之间开花；有的在盛夏开花，如莲；有的在秋季甚至深秋、初冬开花，如茶、油茶、枇杷等。许多园艺植物的开花受季节影响很少，几乎四季都能开花，如月季、天竺葵、可可、桉树等。在冬季和早春开花的植物，常有先花后叶的，如腊梅、迎春、梅、玉兰、木棉等；也有花、叶同放的，如梨、李、桃等；但绝大多数植物为先叶后花。

植物的开花期（blooming stage）是指一株植物从第一朵花开放到最后一朵花开毕所经历的时间。不同植物开花期不同，如早稻为5～7天，晚稻为9～10天，小麦为3～6天，柑橘、梨、苹果的开花期为6～12天，油菜的开花期为20～40天。棉花、花生、番茄、番木瓜等的开花期可延续1至数月，是开花期比较长的例子。各种栽培植物的开花期与品种的特性、营养状况以及外界条件等有着密切的关系。

各种植物每朵花的开放时间，也有长短的不同，如小麦只能开5～30分钟；水稻为1～2小时；有名的昙花，只在20～21时开花，持续3～4小时，晨起时已凋萎，固有"昙花一现"之说；南瓜、西瓜等在清晨开放，中午闭合；棉花在早晨开放，傍晚萎蔫，次日凋落；番茄约为4天；桃、梨为4～8天；某些热带兰花单花开放的时间，可长达80天以上，是开放最长的，极具观赏价值。各种植物的开花习性与它们原产地的各种生态条件有密切的关系，这是植物长期适应的结果。

（二）传粉

成熟的花粉粒借外力传到雌蕊柱头上的过程，称为传粉或授粉（pollination）。传粉是受精的必要前提，是有性生殖的重要环节。植物的传粉有自花传粉和异花传粉两种方式。

1. 自花传粉和异花传粉及其生物学意义

（1）自花传粉 成熟的花粉粒传到同一朵花的雌蕊柱头上的过程，称为自花传粉（self-pollination）。在生产实践中，自花传粉的含义较广泛，农作物同株异花间的传粉和果树栽培上同品种异株间的传粉，也称为自花传粉。如水稻、小麦、豆类、柑橘、桃、枇杷、番茄等都是自花传粉植物。豌豆、落花生的花尚未开放，其成熟的花粉粒就直接在花粉囊中萌发形成花粉管，把精子送入胚囊完成受精，这是典型的自花传粉，称为闭花受精（cleistogamy）。

（2）异花传粉 异花传粉（cross-pollination）是一朵花的花粉粒传送到另一朵花的柱头上的过程。它可发生在同一株植物的各花之间，也可发生在同一品种或同种内的不同品种植株之间，如玉米、油菜、向日葵、梨、苹果、瓜类等都是异花传粉植物。异花传粉一定要借助外力为媒介，将花粉传到另一朵花的柱头上。最普遍的传粉媒介是风媒和虫媒。

异花传粉在植物界普遍存在，且在生物学意义上比自花传粉优越。因为异花传粉的精、卵细胞分别来自不同的花或不同的植株，它们所处的环境条件差异较大，遗传性差异也较大，相互融合后，其后代具有较强的生活力、适应性和抗逆性。所以，在长期的进化过程中，异花传粉逐渐得到发展，成为大多数植物的传粉方式。而自花传粉的精、卵细胞来自同一朵花，它们产生的环境条件基本相似，遗传性差异较小，所形成的后代生活力和适应性都较差。栽培作物若长期连续地（如小麦30～40年，大豆10～15年）进行自花传粉，若干年后会逐渐衰退减产而变得毫无栽培价值。

植物从自花传粉至异花传粉是进化的一种趋势，但事物总是一分为二的。异花传粉虽然对后代有益，但往往受到自然条件的限制，如花期恰遇低温、久雨、风暴等，这对风媒或虫媒传粉都会造成不利影响；或因雌、雄蕊成熟期不一致而导致花期不遇，减少了传粉的机会，从而影响结实。自花传粉方式虽不及异花传粉进化程度高，在花期缺乏异花传粉所必需的风、虫、水、鸟等媒介的环境中，这些植物用自体受精方法来繁衍后代，总比不能繁殖或繁殖很少有利。实际上，异花传粉植物在条件不具备时也存在自花传粉现象。同样，自花传粉植物在一定条件下也可进行异花传粉，如棉花以自花传粉为主（自交率达60%～70%），也有部分花朵（30%～40%）进行异花传粉；水稻也是自花传粉植物，但也有1%～5%的花朵进行异花传粉；柑橘和桃等植物也有类似情况。

2. 植物对异花传粉的适应 由于长期自然选择和演化的结果，植物的花形成了许多适应异花传粉的特性。

（1）单性花 具有单性花（unisexual flower）的植物必然是异花传粉，如雌雄同株的玉米、瓜类、蓖麻、板栗、胡桃等，雌雄异株的大麻、菠菜、桑、番木瓜、杨梅、杨、柳、杜仲等。

（2）雌雄蕊异熟 雌雄蕊异熟（dichogamy）指一株植物或一朵花上的雌、雄蕊成熟时间不一致。如玉米的雄花序比雌花序先成熟；向日葵、梨、苹果的两性花为雄蕊先熟；而油菜、马兜铃、柑橘的两性花则为雌蕊先熟。

（3）雌雄蕊异长 雌雄蕊异长（heterogony）指同种不同个体产生2种或3种两性

花，其两性花中雌、雄蕊的长度互不相同，或称花柱异长（heterostyly）。如荞麦有两种植株，一种为雌蕊的花柱高于雄蕊的花药，另一种为雌蕊的花柱低于雄蕊的花药，故称为二型花柱植物（dimorphic style plant）。传粉时，只有高雄蕊上的花粉粒传到高柱头上，低雄蕊的花粉粒传到低柱头上，才能受精。千屈菜属（*Lythrum*）植物的同种个体，能产生三型花柱的两性花，称为三型花柱植物（trimorphic style plant），即花柱有长、中、短三种，雄蕊也分别有高、中、矮三种，只有相同高度的雄蕊和雌蕊间才能传粉，否则传粉不孕（图 3 - 19）。

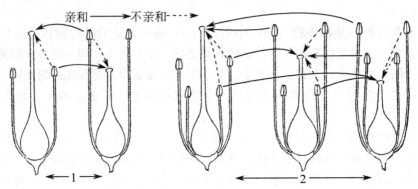

图 3 - 19 雌雄蕊异长花的种内不亲和图解
1. 二型花柱　2. 三型花柱

（4）雌雄蕊异位　雌雄蕊异位（herkogamy）指同种个体只产生一种两性花，但花中雌雄蕊的空间排列不同，可避免自花传粉。如石竹科植物，其两性花的雌蕊高于雄蕊，花粉不易传到柱头上；百合科的部分植物，开花时，雌蕊的花柱基部在近子房处呈直角状向外折伸，远离雄蕊，以避免自花传粉。

（5）自花不孕　自花不孕（self-sterility）指花粉粒落到同一朵花或同一植株的柱头上不能结实的现象。有两种情况：一种是花粉粒落到自花的柱头上根本不能萌发，如向日葵、荞麦、黑麦等；另一种是自花的花粉粒虽能萌发，但花粉管生长缓慢，没有异花的花粉管生长快，达不到自体受精，如玉米、番茄等（进行玉米等自交系的培育，必须在人工传粉后套袋隔离）。此外，某些兰科植物的花粉粒对自花的柱头有毒害作用，常引起柱头凋萎，以致花粉管不能生长。

马鞭草科龙吐珠（*Clerodendrum thomsonae*）又称珍珠宝莲，是植物适应异花传粉的一个例子。该植物花萼白色，花冠红色。通常雄蕊直立，花柱弯曲偏向花的一侧。当花药开裂、花粉被昆虫粘带时，雄蕊的花丝便在花的一侧卷曲形成螺旋状，花柱则直立替代了雄蕊的位置，二裂柱头可直接接受来访昆虫所携带的花粉（图 3 - 20）。

3. 风媒传粉和虫媒传粉　异花传粉的媒介主要是风和昆虫，少数为水、鸟等（图 3 - 21、图 3 - 22）。

（1）风媒　借助风力传送花粉，如水稻、小麦、玉米、栎、杨、桦木、板栗等都是风媒（anemophily）植物，它们的花叫风媒花（anemophilous flower）。风媒花的花被一般很小或退化，无鲜艳的颜色，也无芳香气味，无蜜腺，有的集生成柔软下垂的柔荑花序，有的花丝细长，利于随风摆动散布花粉，有的柱头呈羽毛状，利于扩大接受花粉的表面积。同时，风媒植物产生的花粉多，花粉细小、光滑、干燥而质轻，适于随风传播。风媒

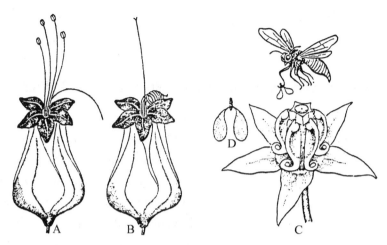

图 3-20　龙吐珠的花（示异花传粉）

A. 雄蕊直立、雌蕊弯曲　　B. 雌蕊直立、雄蕊卷曲成螺旋状

C. 萝摩科牛角瓜属（*Calotropis*）植物传粉　D. 花粉

植物大多在早春开花，且多在放叶前或放叶同时开花。

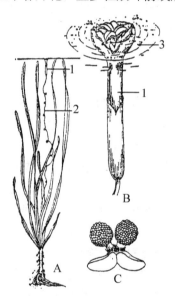

图 3-21　苦草的水媒传粉

A. 生于水底的雌株植物（雌花已经成熟，延长的花柄把雌花
推出水面，等待与雄花接触后完成传粉作用）

B. 雌花放大（示结构）　　C. 雄花结构

1. 雌花　2. 延长的花柄　3. 漂浮水面的雄花

图 3-22　鸟媒花

（蜂鸟向 *Solandra* 花取蜜的情形）

（2）虫媒　借助昆虫传送花粉，如油菜、枣、向日葵、瓜类等都是虫媒（entomophi-ly）植物，它们的花叫虫媒花（entomophilous flower）。虫媒花的花冠通常大而明显，具鲜艳的颜色，有芳香或特殊的气味，或具蜜腺。此外，虫媒花的花粉粒较大，外壁粗糙，有花纹，具黏性，易于黏附在昆虫体上，随昆虫的活动而传播。虫媒花的大小、结构和蜜腺的位置，也常与传粉昆虫的大小、体形、口器结构和行为相互适应。因此，虫媒花的形

态千姿百态，有些十分奇特。

英文阅读

Advantages and Disadvantages of Self- and Cross-Pollinations

Self-pollination has this advantage that it is almost certain in a bisexual flower provided that both its stamens and carpels have matured at the same time. Continued self-pollination generation after generation has, however, this disadvantage that it results in weaker progeny. The advantages of cross-pollination are many, as first shown by Charles Darwin in 1876: (a) it always results in much healthier offspring which are better adapted to the struggle for existence; (b) more abundant and viable seeds are produced by this method; (c) germinating capacity is much better; (d) new varieties may also be produced by the method of cross-pollination; (e) and the adaptability of the plants to their environment is better by this method. The disadvantages of cross-pollination are that the plants have depend on external agencies for the purpose and, this being so, the process is more or less precarious and also less economical as various devices have to be adopted to attract pollinating agents, and that there is always a considerable waste of material (pollen) when wind is the pollinating agent.

(三) 受精

雌、雄性细胞，即卵细胞和精细胞的互相融合过程，称为受精 (fertilization)。由于被子植物的卵细胞位于胚珠的胚囊内，故受精前必须经过传粉，花粉粒在柱头上萌发形成花粉管，并通过花粉管在花柱中生长进入胚囊，释放出精细胞，才能够发生受精作用。

1. 花粉粒的萌发及花粉管的生长　传粉后，落到柱头上的花粉粒首先与柱头相互识别 (recognition)，生理性质上亲和的 (compatible) 花粉粒得到柱头液的滋养，吸收水分，呼吸作用迅速增强，蛋白质的合成显著增加，细胞内部物质增多，导致花粉粒内部压力增大，使其内壁从萌发孔处向外突出形成花粉管，这个过程称为花粉粒的萌发。完成萌发后，花粉粒的内含物全部移入花粉管中，并集中在花粉管的顶端。若为 2-细胞花粉粒，当营养核和生殖细胞移入花粉管后，生殖细胞在花粉管内分裂形成 2 个精子；若为 3-细胞花粉粒，则营养核和 2 个精子一起进入花粉管 (图 3-23)。花粉粒及其萌发形成的花粉管就是被子植物的雄配子体。

花粉管伸出后，在角质酶、果胶酶等的作用下，花粉管穿过柱头乳突的已被侵蚀的角质膜，经乳突的果胶质—纤维素壁，向下进入柱头，沿着花柱向子房延伸。在空心花柱中，花粉管常沿着花柱道表面的黏性分泌物生长；在实心花柱中，花粉管常在引导组织细胞间隙的分泌物中生长 (番茄)，或在引导组织厚而疏松并富含果胶质的细胞壁中生长 (棉花)，或从细胞壁与质膜之间穿过 (菠菜)。花粉管在生长过程中，除消耗自身储藏的物质外，还从花柱中吸取大量的营养物质，用于花粉管的生长和新壁的形成。

花粉管通过花柱到达子房后，一般沿着子房的内壁或经胎座继续生长，直达胚珠。油茶等大多数植物的花粉管是经过珠孔穿过珠心组织进入胚囊进行受精的，称为珠孔受精

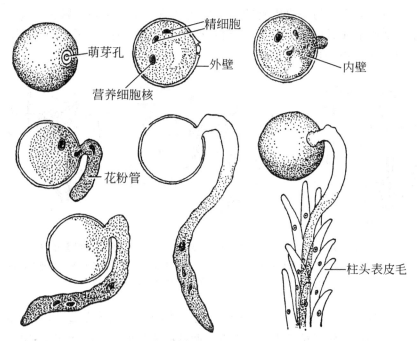

图 3-23 水稻花粉粒的萌发和花粉管的形成

（porogamy）。但也有些植物的花粉管是经过合点区（榆、核桃）或珠被（南瓜）穿过珠心组织进入胚囊进行受精的，称为合点受精（chalazogamy）或中部受精（mesogamy）（图 3-24）。

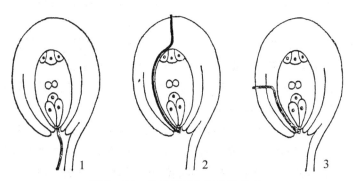

图 3-24 花粉管进入胚珠的途径
1. 珠孔受精　2. 合点受精　3. 中部受精

　　花粉粒从萌发至花粉管进入胚囊所需的时间，因植物种类及外界条件差异而不同。木本植物一般较慢，草本植物一般较快。影响花粉管生长快慢的外界条件主要是温度：在适宜的温度范围内，温度越高生长越快。此外，花粉生活力的高低、亲本亲缘关系的远近、花粉数量的多少等都是影响花粉管生长速度的因素。

　　2. 双受精的过程及其生物学意义　近代研究证明，花粉管进入胚囊的途径，通常是从一个退化助细胞的丝状器基部进入助细胞的细胞质中，然后花粉管近末端处破裂形成一小孔，花粉管内的 2 个精子和其他内含物由小孔喷泻而出，形成一股细胞质流，将精细胞送到卵细胞和中央细胞之间的位置（图 3-25）。其中一个精子与卵细胞融合，形成受精卵或称合子；另一个精子与中央细胞的 2 个极核（或 1 个次生核）融合，形成初生胚乳核。这种由 2 个精子分别与卵细胞和中央细胞受精的现象，称为双受精（double fertilization）。双受精是被子植物特有的现象。

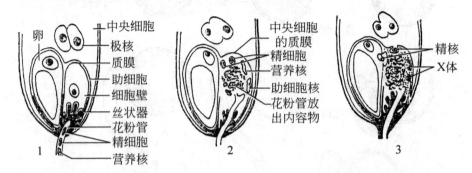

图 3-25 被子植物双受精作用中精细胞转移至卵细胞和中央细胞的图解
1. 花粉管进入胚囊 2. 花粉管释放出内容物 3. 两个精细胞分别转移至卵和中央细胞附近
注：X 体可能是退化的营养细胞核和退化的助细胞核

在双受精过程中，2 个精细胞到达卵细胞与中央细胞之间的无壁区，1 个精子的质膜与卵细胞的质膜融合，然后精核进入卵细胞，两核的核膜融合，核质相连并融合，两个核仁融合为一个大核仁，精、卵细胞受精完成，形成一个具有二倍染色体的合子（zygote），合子将来发育成胚。另 1 个精细胞在无壁区与中央细胞互相融合，精核与中央细胞的极核或次生核融合，其过程与精、卵融合的过程基本相似。精核与极核融合时，先与 1 个极核融合，然后再与另 1 个极核融合。中央细胞受精后，形成具有三倍染色体的初生胚乳核（primary endosperm nucleus），将来发育成胚乳（图 3-26、图 3-27、图 3-28）。

在双受精过程中，精、卵融合开始较早，但历时较长，所以精子与极核的融合反而较早完成。双受精完成后，胚囊中的助细胞和反足细胞一般相继消失。

双受精作用是被子植物所具有的特点，在生物学上具有重要意义：首先，精子与卵细胞的结合，即两个单倍体的雌、雄性细胞融合，形成一个二倍体的合子，恢复了各种植物体原有的染色体数，从而保持了物种的相对稳定性；其次，经过减数分裂形成的精子和卵在遗传上常有差异，由它们融合形成的后代可形成新的性状，从而极大地丰富了后代的遗传性和变异性，为生物进化提供了选择的可能性和必然性；再次，精子与极核融合形成三倍体的初生胚乳核，同样结合了父、母本的遗传特性，由其发育形成的胚乳在胚发育或胚萌发时被吸收，这样后代的变异性更大，生理上更活跃，生活力更强，适应性更广。所以，双受精作用不仅是植物界有性生殖的最进化、最高级的受精形式，也是植物遗传和育种学的重要理论依据。

3. 受精的选择性和多精入卵 在自然条件下，传到柱头上的花粉粒很多，但经过与柱头相互识别后，生理性质上不亲和的被排斥，不能萌发，只有亲和的花粉粒才能萌发形成花粉管。一般情况下，只有 1 条生活力最强的花粉管能进入胚囊，将精子送入胚囊中进行受精。有时可能有几条花粉管同时进入一个胚囊中，这样胚囊里就有 2 对以上的精子，这称为多精子现象（polyspermation）。但卵细胞总是选择遗传上最适合的精子受精，多余的精子被胚及胚乳同化吸收。有时，可能有两个以上的精子入卵，称为多精入卵现象

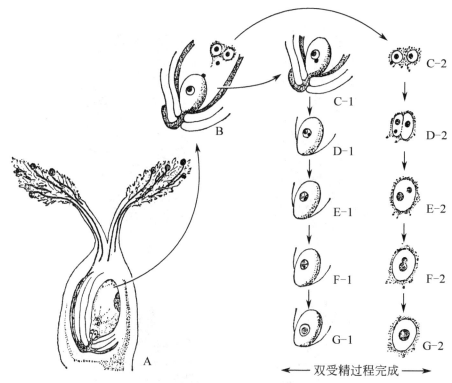

图 3 - 26 水稻的双受精过程图解

A. 传粉，示花粉粒传到柱头上，萌发及花粉管进入胚囊 B. 双受精过程开始，2 精子已进入胚囊，1 个已与卵细胞接触，另 1 个正向极核接近 C-1. 精子已进入卵细胞，并正在穿入卵核 C-2. 精子正在进入 1 个极核 D-1. 精核仁已进入卵核内，开始长大 D-2. 精核已进入 1 个极核，精核仁开始长大；极核间部分核膜开始溶解 E-1. 精核仁已与卵核仁等大，逐渐接近；2 个极核间核膜已溶解 E-2. 精核已与 1 个极核融合，融合核仁体积增大 F-1. 精核仁和卵核仁正在融合 F-2. 受精极核的融合核仁正与另 1 个极核仁融合 G-1. 卵细胞的受精过程完成，形成合子或受精卵，经一系列分裂后，形成胚 G-2. 极核的受精过程完成，形成初生胚乳核，经一系列分裂后，形成胚乳

（polyspermy）。但一般也只有一个精子与卵融合，其余的精子被卵同化吸收。可见，植物在传粉、受精的整个过程中，各个阶段都有选择性，这种现象称为受精选择性。这是生物体在长期的自然选择条件下所形成的一种适应性。受精的选择性可避免自体受精或近亲交配，异体受精，使后代的生活力提高，适应性增强，甚至可能获得优良的新品种。当然，在出现多精现象或多精入卵现象时，多余的精子也有可能与胚囊中的助细胞或反足细胞受精，发育成胚，形成多胚现象（polyembryony），或是两个以上的精子与卵融合，产生多倍体的胚。

知识探索与扩展

被子植物的雄性联合体和雄性生殖单位

1970 年 Jensen 等发现，在棉花花粉管中的两个精子首尾相连，精子与营养核也连接在一起。1981 年 Russell 在白花丹的成熟花粉粒中，肯定了两个精子之间以及其中一个精子与营养核之间紧密相连，两个精子由带有胞间连丝的横壁连接在一起，并被共同的营养细胞的质膜包被。其中一个较大的精子以其狭长的细胞突起环绕着营养核，并伸入营养核

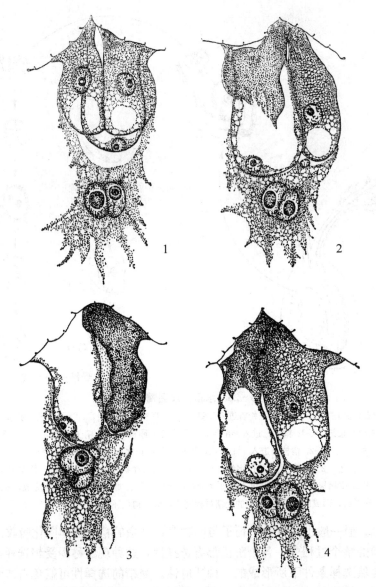

图 3-27 棉花双受精过程的几个时期 [示胚囊的珠孔极核 (一)]

1. 卵器和极核　2. 受精后 1 个精子在卵细胞内，另 1 个精子将进入中央细胞
3. 在中央细胞中的精子与极核接触　4. 2 个精子分别与卵核和极核接触

内陷的位置。这种现象在其他三细胞花粉的双子叶植物菠菜、油菜和甘蓝中也得到证实。二细胞花粉植物，如烟草、胶合欢 (*Acacia retinoides*)、缘毛芦荟 (*Aloe ciliaris*) 等成熟花粉粒或花粉管中，生殖细胞与营养核也形成联合体。

　　针对一个花粉粒中所有雄性成员构成一个联合体，法国学者 Dumas 在 1984 年提出了两个精子与营养核之间存在结构上的联系，在生殖过程中作为一个功能单位，即雄性生殖单位的概念。扩展到二细胞花粉植物，是指生殖细胞与营养核形成的联合体。一般情况下，二细胞花粉植物在成熟花粉粒时期形成雄性生殖单位，如白花丹一直维持到花粉管通过花柱，甚至在胚囊中释放之后仍然保持着松弛的结构。在花粉管中形成雄性生殖单位的

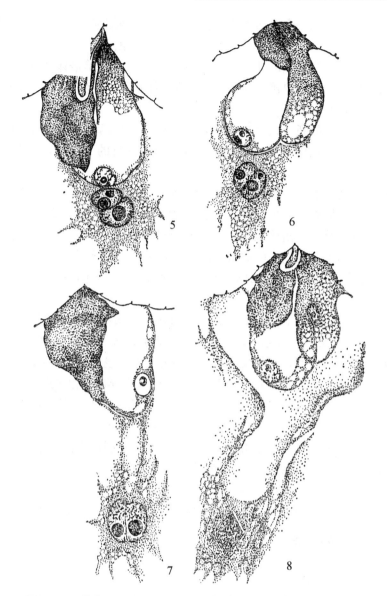

图3-28　棉花双受精过程的几个时期[示胚囊的珠孔极核（二）]

5. 1个精核紧贴着卵核，另1个精核已进入2极核中的1个，染色质分散，并出现1个小核仁

6. 受精的卵核和极核中精核的染色质分散，出现精核仁　7. 卵核与精核在融合中，精核与2极核完全融合，
形成初生胚乳核　8. 卵核与精核在融合中，初生胚乳核在分裂中期

二细胞花粉植物，如朱顶红、矮牵牛和木番茄（*Cyphmandra becacea*），也可维持到花粉
管到达花柱的基部。

（四）无融合生殖和多胚现象

被子植物的胚一般由受精卵发育而来。但有些植物有时可不经过雌、雄性细胞的融合
（受精）而产生胚，这种现象称为无融合生殖（apomixis）。无融合生殖有如下几种方式。

1. 单倍体无融合生殖　单倍体无融合生殖分两种类型。

（1）单倍体孤雌生殖（haploid parthenogenesis）　胚囊母细胞（大孢子母细胞）进

行正常的减数分裂，形成一个单倍体的胚囊，胚囊中的卵细胞不经过受精而直接发育成为一个单倍体的胚，如玉米、小麦、烟草等有这种生殖现象。

（2）单倍体无配子生殖（haploid apogamy）　在正常的单倍体胚囊中，由反足细胞或助细胞不经受精而发育成单倍体的胚。这种现象在水稻、玉米、棉花、烟草、黑麦、辣椒、亚麻等作物上都有发现。

上述两种方式产生的胚，只含有单倍染色体组，由其发育长成的植物体通常不能正常开花结实。若用人工方法将其染色体加倍，则可得到纯合的二倍体，这在育种上有实践意义。

2. 二倍体无融合生殖　胚囊由未经减数分裂的胚囊母细胞或珠心组织的某些二倍体细胞发育而成，因此胚囊中的核都含有二倍体数的染色体组。在这种二倍体胚囊中，胚可由未受精的卵形成，称为二倍体孤雌生殖（diploid parthenogenesis），如蒲公英；也可由胚囊中的其他细胞（反足细胞或助细胞）形成胚，称为二倍体无配子生殖（diploid apogamy），如葱、含羞草。这两种方式形成的胚其染色体为二倍体，所以由其发育形成的植物体是可育的。

3. 不定胚与多胚现象　由胚囊以外的珠心细胞或珠被细胞形成的胚称为不定胚（adventitious embryo）。在产生不定胚的胚珠中，其胚囊的发育是正常的，只是某些珠心细胞或珠被细胞具有分裂特性，可很快分裂成为数群细胞并侵入胚囊，在胚囊中与正常的受精卵同时发育，形成一个或数个同样具有子叶、胚芽、胚轴和胚根的胚，这种胚就是不定胚。一粒种子中具有两个或两个以上的胚的现象称为多胚现象。多胚现象在柑橘、芒果以及仙人掌属和百合属植物中普遍存在。柑橘种子通常有4～5个胚，有时多至十几个胚，其中除一个为合子胚外，其余均为由珠心发育而来的不定胚，故称为珠心胚。珠心胚无休眠期，比合子胚发育早，出苗快，抢先利用了种子的营养物质，因此珠心胚长出的苗比较健壮，且能基本保持母株的遗传特性。所以，优良品种的珠心苗在生产上广为应用。但在杂交育种工作中，常因珠心胚的干扰，要获得杂种有性苗（合子苗）就比较困难。

五、花与生产的关系

（一）花的经济利用

种子植物的花可以有多方面的经济利用：由于花的鲜艳色彩和芬芳香味，利用花来美化环境，陶冶心情，已是尽人皆知；从花朵中提取芳香油料，制成香精，很早就受到重视，虽然有的香精可以人工合成，但一部分名贵的香料，仍然是从花朵中提制的；利用花朵如茉莉、代代、白兰花等熏制香茶，由来很早，已成为花茶制作过程中不可缺少的重要原料，有的花农专门栽植这类花卉植物，供制作香茶的需要；花朵用于医药方面的种类也很多，常见的如红花、丁香、金银花、菊花等，都有较高的药用价值；少数植物的花朵可供作染料，如凤仙花；有些植物的花朵或花序具有较高的营养成分，如金针菜、花椰菜等，或浓郁的香味，如桂花、玫瑰花等，可供食用或制作糕点。

（二）花芽分化与生产

农业生产中，粮食、油料、瓜果类蔬菜、果树等以收获种子和果实为目的的植物，它们的花或花序分化的好坏直接关系到产品的产量和品质。各种植物在花芽分化前，需要一定的光照（光周期、光质、光强）、温度、水分和肥料等良好的条件。因此，要研究掌握各种植物花芽或花序分化、形成的特性以及它们对环境条件的要求，在花芽分化前或分化中的某一阶段采取相应措施，如水稻在二次枝梗分化前巧施穗肥，晒田以及以后的浅水灌溉；小麦在花粉母细胞分化形成四分体期适时给以灌溉及叶面营养，可以促进生殖生长，减少小花退化，为花芽分化、穗大粒多创造有利条件，从而奠定丰产基础。

对温室栽培的瓜果类蔬菜和多种花卉可人为调节温度和光照、调整播期、喷洒类激素物质，促进或延迟花芽分化、调节开花和结果时间，可以反季节生产，供应淡季蔬菜品种、节日供应花卉等。

（三）传粉规律与生产

1. 人工辅助授粉　异花传粉植物在早春往往容易受到气温过低、缺乏传粉媒介、风雨太多等外界环境条件的不良影响，而降低传粉和受精率，造成减产。因此，在农业上常采用人工辅助授粉的方法，以弥补自然传粉的不足。人工辅助授粉，可使落在柱头上的花粉粒增多、花粉粒所含的激素相对总量增加、酶的反应增强，甚至产生群体效应，从而促进花粉粒的萌发和花粉管的生长，以提高受精率。如玉米在一般栽培条件下，由于雄蕊先熟，到雌蕊成熟时，因得不到足够的花粉或不能及时传粉，而导致果穗顶部缺粒，产量降低。如果采取人工辅助授粉的措施，可提高结实率，增产 8%～10%。人工辅助授粉能有效克服向日葵的秕粒现象，提高其结实率和含油量。果树栽培采用人工辅助授粉或田间放蜂可显著提高其坐果率。

2. 自花传粉的利用　自花传粉虽有引起后代衰退的一面，但也具有提纯作物品种的可能性。在玉米的杂交育种中，人们根据育种目标，从优良品种中选择具有某些优良性状的单株，进行人工自花传粉（即自交），经过连续 4～5 代严格的自交选择后，生活力虽有所下降，但在生育期、苗色、叶型、穗型、粒型等方面达到整齐一致，形成了一个稳定的自交系。利用两个这种纯化的自交系配制的杂交品种（即单交种），其增产显著。

第二节　种　子

一、种子的发育

被子植物经双受精后，合子发育成胚，初生胚乳核发育成胚乳，珠被则发育成种皮，多数植物的珠心被吸收而消失，少数植物的珠心组织继续发育，形成外胚乳，所以种子来源于受精后的胚珠。现分别介绍组成种子的几个主要部分的发育过程。

（一）胚的发育

卵细胞受精后，合子便产生一层纤维素壁，进入休眠状态。休眠期的长短因植物不同而异，水稻为 4～6 小时，小麦为 16～18 小时，棉花为 2～3 天，苹果为 5～6 天，茶树为5～6 个月，秋季开花的植物常可越冬。其实，合子在休眠期并非真正的休眠，而是在发生着一系列的变化，其细胞器增加并重新分布，极性加强，成为一个代谢活跃、高度极性化的细胞。此后，合子进行第一次分裂，形成 2 个细胞的原胚（proembryo）。从 2 -细胞原胚至器官分化之前的胚胎发育阶段，称为原胚时期。在此阶段，双子叶植物与单子叶植物之间有相似的发育形态，但在其后的胚分化过程及成熟胚的结构上则出现差异。

1. 双子叶植物胚的发育　以十字花科的荠菜（*Capsella bursa-pastoris* L.）为例，说明双子叶植物胚（embryo）的发育过程（图 3 - 29）。

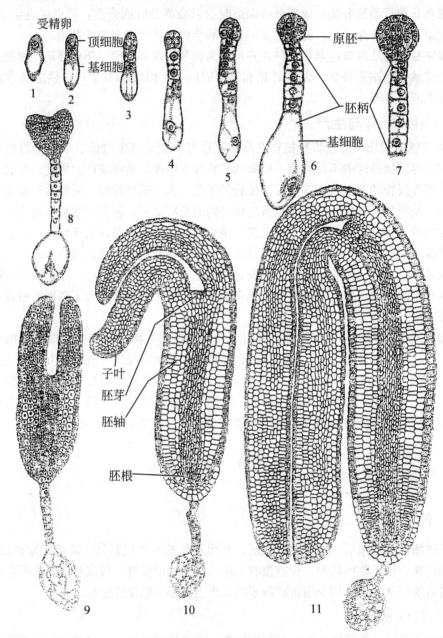

图 3 - 29　荠菜胚的发育
1. 合子　2. 细胞原胚　3、4. 四分体胚　5. 八分体胚　6、7. 球形胚
8. 心形胚　9. 鱼雷形胚体　10、11. 马蹄形胚体

　　合子经过休眠之后即进行分裂，开始发育。第一次分裂是不均等的横分裂，形成一个大的基细胞（basal cell）和一个小的顶细胞（apical cell）。基细胞位于近珠孔端，经过几

次连续的横分裂后，形成一单列的多细胞胚柄（suspensor）。胚柄把胚推向胚囊内部，以利于原胚在发育中吸收周围的营养物质。顶细胞先进行二次纵分裂（两次分裂面互相垂直），形成 4 个细胞，然后各个细胞再横向分裂一次，成为八分体。此后，八分体经过各个方向的连续分裂，形成多细胞的球形原胚。球形原胚再进一步扩大，在其顶端的两侧细胞分裂较快，形成 2 个突起，即为子叶原基。随后，2 个子叶原基发育为 2 片子叶（cotyledon），在子叶之间的基部凹陷处分化出胚芽。与此同时，球形原胚的基部细胞和与它相连的一个胚柄细胞也不断分裂，一起分化为胚根。胚根与子叶之间的部分即为胚轴（embryonal axis）。此时，幼胚分化完成。随着幼胚的发育，胚轴伸长，子叶顺着胚轴弯曲，形成马蹄形的胚。至此，胚已发育成熟。胚柄除了把胚推送到胚乳中外，还有吸收营养的作用，等到胚体完成发育过程，胚柄就逐渐退化消失。合子是新植物体的第一个细胞，而胚则是新植物体的原始体。

根据胚柄有无、基细胞和顶细胞是否参与形成胚柄以及最初几次分裂方向的不同，双子叶植物胚的发育有不同的类型。上述为十字花科型，此外还有紫菀型、茄型、石竹型、藜型等主要类型。

2. 单子叶植物胚的发育　单子叶植物胚和双子叶植物胚的发育过程，在原胚期以前基本相似，只是在胚分化之后，单子叶植物的胚只有一个子叶发育。在单子叶植物中，禾本科植物胚的发育比较特殊。现以小麦为例，说明它的发育过程（图 3-30）。

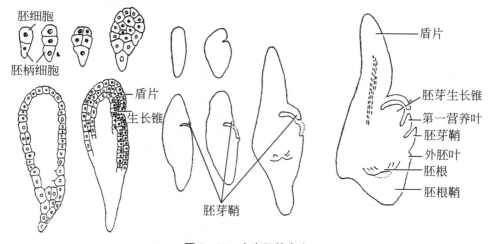

图 3-30　小麦胚的发育

小麦合子的第一次分裂常是倾斜的横分裂，形成一个顶细胞和一个基细胞。接着，2个细胞各自再分裂一次，形成 4 个细胞的原胚，此原胚经过分裂和扩大，形成梨形胚。此后，在梨形胚的上部一侧出现一个凹沟，使原胚的两侧出现不对称的状态，胚分化由此开始。凹沟以上部分将来形成盾片的主要部分和胚芽鞘的大部分；凹沟的下面即胚的中部，将形成胚芽鞘的其余部分和胚芽、胚轴、胚根、胚根鞘和外胚叶；凹沟的基部主要形成盾片的下部和胚柄。

水稻、玉米等其他禾本科植物胚的发育过程与小麦相似。

（二）胚乳的发育

胚乳（endosperm）是为胚提供养料的特化组织。被子植物的胚乳是由极核或次生核受精后形成的初生胚乳核（primary endosperm nucleus）发育而成的，一般是三倍体。通常初生胚乳核不经休眠（水稻）或经短暂的休眠（小麦），即开始第一次分裂。因此，胚乳的发育早于胚的发育，其形式一般有核型、细胞型和沼生目型。

1. 核型胚乳　核型胚乳（nuclear endosperm）的初生胚乳核第一次分裂和以后的多次分裂，都不伴随着细胞壁的形成，故胚乳细胞核呈游离状态分散于细胞质中。游离核的数目随植物种类而异。随着游离核的增多和液泡的扩大，游离核连同细胞质被挤向胚囊的周缘。待发育到一定阶段，通常先在胚囊边缘的胚乳核之间出现细胞壁，然后由外向内逐渐形成胚乳细胞（图3-31）。核型胚乳在单子叶植物和双子叶离瓣花植物中普遍存在，是被子植物中最普遍的胚乳发育形式，如水稻、小麦、玉米、棉花、油菜、苹果等均属于这种类型。

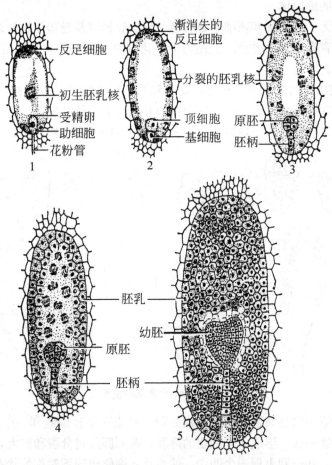

图3-31　双子叶植物核型胚乳发育过程的模式图

1. 初生胚乳核开始发育　2. 继续分裂，在胚囊周边产生许多游离核，同时受精卵开始发育　3. 游离核更多，由边缘逐渐向中部分布　4. 由边缘向中部逐渐产生胚乳细胞　5. 胚乳发育完成，胚仍在继续发育中

2. 细胞型胚乳　细胞型胚乳（cellular endosperm）的初生胚乳核每次分裂后，都随之进行胞质分裂，产生细胞壁，形成胚乳细胞。所以，胚乳自始至终都是细胞形式，没有游离核时期（图3-32）。大多数双子叶合瓣花植物，如番茄、烟草、芝麻等属于这种类型。

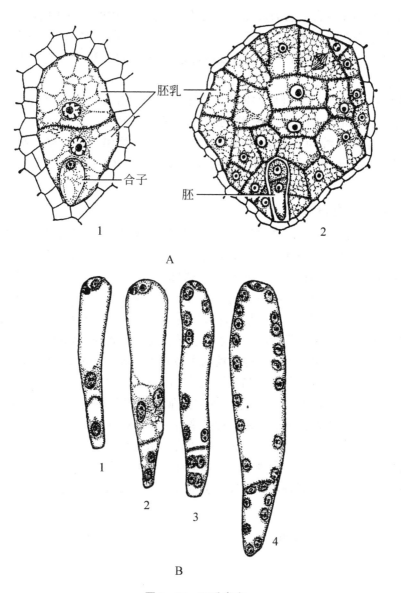

图 3 - 32　胚乳发育

A. 矮茄胚乳形成的早期（示细胞型胚乳）

1. 二细胞时期　2. 多细胞时期

B. 沼生目型胚乳

1. 胚乳细胞经第一次分裂，形成 2 个细胞，上端一个已产生 2 个游离核

2～4. 示上端与下端的 2 个细胞的核均进行核分裂，产生多个游离核

3. 沼生目型胚乳　沼生目型胚乳（Helobial endosperm）是核型与细胞型之间的中间类型。初生胚乳核的第一次分裂将胚囊分隔成为两室。其中，珠孔端室比合点端室宽大。前者的游离核进行多次分裂，最后形成细胞；后者却保持不分裂或只进行极少次数的分裂，常处于共核态（图 3 - 32）。这种类型的胚乳，多限于沼生目种类，如刺果泽泻、慈姑等，但少数双子叶植物，如虎耳草属、檀香属等植物也属此类型。

许多植物在种子发育成熟的过程中，胚乳逐渐被发育中的胚所吸收，养料储藏在子叶中，因而种子成熟时成为无胚乳种子，如豆类、瓜类、油菜、柑橘等。有些植物则形成发达的胚乳组织，包围在胚的外围，形成有胚乳种子，如水稻、小麦、玉米、蓖麻、荞麦等。

一般情况下，由于胚和胚乳的发育，胚囊外的珠心组织被胚和胚乳吸收而消失，故在成熟种子中无珠心组织。少数植物的珠心组织可随种子的发育而增大，形成一种类似胚乳的储藏组织，称为外胚乳（prosembryum）。如苋属、石竹属、甜菜、菠菜、咖啡等植物的成熟种子中有外胚乳而无胚乳，胡椒、姜等的成熟种子中既有胚乳，又有外胚乳。

（三）种皮的发育

随着胚和胚乳的发育，胚珠体积增大，珠被发育成包围在胚和胚乳外面的保护层，称为种皮。具有一层珠被的胚珠形成一层种皮，如向日葵、番茄、胡桃等；具有两层珠被的胚珠常形成两层种皮（外种皮和内种皮），如蓖麻、油菜、棉花等。而有些植物其内珠被或外珠被在种子发育过程中被吸收而消失，只有一层珠被发育成种皮，如大豆、蚕豆、南瓜的种皮由外珠被发育而来，而水稻、小麦的种皮则由内珠被发育而来。

被子植物的种皮多数是干燥的，但也有少数种类是肉质的，如石榴种子外表皮细胞发育为肉质可食的部分。肉质种皮在裸子植物中较常见，如银杏的外种皮就是肥厚肉质的。外种皮一般坚硬而厚，有各种色泽和花纹或其他附属物，如棉花外种皮的表皮细胞向外突出伸长并增厚，形成"纤维"，即棉絮。种皮上常有种脐和种孔：种脐是种子成熟时，从种柄处脱落而在种皮上遗留下的痕迹；种孔来自胚珠的珠孔。内种皮一般薄而柔软。水稻只有一层内种皮，其细胞内若含有色素，则成为红米或黑米。

有些植物的种皮外面还有假种皮，由珠柄或胎座发育而成。如荔枝、龙眼果实的可食部分是由珠柄发育而来的假种皮；苦瓜、番木瓜种子外面的肉质附属物则是由胎座发育而成的假种皮。

二、种子的结构与类型

（一）种子的结构

不同植物的种子在形态、大小、颜色等方面有较大的差异。如椰子的种子很大，而芝麻的种子很小；龙眼的种子是圆形，而大豆的种子是椭球形；大豆的种子有黄色、黑色、青色，而绿豆的为绿色，红小豆为红色。

种子的形态、大小、颜色虽然多种多样，但它的内部结构是一致的，一般由胚、胚乳和种皮构成。

1. 胚　胚（embryo）是构成种子的最重要的部分，它由胚芽（plumule）、胚根（radicle）、胚轴（embryonal axis）和子叶（cotyledon）四部分组成。种子萌发后，这四部分分别形成植物体的根、茎、叶及其过渡区。胚轴可分为上胚轴（epicotyl）和下胚轴（hypocotyl）两部分，着生子叶位置以上的胚轴为上胚轴，着生子叶以下的胚轴为下胚轴。

2. 胚乳　胚乳（endosperm）是种子内储藏营养物质的组织，储藏的营养物质主要有淀粉、脂肪和蛋白质。所以，根据储藏物质的主要成分，种子也可分为淀粉类种子，如小麦、玉米等；脂肪类种子如落花生、芝麻等；蛋白质类种子如大豆等。

3. 种皮 种皮（seed coat）包在种子的最外面，起保护作用。

英文阅读

Structure of a Seed（a Broad Bean）

The seed of a broad bean is surrounded by a tough outer covering called the testa. Inside this the seed consists of two stores of food called cotyledons. As the seed is opened out，you can see that the two cotyledons are attached to each other. The part of the seed growing up from this is called the plumule. This grows during germination to form the future shoot. The part growing down from the seed is called the radicle. This grows to form the future root.

（二）种子的主要类型

根据成熟种子内部胚乳的有无，将种子分为有胚乳种子（albuminous seed）和无胚乳种子（exalbuminous seed）。

1. 有胚乳种子

（1）双子叶植物有胚乳种子 这类种子由胚、胚乳和种皮组成，子叶为两片。种子具有这种结构的植物有蓖麻、番茄、辣椒、柿、烟草等，现以蓖麻、番茄为例说明它的结构。

蓖麻种子有两层种皮，外种皮光滑并具有花纹，种子的一端种皮延伸而成的海绵状的突起，称为种阜（caruncle）。种孔被种阜遮盖，种脐邻近种阜，不明显。种子略平的一面有一长条状突起，与种子几乎等长，称为种脊（raphe）。种皮内是含有大量脂肪的白色胚乳，紧贴胚乳的是两片大而薄的子叶，在两片子叶着生处是甚短的胚轴，它上接胚芽，下连胚根（图3-33）。

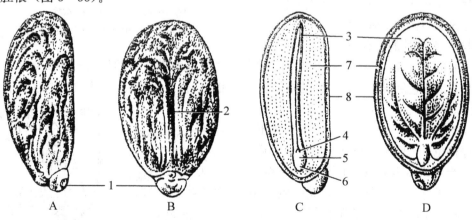

图3-33 蓖麻种子结构

A. 种子外形侧面观 B. 种子外形腹面观 C. 与宽面垂直的正中纵切 D. 与宽面平行的正中纵切

1. 种阜 2. 种脊 3. 子叶 4. 胚芽 5. 胚轴 6. 胚根 7. 胚乳 8. 种皮

番茄种子的种皮淡黄色，被有灰色或银白色表皮毛，扁平、卵形，种脐位于较小一端的凹陷处，种皮内有富含脂肪的胚乳。种子中的胚弯曲，有两片细长而弯曲的子叶，二子叶之间有一个小胚芽，胚根长，而且胚根和胚轴没有明显界限（图3-34）。

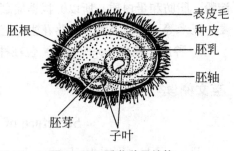

图3-34　番茄种子结构

（2）单子叶植物有胚乳种子　这类种子由胚、胚乳和种皮组成，仅含有1片子叶。现以小麦、玉米、洋葱为例说明这类种子的结构。

禾本科植物小麦、玉米或稻谷的籽实俗称种子，但它们的果皮厚，种皮薄，两者愈合在一起，一般不易分离，在植物学上称它们为颖果。麦粒较小的一端有果毛（冠毛），腹面有纵行的腹沟，果皮内大部分是胚乳，胚的体积较小。从横切面上看，小麦胚和胚乳之间的界限很明显。胚乳可分为两部分，大部分为富含淀粉的胚乳细胞，其余为紧贴种皮的糊粉层（aleurone layer）。胚由胚芽、胚根、胚轴和子叶4部分构成。胚芽着生于胚轴上方，由生长点（生长锥）和包被在生长点之外的数片幼叶组成，胚芽外方包被有胚芽鞘（coleoptile）；胚根着生于胚轴下方，由生长点和根冠组成，胚根外方有胚根鞘（coleorhiza）；子叶只有一片，着生于胚轴一侧，形如盾状，故又叫盾片（scutellum）。盾片与胚乳交接处有一层排列整齐的细胞，称为上皮细胞。另外与盾片相对的一侧还有一小突起，称为外胚叶（图3-35）。

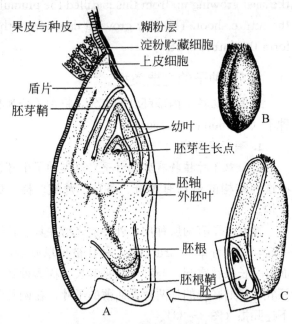

图3-35　小麦颖果的结构

A. 胚的纵切面　B. 颖果外形　C. 颖果纵切面

玉米籽实亦属颖果，外面是黄色革质的果皮与种皮复合物，内为大部分的白色胚乳所占据，胚的结构与小麦相似，但盾片较大，另外玉米籽实没有外胚叶（图3-36）。

洋葱种子（图3-37A）近于半球形，种皮深棕色，较坚硬。胚乳主要含蛋白质、类脂和半纤维素等物质。胚弯曲，包藏在胚乳中，子叶一片，长筒形，其一侧有条裂缝，称为子叶缝，胚芽着生于子叶缝中，胚根在胚轴之下。

2. 无胚乳种子

（1）双子叶植物无胚乳种子　这类种

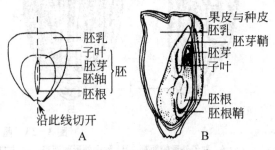

图3-36　玉米颖果结构

A. 外形　B. 纵切面

子由种皮和胚两部分组成，养分储藏在子叶里，豆类、瓜类、棉花种子等属于这一类，现以蚕豆、花生和棉花种子为例说明其结构。

蚕豆种子（图 3-38 ）种皮淡绿色，干燥时坚硬，浸水后转为柔软革质。种子宽阔的一端具有黑色的种脐，种脊短，不明显。剥去种皮，可见到两片肥厚、相对叠合的白色肉质子叶，几乎占据种子的全部体积。在宽阔一端的子叶叠合处一侧，胚根似一锥形小突起与两片子叶相连。胚芽似几片幼叶，夹在子叶之间与胚根相连。胚轴连接胚芽、胚根和子叶。

落花生种子的种皮为红色或紫色，种子尖端的白色细痕是种脐，种孔不明显，胚也是由胚芽、胚轴、胚根和子叶组成，子叶肥厚，储藏的物质多为脂肪。它的胚轴分为两段，子叶着生点以上一段叫上胚轴，子叶着生点以下一段叫下胚轴（图 3-39 ）。

棉花种子的种皮黑褐色且坚硬，其上着生的纤维和短绒均是表皮毛，种子尖端的突起处有不明显的种脐，种皮里的一层乳白色薄膜是残留的胚乳部分，内方是两片皱褶状的子叶，胚芽较小，包在两片子叶之间，胚轴短，胚根圆锥状（图 3-40）。

（2）单子叶植物无胚乳种子　慈姑属此类型。其种子很小，包在侧扁的三角形瘦果内，每果实含一粒种子。种皮极薄，仅一层细胞。胚弯曲，胚根的顶端与子叶端紧相靠拢。子叶长柱形，一片，着生在胚轴上，基部包被着胚芽。胚芽有一个生长点和已形成的初生叶。胚根和下胚轴连在一起（图 3-37B）。

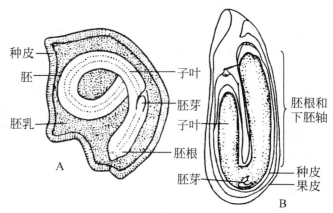

图 3-37　单子叶植物种子的结构

A. 洋葱有胚乳种子纵切面　B. 慈姑果实纵切面，示内部的无胚乳种子

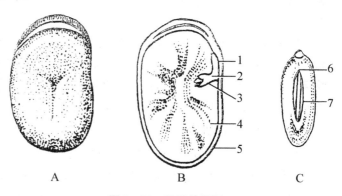

图 3-38　蚕豆的种子

A. 种子外形的侧面观　B. 切去一半子叶显示内部结构

C. 种子外形的顶面观

1. 胚根　2. 胚轴　3. 胚芽　4. 子叶　5. 种皮　6. 种孔　7. 种脐

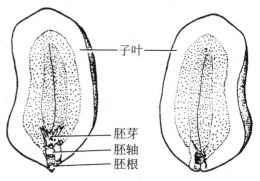

图 3-39　花生种子（剥去种皮）结构

从以上可以看出，典型种子的基本结构包括种皮、胚和胚乳三部分。种皮一般坚硬，起保护作用；胚包括胚芽、胚轴、胚根和子叶四部分，胚芽包括生长点和幼叶（有些植物无），胚根包括生长点、根冠，禾本科作物外方有胚根鞘，胚轴连接胚芽、胚根和子叶，子叶两片或一片；胚乳储藏营养物质，有些植物在发育过程中胚乳被吸收，形成无胚乳种子。

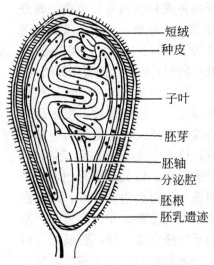

图3-40　棉花种子（去除长表皮毛）结构

右侧标注：短绒、种皮、子叶、胚芽、胚轴、分泌腔、胚根、胚乳遗迹

三、种子的萌发

（一）种子的寿命与贮藏

种子是有生活力的，所以它有一定的寿命。种子的寿命是指在一定环境条件下，所能保持生活力的最长期限。种子的寿命因不同植物差异很大，如玉米、油菜的种子一般能存活 2～3 年，而蚕豆、绿豆可达 4～6 年，莲的种子寿命很长，可达 150 年。

作物种子寿命的长短，与采种和贮藏条件有关。一般植物的种子贮藏条件以干燥、低温为适宜。但茶、栗、山核桃等木本植物的种子和果实不能贮藏在干燥的地方，否则丧失发芽力。很多果树的种子常分层贮藏在潮湿的细沙中，温度保持在 5℃ 可以较好地保持种子的发芽力。种子如果贮藏的时间过久，则种子生活力逐渐减弱，以致完全丧失生活力。

（二）种子的萌发

1. 种子萌发的条件　成熟的种子在解除休眠后，给予适当的外界条件就可以萌发。外界条件主要为水分、温度和氧气。此外光对某些种子的萌发也有影响。

种子萌发首先需要充足的水分，种子吸水后结构松软，氧气才容易进入，呼吸作用增强，能量逐渐释放，促进种子萌发，此时，胚根、胚芽才容易突破种皮，另外只有当种子吸水膨胀，被水浸泡之后，才能促进细胞内各种酶的催化作用，使贮藏的营养物质从不溶解状态变为溶解状态，才能被运输到幼胚中，供吸收利用。种子的吸水量因植物的不同而不同，一般蛋白质类种子如大豆、豌豆等的吸水量大（蛋白质有强烈的吸水性），而油菜、芝麻等脂肪类种子吸水量少（脂肪具有疏水性）。

足够的水分是种子萌发的必要条件，因此播种前后，要保证水分的供应，但如果水分过多，致使氧气缺乏，种子因而进行无氧呼吸，会使种子中毒，出现烂种、烂根现象。

种子不仅需要吸收水分，还需要适当的温度才能萌发。种子内部复杂的生化反应，都要有酶的参加，而酶的催化作用必须在一定温度范围内才能进行。温度过高，酶就失去催化性能，温度过低，反应就会停止，所以种子萌发需要适宜温度。种子萌发的温度三基点（最高、最低、最适）常随植物而异，但一般植物萌发所需的最低温度为 0～5℃，最高温度为 35～40℃，最适温度为 25～30℃。原产于热带、亚热带的植物种子萌发的温度三基点高，原产于温带或寒带的植物种子萌发的温度三基点低。表 3-1 是常见作物种子萌发的温度范围。

表 3 - 1　常见作物种子萌发温度表（℃）

植物	最低温度	最适温度	最高温度
小麦、大麦	0～4	25	32
水稻	10	30	43
玉米	5～10	35	44
油菜、甘蓝	0～3	15～20	40～44
大豆	8～10	24～29	35～40
棉花	12	27～36	42～43
黄瓜	1～18	31～37	44～50
南瓜	10～15	25～35	38～40

种子的萌发一方面需要充足的水分和适宜的温度，另一方面还要及时得到足够的氧气。种子萌发的初期，需氧量高，在获得充分氧气的情况下，胚的呼吸作用加强，释放能量，供给各种生理活动利用，同时酶的活动加快。如果氧气不充足，会影响正常的呼吸作用，胚就不能生长。在农业生产上，播种不宜太深，土壤保持疏松，不要积水，以保证氧气的供应。种子萌发除上述三个条件外，还要有一定光照，但也有少数植物，如苋菜、菟丝子，只有在黑暗条件下才能萌发。

2. 种子萌发的过程　种子萌发时，从外界吸收水分，种皮变软，种子膨胀，酶的活性随之加强，贮藏的营养物质成为可溶性的，这些物质转运到胚根、下胚轴和胚芽以供利用。这时胚体细胞加速分裂，胚体伸长，通常胚根突破种皮向下生长，伸入土中形成主根，接着胚芽或连同下胚轴相继伸出种皮，胚芽露出土面，形成茎叶系统，逐渐发育成为一株幼苗。

小麦种子萌发时，首先露出的是胚根鞘，然后胚根突出胚根鞘形成主根，接着从胚轴基部陆续长出不定根，同时胚芽鞘也露出，从胚芽鞘裂缝中长出第一片真叶，以后逐渐形成幼苗。

第三节　果　实

一、果实的发育和结构

经过开花、传粉和受精之后，在胚珠发育为种子的同时，花的各部分都发生了显著的变化：花萼枯萎或宿存；花瓣和雄蕊凋谢；雌蕊的柱头、花柱枯萎；子房却在传粉、受精作用以及种子形成过程中所合成的激素的刺激下不断生长、发育、膨大形成果实（fruit）；花梗则成为果柄。有些植物的果实单纯由子房发育而成，这类果实称为真果（true fruit），如水稻、小麦、玉米、棉花、花生、柑橘、桃、茶等的果实。有些植物的果实除子房外，还有花托、花萼、花冠，甚至整个花序都参与发育，这类果实称为假果（pseudocarp 或 false fruit），如苹果、梨、瓜类、菠萝等的果实。

（一）真果的结构

真果外为果皮（pericarp），内含种子。果皮是由子房壁发育而成的，一般可分为外果皮（exocarp）、中果皮（mesocarp）和内果皮（endocarp）三层结构。外果皮较薄，常有气孔、角质、蜡被和表皮毛等。中果皮和内果皮的结构和质地则因植物种类不同而有较大的变化：桃、李、杏的中果皮主要由富含营养的薄壁细胞组成，成为果实中肉质多汁的可食部分，而其内果皮由细胞壁增厚并高度木化的石细胞组成坚硬的核（图 3 - 41）；柚、柑的中果皮疏松，其中，分布有许多维管束（俗称"橘络"），内果皮膜质，内表面分布有由表皮毛发育而成的多汁肉囊，为食用部分；荔枝、花生、大豆、蚕豆等果实成熟时，中果皮干燥收缩，成膜质或革质。葡萄等内果皮肥厚多汁。水稻的糙米和小麦、玉米的籽粒都是果实，其果皮与种皮结合紧密，难以分离，称为颖果（caryopsis）（图 3 - 42）。

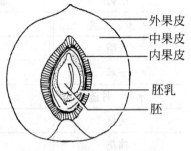

图 3 - 41　桃果实的纵切面

外果皮
中果皮
内果皮
胚乳
胚

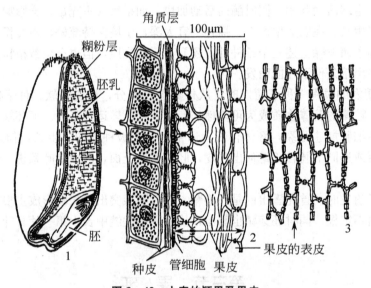

图 3 - 42　小麦的颖果及果皮
1. 小麦的颖果　2. 果皮的纵切面　3. 果皮的表皮

（二）假果的结构

假果的结构相对较为复杂，除子房发育而成的果皮外，还有其他部分参与果实的形成。如梨、苹果的食用部分，主要是由花托杯（hypanthium）发育而成的，占较大比例，中部才是由子房发育而来的部分，占较小比例，但仍能区分出外果皮、中果皮和内果皮三部分结构，内果皮以内为种子（图 3 - 43）；南瓜、冬瓜等假果的食用部分主要为果皮；而西瓜的食用部分主要是胎座。

在果实的发育过程中，除形态发生变化外，果实颜色和细胞内的物质也发生变化：在幼嫩的果实中，果皮细胞含有叶绿体和较多的有机酸、单宁等，故幼果呈绿色，且带有酸、涩味；成熟时，果皮细胞中叶绿体分解，花青素或有色体形成并积累，使糖分增多，

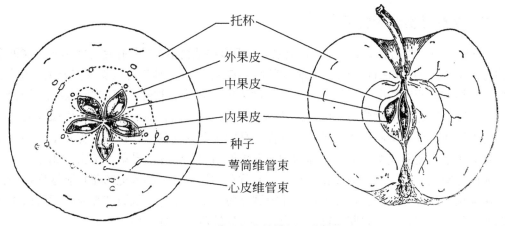

图 3-43　苹果果实的横切面和纵切面

有机酸减少，故成熟的果实往往是色艳而味甜。有些植物的果皮里含有油腺，当果实成熟时，能放出芳香的气味，如茴香、枸橼、花椒等。

现将由花至果实和种子的发育过程表解如下：

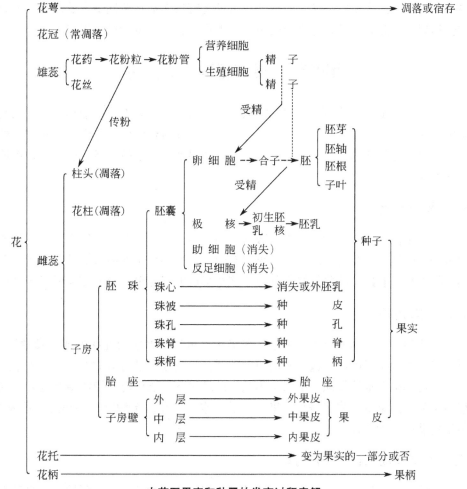

由花至果实和种子的发育过程表解

二、单性结实和无籽果实

一般情况下，受精后子房才能发育成果实。但有些植物不经受精作用也能结实，这种现象称为单性结实（parthenocarpy）。单性结实的果实不含种子，所以称这类果实为无籽果实。

单性结实有两种情况：一种是子房不经过传粉或其他的刺激，便能发育成无籽果实，这种现象称为营养性单性结实，也称自发单性结实，如香蕉、葡萄、柑橘、柠檬等的某些品种均可形成无籽果实，这些果实品质优良，是园艺上的优良品种；另一种是子房必须经过一定的刺激才能形成无籽果实，称为刺激性单性结实，也称诱导单性结实。刺激物是同科异属的花粉或激素。如用马铃薯的花粉刺激番茄的柱头，用爬墙虎的花粉刺激葡萄的柱头，用苹果的花粉刺激梨的柱头等，都能得到无籽果实。此外，低温和高光强度可以诱导番茄产生无籽果实，短光周期和较低的夜温亦可导致瓜类出现单性结实。

单性结实在一定程度上与子房所含的植物生长激素的浓度有关，所以农业生产上常用类似的植物生长激素诱导单性结实。如用 $30\sim100$ mg/kg 的吲哚乙酸和 2，4 - D 等的水溶液喷洒番茄、西瓜、辣椒等临近开花的花蕾，或用 10 mg/kg 的萘乙酸喷洒葡萄花序，都能得到无籽果实。

单性结实必然产生无籽果实，但并非所有的无籽果实都是单性结实的产物。因为有些植物在受精以后，胚珠在发育过程中受阻而不能形成种子，也能产生无籽果实。

第四节　果实和种子的传播

植物的果实和种子成熟后，主要依靠风力、水力、动物和人类的活动，以及果实本身所产生的机械力量，将果实和种子传到远方，以扩大其后代的生活范围，这对植物种族的繁衍极为有利。在长期的自然选择过程中，成熟的果实和种子往往具备适应各种传播方式的特征和特性（图 3-44）。

一、风力传播

适应风力传播的果实和种子，大多数是小而轻的，且常有翅或毛等附属物。如罂粟科植物的种子小而轻，苦荬菜、蒲公英的果实有冠毛，柳的种子外面有绒毛，榆树、白蜡树的果实和松的种子有翅，酸浆的果实外包有花萼形成的气囊等，都能随风飘扬传到远方。

二、水力传播

水生植物和沼泽植物的果实或种子，多借水力传播。如莲的花托形成"莲蓬"，是疏松的海绵状通气组织所组成，适于水面漂浮传播。生长在热带海边的椰子，其外果皮与内果皮坚实，可抵抗海水的侵蚀；中果皮为疏松的纤维状，能借海水漂浮传至远方。沟渠边生有很多杂草（如苋属、藜属等）的果实，散落水中，顺流至潮湿的土壤上，萌发生长，这是杂草传播的一种方式。

三、人类和动物的活动传播

这类植物的果实生有刺、钩或有黏液分泌，当人或动物经过时，可挂或黏附于衣服或

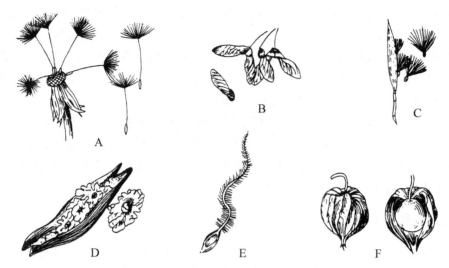

图 3-44 借风力传播的果实和种子
A. 蒲公英的果实　B. 槭树的果实　C. 马利筋的种子
D. 紫薇的种子　E. 铁线莲的果实　F. 酸浆的果实

动物的皮毛上，被携带至远方。如鬼针草、苍耳的果实有刺，土牛膝的果实有钩等。另外，有些植物的果实和种子成熟后被鸟兽吞食，它们具有坚硬的种皮或果皮，可以不受消化液的侵蚀，种子随粪便排出体外，传到各地仍能萌发生长，如番茄的种子和稗草的果实。

四、果实弹力传播

有些植物的果实，其果皮各层细胞的含水量不同，故成熟干燥后，收缩的程度也不相同，因此可发生爆裂而将种子弹出。如大豆、绿豆等的荚果，成熟后自动开裂，弹出种子。又如苦瓜的果皮外卷，凤仙花的果皮内卷，可因果皮卷曲弹散其种子。喷瓜的果实成熟时，在顶端形成一个裂孔，当果皮收缩时，可将种子喷到远处。

第五节　种子和果实与生产的关系

一、种子和果实的经济利用

种子和果实是人类生存的物质基础，富含淀粉、蛋白质的稻、麦等作物的果实和种子，是人类食用的主粮；大豆、落花生、油菜、亚麻、芝麻等的种子含油量高，是食用油的主要来源；许多瓜类的果实为优良的果品或蔬菜；可可、咖啡的种子可作饮料；巴豆、使君子、枸杞、罗汉果等的种子或果实具有药用价值。还有许多植物种子中的储藏物，经提炼加工后，是重要的工业原料。

二、胚状体

在正常情况下，被子植物的胚由合子发育而成，但在自然界中，少数植物胚珠的珠心或珠被细胞也可发育成胚状结构，并可萌发长成幼苗。离体培养的植物细胞、组织或器官也能产生胚状结构。这种在自然或组织培养过程中由非合子细胞分化形成的胚状结构，称为胚状体。胚状体有根端和茎端，同时有独立的维管系统，因此脱离母体后，在培养条件下可独立生长，产生植株。我国已在水稻、小麦、玉米、棉花、烟草、茄子、甘蔗、梨、苹果、枣等植物上，应用组织培养的方法，成功地诱导出了胚状体。

在农业、林业和园艺生产上，已利用诱导胚状体再生的植株数量多、繁殖速度快、成苗率高的特点，对具有优良遗传性状的个体进行快速繁殖和无病毒种苗的培养。同时，在胚状体产生过程中，可将外源基因转入胚状体，最终产生转基因植株，因此，胚状体在植物基因工程应用方面有极为重要的价值。

三、坐果和落果

被子植物的花在受精后，雌蕊特别是子房将逐渐成为生长中心。表现为雌蕊呼吸强度增加，特别是子房、胚珠合成大量生长素，提高了调运养分的能力，使子房成为一个"引力"很强的代谢库，植物体内的大量有机物和无机盐运向子房，合成果实和种子发育所需的各种物质，以促进子房的膨大和正常发育，得以安全坐果。

自然条件下，适当数量花果的脱落与落叶一样，是一种常见的生理现象，是植物对环境的适应。过剩花果的脱落，可使营养集中供应给留下的花果，保证其发育。然而严重的脱落，如棉铃的脱落、豆荚的早落和果树的落果等，都会给农业生产造成巨大损失。因此，落果问题一直是人们研究的课题。

落果前在果实或果柄基部形成与落叶时相似的离层。它的形成是一系列生理过程的综合，是导致果实脱落的直接原因。实际上落果的原因很多，在植物生长发育过程中，常因子房未受精或胚和胚乳败育而造成落果。此外，矿质营养、光照、温度、水分等环境条件也对果实的脱落有重要影响。在生产实践中，要根据不同的情况，采取相应的栽培措施如合理施肥灌水、适时疏花疏果等，以控制和减少果实的脱落，获得高产。

知识探索与扩展

人工种子

"人工种子"是指植物离体培养中产生的胚状体或不定芽，被包裹在含有养分和保护功能的人工胚乳和人工种皮中，从而形成能发芽出苗的颗粒体。即用人为的方法创造出与天然种子相类似的结构。1978年著名的植物组织培养学家 T. Murashing 在加拿大召开的第四届国际植物组织和细胞培养会议上提出，把胚状体包埋在胶囊内形成球状结构，使其具有种子的机能并可直接播种于田间。胚状体是植物体的细胞通过无性繁殖产生的一种类似于合子胚的结构。在形态上它与合子一样，经过原胚、心形胚、鱼雷形胚及具子叶的成熟胚的发育过程。

人工种子主要由3部分构成，最外面为一层有机的薄膜包裹，即种皮，起保护作用；中间为胚状体等培养物所需的营养成分和某些植物激素；最里面为胚状体或芽。

人工种子的优点主要是：第一，不受季节和环境限制，可以获得大量的胚状体，繁殖速度快，结构完整，利于工厂化生产，同时可节约大量粮食；第二，可根据不同植物对生长的要求配置不同成分的"种皮"；第三，在大量繁殖苗木和用于人工造林方面，人工种子比采用试管苗的繁殖方法更能降低成本，人工种子结构完整，体积小，便于贮藏和运输，可直接播种和机械化播种；第四，体细胞胚是由无性繁殖体系产生的，因而可以固定杂种优势；第五，可以在人工种子中加入某些农药、菌肥、有益微生物、抗生素、激素等，提高种子的活力和品质；第六，对于繁殖周期长、自交不亲和、珍稀濒危的植物，也可大量繁殖无病毒材料；第七，胚状体发育的途径可以作为高等植物基因工程和遗传工程的桥梁。

20世纪80年代初，美国、日本和法国等相继开展了植物人工种子的研究。我国的研究也取得了可喜的进展。现已在芹菜、苜蓿、番茄、山茶、莴苣、花椰菜、胡萝卜、甜菜、云杉、玉米、西洋参和杂交水稻等植物上获得了成功。目前，人工种子的研究处于探索阶段，但随着关键技术的突破和人工种子广泛应用，必将对作物遗传育种、良种繁殖和栽培等起到巨大的推动作用，对于珍稀濒危植物的繁殖也具有重要意义。

第六节　被子植物的生活史

被子植物的生命活动，一般从上代个体产生的种子开始。经过种子萌发，形成幼苗，逐渐成长为具有根、茎、叶的植株。植株经过一段时间的营养生长，然后在一定部位形成花芽。在花芽发育成花朵时，雄蕊花药中的花粉母细胞经过减数分裂，产生单倍体的花粉粒，花粉粒萌发，形成两个精细胞（雄配子）；同时，在胚珠内形成胚囊母细胞，胚囊母细胞经过减数分裂产生胚囊，胚囊中又产生卵细胞（雌配子）、极核（或称中央细胞）等。这时，植株就进行开花、传粉和受精，其中一个精子与卵细胞融合形成合子（受精卵），随后，发育成胚；另一个精子与极核融合，形成初生胚乳核，最后发育成胚乳；珠被发育为种皮。从而形成了新的一代种子。"从种子到种子"这一整个生活历程，称为被子植物的生活史。水稻、小麦、棉花、番茄、南瓜、油菜、白菜等一年生和二年生植物，在种子成熟后，整个植株不久枯死。茶、桃、李、柑橘、芒果、荔枝等多年生植物则经多次结实之后，才衰老死亡。

在被子植物的生活史中，都要经过两个基本阶段：一个是从合子开始，直到胚囊母细胞和花粉母细胞减数分裂前为止。这一阶段细胞内染色体的数目为二倍体（2n），称为二倍体阶段（或称孢子体阶段）。另一个是从胚囊母细胞和花粉母细胞减数分裂开始，到形成成熟胚囊（雌配子体）和2个或3个细胞的花粉粒（雄配子体）为止。这时，其细胞内染色体的数目是单倍体（n）的，称为单倍体阶段（或称配子体阶段）。被子植物的整个生活史的过程中，单倍体阶段极短，且不能脱离二倍体植物而独立生活，由二倍体阶段到单倍体阶段，必须经过减数分裂过程才能实现。二倍体阶段较长，由单倍体阶段到二倍体阶段的转折点，就是精卵融合为合子。所以，减数分裂和精卵融合（受精）是被子植物生活史中的重要环节和转折点。在生活史中，二倍体的孢子体阶段和单倍体的配子体阶段有规律地交替出现的现象，称为世代交替（图3-45、图3-46）。

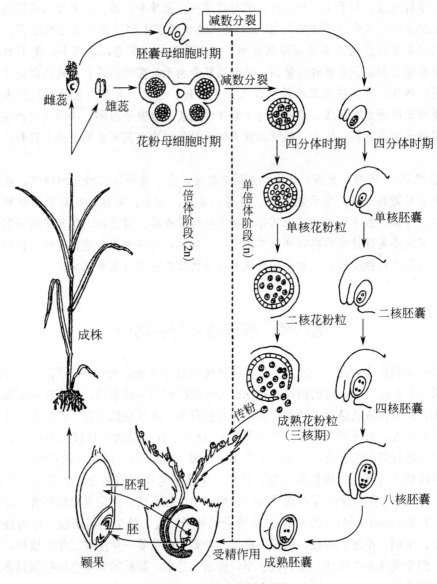

图 3-45 小麦生活史图解

本章小结

花是适应生殖作用的变态短枝。典型被子植物的花由花梗、花托、花萼、花冠、雄蕊群和雌蕊群组成；禾本科植物的花由2枚浆片、3枚或6枚雄蕊和1枚雌蕊组成；小花由1枚外稃和1枚内稃包被着1朵花组成；小穗由着生在小穗轴上的2枚颖片和1朵至多朵小花组成。

雄蕊是花的一个重要组成部分，由花丝和花药组成。花药由花粉囊和药隔组成。花粉囊内可产生许多花粉母细胞，花粉母细胞（2n）经过减数分裂形成许多单核花粉粒，即小孢子（n）。成熟的花粉粒又有包含1个营养细胞和1个生殖细胞的2-细胞花粉与包含1个营养细胞和2个精子的3-细胞花粉两种类型。花粉囊壁由表皮、药室内壁（纤维

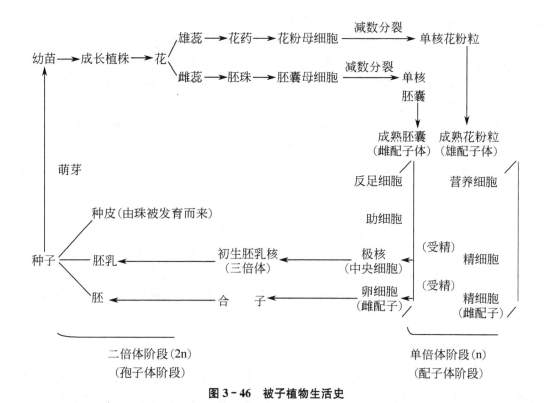

图3-46 被子植物生活史

层）、中层和绒毡层组成。纤维层的作用与花药开裂有关，绒毡层对花粉粒的形成和发育起着重要的营养和调节作用。花粉粒成熟时，中层和绒毡层常退化、解体而消失，此时花粉囊壁一般仅存表皮和药室内壁（纤维层）。

雌蕊是花的另一个重要组成部分，由1个至多个心皮卷合或并合而成。心皮是构成雌蕊的单位，是具有生殖作用的变态叶。雌蕊在形态上可分为柱头、花柱和子房三部分。子房是果实的前身，子房室内藏有胚珠。

胚珠是种子的前身，由珠心、珠被、珠孔、合点和珠柄等部分组成。珠心内通常可产生1个胚囊母细胞，胚囊母细胞（2n）经过减数分裂形成4个大孢子（n），其中1个大孢子发育形成胚囊，其余3个大孢子退化消失。

大多数植物的胚囊发育方式为蓼型：大孢子经过3次有丝分裂后发育成为含有8个核或7个细胞的成熟胚囊，其珠孔端有1个卵细胞（n）和2个助细胞（n）组成的卵器，合点端有3个反足细胞（n），胚囊的中部是一个大型的中央细胞，其中含有2个单倍体的极核或1个二倍体的次生核。

当花中雌、雄蕊或其中之一成熟后，即可开花。花粉粒由花粉囊散出，借外力作用传到雌蕊的柱头上，称为传粉。传粉有自花传粉和异花传粉两种方式。异花传粉对后代有益，是较进化的传粉方式。

花粉粒与柱头识别后，生理性质亲和的则萌发形成花粉管。花粉管经花柱进入胚珠的胚囊并释放2个精子，其中一个与卵细胞融合形成合子（2n），一个与极核（或次生核）融合，形成初生胚乳核（3n），这就是双受精作用，是被子植物特有的受精现象，也是植物界有性生殖的最进化形式。

合子以不同的方式发育成胚，初生胚乳核多以核型、细胞型、沼生目型 3 种方式发育成胚乳，珠被发育为种皮，整个胚珠发育成种子。在种子发育过程中，胚乳若被胚所吸收，则形成无胚乳种子，否则为有胚乳种子。种子的基本结构包括种皮、胚和胚乳 3 部分。种皮是包被在种子外围的保护层，禾本科植物籽粒的种皮与果皮紧密愈合不能分开。胚是种子的主要部分，一般由胚芽、胚轴、子叶和胚根 4 部分组成。胚芽由生长点和幼叶（也有缺少幼叶的）组成，禾本科植物种子的胚芽被胚芽鞘包围；胚轴是连接胚芽和胚根的短轴，也与子叶相连；胚根由生长点、根冠组成，禾本科植物种子的胚根外有胚根鞘包围；子叶 1 枚、2 枚或多枚（裸子植物），禾本科植物的子叶称为盾片。胚乳是种子储藏营养物质的组织。种子萌发的主要外界条件是充足的水分、足够的氧气和适宜的温度。

受精后，子房发育成果实，其子房壁发育为果皮。仅由子房发育形成的果实称为真果；除子房外，还有花的其他部分或整个花序参与形成的果实称为假果。

被子植物由种子萌发形成幼苗，经生长发育后，开花结果，形成新一代种子。由种子到新一代种子形成所经历的全过程称为被子植物的生活周期或生活史。

在生活周期中，二倍体的无性世代和单倍体的有性世代有规律地交替出现的现象，称为世代交替。其中，减数分裂和双受精作用是两个世代交替的转折点。

复习思考题

1. 名词解释：花、心皮、花芽分化、雄配子体、雄配子、雌配子体、雌配子、开花、传粉、自花传粉、异花传粉、受精、双受精、核型胚乳、细胞型胚乳、外胚乳、盾片、假种皮、无融合生殖、多胚现象、不定胚、真果、假果、单性结实、被子植物生活史。

2. 被子植物典型的花由哪些部分组成？为什么说雌、雄蕊是花的重要组成部分？

3. 禾本科植物的花、小花、小穗各由哪些部分组成？

4. 简述一般花芽的分化过程。

5. 简述花药发育过程和花药的结构。花粉囊壁的各种结构在花药发育的不同时期有何作用？

6. 花粉粒是怎样形成和发育的？2-细胞花粉和 3-细胞花粉有何区别？营养细胞、生殖细胞（或精细胞）在结构上有何特点？

7. 简述成熟胚珠的结构。胚珠各部分与种子的结构有何关系？

8. 简述蓼型胚囊发育过程和成熟胚囊的结构。

9. 简述被子植物双受精过程及其生物学意义。

10. 简述被子植物胚的发育过程。

11. 为什么说胚是种子的最重要部分？

12. 种子有哪些主要类型？

13. 试分析种子萌发所需要的内部和外部条件。

14. 简述种子萌发后，种子各部分的活动去向。

15. 传粉受精后在形成果实的过程中，花的各部分变化如何？

16. 果实有哪些主要类型？

第四章　植物界的类群与分类

> **内容提要**　本章介绍植物分类的方法、植物的命名法则、植物分类的单位和植物检索表及其应用。对植物界各基本类群的主要特征、分类和代表植物作了介绍。讨论植物遵循从水生到陆生、从简单到复杂、从低等到高等的演化规律。本章的知识探索与扩展设置了"裸子植物的双受精"。

植物分类学（plant taxonomy，plant classification）是研究植物类群的分类，探索植物亲缘关系，阐明植物界自然系统的科学。植物分类学的内容包括鉴定（identification）和命名（nomenclature）植物、将植物正确分类（classification）三部分。植物分类知识是人类根据生活实际的需要，通过生产实践产生的。人类在史前时期，就开始接触和利用植物，从而辨别了可食的和有毒的植物，把某些种子、果实、块茎、块根等作为食物，继而把植物用来治疗疾病。例如李时珍的《本草纲目》，不但总结了人们辨别植物用来治疗疾病的性能、类别和名称，还总结了人们对植物的描述。这些辨别植物的类别、名称、性能和对植物的描述，就是植物分类。

第一节　植物分类的基础知识

一、植物分类的意义

植物分类的目的，不仅是认识植物、给植物以一定的名称和描述，而且还要按植物的亲缘关系，把它们分门别类，建立一个足以说明植物亲缘关系的分类系统，从而了解植物系统发育的规律，为人们鉴别、发掘、利用和改造植物奠定基础。

正确识别植物种类有十分重要的实际意义。例如，八角科有 50 余种。其中，只有八角茴香（*Illicium verum* Hook. f.）无毒，果实为调味香料，其他种均有毒，特别是莽草（毒八角茴香，*I. lanceolatum* A. G. Smith），其果实与八角茴香的果实极其相似，但有剧毒，误食者可丧命。生长在森林里的伞菌，一般被视为山珍美味，但其种类繁多，有可食的，也有剧毒的，如鹅膏属（*Amanita*）的某些种，误食少量即可致死。药用植物也是这样，若错认了种类，不但达不到治病的目的，反而会使患者受害。因此，正确识别植物的种类，是有实际意义的。同时可以利用植物亲缘关系的知识，进行引种、驯化、培育和改造植物。一般说来，亲缘关系愈近，就愈易于进行杂交和人为地创造新品种；亲缘关系远的植物则不易杂交，但一旦杂交成功，其后代的生命力就更强。此外，还可以根据某种植物体内含有某种物质（芳香油、植物碱、橡胶等）或性能，推知其相近植物也可能含有某种物质或性能。例如，小檗科中的植物，亲缘比较相近，因此，该科植物含有小檗碱的可能性比较大。

由上可知，正确地掌握、应用植物分类学知识，就能更好地为人类利用植物以及社会经济的发展服务。

二、植物分类的方法

在植物学的发展中，植物分类的方法大致可分为两种：一种是人为的分类方法，是人们按照自己的方便，选择植物的一个或几个特点，作为分类的标准。如瑞典的植物分类学家林奈（1707～1778），把有花植物雄蕊的数目作为分类标准，分为一雄蕊纲、二雄蕊纲……李时珍在《本草纲目》中将所记载的植物分为草部、谷部、菜部、果部、木部。这是人为的分类方法，这样的分类系统，是人为分类系统。另一种是自然分类方法，是根据植物的亲疏程度，作为分类标准。判断亲疏的程度，是根据植物相同点的多少，如小麦与水稻，有许多相同点，于是认为它们较亲近；小麦与甘薯、大豆，相同的地方较少，所以它们较疏远。这样的方法是自然分类方法，这样的分类系统是自然分类系统。

达尔文（Darwin，1809～1882）提出进化学说，认为物种起源于变异与自然选择，这对植物分类有很大影响，自然系统的"自然"二字，就有了更确切的意义。从而得知复杂的植物种类，大致是同源的。物种表面上相似程度的差别，能显示它们血统上的亲缘关系。例如，小麦与水稻之所以较亲近，是由于它们有一个较近代的共同祖先，而小麦与甘薯、大豆较疏远，是因为它们有一个较远代的共同祖先。

植物形态学、解剖学方面的资料和植物地理学的知识，是今天分类学的重要依据。染色体资料、多倍化、杂交亲和性和繁育行为的重要性，在很大程度上影响着传统分类学。解剖学、花粉学、胚胎学等方面的新资料，已被应用于种以上的分类。

传统的植物分类是以植物的形态特征为主要依据，即根据花、果实、茎、叶等器官的形态特征进行分类。分子生物学乃至计算机科学等学科的出现和发展，为植物分类学提供了更丰富的研究方法和技术，对于深入研究物种形成和系统演化，以及界定有争议的分类群等方面的研究有重要的指导作用。

三、植物分类的各级单位

为了便于分门别类，按照植物类群的等级，分别给予一定的名称，这就是分类上的各级单位。现将植物分类的基本单位列于表4-1。

表4-1　植物分类的基本单位

中名	拉丁文	英文
界	Regnum	Kingdom
门	Divisio	Division
纲	Classis	Class
目	Ordo	Order
科	Familia	Family
属	Genus	Genus
种	Species	Species

根据需要，各级单位可设亚级，即在各级单位之前，加上一个亚（sub-）字。现以水稻为例，说明它在分类上所属的各级单位：

界　植物界（Regnum vegetable）

　门　被子植物门（Angiospermae）

　　纲　单子叶植物纲（Monocotyledoneae）

　　　亚纲　颖花亚纲（Glumiflorae）

　　　　目　禾本目（Graminales）

　　　　　科　禾本科（Gramineae）

　　　　　　属　稻属（*Oryza*）

　　　　　　　种　稻（*Oryza sativa* L.）

种是分类的一个基本单位，也是各级单位的起点。同种植物的个体，起源于共同的祖先，有极其近似的形态特征，且能进行自然交配，产生正常的后代，既有相对稳定的形态特征，又是在不断地发展演化。如果在种内的某些植物个体之间，又有显著的差异时，可视差异的大小，分为亚种（subspecies）、变种（varietas）、变型（forma）等。其中变种是常用单位之一，如糯稻（*Oryza sativa* var. *glutinosa* Matsum.）就是一个变种。

品种（cultivar）不是植物分类学中的分类单位，不存在于野生植物中。品种是人类在生产实践中发现或经过培育、有一定经济价值的类群，具有明显区别于其他类群的较稳定的特征，这些特征在品种内表现一致。一般多基于经济意义和形态上的差异，如大小、色、香、味等，实际上是栽培植物的变种或变型。种内各品种间的杂交，叫近亲杂交。种间、属间或更高级的单位之间的杂交，叫远缘杂交。育种工作者，常常遵循近亲易于杂交的法则，培育出新的品种。

四、植物的命名法则

每种植物在每个国家都有各自的名称，就是一国之内，各地的名称也不相同，因而就有同物异名（synonym）或同名异物（homonym）现象，造成识别植物、利用植物和知识交流的不便。为了避免这种混乱，一种植物有一个统一的名称是非常必要的。1753 年，林奈用两个拉丁单词作为一种植物的名称，第一个单词是该植物所在的属名，是名词，其第一个字母要大写；第二个单词为种加词，形容词（specific epithet）；后边再写出定名人的姓氏或姓氏缩写（第一个字母要大写），便于考证，这就是植物的学名。这种命名植物的方法逐渐在国际上统一使用，称双名法。如稻的学名是 *Oryza sativa* L. 第一个词是属名，是水稻的古希腊名，是名词；第二个词是种加词，形容词，是栽培的意思；后边大写"L."是定名人林奈（Linnaeus）的缩写。如果是变种，则在种名的后边，加上一个变种（varietas）的缩写 var.，然后再加上变种名，同样后边附以定名人的姓氏或姓氏缩写。如蟠桃的学名为 *Prunus persica* var. *compressa* Bean.。

为了避免命名上的混乱，1867 年 8 月在法国巴黎召开了第一次国际植物学会议，通过了《国际植物命名法规》（International Code of Botanical Nomenclature，缩写 ICBN），为世界各国、各地区采用统一的植物学名提供了依据。

五、植物检索表及其应用

检索表（key）是植物分类工作中，用于识别和鉴定植物的工具。检索表的编制是根据法国人拉马克（Lamarck，1744～1829）的二歧分类原则，按照相互对立的特征、特性把一群植物分成相对应的两个分支，再把每个分支中相对的性状又分成相对应的两个分支，依次下去，直到编制到科、属或种检索表的终点为止。为了便于使用，各分支按其出现的先后顺序，前边加上一定的顺序数字或符号。相对应的2个分支前的数字或符号相同。每二个相对应的分支，都编写在距左边同等距离的地方。每一个分支下边，相对应的2个分支，较上一级分支的句首向右缩进一个字格，依此类推，直到编制终点为止。这种检索表称为定距检索表，定距检索表使用方便，较为常用。此外，还有平行检索表，相对应性状的2个分支，平行排列。分支之末，为名称或序号，此序号重新写在相对应分支之前。

现以本教材涉及的植物门类为例，列检索表如下。

植物分门检索表

1. 植物无根、茎、叶的分化，无维管束，雌性生殖器官为单细胞（极少数例外），合子不形成胚，直接萌发为植物体 ……………………………………………………………（一）低等植物

  2. 植物体不为菌、藻共生体。

    3. 植物体有色素，能进行光合作用，生活方式为自养 ………………… 1. 藻类（Algae）

      4. 植物体的细胞无真正的核 …………………………………（1）蓝藻门（Cyanophyta）

      4. 植物体的细胞有真正的核。

        5. 植物体为单细胞，无细胞壁，常具1根鞭毛，能 ……………………………………

        游动 ………………………………………………………（2）裸藻门（Euglenophyta）

        5. 植物体为单细胞或多细胞。

          6. 植物体为单细胞时，若无细胞壁则常具2根鞭毛；或有细胞壁则由具花纹的甲片相连成，具2根鞭毛；或细胞壁由2瓣套合而成，不具鞭毛；或为多细胞的群体，细胞横壁位于中间，整个细胞壁呈"H"形；或整个植物体无细胞横壁隔开，多核，呈非细胞结构状。

            7. 植物体的细胞壁不为具花纹的甲片相连而成 …………………………………………

            ……………………………………………………………（3）金藻门（Chrysophyta）

            7. 植物体的细胞壁常为具花纹的甲片相连而成，有2条槽，一条环绕细胞的中部，另一条在一侧直生，具2鞭毛 …………………（4）甲藻门（Pyrrophyta）

          6. 植物体为多细胞，均有细胞壁。如为单细胞则壁不为二瓣套合或甲片相连而成。

            8. 植物体含有与高等植物相同的叶绿素 a、b，叶黄素与胡萝卜素，呈绿色；储藏的养料一般是淀粉 ……………………（5）绿藻门（Chlorophyta）

            8. 植物体含的色素与高等植物不同，非绿色；储藏的养料不是真正的淀粉。

              9. 植物体含叶绿素 a、c 和胡萝卜素外，还含有墨角藻黄素，故呈褐色；储藏的养料主要是褐藻淀粉 …………………（6）褐藻门（Phaeophyta）

              9. 植物体含叶绿素 a、d 和黄色素外，还含有藻红素，故呈红色或紫色；储藏的养料是红藻淀粉 ……………………（7）红藻门（Rhodophyta）

    3. 植物体无色素，不能进行光合作用（极少数例外），生活方式为…………………………异养 ………………………………………………………………………… 2. 菌类（Fungi）

      10. 植物体的细胞无真正的核……………………………………………………………

      …………………………………………………（8）细菌门（Schizomycophyta）

      10. 植物体的细胞有真正的核。

        11. 植物体的细胞在营养体时期无细胞壁，是一团变形虫状裸露的原生质体，能移动和吞食固体食物 …………（9）黏菌门（Myxomycophyta）

        11. 植物体的细胞有细胞壁 ……………………（10）真菌门（Eumycophyta）

  2. 植物体为菌、藻共生体 ………………………………………（11）地衣门（Lichenes）

1. 植物有根、茎、叶的分化，有维管束（苔藓例外），雌性生殖器官由多个细胞构成，有颈卵器或无，

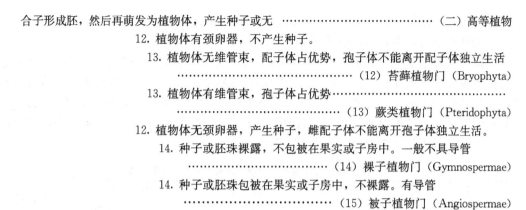

　　合子形成胚，然后再萌发为植物体，产生种子或无 ……………… （二）高等植物
　　　12. 植物体有颈卵器，不产生种子。
　　　　13. 植物体无维管束，配子体占优势，孢子体不能离开配子体独立生活
　　　　　………………………………………… （12）苔藓植物门（Bryophyta）
　　　　13. 植物体有维管束，孢子体占优势…………………………………………
　　　　　………………………………………… （13）蕨类植物门（Pteridophyta）
　　　12. 植物体无颈卵器，产生种子，雌配子体不能离开孢子体独立生活。
　　　　14. 种子或胚珠裸露，不包被在果实或子房中。一般不具导管
　　　　　………………………………………… （14）裸子植物门（Gymnospermae）
　　　　14. 种子或胚珠包被在果实或子房中，不裸露。有导管
　　　　　………………………………………… （15）被子植物门（Angiospermae）

　　通常有分科、分属和分种检索表，可以分别检索出植物的科、属、种。当检索一种植物时，以检索表中顺序出现的 2 个分支的形态特征，与植物相对照，选其与植物符合的一个分支，在这一分支下边的 2 个分支中继续检索，直到检索出植物的种名为止。然后再对照植物的有关描述或插图，验证检索过程中是否有误，最后鉴定出植物的正确名称。为达到鉴定植物的预期目的，一要有完整的检索表资料，二是收集检索对象性状完整的标本，方能顺利地进行检索。对检索表中使用的各项专用术语应有明确的理解，如稍有差错、含混就不能找到正确的答案。检索时要求耐心细致。检索一个新的植物种类，即使对一个较有经验的工作者也常常会经过反复和曲折，绝非是一件一蹴而就的事。对于一个分类工作者，检索的过程是学习和掌握分类学知识的必经之路。

第二节　植物界的基本类群

　　自然界的植物种类繁多，已知地球上的各种生物达 200 多万种，植物约有 50 万种。对生物界的划分，1735 年，瑞典博物学家林奈（Linnaeus）根据能否运动和营养方式的不同，将生物分为动物界（Animalia）和植物界（Plantae）。后来发现一些单细胞生物如衣藻等具细胞壁，以及裸藻有叶绿体能进行光合作用，同时有鞭毛，能运动，有感光的眼点，有咽道能吞咽食物。这类生物既具有植物的特征，又具有动物的特性。1886 年，德国人海克尔（Haeckel）提出了生物分为原生生物界（Protista）、植物界（Plantae）和动物界（Animalia）三界学说。当时的原生生物界有人认为包括所有的单细胞生物，也有人认为还包括真菌、多细胞藻类以及细菌和蓝藻等原核生物。1938 年，美国人科帕兰（Copeland）提出了四界系统，即原核生物界（Prokaryotes）、原始有核界（Protoctista）、后生植物界（Metaphyta）和后生动物界（Metazoa）。将细菌、蓝藻等原核生物从原生生物界中分出。1969 年，美国人维塔克（Whittaker）将真菌从原始有核界中分出，把生物界分为五界，即原核生物界（Prokaryotes）、原生生物界（Protista）、真菌界（Fungi）、植物界（Plantae）和动物界（Animalia）。1977 年，中国学者陈世骧建议在五界系统的基础上，把病毒（virus）和类病毒（viroides）另立为病毒界（Viri）（或非胞生物界），提出了六界系统。1980～1990 年，沃尔斯（Woese）等提出三原界六界系统，即古细菌原界（Archaebacteria）（包括古细菌界）、真细菌原界（Eubacteria）（包括真细菌界）和真核生物原界（Eucaryptes）（包括原生生物界、真菌界、植物界和动物界）。1989 年，卡瓦里—史密斯（Cavalier-Smith）提出八界系统，即古细菌界、真细菌界、古真核生物界、

原生动物界、藻界（Chromista）、植物界、真菌界和动物界。

为便于学习，本教材仍沿用习惯上的两界分类。

植物在长期演化过程中，出现了形态结构、生活习性等方面的差别，这种差别的形成是极缓慢的。大约在 34 亿年前的太古代就有了植物。在此后漫长的时间里，地球上曾有过许多地质的变迁。每经过一度沧桑，地球上的生物也就更换了面目。有些族系繁盛了，有些衰退了；老的种类消亡了，新的种类产生了。简单的植物先出现，较复杂的出现较晚（表 4 - 2）。这些可从植物化石里寻到证据。

表 4 - 2　地质年代和不同时期占优势的各类植物

代 （Era）	纪 （Period）	世（期） （Epoch or part）	开始时期 （距今百万年前）	优势植物
新生代 （Cenozoic）	第四纪 （Quaternary）	近代（Recent）	1.2	被子植物
		更新世（Pleistocene）	2.5	
	第三纪 （Tertiary）	上新世（Pliocene）	7	
		中新世（Miocene）	26	
		渐新世（Oligocene）	38	
		始新世（Eocene）	54	
		古新世（Paleocene）	65	
中生代 （Mesozoic）	白垩纪 （Cretaceous）	后期	90	裸子植物
		早期	136	
	侏罗纪 （Jurassic）	后期	166	
		早期	190	
	三叠纪 （Triassic）	后期	200	
		早期	225	
古生代 （Paleozoic）	二叠纪 （Permian）	后期	260	低等维管植物
		早期	280	
	石炭纪 （Carboniferous）	后期	325	
		早期	345	
	泥盆纪 （Devonian）	后期	360	
		中期	370	
		早期	395	
	志留纪（Silurian）		430	藻类植物
	奥陶纪（Ordovician）		500	
	寒武纪（Cambrian）		570	
元古代 （Proterozoic）			570～1 500	
太古代 （Archaeozoic）			1 500～5 000	生命开始，细菌蓝藻出现

植物学家曾将植物界分成显花植物（Phanerogamae）及隐花植物（Cryptogamae）两大类。显花植物即种子植物（seed plants），隐花植物即非种子植物，也称为孢子植物（spore plants）。也有人把具有维管系统（Vascular system）的蕨类植物和种子植物称为维管植物（Vascular plants）；把苔藓、地衣、菌类和藻类植物称为非维管植物（non-vascular plants）。苔藓植物、蕨类植物和种子植物的受精卵在母体中发育成胚，这些植物又

称为有胚植物（Embryophyta）或高等植物；藻类、菌类和地衣植物在发育过程中不出现胚，而由合子直接发育为植物体，因此，此类植物统称为无胚植物（Nonembryophyta）或低等植物。苔藓植物和蕨类植物的雌性生殖器官为颈卵器（Archegonium），裸子植物也具有退化的颈卵器，因此，三者又合称颈卵器植物。

植物界的分门并不统一。根据多数学者的观点，植物界可分为 15 门。低等植物包括 11 门，高等植物为 4 门。现图示如下：

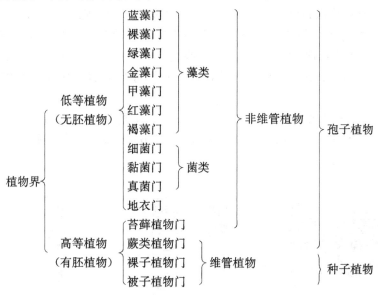

一、低等植物

低等植物是地球上出现的一群古老的植物。植物体没有根、茎、叶的分化，称为原植体植物（Thallophyte）；生殖器官常是单细胞的；有性生殖的合子，不形成胚而直接萌发成新的植物体；常生活于水中或阴湿的地方。低等植物包括藻类（Algae）、菌类（Fungi）、地衣植物（Lichenes）三类。

（一）藻类植物（Algae）

藻类植物并不是一个自然类群。植物体形态多样，主要包括单细胞、多细胞群体或多细胞组成的丝状体、球状体、片状体、枝状体等。细胞内含有各种不同的色素，能进行光合作用，因此属自养生物（autotroph）。藻类植物大部分生于海水或淡水中，少数生活在潮湿的土壤、树皮、石头上等环境中。

已知的藻类植物约有 25 000 种。根据藻类植物一般含有的色素、植物体细胞结构、贮藏的养料、生殖方法等不同，可分为蓝藻门（Cyanopyta）、绿藻门（Chlorophyta）、裸藻门（Euglenophyta）、金藻门（Chrysophyta）、甲藻门（Pyrrophyta）、褐藻门（Phaeophyta）、红藻门（Rhodophyta）等 7 门。现分别介绍如下。

1. 蓝藻门（Cyanophyta）　蓝藻是一类最原始的自养植物。藻体是单细胞的或群体、丝状体；大多数的细胞外有胶质鞘，有的为公共的胶质鞘所包被。主要特征是结构简单，不具鞭毛，无细胞核分化。细胞内的原生质体分化成周质（Periplasm）和中央质（centroplasm）。周质中没有载色体（chromatophore），有光合片层（photosynthetic lamella），因含叶绿素 a、藻蓝素（phycocyanobilin），故植物呈蓝绿色，有的还有藻红蛋白（phyco-erythrin）。中央质位于中央，没有核膜、核仁，有染色质，其功能相当于细胞核，故中央质也称为原核。因而蓝藻也被称为原核生物（Procaryote）。贮藏物质是蓝藻淀粉（cyano-phycean starch）。

蓝藻的繁殖方式主要为营养繁殖和无性繁殖，无有性生殖。营养繁殖可通过细胞分裂进行繁殖，如果为丝状体，其丝状体可作断离繁殖。断离的丝状体段，称为藻殖段（hor-mogonium）。藻殖段由异形胞（heterocyst）分隔形成。异形胞的大小与营养细胞很相似，但壁厚，所含的物质均匀透明，与营养细胞连接的各端肿胀，称为乳头状突起（papil-lae）。少数种类可进行孢子繁殖，它们产生厚垣孢子（akinete）。厚垣孢子比营养细胞大，类似内生孢子（endospore），萌发之前，原生质体进行分裂，释放幼殖体（germling），形成新植物。

蓝藻常生长于水中或湿地上。常见的蓝藻有颤藻属（*Oscillatoria*）、念珠藻属（*Nostoc*）、鱼腥藻属（*Anabaena*）和色球藻属（*Chroococcus*）、螺旋藻属（*Spirulina*）等（图 4 - 1）。

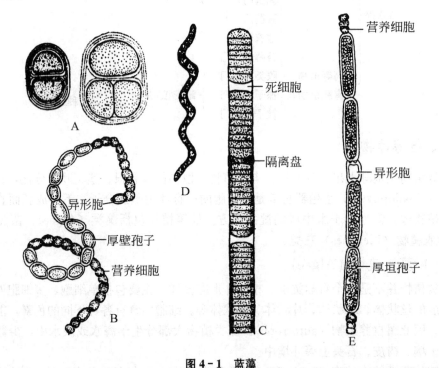

图 4 - 1 蓝藻
A. 色球藻属　B. 念珠藻属　C. 颤藻属　D. 螺旋藻属　E. 鱼腥藻属（*Anabaena*）

（1）颤藻属（*Oscillatoria*）　植物体为丝状群体，无胶质鞘或近无。藻丝细长、圆柱形、不分枝；因藻丝能前后伸缩，并能左右摆动而得名。丝体中常被空的、双凹形的死细胞所隔开，也产生胶化膨大的隔离盘（separation disc），两个死细胞或隔离盘之间的丝体段，称为藻殖段。颤藻属多生于有机质丰富的水湿地环境中。

（2）念珠藻属（*Nostoc*）及鱼腥藻属（*Anabaena*）　植物体为念珠状丝状群体，有的由公共的胶质鞘包被而成为片状。细胞为圆球形，丝体上有异形胞和厚垣孢子。念珠藻生长于水中、潮湿地面、草地上，其中地木耳（*N. commue*）、发菜（*N. flogelli-forme*）等可供食用。鱼腥藻属与念珠藻属很相近，也为念珠状的**丝体群体**，但无胶质鞘包被。营养细胞为球形或圆筒形，厚垣孢子较长或较大。该属中有 34 种（不包括变种）已报道有固氮作用，如满江红鱼腥藻（*A. azollae*）能生长在满江红属（*Azolla*）的体内，可作生物氮肥。

（3）**色球藻属**（*Chroococcus*）　植物体多数为 2、4、6 或更多一些细胞组成的群体，少数为单细胞。单细胞时，细胞为球形。细胞分裂后，分裂面恢复成圆形较慢，因此群体上的细胞大多为半球形或 1/4 球形。每个细胞都有个体胶质鞘，同时还有群体胶质鞘包围着，胶质鞘透明无色。浮游生于湖泊、池塘、水沟，有时也生活在潮湿地表、树干上或滴水的岩石上。

（4）**螺旋藻属**（*Spirulina*）　植物体通常为多细胞构成的**丝状体**，呈疏松或紧密而有规则的螺旋状弯曲。多分布在碱性水体中。现被人们广泛重视和研究的钝顶螺旋藻（*S. platensis*），其蛋白质含量高达 50%～70%，含有 18 种氨基酸（包括人体和动物不能合成的 8 种氨基酸），营养成分丰富而均衡，且其细胞壁几乎不含纤维素，因而极易被人体消化吸收，是一种优良的保健食品。

蓝藻的原始性状表现为有原核，没有载色体及其他细胞器，其叶绿素中仅有叶绿素 a，细胞进行直接分裂，无有性生殖。蓝藻出现很早，当时地球上的温度还比较高，现时有些蓝藻能耐高温，可能是保留其祖先对高温的适应性。蓝藻的原始性状与细菌很相似。

蓝藻过量繁殖，可使水体变色，在水表形成蓝绿色的藻体浮沫，并散发出腐腥味，这种现象称为"水华"（water bloom）。"水华"的暴发表明水体受到污染，水质达富营养化状态。如进一步加剧，可使鱼、虾等水生生物因缺氧而窒息。

2. 裸藻门（Euglenophyta）　裸藻门又叫眼虫藻门，是一类兼有动、植物特征的藻类。绝大多数为无细胞壁，能自由游动的单细胞植物，具有 1～3 条鞭毛。本门有绿色和无色两大类。在绿色种类中，细胞内有叶绿体，含有叶绿素 a、叶绿素 b、β-胡萝卜素和叶黄素。贮藏的食物为副淀粉（paramylum）及脂肪。在叶绿体中有一个蛋白核（pyrenoid）。裸藻门中的无色种类，为动物式营养，能吞食固体食物，或为腐生。本门主要是以细胞纵裂进行营养繁殖，没有有性生殖。常见的有裸藻属（*Euglena*），细胞为梭形。其前端有胞口（cytostome），有一条鞭毛（flagellum）从胞口伸出。胞口下有沟，沟下端有胞咽（cytopharynx），胞咽以下有一个袋状的储蓄泡（reservoir）。附近有一个或几个伸缩泡（contractile vacuole）。体中的废物可经胞咽及胞口排出体外。储蓄泡旁有趋光性的眼点（eyespot，stigma），植物体仅有一层富于弹性的表膜（pellicle），没有纤维素的壁，因而个体可以伸缩变形。细胞内叶绿体很多（图 4-2）。

3. 绿藻门（Chlorophyta）　绿藻植物的细胞与高等植物相似，有相似的色素、贮藏的养分、细胞壁的成分，也有核和叶绿体。色素中以叶绿素 a、叶绿素 b 为主，因而呈绿色，还有叶黄素和胡萝卜素。贮藏的养料有淀粉和油类。叶绿体中有一个蛋白核。游动细胞有 2 条或 4 条等长的顶生鞭毛。绿藻的植物体形态多种多样，有单细胞的个体、群体和多细胞丝状体，外形有的成叶状体等。繁殖的方式也是多样的，无性繁殖和有性繁殖都很普遍。绿藻的分布很广，以淡水中为多，常见于流水、静水、阴湿地，也见于海水中。

绿藻约 430 属，6 700 种。通常分为绿藻纲（Chlorophyceae）和轮藻纲（Charophyceae）。

（1）绿藻纲（Chlorophyceae） 本纲的植物体、细胞结构、繁殖方法差异都很大，绝大部分绿藻均属此纲。现将常见类型简介如下。

①衣藻属（*Chlamydomonas*） 本属约 100 多种，生活于富含有机质的淡水沟和池塘中，早春和晚秋较多，常形成大片群落，使水变成绿色。植物体为单细胞，卵形，细胞内有 1 个核，一个杯状叶绿体，叶绿体中有 1 个淀粉核，细胞前端有 2 条等长的鞭毛，鞭毛基部有 2 个伸缩泡，旁边有 1 个感光作用的红色眼点。在电子显微镜下还可以看到类囊体、线粒体、高尔基体、鞭毛从细胞壁伸出的沟槽等（图 4-3）。

衣藻进行无性繁殖时，营养细胞失去鞭毛，形成游动孢子囊，其原生质体分为 2、4、8、16 块，各形成具有 2 鞭毛的游动孢子（Zoospore）。游动孢子形成后，孢子囊破裂放出游动孢子，发育成新个体。

多数衣藻的有性繁殖为同配生殖（isogamy），即配合的两个配子形状相似，大小相同，运动能力相同；少数为异配生殖（anisoga-

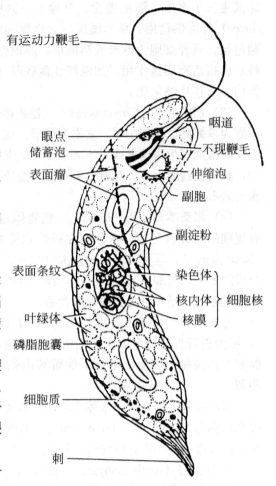

图 4-2 裸藻属（*Euglena*）细胞结构

my），即配合的二配子形状相似，大小不同，小的运动能力强，大的运动能力弱；或卵式生殖，即精子与卵结合。配子（gamete）的形成和形状，与游动孢子相似，一般为 8、16、32 个，体形较小，也有 2 鞭毛。配子结合后，成为具有 4 条鞭毛的合子，以后形成有厚壁的合子（Zygote）。合子休眠后，经过减数分裂，产生 4 个游动孢子。当合子壁破裂后，游动孢子游散出来各形成一个新的衣藻个体（图 4-4）。

②实球藻属（*Pandorina*） 植物体为 8、16、32 个细胞的定形群体，以 16 个为常见。群体为球形或椭圆形，细胞紧靠形成实心，外有胶质包被。细胞呈梨形，宽端朝外。无性繁殖时各细胞同时产生游动孢子，排列成与母体相似的子群体，放出以后形成新植物体。有性生殖为异配生殖。与此属相近的有盘藻属（*Gonium*）和空球藻属（*Eudorina*）。前者为 16 个细胞，中间 4 个，每边 3 个，在一平面上排列成方形；后者的细胞数目较多，常见的为 32 个，排列在球体的表面。

③团藻属（*Volvox*） 植物体为空心球体，由数百个到两万个衣藻型细胞排列在空心球的表面上，其中充满胶质和水。有的种有胞间连丝，逐步过渡成为多细胞的个体。细胞已经有了明显的分化，有营养细胞与生殖细胞之分。球体中只有少数细胞能进行繁殖。

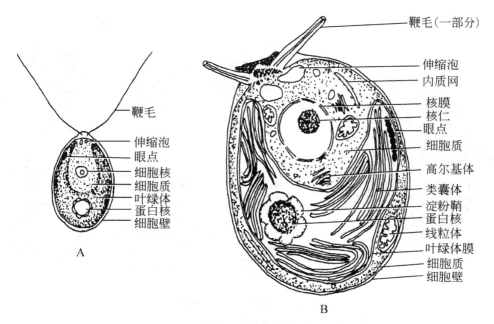

图 4-3　衣藻细胞

A. 显微结构　B. 亚显微结构

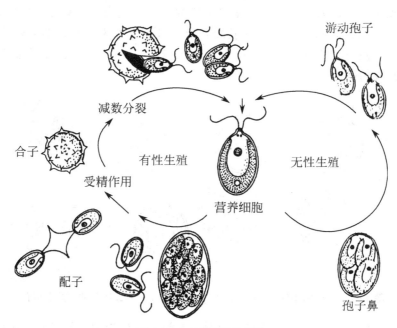

图 4-4　衣藻属的生活史

无性繁殖时，少数大形的繁殖胞（gonidium）失去鞭毛，经多次分裂发育成子群体，当子群体达到 32 个细胞时落入母群体腔内，细胞开始分化为营养细胞和生殖细胞，并继续进行细胞分裂直到发育成一个新的个体。母体破裂时，放出子群体。有性生殖为卵式生殖（oogamy），繁殖胞产生精子及卵，卵及精子可以是同体的或异体的，精子与卵结合形成为合子。合子在母体腐烂后落入水中，经休眠后，减数分裂，1 个游动孢子游散而出，然后形成新植物（图4-5）。

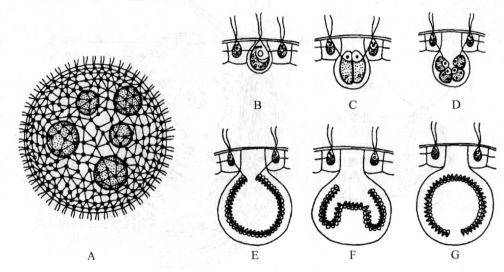

图4-5　团藻属的无性生殖

A. 母群体中有数个子群体　B.1个生殖胞（中）和2个营养细胞

C、D. 生殖细胞分裂　E. 皿状体时期　F、G. 翻转，新的子群体形成

④小球藻属（*Chlorella*）　小球藻属是单细胞浮游藻类，呈圆形或椭圆形（图4-6）。体内含有片状或杯状叶绿体，一般没有蛋白核，无性繁殖时，藻体转为不动孢子（aplanospore），由于与母细胞相似，故又称似亲孢子（autospore）。小球藻含蛋白质丰富，可作食品或药剂。

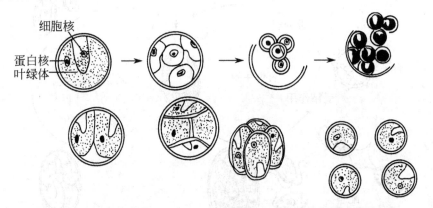

图4-6　蛋白核小球藻（*Chlorella pyrenoidosa*）不动孢子的形成和释放

⑤水绵属（*Spirogyra*）　本属约300种，是淡水中极为常见的绿藻，成片生于水底或漂浮于水面。丝状体不分枝，表面滑腻。细胞中含1至数条带状叶绿体，作螺旋状环绕于原生质体的周围。叶绿体上载生一列蛋白核。细胞中有1个细胞核和1个大液泡。营养繁殖可通过丝状体断裂或丝状体的每个细胞分裂进行；有性生殖为接合生殖。接合时2条丝体间相对的细胞各生出1个突起，接触处溶解后形成接合管（conjugation tube）。2条丝体之间可以形成多个横列的接合管，外形很像梯子，称为"梯形接合"（scalariform conjugation）。细胞中的原生质体收缩形成配子。一条丝体中的配子经接合管而进入另一

条丝体中，形成合子。此外，还有侧面接合（lateral conjugation）。合子耐旱性强，待环境适宜时萌发。萌发时先进行减数分裂形成 4 个单倍核。其中，3 个消失，只有 1 个萌发，形成萌发管，由此长成新的植物体（图 4-7）。

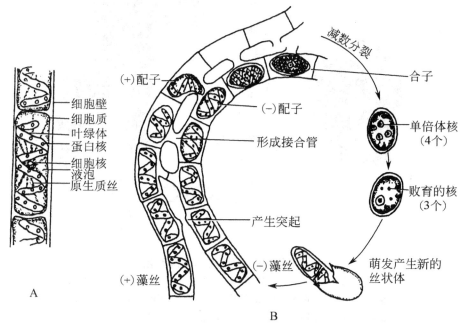

图 4-7　水绵属的细胞结构和生活史
A. 细胞结构　B. 生殖和生活史

　　绿藻纲中常见的还有：水网属（*Hydrodictyon*）、栅藻属（*Scenedesmus*）、丝藻属（*Ulothrix*）、刚毛藻属（*Cladophora*）、石莼属（*Ulva*）、新月藻属（*Closterium*）和鼓藻属（*Cosmarium*）等。

　　（2）轮藻纲（Charophyceae）　本纲轮藻属（*Chara*）约 150 种，多生于淡水中，是一类结构比较复杂的多细胞藻类。植物体高 10～60 cm，分枝多，以无色假根（rhizoid）固着于水底，体外被有钙质。主枝的顶端有 1 个大形的顶细胞（apical cell），主枝有"节"与"节间"之分，节间的中央有 1 个大细胞，外围由一轮长细胞所组成。"节"的四周有一轮"侧枝"，"侧枝"的"节"上又可轮生分枝，称为"叶"，"侧枝"和"叶"都有"节"和"节间"，"叶"的顶端没有顶细胞，因此不能继续生长（图 4-8）。

　　轮藻属没有无性生殖，只有卵配式的有性生殖。生殖时，在节的上侧生有卵囊（oogonium），其下生有精子囊（spermatangium）。卵囊呈卵形，由 5 个螺旋形管细胞所组成。先端各有 1 个冠细胞构成一个冠。卵囊中有 1 个卵。精子囊呈球形，由 8 个三角形的盾形细胞组成，成熟时为鲜红色。盾形细胞的中央向内生有盾柄细胞，其上生出 1～2 个头细胞和次生头细胞。次生头细胞上生出几条精子囊丝（antherilial filament），其上每 1 个细胞中各有 1 个精子。精子放出后，进入卵囊与卵受精。受精卵休眠以后，经过减数分裂萌发成为原丝体（protonema），再形成新植株。

　　绿藻门植物演化的趋向：

　　第一，植物体型从单细胞具鞭毛的类型，沿着 3 条路线发展：①营养体保持游动能

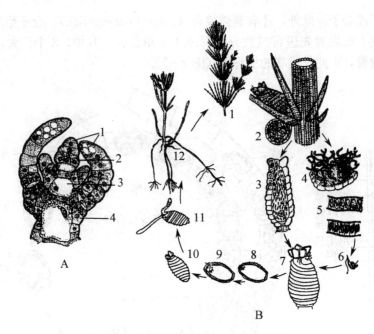

图4-8 轮藻属植物的形态结构和生活史

A. 主枝顶端纵切面：1. 顶端细胞 2. 节细胞 3. 节间细胞 4. 皮层细胞

B. 生活史 1. 植物体的一部分 2. 短枝的一部分 3. 卵囊 4. 盾形细胞精囊丝

5. 精囊丝一部分及内部孢子 6. 精子 7. 受精 8～11. 合子萌发 12. 幼小植物

力，营养时期细胞不分裂，植物体从单细胞到非丝状体的多细胞群体和多细胞个体。团藻为这一路线的顶点。②营养体失去游动能力，营养时期细胞不分裂，植物体从单细胞到非丝状体的固定群体。这种类型以小球藻、绿球藻属（*Chlorococcum*）等为代表。③营养体失去游动能力，营养时期细胞可以分裂，从而形成丝状体型，再进化到分枝的丝状体和片状体。

第二，单细胞的植物体，细胞没有营养与繁殖功能的分化。群体型中的实球藻也没有分化，空球藻则开始有分化。多细胞如丝藻、团藻、轮藻等则有明显的分化。

第三，生殖方式是从无性到有性的同配生殖、异配生殖，再到卵配生殖。如衣藻及丝藻的游动孢子和配子，其形状、结构、鞭毛数目都相似，配子在适宜条件下可以萌发成新植物。游动孢子在适宜条件下也可以配合而成为新植物。这说明有性生殖起源于无性繁殖。

4. 金藻门（Chrysophyta） 金藻门植物体有单细胞的、群体和分枝丝状体。多数种类的藻体无细胞壁，具眼点、有鞭毛、能运动；光合色素除叶绿素 a、叶绿素 c、β-胡萝卜素和叶黄素外，还含有金藻素（phycochrysin）。由于植物体内所含的色素中胡萝卜素类和叶黄素类占优势，所以呈黄绿色或金棕色。储藏的食物是金藻糖（Chrysose）和油。有细胞壁的类型，细胞壁常为两半套合而成。本门约有 6 000 多种。现选其常见者介绍如下：

（1）无隔藻属（*Vaucheria*） 本属约 50 种。生于淡水或湿地上。植物体为管状分枝的多核体，以假根固着在基物上生长。中央是一个中央大液泡，原生质中有很多微小的核和载色体，以及许多微小的油点。无性繁殖中最普遍的是产生一种大而多核的游动孢子。有性生殖为卵式生殖。

（2）硅藻属（*Diatoms*） 硅藻属是一类单细胞植物，可以连成各种群体。生于淡水或海水。细胞由套合的两瓣（Valve）组成，上有花纹，位于外面的称上壳，里面的称下壳。硅藻的原生质体，像是装在刻有各种花纹的盒中，盒的正面称为瓣面（valve view），侧面称为环面（girdle view）。瓣的套合处似一条环绕带（图 4 - 9），也称为环带（girdle band）或环（girdle）。上、下壳都是由果胶质和硅质组成的。

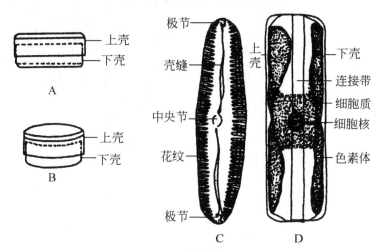

图 4 - 9 硅藻细胞结构示意图

A、B. 硅藻细胞上壳、下壳示意图 C. 羽纹硅藻属细胞壳面观 D. 羽纹硅藻细胞带面观

硅藻的繁殖，主要靠细胞有丝分裂和形成复大孢子（auxospore）。有丝分裂时原生质体沿着与瓣面平行的方向分裂，两瓣分开，每一新细胞各有一旧瓣成为上壳，然后再产生一较旧瓣为小的新瓣成为下壳。一个瓣为原大，另一个略小。经过若干代以后，一部分个体愈来愈小，到了一定限度时，便产生复大孢子，使细胞恢复原大，形成复大孢子的方式有多种，一般都与有性生殖相联系。

金藻门中的植物多数生于淡水和海洋中。古代硅藻大量沉积的硅藻土，可作为现代工业的重要原料，也可作硫酸工业催化剂载体、建筑磨光材料、工业用过滤剂、吸附剂和保温材料，以及用于造纸、橡胶、化妆品、火漆和涂料等的填充剂；地质古生物学方面还可利用硅藻化石作为研究地史、古地理、古气候的材料。

5. 甲藻门（Pyrrophyta） 甲藻门一般为单细胞，少数为群体或分枝的丝状体。含有叶绿素 a、叶绿素 c、胡萝卜素及硅甲藻素（diadinoxanthin）、甲藻黄素（dinoxanthin）、新叶黄素（deoxanthin）及甲藻所特有的多甲藻素（peridinin）。单细胞植物呈球形、三角形等，前后端常有突出的角。细胞壁主要由纤维素组成，称为壳。纵裂甲藻由左、右两个对称的半片组成，无纵沟和横沟。横裂甲藻的细胞壁由多个板片组成，多具 1 横沟（girdle）和 1 纵沟（sulcus），横沟上部称为上壳（epitheca），下部称为下壳（hypotheca）。纵沟位于下壳腹面，与横沟垂直。繁殖方法主要是以细胞分裂及产生无性孢子进行。常见的种类有多甲藻属（*Peridinium*）和角甲藻属（*Ceratium*）（图 4 - 10）。

甲藻分布很广，生于淡水、海水中。有的种类能在夜里发光，但有时在海岸线附近形成赤潮（red tide），对水产养殖不利。甲藻死亡沉积海底，成为古代生油地层中的主要化石。石油勘探中，常把甲藻化石作为依据。

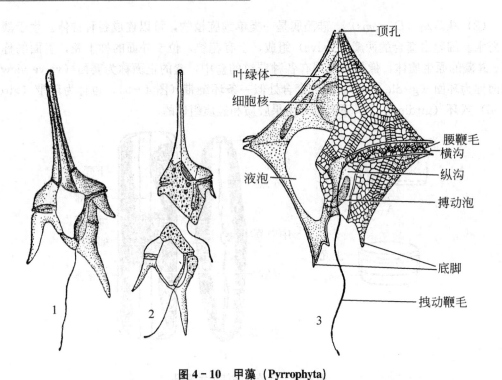

顶孔
叶绿体
细胞核
腰鞭毛
横沟
纵沟
液泡
搏动泡
底脚
拽动鞭毛

图 4 - 10 甲藻（Pyrrophyta）

1. 角甲藻属（*Ceratium*）一种植物的外形 2. 角甲藻属的细胞分裂 3. 多甲藻属（*Peridinum*）

6. 红藻门（Rhodophyta） 植物体多数为多细胞丝状体或假薄壁组织的叶状体或枝状体，很少是单细胞个体；细胞壁分 2 层，内层由纤维素组成，外层由琼胶和海萝胶等胶质组成；光合色素除含有叶绿素 a、类胡萝卜素和叶黄素外，还含有藻红素和藻蓝素。贮藏产物是红藻淀粉（floridean starch）。植物体多为丝状、片状、树状或其他形状，很少是单细胞的。无性繁殖产生不动孢子，有性生殖为卵配生殖。精子无鞭毛，靠水传送到雌器。红藻门约有 550 多属，3 700 多种，约有 200 种生于淡水中，其余都为海产。现以紫菜属为例说明于下：

紫菜属（*Porphyra*）植物体为单层或双层细胞组成的叶状体，以固着器固着生在基物上，细胞有 1～2 个星芒状载色体，载色体中央为一个蛋白核。无性生殖产生孢子，可萌发成新藻体。有性生殖产生精子囊和果胞。精子无鞭毛，卵细胞受精后，合子经减数分裂和有丝分裂发育成果孢子，果孢子成熟后脱离母体钻入文蛤、牡蛎等贝壳内，萌发成丝状体，并在贝壳内蔓延生长，形状很不规则，这是紫菜生活史中的壳斑藻阶段。成熟的丝状体产生壳孢子，萌发形成小紫菜，夏季能不断产生单孢子，再发育成小紫菜。温度适宜时，单孢子才发育成大紫菜（图 4 - 11）。

红藻门中的植物有的可作为食用、药用或纺织工业用。从海萝（*Gloiopeltis furcata*）中可提取海萝胶来浆丝，如广东的香云纱。紫菜是著名的蔬菜。作食用的还有石花菜（*Gelidium amansii*）、江篱（*Gracilaria confervoides*）等。鹧古菜（*Caloglossa leprieurii*）、海人草（*Digenea simplex*）常用为小儿驱虫药。从石花菜属、江篱属、麒麟菜属（*Eucheuma*）中提取琼胶（agar）可作培养基。

7. 褐藻门（Phaeophyta） 褐藻是多细胞的植物体，没有单细胞及群体类型；分枝

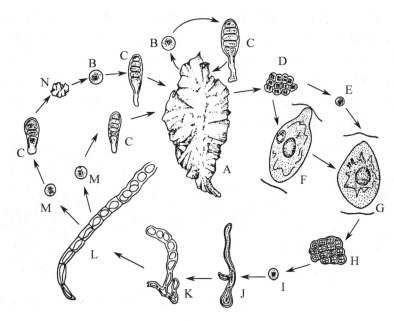

图 4-11　紫菜属生活史

A. 植物体　B. 单孢子　C. 萌发初期的幼体　D. 精子囊　E. 精子　F. 果胞　G. 合子　H. 果胞子囊
I. 果胞子　J. 萌发初期幼体　K. 丝状体孢子囊　L. 壳孢子的形成和释放　M. 壳孢子　N. 小紫菜

的丝状藻体直立或匍匐，或相互紧贴成假薄壁组织体，或分化成具有"表皮""皮层"和
"髓"的组织体；有的具有假根、假茎和假叶的分化；有的植物体很大，如巨藻属（*Mac-
rocystis*）可长达 400 m。细胞壁的组成物质主要是纤维素和藻胶；光合色素包括叶绿素
a、叶绿素 c、胡萝卜素和叶黄素。其中以胡萝卜素和叶黄素的含量较多，因此常呈黄褐
色。贮藏物质主要是褐藻淀粉（海带糖，一种水溶性的多糖类）和甘露醇（一种六羟醇）。
有的种类如海带，其体内含碘量很高。

　　褐藻繁殖方式有营养繁殖、无性生殖和有性生殖。无性繁殖时，产生游动孢子或不动
孢子。游动孢子和配子都具有侧生的两根不等长的鞭毛，一般向前的一条较长，向后的一
条较短。有性生殖有同配、异配或卵配生殖。一般都有世代交替（alternation of genera-
tions）。孢子体世代或无性世代，含有两倍染色体（以 2n 表示）。配子体世代或有性世
代，含有单倍染色体（以 n 表示），二者相互交替完成其生活史。本门有同形世代交替和
异形世代交替。同形世代交替即孢子体世代与配子体世代形状、大小相似，异形世代交替
即孢子体世代和配子体世代形状、大小差异很大。褐藻几乎全为海产，营固着生活，约有
240 属，1 500 种。现以海带为例介绍于下：

　　海带（*Laminaria japonica*）孢子体甚大，分成带片、柄、固着器三部分。其扁平的
带片（blade），是食用的主要部分，中部为一杆状的柄。柄的外层是表皮，里面为皮层，
中部为髓，其中有类似筛管的结构，具有运输营养物质的功能。带片和柄之间，有分生
区，可进行居间生长。柄下有固着器，呈分枝的根状。海带的生活史有明显的世代交替
（图 4-12），孢子体成熟时，在带片的两面产生棒状单室的游动孢子囊，孢子囊中间夹着
长的细胞称隔丝（paraphsis）。孢子囊聚生为暗褐色的孢子囊群，孢子母细胞经过减数分
裂及多次有丝分裂，产生许多单倍的同型游动孢子。游动孢子梨形，两条侧生鞭毛不等

长。同型的孢子在生理上是不相同的，可萌发为雌雄配子体。雄配子体是由十几个到几十个细胞组成的丝状体，其上的精子囊由一个细胞形成，可产生一个侧生双鞭毛的精子，其构造与游动孢子相似。雌配子体由少数较大的细胞组成，分枝也很少，在 2～4 个细胞时，枝端即产生单细胞的卵囊，内有一个大的卵细胞，卵成熟时排出，附着于卵囊顶端，在体外完成受精，形成二倍体合子。合子不离开母体，几日后即萌发为新的海带。海带的孢子体和配子体差异很大，为异形世代交替。

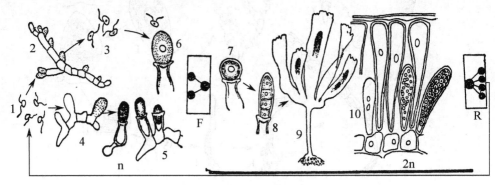

图 4 - 12　海带属的生活史

1. 游动孢子　2. 雄配子体　3. 精子　4、5. 雌配子体　6. 卵　7. 合子　8. 合子萌发
9. 具有孢子囊堆的植物体　10. 通过孢子囊堆的横切面　F. 受精　R. 减数分裂

褐藻中有的可作食用，如海带。作药用的有海蒿子（*Sargassum palldium*）等。马尾藻属（*Sargassum*）的植物可作饲料或肥料。

8. 各门藻类间的亲缘关系　藻类都是自养植物。它们所含有的色素种类、游动细胞、鞭毛的类型和着生的位置，是分门的基本性状。

蓝藻是原核生物，在地质年代中出现的最早。但是它和有性生殖很复杂的红藻，却都含有藻胆素（藻胆素 phycobelin，是藻蓝素类和藻红素类的总称），同时二者又都没有游动细胞，因此，它们可能有亲缘关系相近的远祖。金藻门、甲藻门、褐藻门的植物体多为黄褐色，均含有较多的叶黄素类和胡萝卜素类，游动细胞又都具 2 侧生鞭毛，因而，推断它们的远祖，可能也有相近的亲缘关系。裸藻门、绿藻门含有的色素种类相似，但贮藏的养分与鞭毛的类型不同，它们的亲缘关系就不明显。

一般认为，藻类的起源是同源的，因此，裸藻门、绿藻门、金藻门、甲藻门、褐藻门似乎都起源于原始鞭毛类。蓝藻门则出现在原始鞭毛类以前。红藻门可能与蓝藻门有共同的远祖，而与其他门的关系不明。

（二）菌类植物（Fungi）

已知的菌类约有 90 000 种。菌类植物体没有根、茎、叶的分化，不含叶绿素等光合色素（极少数光合细菌除外），不能进行光合作用，依靠有机物生活，所以，它们的营养方式是异养的。有的从活的动植物体吸取有机物，称为寄生；有的从动植物遗体或其他无生命的有机物吸取养分，称为腐生。有些菌类的寄生性很强，只能寄生而不能腐生，叫专性寄生；相反，有些菌类只能腐生而不能寄生，叫专性腐生；有的以腐生为主，也能寄生，称为兼性寄生；有些寄生菌类，在一个生活史周期内，必须有两个以上的寄主，称为转主寄生。生殖器官多为单细胞，合子不发育成胚。

菌类包括细菌门（Schizomycophyta）、黏菌门（Myxomycophyta）、真菌门（Eumycophyta）。

1. 细菌门（Schizomycophyta）　　细菌是微小的单细胞植物，有细胞壁，但没细胞核，与蓝藻相似，都是原核生物（图 4-13）。绝大多数细菌不含色素，生活方式为异养。形态上可分为三种基本类型（图 4-14）：①球菌，细胞球形或半球形，直径 $0.5\sim2$ μm；②杆菌，细胞呈杆棒状，长 $1.5\sim10$ μm，宽 $0.5\sim1$ μm；③螺旋菌，细胞长而弯曲，略弯曲的称为弧菌，其形态又常因发育阶段和生活环境不同而改变。不少杆菌和螺旋菌在其生活中的某一个时期生出鞭毛，能游动。球菌一般无鞭毛。它们的生殖方式是一个细胞分裂成 2 个；有的可以形成芽孢度过不良环境，待环境适宜时重新成为一个细菌。

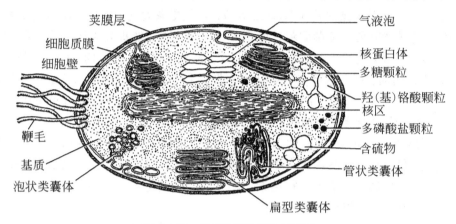

图 4-13　细菌的细胞结构示意图

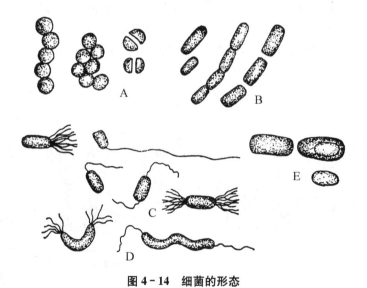

图 4-14　细菌的形态

A. 球菌　B. 杆菌　C. 带鞭毛的杆菌　D. 弧菌及螺旋菌　E. 芽孢的形成

细菌分布很广，水、空气、土壤和许多动植物的体内都有分布。多数细菌的营养方式为寄生或腐生。寄生细菌能致人畜的疾病和植物病害。如伤寒杆菌、猪霍乱菌、水稻的白叶枯病、棉花的角斑病，花生的青枯病以及常见的蔬菜软腐病等都是细菌引起的。腐生细菌常致使食物腐烂，但是它们对生物在世界上的生存又是不可缺少的。因为地球上碳、氮的循环，以及绿色植物生活所需的原料，必须经过腐生细菌的腐烂方可吸收。硝化细菌的重要作用，就是使绿色植物获得所需的含氮原料。但是也有几种生于被水浸淹、缺乏氧气的土壤中的嫌气性的脱氮细菌（或反硝化细菌），能使土壤中可利用的氮变为气体逸出。因此，排水、中耕松土，使空气流通，就成了防治脱氮细菌的必要措施。

有的细菌是自养的，能利用二氧化碳自制养料。如硫细菌、铁细菌等，借氧化获得能量制造养料；又如紫细菌，含有细菌叶绿素，借光能自制养料。

有些细菌，如生于豆科植物根中的根瘤菌属（*Rhizobium*）和土壤中的梭状芽孢杆菌属（*Clostridium*）及固氮菌属（*Azotobacter*），都能摄取大气中的氮，制成有机氮，直接或间接供绿色植物需要。细菌肥料，就是一种生物肥料，能提高土壤肥力，刺激作物生长，并抑制有害微生物的活动。如小麦、大豆、玉米，施用固氮菌剂后的增产效果，一般在 10％左右。酱油、醋、泡菜和酸菜以及工业上生产的乙醇、丙酮和乙酸等，是利用细菌发酵制成的；冶金、造纸、制革等工业也与细菌的活动有关。细菌在石油勘探、处理污水、生态系统的物质循环等方面都有重要作用。

放线菌类（*Actinomycetes*）的细胞为杆状，不游动，在某种生活情形下成分枝丝状体。从细胞的结构看是细菌，从分枝丝状体看则像真菌，故有人认为它是细菌和真菌的中间形态。其中有些属的种能产生抗菌素，常见的药物链霉素、四环素、土霉素、氯霉素等，都是从放线菌类中提出来的抗菌素。

2. 黏菌门（Myxomycophyta）　黏菌门是介于动植物之间的一类生物，约 500 种。它们的生活史中，一段是动物性的，另一段是植物性的。营养体是一团裸露的原生质体，没有细胞壁，含多数细胞核，无叶绿素，能作变形虫（amoeba）式运动，可吞食固体食物，与动物相似。但在生殖时能产生具纤维素壁的孢子，这是植物的性状。其中最常见的是发网菌属（*Stemonitis*），其生活史见图 4－15。

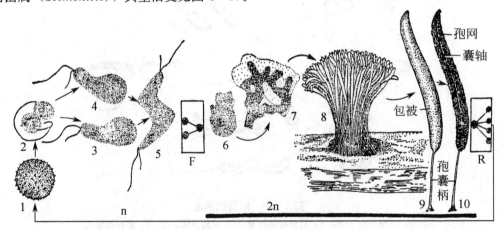

图 4－15　发网菌属的生活史
1. 孢子　2. 孢子萌发　3、4. 游动细胞　5. 游动细胞质配　6. 游动细胞质配后继而核配形成合子
7. 合子不经休眠萌发成变形体　8. 丛生的孢子囊　9. 孢子囊　10. 包被破后的孢子囊
F. 受精　R. 减数分裂

发网菌的营养体为裸露的原生质团，称为变形体。变形体成不规则网状，在阴湿处的腐木或朽叶上缓缓爬行。在繁殖时，变形体爬到干燥光亮的地方，形成许多发状的突起，每个突起发育成一个具柄的孢子囊。孢子囊通常长筒形，紫灰色，外有包被（peridium）。孢子囊柄深入囊内部分，称菌轴（columella），囊内有孢丝交织成孢网。然后原生质团中的许多核进行减数分裂，原生质团割裂成许多块含单核的小原生质，每块小原生质分泌出细胞壁，变成一个孢子，藏在孢丝的网眼中，成熟时，包被破裂，借孢网的弹力把孢子弹出。孢子在适合的环境下，即可萌发为具两条不等长鞭毛的游动细胞。游动细胞的鞭毛可以收缩，使游动细胞变成一个变形体状细胞，称变形菌胞。由游动细胞或变形菌孢两两配合，形成合子，合子不经休眠，即可进行多次有丝分裂，形成多数双倍体核，构成一个多核的变形体。

3. 真菌门（Eumycophyta）　　真菌是一类不含叶绿素、异养的真核生物。与细菌不同的是真菌的细胞都有细胞核，细胞壁多含几丁质（chitin），亦有含纤维素的。除少数为单细胞外，绝大多数是由分枝或不分枝、分隔或不分隔的菌丝（hypha）所组成的菌丝体（mycelium）。大多数菌丝都有隔膜（septum），把菌丝分隔成许多细胞，称为有隔菌丝（septatehypha），有的低等真菌的菌丝不具隔膜，称为无隔菌丝（nonseptatehypha）。无隔菌丝实为一个多核的大细胞。很多高等真菌在生殖时期形成有一定形状和结构、能产生孢子的菌丝体，叫做子实体（sporophore），如蘑菇（*Agaricus*）的子实体伞状，马勃（*Lycoperdon*）的子实体近球形。

真菌因其不含光合色素而异养生活。一部分是寄生的，另一部分是腐生的。有的是腐生为主，兼营寄生生活；有的是寄生为主，兼营腐生生活。有些真菌的菌丝和高等植物的根共生形成菌根；还有些真菌的菌丝和藻类共生而形成地衣。只有一小部分是绝对寄生，这部分真菌，常常是农作物病害的主要病原菌，如小麦秆锈病菌（*Puccinia graminis*）、稻瘟病菌（*Piricularia oryzae* Cav.）、玉米黑粉病菌（*Ustilago maydis*），分别寄生于麦类、水稻或玉米上。小麦秆锈病菌的生活史，一个时期在小麦上，而另一个时期则寄生在小檗（*Berberis communis*）上，称为转主寄生；稻瘟病菌、玉米黑粉病菌仅在水稻或玉米上完成其生活史的，叫单主寄生。

真菌的繁殖方式多种多样，无性生殖极为发达，有各种各样的孢子。孢子或内生（即生于孢子囊内），或外生，如麦类白粉病菌（*Erysiphe graninis*）的分生孢子。此外，还可借菌丝体的断碎而进行营养繁殖。其有性生殖也是各式各样的，有同配、异配、卵式生殖等。低等真菌为同配或异配，较高等的真菌，如子囊菌亚门的种类，有性生殖过程中产生子囊果（ascocarp），子囊果内有子囊（ascus），子囊内产生子囊孢子（ascospore）；担子菌纲的种类，配子融合后形成担子（basidium），担子内产生担孢子（basidiospore）。子囊孢子和担孢子是有性配合后产生的孢子，与无性生殖产生的孢子不同。真菌的分布极广，陆地、水中及大气中都有，尤以土壤中最多。

真菌的种类很多，约有 3 800 多属，已知道的有 70 000 种以上，可分为 4 纲。现列其分纲检索表如下。

　1. 无真正的菌丝体，如有菌丝体，一般不具横隔壁 ·················· （1）藻状菌纲（Phycomycetes）
　1. 有真正的菌丝体，菌丝有横隔壁。
　　2. 有性生殖阶段已经明了。

3. 有性生殖时产生子囊孢子，子囊孢子生于囊中 ···

·· （2）子囊菌纲（Ascomycetes）

3. 有性生殖时产生担孢子，担孢子生于担子上 ·····································

·· （3）担子菌纲（Basidiomycetes）

2. 有性生殖阶段还不明了，甚至只知其菌丝体而未发现任何孢

子者··· （4）半知菌纲（Deuteromycetes）

（1）**藻状菌纲（Phycomycetes）** 本纲约有 200 多属，1 500 多种。除原始的种类为单细胞以外，多为分枝的丝状体。通常无横隔壁而有多核。繁殖方式与某些藻类很相似，无性繁殖产生游动孢子或孢囊孢子。有性生殖有同配、异配或卵配生殖，或接合生殖。有水生、陆生或两栖。以黑根霉最为常见。

黑根霉（*Rhizopus nigricans*）也称为面包霉，多腐生于含淀粉的食品上以及腐烂的果实、蔬菜上。菌丝体由分枝、不具横隔壁的菌丝组成，含有许多细胞核。菌丝常横生，向下生有假根；向上可生出孢子囊梗，其先端分隔形成孢子囊，其中生有许多孢子（内生孢子）。孢子成熟后呈黑色，当散落在适宜的基质上，萌发成新植物。有性生殖为接合生殖（图 4-16）。黑根霉有（＋）、（－）两种不同宗的菌丝体，在进行接合生殖时，（＋）、（－）菌丝相遇时，各自膨大形成配子囊，其顶端互相接触，在接触处囊壁融解，两个配子囊的原生质混合，细胞核成对地融合，产生多数二倍体的细胞核。些时，两个配子囊接合成一个具有多数二倍体核的新细胞，称为接合孢子。接合孢子黑色，细胞壁厚，休眠后，在适宜的条件下，长出孢子囊梗，顶部形成孢子囊（接合孢子囊），其中的二倍体核经减数分裂，产生单倍体的孢子，孢子囊破裂后，放出孢子。孢子再发育成新的菌丝体。这种真菌，常使蔬菜、水果、食物等腐烂。甘薯贮藏期间，如遇高温、高湿和通风不良，常由它引起软腐病。

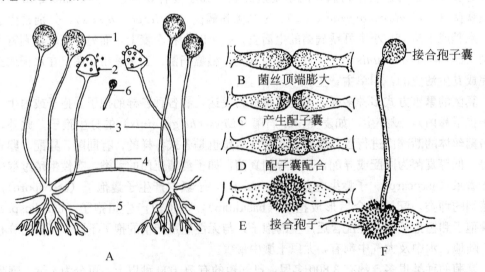

图 4-16 黑根霉的无性和有性生殖

A. 无性生殖 B～E. 有性生殖（配子囊配合）各时期 F. 接合孢子萌发

1. 孢子囊 2. 孢囊孢子 3. 孢囊梗 4. 匍匐菌丝 5. 假根 6. 孢子萌发

本纲常见的与农业有关的还有：白锈菌（*Albugo candida*），可引起十字花科植物的

白锈病。疫霉属（*Phytophthora*）中的马铃薯疫霉（*P. infestans*），能引起马铃薯晚疫病。单轴霉属（*Plasmopara*）中的葡萄单轴霉（*P. viticola*）会引起葡萄霜霉病。指梗霉属（*Sclerospora*）中的禾生指梗霉（*S. graminicola*）会引起粟白发病。霜霉属（*Perono-spora*）中的寄生霜霉（*P. parasitic*）会使大白菜、萝卜、卷心菜等产生霜霉病。水霉属（*Saprolegnia*），是鱼类养殖业上常见的一种病原菌，感染此病的鱼类，体上会生有白色棉毛状菌丝，以致游动渐缓，食欲减退，终至死亡。毛霉属（*Mucor*）的一些种，能使淀粉水解成葡萄糖，广泛应用于酿造业。

（2）子囊菌纲（Ascomyeetes）　本纲最主要的特征是产生子囊（ascus），内生子囊孢子（ascospore）。子囊是两性核结合的场所，结合的核经减数分裂，形成子囊孢子，一般是 8 个。本纲的子实体也称为子囊果（ascocarp），其周围是菌丝交织而成的包被（per-idium），即子囊果的壁。子囊果内排列的子囊层，称为子实层（hymenium），子囊之间的丝，称为侧丝（paraphysis）。子囊果有 3 种类型：闭囊壳（cleistothecium）：子囊果呈球形，无孔口，完全闭合；子囊壳（perithecium）：子囊呈瓶形，顶端有孔口，这种子囊果常埋于子座中（stroma）；子囊盘（apothecium）：子囊果呈盘状、杯状或碗状，子实层常露在外（图 4-17）。子囊果的形状是子囊菌纲分类的重要依据。有的种类则无子囊果。

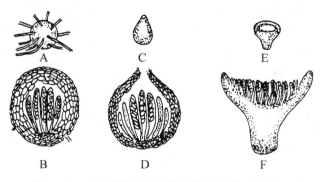

图 4-17　子囊果的主要类型（外形和纵切放大）

A、B. 闭囊壳：球形、无开口（A. 外形　B. 纵切面）　　C、D. 子囊壳：瓶状，仅顶端有 1 小孔口，多埋生于子座中（C. 外形　D. 纵切面）　　E、F. 子囊盘：盘状、杯状、子实层完全外露（E. 外形　F. 纵切面）

①酵母菌属（*Saccharomyces*）　是本纲中最原始的种类。植物体为单细胞，卵形，有一个大液泡，核很小。无性繁殖为出芽繁殖。首先在母细胞的一端形成一个小芽，母细胞核分裂，其中一个移入小芽，也叫芽生孢子（blastospore），小芽长大后脱离母细胞，成为一个新酵母菌。芽细胞可以相连成为假菌丝（图 4-18）。有性生殖时合子不转变为子囊，以芽殖法产生二倍体的细胞，由二倍体的细胞转变成子囊，减数分裂后形成 4 个子囊孢子。酵母能将糖类在无氧条件下分解为二氧化碳和酒精，即发酵，与人类生活密切相关，常用于制造啤酒。

②青霉属（*Penicillium*）　菌丝体由多细胞的分枝菌丝组成，细胞壁薄，内含一个或多个细胞核。无性生殖主要是以分生孢子繁殖，从菌丝体上生很多分生孢子梗，梗的先端分枝数次，呈扫帚状，最后的分枝叫小梗（sterigma），生小梗的枝叫梗基。小梗上有一串分生孢子（图 4-19），青绿色。有性生殖仅在少数种中发现，形成闭囊壳。盘尼西林是 20 世纪医学上一大发现，主要是从黄青霉（*P. chrysogenum*）和点青霉（*P. notatum*）中

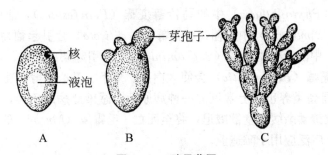

图 4 – 18 酵母菌属

A. 单个细胞   B. 出芽   C. 芽细胞相连，形成假菌丝

提取的。但有的种有毒，同时也是常见的污染菌。与此属相近的有曲霉属（*Aspergillus*），其分生孢子梗顶端膨大成球，不分枝，可区别于前者。其中的黄曲霉（*A. flavus*）的产毒菌株产生黄曲霉素，毒性很大，能使动物致死和引起肝癌。

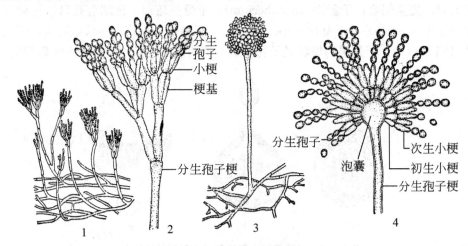

图 4 – 19 青霉属和曲霉属

1、2. 青霉属   3、4. 曲霉属

③麦角菌属（*Claviceps*）　子囊壳为瓶状，主要寄生于黑麦、小麦或雀麦等16属22种禾本科植物的子房中。子房中的菌丝经缩水后，形成露出子房外、形如动物角状的菌核，称为麦角（ergot）（图 4 – 20）。代表种为紫麦角菌（*C. purpurea*）。麦角制剂可作收敛子宫、子宫出血或内部器官出血的止血剂。但人畜误食也常会发生中毒、流产甚至死亡。

④虫草属（*Cordyceps*）　在鳞翅目昆虫内寄生的子囊菌，其中冬虫夏草（*C. sinensis*）（图 4 – 21）最著名。该菌的子囊孢子秋季侵入鳞翅目幼虫体内，幼虫仅存完好的外皮，虫体内菌丝形成菌核。越冬后，次年春天从幼虫头部长出有柄的棒状子座。由于子座伸出土面，状似一颗褐色的小草，故该菌有冬虫夏草之名。该菌为我国特产，是一种名贵的补药，有补肾和止血化痰之效。

⑤盘菌属（*Peziza*）　腐生于空旷处的肥土地上或林中。子囊果为盘状或碗状，无柄或近无柄，子囊呈圆柱形，子囊之间有侧丝，子囊孢子8个，呈椭圆形（图 4 – 22）。与此相近的有羊肚菌属（*Morchella*），由菌盖和菌柄组成。圆锥形菌盖表面凹凸不平，状如

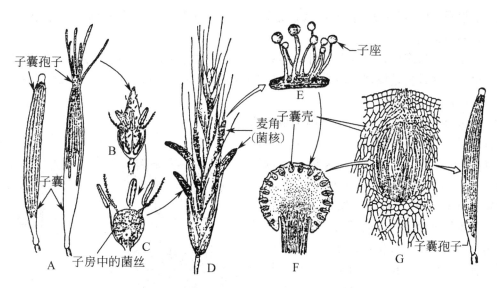

图 4-20 麦角菌生活史

A. 子囊及子囊孢子 B. 子囊孢子侵入小花 C. 有病的子房 D. 麦穗上生出麦角

E. 麦角上生出子座 F. 子座的纵切面，示子囊壳的排列 G. 子囊壳

羊肚，子实层分布在菌盖的凹陷处。本属可供食用，羊肚菌（*M. esculenta*）含有主要氨基酸，味道鲜美。

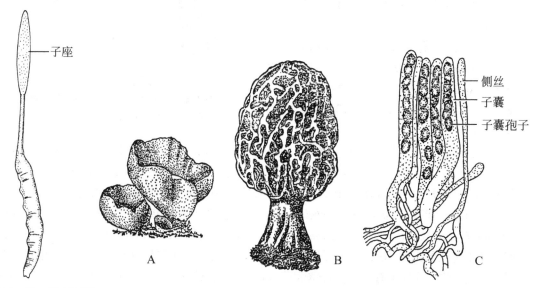

图 4-21 冬虫夏草

图 4-22 盘菌属和羊肚菌属

A. 盘菌子实体 B. 羊肚菌子实体 C. 羊肚菌子实层的一部分

（3）担子菌纲（Basidiomycetes） 担子菌纲是最高等的真菌，具多细胞有隔菌丝体，其菌丝有初生菌丝和次生菌丝之分。由担孢子萌发成的单核、有隔且多分枝的菌丝（称为初生菌丝）；由部分初生菌丝经有性结合后的双核细胞分裂而来的双核菌丝称次生菌丝，由次生菌丝发育成子实体（又称担子果）。

营养繁殖产生节孢子、厚壁孢子或芽孢；无性繁殖可产生分生孢子、粉孢子；有性生殖产生担子（basidium），担子经减数分裂形成 4 个担孢子（basidiospore），担孢子萌发形成新的单核菌丝。

担子菌类型多样，约 2 万多种。多数种类是植物专性寄生菌和腐生菌，可食用、药用，也有许多种类是植物的病原菌，有毒的种类也不少，因此，担子菌与人类关系密切。现以伞菌科为例，介绍于下：

伞菌科（Agaricaceae）是伞菌类最大的一科。子实体大多为肉质（图 4-23），由菌盖（pileus）、菌褶（gills）、菌柄（stipe）、菌托（volva）和菌环（annulus 菌盖张开时残留在菌柄上的环状膜）组成。菌盖作伞状，菌盖的下面由中心向周边放射排列的片状物为菌褶，子实层生在菌褶的表面。子实层中有无隔担子及担孢子和侧丝。子实层中的少数大细胞，由一菌褶直抵对面的菌褶，称为隔胞（cystidium）。担孢子成熟后脱落，生成单核菌丝，经过复杂的变化，又生成子实体（图 4-24）。菌托、菌环、菌柄的存在与否，常因种类不同而异。

伞菌科常见的有：蘑菇（*Agaricus campestris*）、糙皮侧耳（平菇，*Pleurotus ostreatus*）、香菇（*Lentinus edodes*）、口蘑（*Tricholma gambosum*）等，都是味美而鲜，富于营养的食用菌。但有一些种，则有剧毒，如鹅膏属（*Amanita*）的某些种，误食少量即可致死。

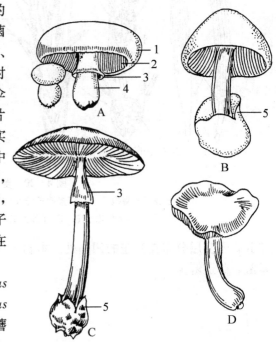

图 4-23　担子菌纲伞菌目担子果形态
A. 蘑菇属　B. 草菇属　C. 毒伞属　D. 口蘑属
1. 菌盖　2. 菌褶　3. 菌环　4. 菌柄　5. 菌托

本纲作食用及药用的还有：木耳（*Auricularia auricula*），其担子横分为 4 个细胞；银耳（*Tremella fusiformis*），担子纵分为 4 个细胞（图 4-25）；竹荪（*Dictyophora indusiata*）；猴头（*Hericium erinaceus*），子实体有许多下垂的针刺，子实层生于其上，为著名的山珍；猪苓（*Polyporus umbellatus*），其菌核即中药的猪苓；此外还有灵芝（*Ganoderma lucidium*）、茯苓（*Poria coccos*）、茸菌（椽枕子，*Calavria botrytis*）等（图 4-26）。腹菌类中有地星菌属（*Geaster*）、马勃属（*Lycoperdon*）、鬼笔属（*Phallus*）等（图 4-27）。另外，农作物的病原菌有：麦类秆锈病菌（*Puccinia graminis*）（生活史见图 4-28）、小麦黑穗病菌（*Ustilago tritici*）、玉米黑粉病菌（*Ustilago maydis*）（图 4-29）。

（4）半知菌纲（Deuteromycetes）　半知菌纲多为有隔菌丝体，在其生活史中，还只知道无性繁殖阶段，有性生殖阶段还不明了，故称半知菌。半知菌大多数是子囊菌纲的无性阶段，少数是担子菌的无性阶段，如发现其有性阶段后，可按其有性时期的特点进行归类。本纲有 1 800 余属，15 000 余种。有一些是危害作物的病原菌，如稻瘟病菌（*Piricularia oryzae*），可引起水稻的稻瘟病；水稻纹枯病菌（*Rhizoctonia soleni*），可引起水稻纹枯病，除危害水稻外，还可危害大麦、小麦、豆类、棉花、马铃薯等作物；棉花炭疽病

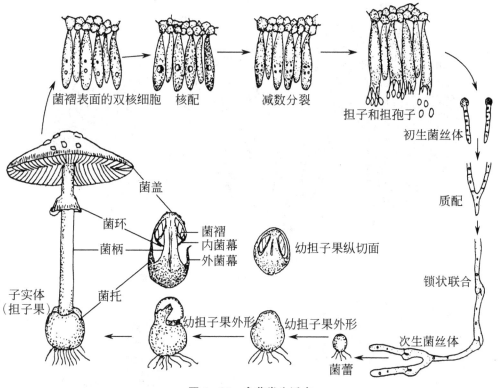

菌褶表面的双核细胞　　核配　　减数分裂

担子和担孢子

初生菌丝体

质配

锁状联合

次生菌丝体

菌蕾

幼担子果纵切面

幼担子果外形　　幼担子果外形

菌盖

菌环

菌褶
内菌幕
外菌幕

菌柄

子实体
（担子果）

菌托

图4-24　伞菌类生活史

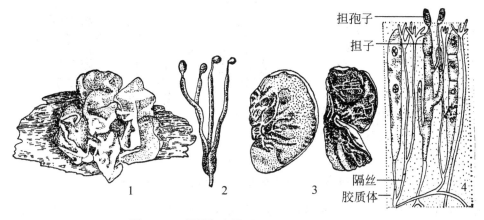

担孢子

担子

隔丝
胶质体

1　　　　　2　　　　　3　　　　　4

图4-25　银耳和木耳（*Auricularia auricula*）
1. 银耳子实体外形　2. 银耳纵分隔的担子　3. 木耳子实体外形　4. 木耳横分隔的担子

菌（*Colletotrichum gossypii*），可引起棉花炭疽病，是棉花苗期和铃期最重要的病害。

真菌在自然界中的作用与经济意义：在自然界中真菌与细菌一样，能将动植物遗体腐化，把复杂的有机物分解为简单的物质，供绿色植物吸收利用，促进物质循环。在酿造发酵工业上，如酿酒、制酱油、做馒头和面包等，酵母菌、曲霉等真菌起着重要作用。食用真菌有木耳、香菇、蘑菇、草菇等；药用真菌如冬虫夏草、茯苓、灵芝等。

真菌也常给人类造成灾害，食品腐烂、农作用和果树、林木的病害大都是由真菌的寄生引起的，如小麦锈病、玉米黑粉病、油菜白锈病等都是作物严重的病害。

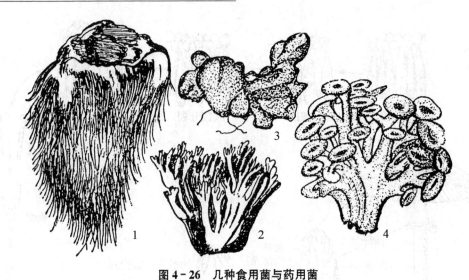

图 4 - 26 几种食用菌与药用菌

1. 猴头 2. 鹿茸菌（*Calavria botrytis*） 3、4. 猪苓

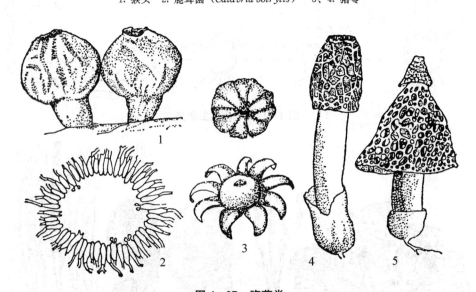

图 4 - 27 腹菌类

1. 马勃属 2. 产孢体的放大 3. 地星菌属 4. 鬼笔属

真菌门的起源 关于真菌的起源问题，有很多不同的看法，归纳起来有两种观点。

①多元论。认为真菌由失去叶绿素不能进行光合作用的不同藻类演化而来。这是根据真菌性器官的形态及交配的方式来推测的。如认为藻菌纲来源于绿藻门的管藻目，子囊菌纲来源于红藻门的真红藻纲。虽然也提出一些论据，但却难以令人信服。

②单元论。认为整个真菌门起源于原始鞭毛生物。因为藻菌纲菌类的原始类型，都有游动孢子，可以认为藻菌纲是直接由原始鞭毛生物进化而来的。一般认为子囊菌纲起源于藻菌纲，担子菌纲起源于子囊菌。

真菌的演化 藻菌纲中的若干种类是水生的，它们的游动孢子、游动配子或精子都具有鞭毛，代表着较原始的类型。子囊菌纲可能是由藻菌纲中能产生静孢子的类型进化而来的。子囊菌纲的担子菌纲的生活史完全没有游动细胞；形成的子实体的子实层的面积不断

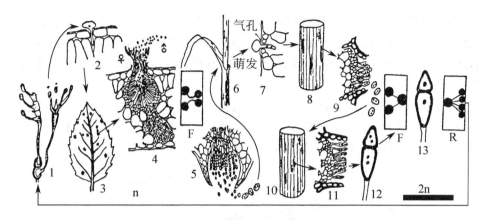

图 4 – 28 麦类秆锈病菌生活史

1. 冬孢子及其萌发　2. 担孢子及其萌发　3. 小檗属植物叶上的性孢子器　4. 雌的性孢子器及其接受的雄性孢子
5. 锈孢子器及锈孢子　6. 有锈孢子的麦秆　7. 锈孢子侵入麦秆　8. 麦秆上的夏孢子堆
9. 夏孢子堆及夏孢子　10. 麦秆上的冬孢子堆　11. 冬孢子堆　12. 冬孢子　13. 核配合后的冬孢子
F. 受精　R. 减数分裂

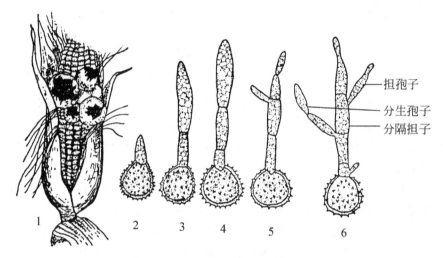

图 4 – 29 玉米黑粉病菌

1. 玉米黑粉病的症状　2～6. 厚垣孢子的萌发担孢子出芽生出分生孢子

增加；孢子数量大大增多；孢子散播的方式也有了进步，有些种类利用昆虫和其他动物来散播孢子，这些都使真菌更适应陆生生活。

真菌在适应陆生生活的过程中，首先经菌丝体深入基质，避免了陆生环境的干燥和营养物质的缺乏。子实体结构的发展，保证了形成孢子所需的营养，提高孢子形成过程的保护作用；增加了产生孢子的面积，以适应不利季节的来临。真菌产生的孢子小而轻，不仅量大而且种类繁多，减低了干燥、寒冷、炎热等陆上环境对植物生存的威胁。上述这些特征使真菌适应了陆生生活，成为陆地上最繁荣的低等植物和异养植物。

（三）地衣植物（Lichenes）

地衣是真菌和藻类的共生植物（symbiotic plant）。也是没有根茎叶分化，结构简单的、多年生的原植体植物。共生的真菌绝大多数属子囊菌，少数属担子菌，个别为藻状菌；共生的藻类通常是蓝藻和绿藻，蓝藻主要是念珠藻属（*Nostoc*），绿藻主要是共球藻属（*Trebouxia*）和堇青藻属（*Treniepohlia*）。藻类为整个植物体制造养分，而菌类则吸收水分与无机盐，为藻类制造养分提供原料，并围裹藻的细胞，以保持一定的湿度。

地衣有 15 000 余种，依其形态可分为：①壳状地衣，植物体扁平成壳状，紧贴基物，难以分开；②叶状地衣，植物体扁平，形似叶片，有背腹性，以假根或脐固着于基物上，易于采下；③枝状地衣，植物体直立或下垂如丝，多分枝（图 4 - 30）。

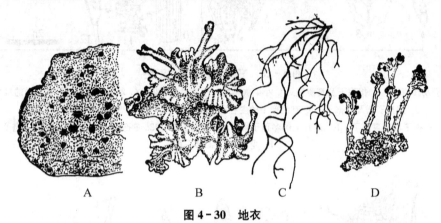

图 4 - 30 地衣

A. 绒毡衣（壳状地衣）　　B. 地卷（叶状地衣）　　C. 亚粗状松萝（枝状地衣）　　D. 石蕊属

叶状地衣的植物体由上皮层、藻胞层和下皮层组成。上下皮层由紧密交织的菌丝构成。下皮层的一些菌丝伸入基质内，具有吸收和固着作用。中部菌丝稀疏，叫做髓。藻类均匀分布于髓中的地衣称为同层地衣；藻类集中分布于上皮层附近，形成一层绿色的藻层的称为异层地衣。

营养繁殖是地衣最主要的繁殖方式，主要是植物体断裂成许多裂片，每个裂片均可发育成新的个体。还可在母体表面形成粉芽（sodridium），脱离母体后进行繁殖。粉芽是由菌丝缠绕的藻胞群所形成的团块。地衣的有性繁殖以其共生的真菌独立进行。

地衣能生长在裸露的岩石、土壤或树上。寒带积雪的地方也有生长。对于岩石风化、土壤形成可起促进作用，并且是其他植物的开路先锋。地衣有的可以作药用，《本草纲目》中记载有很多药用地衣，如松萝（*Usnea subrobusta*）、石蕊（*Cladonia cristatella*）等。有的地衣酸具有抗菌作用；有的地衣可作饲料。地衣对 SO_2 反应敏锐，工业区附近地衣不能生长，所以地衣可用作对大气污染的监测指示植物。地衣也可危害森林，尤其对茶树，柑橘之类危害较大。常以假根穿入寄主的皮层，以危害寄主。

英文阅读

Lichen Ecology

Ecologically, lichens are important because they often occupy niches that, at least sometime during the season, are so dry, or hot, or sterile, that nothing else will grow there. For example, often the only plant growing on a bare rock will be a crustose lichen.

That crustose lichen will be patiently collecting around and beneath itself tiny amounts of moisture，and mineral and organic fragments. When freezing temperatures come，the lichen's collected water will expand as it forms ice and maybe this expanding action will pry off a few more mineral particles from the rock below the lichen，thus making more soil. The water itself is a bit acidic，plus humic acids from the organic matter collected by the lichen will also be acidic，so these acids will likewise eat away at the stone.

Certain lichens live on leaves，sometimes as parasites. These special leaf-living lichens are known as follicolous lichens（not foliose）. Thus crustose lichens on bare rock often begin a succession of communities，as described on one of our ecology pages.

Over a period of perhaps many years，even centuries，the lichen gathers an extremely thin and fragile hint of a soil around it. As it grows，the processes just described speeds up and takes place over an ever-larger area. Eventually other more complex plants，perhaps a foliose or fruticose lichen，or mosses or ferns，or even some form of flowering plant，may take root in the modest soil and replace the crustose lichen.

二、高等植物

绝大多数的高等植物都是陆生。它们的植物体常有根、茎、叶的分化（苔藓植物例外），生殖器官由多个细胞构成。受精卵形成胚，再长成植物体。高等植物可分为苔藓植物门、蕨类植物门、裸子植物门和被子植物门四门。

（一）苔藓植物门（Bryophyta）

现有的苔藓植物约有 23 000 种，我国现记载约有 3 160 种。是一类结构比较简单的高等植物，虽然脱离水生环境进入陆地生活，但多数仍需生长在潮湿的环境中，是从水生到陆生的过渡类群。比较低级的种类其植物体为扁平的叶状体。比较高级的种类其植物体有茎、叶的分化，虽然没有维管组织的分化，但"茎"已有皮部（薄壁细胞）和中轴（多为厚壁小细胞）之分（称为"拟茎"）；"叶"则有中肋结构（称为"拟叶"）；"根"为一些表皮细胞的突起物形成的单个细胞或单列细胞的假根。配子体占优势，孢子体不能独立生活，寄生于配子体上。本门可分为苔纲（Hepaticae）和藓纲（Musci）。

1. 苔纲（Hepaticae）　　苔纲的配子体为叶状体，或有拟茎、拟叶的分化，有背腹之分，常为两侧对称，有单细胞的假根，孢子体结构简单。

本纲可分为两目：①叶苔目（Jungermanniales），少数为叶状体，多数为有拟茎、拟叶的植物体。多生于热带、亚热带，附生于叶上；②地钱目（Marchantiales），其配子体全为叶状体。现以地钱目中的地钱为例，介绍其特征如下。

地钱（*Marchantia polymorpha*）生于阴湿地，其配子体为叉状分枝的叶状体，生长点位于分叉凹陷处。叶状体的背面有菱形或多边形的小区，各区中央有一个气孔。腹面有多细胞的鳞片和单细胞的假根。表皮下的气室通连气孔。气室中有含有大量叶绿体的同化组织，以下为贮藏组织，由几层大型薄壁细胞组成。

地钱主要以胞芽（gemma）进行营养繁殖。胞芽生于叶状体背面的胞芽杯（cupule）内，呈绿色圆片形，两侧有缺口，下部有柄。成熟后自柄处脱落，形成新配子体。

地钱为雌雄异株，分别在雌雄配子体上产生伞形的颈卵器托和精子器托（图 4 - 31）。

它们均分为托盘和托柄两部分。颈卵器托盘边缘有指状分裂的芒线，二芒线之间有倒悬瓶状的颈卵器（archegonium）。颈卵器有颈和腹。颈中的颈沟细胞排列成一行。腹内有一个大的腹沟细胞，其下为卵细胞。精子器托的边缘浅裂，有很多小孔，每一孔腔中各有一精子器（antheridium）。精子器近似球形，外有一层细胞组成的壁，中间生有很多具有 2 条卷曲鞭毛的精子。成熟后的颈卵器其颈沟细胞与腹沟细胞解体，精子游入颈卵器中与卵结合形成合子。颈卵器的两侧各有一片蒴苞，将颈卵器遮盖。各颈卵器外有一假被（pseud-operianth）围绕。颈卵器中的合子萌发成胚，成长为孢子体。孢子体基部有基足（foot），伸入配子体中吸取养分。上部球形的孢子囊称为孢蒴（capsule）。孢蒴下有蒴柄（seta）。孢蒴中的孢子母细胞经过减数分裂形成孢子。孢蒴中有长形、壁上有螺旋状增厚的弹丝（elater），可助孢子的散出。孢子在适宜的环境中，萌发成原丝体，进而分别生成雌、雄配子体（图 4－32）。

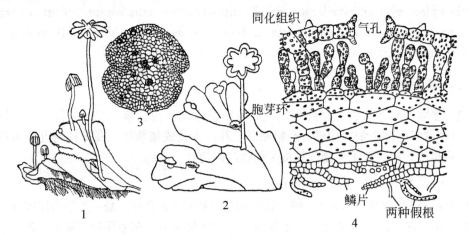

图 4－31　地钱

1. 雌配子体及颈卵器托　2. 雄配子体及精子器托　3. 胞芽的放大　4. 配子体横切面

2. 藓纲（Musci）　植物体无背腹之分，但有茎、叶的分化。假根由单列细胞构成，茎内有中轴，叶常具中肋。植物体多为辐射对称。孢子萌发形成原丝体（protonema）。配子枝（gametophore）为原丝体上生出的带叶的枝。孢子体的结构较苔类复杂，孢蒴具蒴盖（operculum）、蒴齿（peristomal teeth），多数种类有蒴帽（calyptra），其内有发达的蒴轴，但无弹丝。

本纲可分为 3 个目：泥炭藓目、黑藓目（Andreaeales）和真藓目。

（1）泥炭藓目（Sphagnales）　只有泥炭藓属（*Sphagnum*）一属。泥炭藓（*S. cym-bifolium*）的叶无中肋，由一层细胞组成。细胞有两种，一种细长，含有叶绿体，连成网状，环围着另一种大型无色细胞。大细胞的壁具有螺纹增厚和水孔（图 4－33）。植物体吸水力强，消毒后可作药棉的代用品。死后的植株层所形成的泥炭可作肥料及燃料。

（2）真藓目（Bryales）　有长的蒴柄，孢蒴盖裂。现以葫芦藓为例介绍其特征。

葫芦藓（*Funaria hygrometrica*）叶长舌形，有一条中肋，生于茎的中上部。雌雄同株，雄枝端的叶较大，中央为橘红色的精子器，与单列细胞的隔丝，总称为雄器苞（图4－34）。精子器呈长棒状，有短柄，其中有很多螺旋状、具有 2 条鞭毛的精子。雌枝端的叶集生呈芽状，中有几个有柄的颈卵器。受精后，只有一个形成孢子体。颈卵器随着孢子

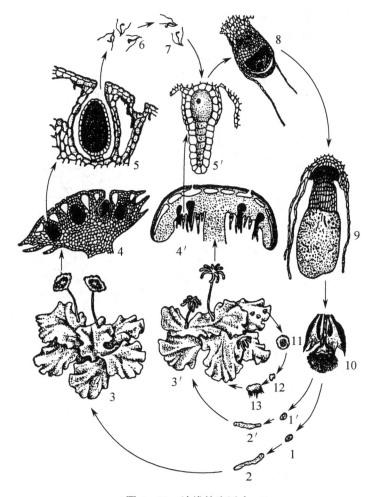

图 4-32　地钱的生活史

1, 1'. 孢子　2, 2'. 原丝体　3. 雄株　3'. 雌株　4. 精子器托纵切面　4'. 颈卵器托纵切面　5. 精子器
5'. 颈卵器　6. 精子　7. 精子借水的作用与卵结合　8. 受精卵发育为胚　9. 胚发育为孢子体
10. 孢子体成熟后孢子及弹丝散发　11. 芽杯内胞芽成熟　12. 胞芽脱离母体　13. 胞芽发育成新植物体

体的增长而增长。孢子体的柄迅速增长，使颈卵器断裂成为上下两部，上部成为蒴帽。孢子体分为孢蒴、蒴柄、基足三部分。孢蒴的顶部除去蒴帽可见蒴盖。蒴盖脱落后可见两层蒴齿层（图 4-35）。孢蒴的壁有多层细胞，中为蒴轴。造孢组织紧贴蒴轴。造孢组织发育为孢子母细胞，经减数分裂后形成四分孢子，再形成孢子。孢子萌发形成原丝体，向上生成芽体，再形成具有茎、叶和假根的配子体。

　　苔藓植物在自然界中的作用如下。

　　①苔藓植物能生活于沙碛、荒漠、冻原地带及裸露的石面上，能不断分泌酸性物质，有利于岩石风化，本身死亡的残体也堆积其上，加快了土壤的形成，是继蓝藻、地衣之后植物界的又一拓荒者。②由于苔藓植物多具丛生的习性，植株之间空隙很多，可起到毛细管的作用。因此，苔藓植物有很大的吸水能力，吸水量高时可达体重的 10~25 倍，而其蒸发量却只有净水面的 1/5。因此，苔藓植物对林地、山野的水土保持有一定的作用。③苔藓植物与湖泊和森林的变迁有密切的关系。多数水生或湿生的藓类，常在湖泊、沼泽形成广大群落，

在适宜的条件下，上部逐年产生新枝，下部老的植物体逐渐死亡、腐朽，经过长时间的累积，腐朽部分愈堆愈厚，可使湖泊、沼泽干枯，逐渐陆地化，为陆生的草本植物、灌木和乔木生活创造条件。从而使湖泊、沼泽演替为森林。如果空气中湿度过大，一些藓类植物能吸收空气中的水分，使水长期积蓄于藓丛中，也能促进地面沼泽化，形成高位沼泽，造成林木大批死亡，对森林危害甚大。因此，苔藓植物在湖泊、沼泽的陆地化和陆地的沼泽化演替中起着重要的作用。④在不同生态条件下，常出现不同种类的苔藓植物，因此，苔藓植物可作为某一生态条件的指示植物。如泥炭藓多生于我国北方的落叶松

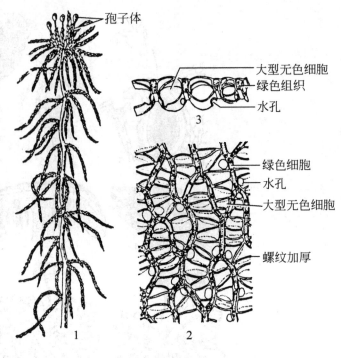

图 4-33　泥炭藓
1. 植株的一部分　2. 叶片表面观　3. 叶片部分横切面

林和冷杉林中，金发藓多生于红松和云杉林中。⑤因苔藓植物对空气中二氧化硫和氟化氢等有毒气体敏感，可作为测定大气污染的指示植物。⑥由于苔藓植物有很强的吸水能力，在园艺上常用于包扎果树的嫁接口、包装运输苗木等或作播种后的覆盖物。⑦一些苔藓植物可作药用。如大金发藓（*Poltrichum commune*），全草能乌发、利便、活血、止血；大叶藓属（*Rhodobryum*）的一些种，对心血管病疗效较好。

苔藓植物的起源，认识不一，但一般认为是起源于绿藻。其理由为：①含有的色素相同；②贮藏的淀粉相同；③游动细胞均具有 2 条顶生、等长的鞭毛；④它们的孢子萌发时，须经过原丝体阶段，原丝体与分枝的丝状绿藻很相似。虽然如此，尚有待论证。

（二）蕨类植物门（Pteridophyta）

蕨类植物又称羊齿植物（fern），一般为陆生，有根、茎、叶及维管组织的分化。根为须根状的不定根，茎多为根状茎，在土中横走、上升或直立，叶有大型叶和小型叶之分。蕨类植物繁殖时，在一些小型叶的叶腋、大型叶的背面产生许多单生或群生的孢子囊。着生孢子囊的叶称为孢子叶；不着生孢子囊的叶称为营养叶。孢子叶与营养叶形态相同的称为同型叶，孢子叶与营养叶形态不同的称为异型叶。蕨类植物既是高等的孢子植物，又是原始的维管植物。配子体和孢子体皆能独立生活。而且以孢子体占优势，人们见到的蕨类植物都是孢子体，并有明显的世代交替。配子体产生颈卵器和精子器；孢子体产生孢子囊。

现有的蕨类植物约有 12 000 种，我国约有 2 600 种，共分为 5 个纲，石松纲（Lycopodinae）、水韭纲（Isoetinae）、松叶蕨纲（裸蕨纲，Psilotinae）、木贼纲（Equisetinae）和真蕨纲（Filicinae）。前 4 纲为小形叶蕨类，又称为拟蕨植物（Fern allies），是一些较原

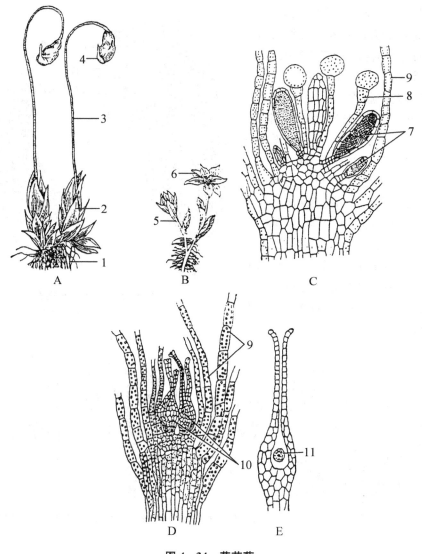

图 4 - 34　葫芦藓

A. 植株　B. 配子体　C. 雄枝枝端纵切面　D. 雌枝枝端纵切面

E. 成熟的卵，颈沟细胞和腹沟细胞已消失

1. 假根　2. 叶　3. 孢子体　4. 蒴帽　5. 雌枝　6. 雄枝　7. 精子器　8. 隔丝　9. 叶　10. 颈卵器　11. 卵

始而古老的蕨类植物，现存的种类很少。真蕨纲为大叶型蕨，是进化的，也是现代极其繁茂的蕨类植物。

1. 石松纲（Lycopodinae）　孢子体多为二叉式（dichotomy）分枝，小型叶，延生起源又称为拟叶，常螺旋状排列，有时对生或轮生，有或无叶舌，孢子囊有厚壁，单生于孢子叶（sporophyll）腋的基部，或聚生于枝端成孢子叶球（strobile），或称为孢子叶穗（sporophyll spike）。孢子同型（homospory）或孢子异型（heterospory）。现仅有石松目和卷柏目。

（1）**石松目**（Lycopodiales）　叶螺旋状排列，无叶舌。孢子同型。配子体（雌雄同体）小。最主要的有石松属（*Lycopodium*），约 400 种，广布世界各地，我国有 20 多种。常见的有石松（*L. clavatum*）（图4-36），全草可入药，孢子做丸药包衣，可作为铸造工业的优良分型剂和照明工业的闪光剂。

（2）卷柏目（Selaginellales）　植物体茎平卧时，腹面生有细长的根托（rhizophore），根托先端生有不定根。叶同型或异型，具有叶舌。孢子囊与孢子均为异型，生有大孢子囊（macrosporangium）、小孢子囊（microsporangium）以及大孢子（megaspore）和小孢子（microspore）。配子体（雌雄异体）极退化（图4-37）。卷柏目仅有卷柏属（*Selaginella*）一属，约700种，我国有50多种。常见的有卷柏〔俗称九死还魂草（*S. tamariscina*）、中华卷柏（*S. sinensis*）〕。

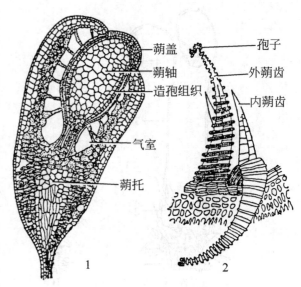

图4-35　葫芦藓的孢蒴

1. 胞蒴的纵切面　2. 蒴齿层的部分放大

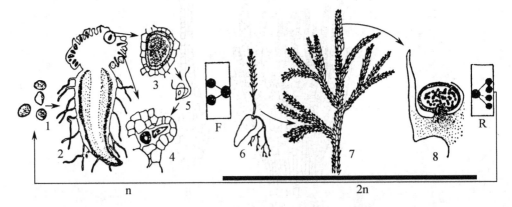

图4-36　石松属的生活史

1. 孢子　2. 原叶体　3. 精子器　4. 颈卵器　5. 精子　6. 原叶体上萌发的幼孢子体
7. 孢子体的一部分　8. 孢子叶、孢子囊及孢子母细胞
F. 受精　R. 减数分裂

2. 水韭纲（Isoetinae）　现仅存水韭属（Isoetes），约有70多种，我国有2种。生于水边或水底。茎粗短似块茎状，具原生中柱，有螺纹及网纹管胞。叶细长似韭，丛生于短粗的茎上，具叶舌，孢子叶的近轴面生长孢子囊，有大小孢子囊及大小孢子之分。精子具多数鞭毛。常见的有中华水韭（*I. sinensis*）（图4-38）。

3. 松叶蕨纲（psilotinae）　松叶蕨纲也叫裸蕨纲，是原始的陆生植物类群，孢子体分匍匐的根状茎和直立的气生枝，仅在根状茎上生有毛状假根。气生枝多次二叉分枝。叶为小型，孢子囊生于柄状孢子叶近顶端（图4-39）。孢子同型，配子体雌雄同体，游动精子螺旋形，具多数鞭毛。我国只有松叶蕨属（*Psilotum*），仅有分布于我国南方的松叶蕨（*P. nudum*）一种。

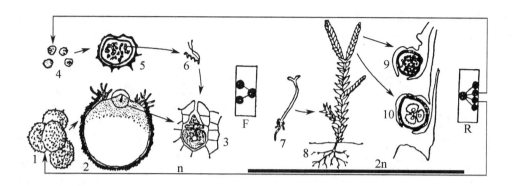

图4-37　卷柏属的生活史

1. 大孢子　2. 雌原叶体　3. 颈卵器　4. 小孢子　5. 雄原叶体　6. 精子　7. 合子萌发成幼孢子体

8. 孢子体和孢子囊穗　9. 小孢子叶及小孢子囊　10. 大孢子叶及大孢子囊

F. 受精　R. 减数分裂

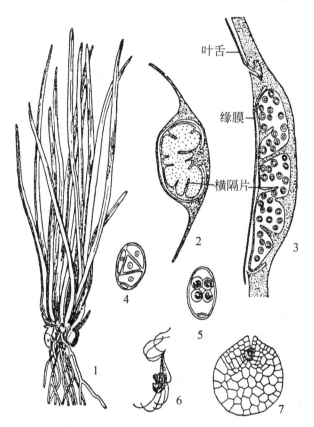

图4-38　水韭属

1. 孢子体外形　2. 小孢子囊横切面　3. 大孢子囊纵切面

4、5. 雄配子体　6. 游动精子　7. 雌配子体

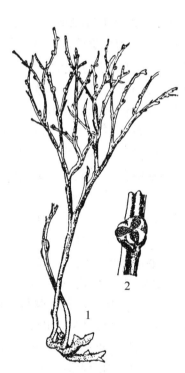

图4-39　松叶蕨属

1. 孢子体　2. 孢子囊着生情况

4. 木贼纲（Equisetinae）　茎具有明显的节和节间，叶小，鳞片状轮生。孢子囊穗生于枝顶，孢子叶盾状（peltate），下生多个孢子囊；孢子同型，具有2条弹丝；螺旋形游动精子，具有多数鞭毛（图4-40）。现仅存有木贼属（*Equisetum*）一属，30多种，我

国约有 9 种。常见的有节节草（*E. ramosissimum*）等农田杂草，可作药用和磨光材料；木贼（*E. hiemale*）及问荆（*E. arvense*）等田间杂草，可入药，有清热利尿的作用。

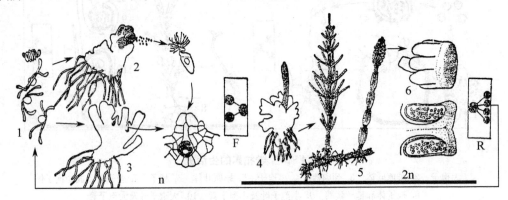

图 4-40　木贼属的生活史

1. 具弹丝的孢子　2. 雄配子体和精子　3. 雌配子体和颈卵器　4. 配子体上长出幼孢子体

5. 植物体及孢子囊穗　6. 孢子叶，孢子囊及孢子母细胞

F. 受精　R. 减数分裂

5. 真蕨纲（Filicinae）　大型叶。孢子囊着生于叶缘或叶背，汇集成各种孢子囊群堆（sorus），有或无囊群盖（indusium）。孢子同型，配子体常为心脏形，生殖器官生于腹面。真蕨是现今最繁茂的蕨类植物，约 10 000 种以上，我国有 40 科 2 500 种，可分为厚囊蕨亚纲（Eusporangiatae）和薄囊蕨亚纲（Leptosporangiatae）两个亚纲。

（1）**厚囊蕨亚纲（Eusporangiatae）**　孢子囊为厚囊型（eusporangiate type），由一群细胞发育而成。孢子囊壁为多层细胞。本亚纲有 7 个科、12 属。我国有 5 科 6 属约 90 种。常见的有心叶瓶尔小草（*Ophioglossum reticulatum*）（图 4-41）、瓶尔小草（*O. vulgatum*）、狭叶瓶尔小草（*O. thermale*）等。

（2）**薄囊蕨亚纲（Leptosporangiatae）**　孢子囊为薄囊型（leptosporangiate type），由一个细胞发育而来。孢子囊壁仅有一层细胞，具有各式环带，孢子囊汇聚为各式孢子囊堆，孢子同型，很少为异型，有真蕨目（Filicales，也称水龙骨目 Polypodiales）、苹目（Marsileales）、槐叶苹目（Salviniales）三目。现以蕨（*Pteridium aquilinum* var. *latiusculum*）为例，说明真蕨类植物的生活史。

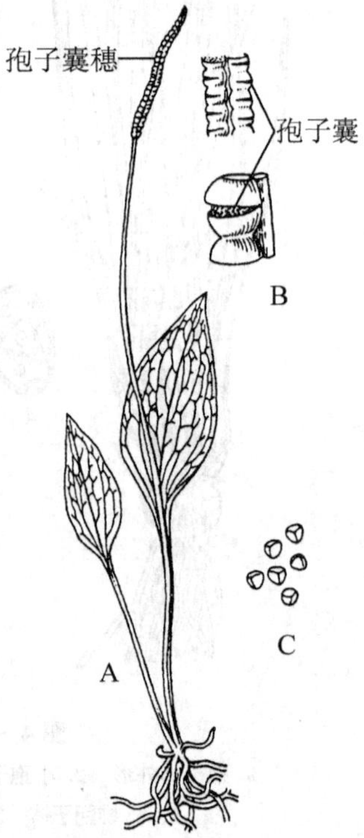

蕨为多年生草本植物，高达 1 m，2～3 回羽状复叶，幼时拳卷状。叶的背面边缘具有孢子囊群，孢子囊有一条纵生的环带（annulus），环带细胞的内壁和侧壁均木质化加厚，两个不加厚的称为唇细胞（lip cell）。孢子囊内具孢子母细胞，减数分裂形成 4 个孢子，孢子成熟时，由于环带的反卷作用，使孢子囊从唇细胞处横向裂开，将孢子弹出。

孢子囊穗

孢子囊

图 4-41　瓶尔小草

A. 植株　B. 孢子囊穗一部分　C. 孢子

　　孢子在适宜的环境中，萌发成为心脏形的扁平配子体，称为原叶体（prothallus），含有叶绿体，能进行光合作用，行独立生活。接触地的一面为腹面，有假根，精子器球状生于假根丛中，产生多数螺旋形具有多数鞭毛的精子。颈卵器多生于原叶体顶端凹陷处，烧瓶状，壁为多细胞组成。上部狭细部分称为颈，中有一列颈沟细胞；下部膨大部分称为腹，腹沟细胞以下有卵。卵成熟后，颈沟细胞与腹沟细胞解体，精子借水游入颈卵器，与卵融合。

　　受精卵的染色体为 2 倍体（2n），称为孢子体世代或无性世代。受精卵在颈卵器中发育成胚，再成长为具根、茎的孢子体（sporophyte），进行独立生活。叶的背面又生出孢子囊，孢子囊的孢子母细胞进行减数分裂，形成四分孢子，染色体为单倍体（n），称为配子体世代或有性世代。无性世代和有性世代相互更替，称为世代交替（图 4 - 42）。

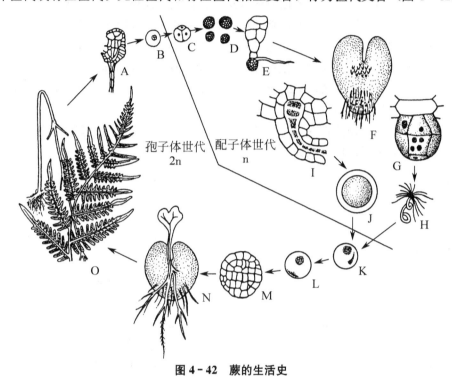

图 4 - 42　蕨的生活史
A. 孢子囊　B. 孢子母细胞　C. 四分体　D. 孢子　E. 孢子萌发　F. 成熟配子体
G. 精子器　H. 精子　I. 颈卵器　J. 卵　K、L. 合子　M. 胚
N. 幼孢子体在配子体上　O. 孢子体

　　本亚纲是现今蕨类植物中种类最多的一类，很多种类可作为指示植物，如芒萁（*Dicranopteris dichotoma*）是强酸性红壤土的指示植物；紫萁（*Osmunda japonica*）为酸性土的指示植物；蜈蚣草（*Pteris vittata*）为钙质土或石灰岩的指示植物；蕨（*Pteridium aquilium var. latiusculum*）嫩叶可作蔬菜用，称为拳菜；贯众（*Cyrtomium fortunei*）根茎入药，田字草（*Marsilea quadrifolia*）为田间杂草；满江红（*Azolla imbricate*）可作饲料或肥料。

　　关于蕨类植物的起源问题，多认为是起源于绿藻。它们都具有相似的叶绿素。贮藏淀粉类物质、世代交替、有鞭毛的游动精子以及多细胞的性器官等也都相似。但尚缺乏足够的证据，有待进一步研究。

蕨类植物在自然界的作用和经济价值：蕨类植物和人类关系十分密切，古代蕨类植物形成的煤炭，可提供大量能源；许多蕨类植物可作药用，如卷柏、海金沙（*Lygodium japonicum*）、贯众等；有些蕨类可食用，如蕨菜。在工业上，石松可作为冶金工业上的优良脱膜剂，还可作为火箭、信号弹、照明弹等的突然起火的燃料。一些蕨类植物可作为环境指示植物。农业上，满江红因和蓝藻共生，是水稻良好的绿肥，也可作饮料。

（三）裸子植物门（Gymnospermae）

裸子植物的胚珠和种子是裸露的。种子的出现使胚受到保护以及营养物质的供给，可使植物度过不利的环境。花粉管（pollen tube）的产生，可将精子送到卵。摆脱了水的限制，更适应陆地生活。裸子植物的孢子体发达，并占绝对优势，其配子体则十分简化，不能脱离孢子体而独立生活。绝大多数裸子植物为常绿树木，有形成层和次生结构。除买麻藤纲植物以外，木质部中只有管胞而无导管和纤维，韧皮部中有筛胞而无筛管和伴胞。大多数种类的雌配子体中尚有结构简化的颈卵器，少数种类如苏铁属（*Cycas*）植物和银杏（*Ginkgo biloba*），仍有具多数鞭毛的游动精子。以上特征证明裸子植物是介于蕨类植物与被子植物之间的一群维管植物。

种子植物和蕨类植物两者在描述生殖器官的形态结构上常用的两套对应的名词，在系统发育上有密切的关系。现分列如下：

种子植物	蕨类植物
花	孢子叶球
雄蕊	小孢子叶
心皮	大孢子叶
花粉囊	小孢子囊
花粉母细胞	小孢子母细胞
花粉粒（单细胞时期）	小孢子
花粉粒（二细胞以上时期）和花粉管	雄配子体
胚珠（严格讲只指其中的珠心）	大孢子囊
胚囊母细胞	大孢子母细胞
胚囊（单核期）	大孢子
成熟胚囊	雌配子体

裸子植物出现于3亿年前的古生代，最盛时期是中生代。现存的裸子植物，共有12科，71属，约800种。我国有11科，41属，近300种。

裸子植物可分为苏铁纲（Cycadopsida）、银杏纲（Ginkgopsida）、松柏纲（Coniferopsida）、红豆杉纲（Taxopsida）和买麻藤纲（Gnetopsida）五个纲。

1. 苏铁纲（Cycadopsida）　常绿木本植物，茎粗壮，常不分枝。叶螺旋状排列，有鳞叶和营养叶两种叶型；鳞叶小，密被褐色毡毛；营养叶大，羽状全裂，集生于树干顶部。孢子叶球生于茎顶，雌雄异株。精子具有多数鞭毛。

本纲植物在古生代末期二叠纪兴起，中生代的侏罗纪相当繁盛，以后逐渐趋于衰退，现存仅有1目，1科，1属，60种。我国只有苏铁科（Cycaceae）苏铁属（*Cycas*），约16

种，常见的有苏铁（*C. revoluta*）和华南苏铁（*C. rumphii*）等。

苏铁为雌雄异株，大小孢子叶球均集生茎顶。大孢子叶两侧有大形胚珠，一层珠被，珠心顶端有花粉室（pollen chamber），珠心中的大孢子母细胞经减数分裂形成胚囊（大孢子），进而胚囊形成2~5个颈卵器，颈部仅由2个细胞组成，颈卵器中的细胞分裂为2，上部一个为腹沟细胞，不久解体，下部一个为卵细胞。小孢子叶上有小孢子囊（花粉囊），其中的小孢子母细胞（花粉母细胞）经减数分裂，形成小孢子。成熟的小孢子，进入花粉室，生出花粉管，在花粉管中形成2个陀螺形、有多数鞭毛的精子。精卵结合形成合子，继而发育成胚和种子（图4-43）。

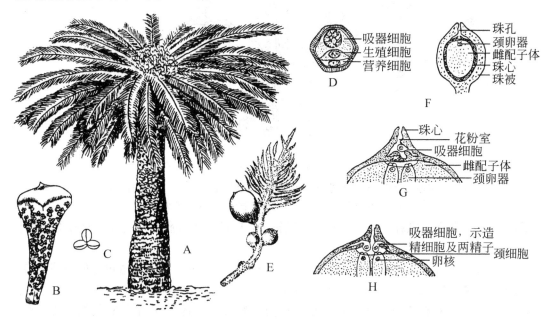

图 4 - 43　苏铁

A. 植株　B. 小孢子叶上着生多数小孢子囊　C. 聚生的小孢子囊　D. 雄配子体
E. 大孢子叶上着生胚珠　F. 胚珠的纵切面　G、H. 珠心及雌配子体的部分放大

2. 银杏纲（Ginkgopsida）　本纲现仅存1目，1科，1属，1种，即银杏科（Ginkgoaceae）的银杏（*Ginkgo biloba*）（图4-44），为我国特产，国内外广为栽培。

银杏为落叶乔木，枝条有长枝和短枝之分。叶扇形，先端二裂或波状缺刻，具分叉的脉序，在长枝上螺旋状散生，在短枝上簇生。球花单性，雌雄异株。小孢子叶球呈柔荑花序状，生于枝顶端的鳞片内。小孢子叶有一短柄，柄端有2个（稀为3~4个，或甚至7个）小孢子囊组成的悬垂的小孢子囊群。大孢子叶球很简单，通常仅有1长柄，柄端有2个环形的大孢子，又称珠领（collar），大孢子叶各生1个直生胚珠，但通常只有1个成熟。珠被1层，珠心中央凹陷为花粉室。雌、雄配子体的发育及受精过程极似苏铁，不同的是珠被发育时含有叶绿素，并有明显的腹沟细胞。具鞭毛的游动精子是受精需水的遗迹，这是苏铁与银杏所共有的原始性状。银杏种子核果状，有3层种皮，胚乳丰富。

3. 松柏纲（Coniferopsida）

（1）一般特征　常绿或落叶乔木，稀为灌木，茎多分枝，有的有长短枝之分。茎的髓部小，次生木质部发达，由管胞组成，无导管，具树脂道。叶单生或成束，针形、鳞形、

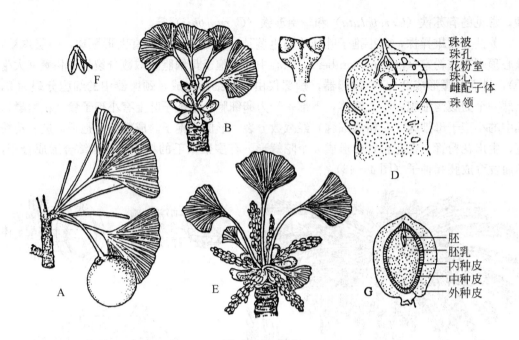

图 4-44　银杏
A. 长、短枝及种子　B. 生大孢子叶球的短枝　C. 大孢子叶球　D. 胚珠和珠领纵切面
E. 生小孢子叶球的短枝　F. 小孢子叶　G. 种子纵切面

钻形、条形或刺形，螺旋着生、交互对生或轮生，叶的表皮细胞通常具较厚的角质层及下陷的气孔。

孢子叶大多数聚生成球果状（strobiliform）称孢子叶球，孢子叶球单性同株或异株。小孢子叶（雄蕊）聚生成小孢子叶球（staminate strobilus）或雄球花（male cone），每个小孢子叶下面生有贮满小孢子（花粉）的小孢子囊（花粉囊），小孢子有气囊或无气囊，精子无鞭毛；大孢子叶（心皮）聚生成大孢子叶球或雌球花（female cone），每个大孢子叶是一片宽厚的珠鳞（ovuliferous scale，也称果鳞、种鳞），珠鳞的上面载有 2 个至多个胚珠，下面托有 1 片苞鳞（bract，也叫盖鳞）；球果的种鳞与苞鳞离生（或仅基部合生）、半合生（顶端分离）或完全合生；种子有翅或无翅，胚乳丰富，子叶 2～10 枚。松柏纲植物因叶多为针形，故称为针叶树或针叶植物；又因孢子叶常排成球果状，也称为球果植物。

（2）**生活史**　以松属（*Pinus*）为代表说明松柏纲植物的生活史。

①**孢子体**　多年生常绿乔木，单轴分支，主干直立，旁枝轮生，具长枝和短枝。在长枝上生鳞叶，腋内生短枝，短枝极短，顶生 1 束针形叶，每束生长 2～5 个等长的针叶，基部有薄膜状的叶鞘 8～12 枚（由芽鳞变成）包围，叶内有 1 或 2 条维管束和几个树脂道。

松属植物雌雄同株。大孢子叶球（雌球花）生于当年新枝的近顶端，幼时为红色，以后变绿。大孢子叶球是由大孢子叶螺旋排列在一个长轴而成，每个大孢子叶由两部分组成：下面较小的两片称为苞鳞，上面较大而顶部肥厚的一片称珠鳞。每片珠鳞的近轴面基部长着一对倒生的胚珠（大孢子囊），胚珠由一层珠被和珠心组成，在珠心的中央形成大孢子母细胞，经减数分裂，只形成 3 个大孢子（大孢子母细胞第一次分裂后，上面的第一个细胞不再进行分裂的缘故），排成一行，通常只有合点端的一个发育成雌配子体，其余2个退化。大孢子通常在春天形成，但到秋天才开始发育成雌配子体。

小孢子叶球（雄球花），生于当年新枝的基部，呈黄褐色，也是由许多小孢子叶螺旋排列于一长轴上构成的。小孢子叶的背面（远轴面），有两个并列的小孢子囊，小孢子囊内的小孢子母细胞经减数分裂形成4个小孢子，小孢子发育为雄配子体。

②雄配子体　小孢子（单核花粉）是雄配子体的第一个细胞，小孢子在小孢子囊内萌发，细胞分裂为2，其中较小的1个是第一原叶细胞（营养细胞），另1个较大的叫胚性细胞，胚性细胞再分裂为2，即第二原叶细胞及精子器原始细胞（中央细胞），精子器原始细胞再分裂为2，形成管细胞和生殖细胞。成熟的雄配子体（花粉粒）含4个细胞：2个是退化的原叶细胞、1个生殖细胞和1个管细胞。成熟的雄配子体（即成熟花粉粒），具有外壁和内壁，外壁上有网状花纹，两侧突起成气囊，称为翅，它使花粉易被风传播。

③雌配子体　大孢子是雌配子体的第一个细胞，它在大孢子囊（珠心）内萌发，先进行核分裂，不形成细胞壁，形成10～32个游离核。雌配子体四周具一薄层细胞质，中央为一个大液泡，游离核多少均匀分布于细胞质中，当冬季到来时，雌配子体即进入休眠期。第二年春天，雌配子体重新开始活跃起来，游离核继续分裂，主要表现游离核的数目显著增加，体积增大。以后雌配子体内的游离核周围开始形成细胞壁，这时珠孔端有些细胞有明显膨大，成为颈卵器的原始细胞。之后，原始细胞进行一系列的分裂，形成几个颈卵器。成熟的雌配子体包含2～7个颈卵器和大量的单倍体胚乳。每个颈卵器是由数个颈细胞、一个腹沟细胞和一个卵细胞组成。

④传粉与受精　传粉在晚春进行，此时大孢子叶球稍微伸长，使幼嫩的苞鳞和珠鳞略微张开。同时小孢子囊背面裂一直缝，花粉逸出，被风散播。花粉借风力传播至大孢子叶球上，由珠孔溢出的传粉滴（一种黏液）将其吸入而进入珠孔。此后珠鳞闭合，大孢子叶球下垂。雄配子体中的生殖细胞分裂为两个细胞，一个称体细胞，另一个称柄细胞。而管细胞则开始伸长，迅速长出花粉管。但这时大孢子尚未形成雌配子体，花粉管进入珠心相当距离后，即暂时停止伸长，直到第二年春季或夏季颈卵器分化形成后，花粉管才继续伸长，此时，体细胞再分裂形成2个精细胞（不动精子）。

受精作用通常是在授粉13个月后才进行，即传粉在第一年的春季，受精在第二年夏季。这时大孢子叶球已长大并达到或将达到其最大体积，颈卵器已完全发育。花粉管穿过解体的颈沟细胞和腹沟细胞到达颈卵器内，先端破裂，2个精子、管细胞及柄细胞都一起流入卵细胞的细胞质中，其中，1个具功能的精子随即向中央移动，并接近卵核，最后与卵融合形成受精卵，这个过程称受精。

⑤种子的形成　卵受精后即开始发育，经过4次分裂，形成4层16个细胞的前胚。从上到下，第一层为开放层，初期有吸收作用，不久即解体。第二层为莲座层。第三层为胚柄层，发育为初生胚柄。第四层为顶端层，继续发育为几层细胞。接近初生胚柄的一层发育为次生胚柄，并强烈伸长而彼此分离；最前端的4个细胞，各自独立发育成胚。这种由1个受精卵细胞分离的结果而产生多数的胚，即裂生多胚现象。同时，由于雌配子体上有几个颈卵器，其中的卵都可以受精，因此，松属的雌配子体常可发育有10多个幼胚，即简单多胚现象。但通常只有1个能正常发育，成为种子中的有效胚。其他的胚都相继败

育，到种子成熟时已看不到任何痕迹。成熟的胚有胚根、胚轴、胚芽、2～10枚子叶。在胚发育的同时，雌配子体的其他部分发育为胚乳；珠被发育成种皮。成熟的松属种子包括种皮、胚乳和胚三部分。种子成熟后，大孢子叶球的珠鳞木质化成为种鳞，大孢子叶球成为球果（俗称松塔）。种鳞开裂，种子散出，进入下一个生活周期（图4-45）。

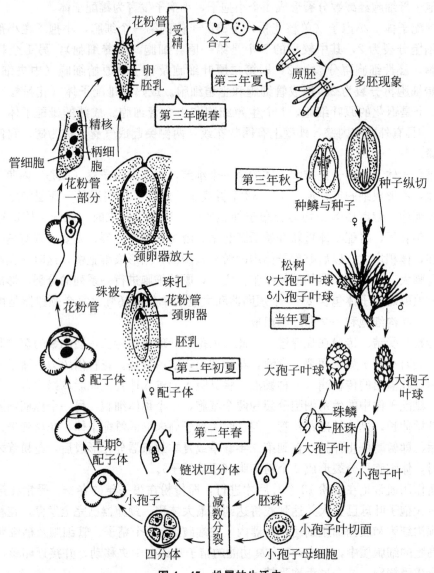

图4-45　松属的生活史

（3）分类及代表植物　本纲植物分布遍及全国，许多种类为重要大森林的组成树种，分为4个科：松科（Pinaceae）、杉科（Taxodiaceae）、柏科（Cupressaceae）和南洋杉科（Araucariaceae）（表4-3）。常见植物：油松（*Pinus tabulaeformis*）、白皮松（*P. bungeana*）、华山松（*P. armandii*）、雪松（*Cedrus deodara*）、落叶松（*Larix gmelinii* Rupr.）、银杉（*Cathaya argyrophylla*）以及云杉属（*Picea*）和冷杉属（*Abies*）等属于松科植物；侧柏（*Platycladus orientalis*）、圆柏（桧柏）（*Sabina chinensis*）等属于柏科

植物；柳杉（*Cryptomeria fortunei*）、杉木（*Cunninghamia lanceolata*）和水杉（*Metasequoia glyptostroboides*）属于杉科植物；南洋杉科的南洋杉（*Araucaria cunninghamii*）为常见观赏植物。

另外松柏纲植物有许多在植物进化史上占有重要地位，被称为活化石，如水杉、银杉。

表 4-3　松柏纲常见 3 个科的区别

科别	叶形	叶的排列	种鳞与苞鳞	常见植物
松科	针形或条形	螺旋状	离生	油松、白皮松、冷杉、云杉、雪松
柏科	鳞形或刺形	对生或轮生	完全合生	侧柏、圆柏（桧柏）
杉科	披针、钻、条及鳞形	螺旋或二列	半合生	水杉、杉木、柳杉

4. 红豆杉纲（Taxopsida）　常绿乔木或灌木；叶为条形、披针形、鳞形、钻形或退化为叶状枝。孢子叶球单性异株；胚珠生于盘状或漏斗状的珠托上，或由囊状或杯状的套被包围，但不形成球果；种子具肉质的假种皮或外种皮。

红豆杉纲常见植物有：红豆杉（*Taxus chinensis*）、罗汉松（*Podocarpus macrophyllus*）、三尖杉（*Cephalotaxus fortunei*）（图 4-46）、粗榧（*C. sinensis*）、香榧（*Torreya grandis* cv. *merrilli*）等。其中，红豆杉、粗榧和香榧是我国特有的第三纪孑遗植物。近年发现可从红豆杉中提取抗癌性成分——紫杉醇。

5. 买麻藤纲（Gnetopsida）　买麻藤纲也称盖子植物纲，是裸子植物中最进化的类群。灌木或木质藤本，叶全为单叶，对生或轮生，次生木质部中有导管。孢子叶球单性，异株或同株，或有两性的痕

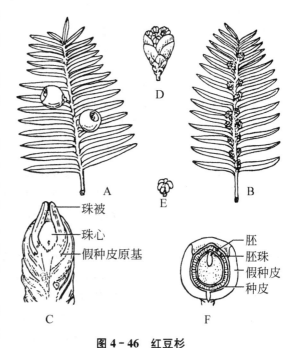

图 4-46　红豆杉
A. 大孢子叶球枝　B. 小孢子叶球枝　C. 大孢子叶球纵切面
D. 小孢子叶球　E. 小孢子囊　F. 种子纵切面

迹，孢子叶球有类似于花被的盖被，即假花被，盖被膜质、革质或肉质；珠被 1~2 层；精子无鞭毛；颈卵器极其退化或无；成熟大孢子叶球果状、浆果状或长穗状；胚珠具珠孔管（micropylar tube）；种子包于由盖被发育而成的假种皮中，种皮 1~2 层，胚乳丰富。

本纲植物共有 3 目，3 科，3 属，约 80 种。我国有 2 目，2 科，2 属，23 种，分布几乎遍及全国。常见的有：草麻黄（*Ephedra sinica*）、木贼麻黄（*E. equisetina*）、买麻藤（*Gnetum montanum*）（图 4-47）和百岁兰（*Welwitschia bainesii*）。百岁兰为典型的旱生植物，分布于非洲西南部靠近沙漠地带。它终生只有 1 对大型带状叶子，长达 2~3 m，宽约 30cm，可生存百年以上，故名百岁兰（图 4-48）。

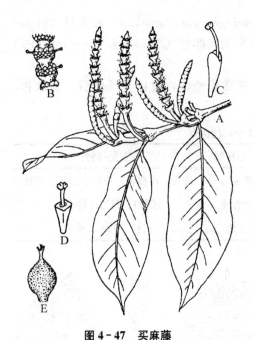

图 4 - 47　买麻藤
A. 小孢子叶球序枝　B. 小孢子叶球序部分放大
C、D. 小孢子叶　E. 大孢子叶

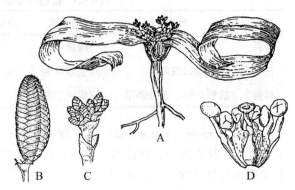

图 4 - 48　百岁兰
A. 植株　B. 小孢子叶球序　C. 小孢子叶球，示轮生
小孢子叶和不完全发育的胚珠　D. 大孢子叶球序

裸子植物的演化趋势与起源：

关于裸子植物的起源，一般认为由蕨类而来。从现存的原始的苏铁和银杏来看，它们具有大叶型，厚囊型，孢子异型。在泥盆纪，唯一具有厚囊型、孢子囊异形的为古蕨属（*Archaeopteris*），因而古蕨属就很可能是裸子植物的远祖，只是没有胚珠。这可能是低级的过渡类型。在上泥盆纪出现的种子蕨（*Pteridosperma*）（苏铁蕨 *Cycadofillces*）尽管尚无真正的种子，却有胚珠，这或是向裸子植物演化的高级过渡类型。

种子蕨或凤尾松蕨（*Lyginopteris oldhamii*）或较进化的髓木（Medullosa），其木质部发达，茎能增粗，次生木质部有具缘纹孔的管胞和很宽的髓线。叶大型，孢子叶与营养叶异型，小孢子囊为"聚囊"，大孢子囊有杯状物，顶端有花粉室，内有一大孢子。它们可能是介于蕨类与裸子植物之间的植物，是许多裸子植物的起点。

裸子植物的演化有如下的趋势：①植物体的次生生长由弱到强；②茎干由不分枝到分枝；③孢子叶由散生到聚生，成为各式孢子叶球；④大孢子叶逐渐转化，颈卵器简化到无；⑤雄配子体由吸器发展为花粉管，雄配子由游动的、多鞭毛精子发展到无鞭毛的精子。这一系列的发展变化，特别是生殖器官的演化，使裸子植物更能适应于陆地生活，达到较高的系统发育水平。

裸子植物在自然界的作用及经济价值：历史上，裸子植物一度在地球上占优势地位。后来，由于气候的变化和冰川的发生，很多种类埋于地下，形成煤炭，为人类提供了大量能源。

现在的裸子植物虽然不多，但常大面积的组成针叶林，并且木材优良，为林业生产上的主要用材树种。还可提供单宁、松香等。大多数裸子植物为常绿树，树冠美丽，在美化庭院、绿化环境上有很大价值。

知识探索与扩展

裸子植物的双受精

长期以来，双受精作用被看作是被子植物独有的特征。通常，裸子植物的受精从花粉管释放至卵内的两个精子其中一个与卵核融合，即仅发生一次受精。直至 20 世纪 90 年代，Friedman W. E. 和 Carmichael J. S. 对裸子植物的麻黄属和买麻藤属进行的受精过程的研究，证明了在这两属存在有规律的双受精。

（四）被子植物门（Angiospermae）

这是植物界最高级的一类植物。主要具有以下特征：①具有真正的花，典型的被子植物的花由花萼、花冠、雄蕊群和雌蕊群四部分组成。②雌蕊由心皮组成，子房发育成果实，胚珠包括在子房中，种子包被在果实中。果实在成熟前，对种子起保护作用，种子成熟后，则以各种方式散布种子，或继续保护种子。③它们的孢子体，占绝对优势，且高度分化。木质部中有了导管和纤维；韧皮部中有了筛管和伴胞。相反，它们的雌雄配子体，进一步分别简化为成熟的花粉粒和成熟的胚囊。这是对陆生生活的高度适应，是进化的表现。④双受精作用和 3n 胚乳的出现，为被子植物所特有，就更有利于其种族的繁殖。因而被子植物的种类最多，占植物界的一半以上。它们的用途大而广，如全部果树、几乎所有农作物、蔬菜等都是被子植物。许多轻工业、建筑、医药等原料，也取自被子植物。因此，被子植物就成了我们衣食住行和经济建设不可缺少的植物资源。

被子植物生活中有明显的世代交替

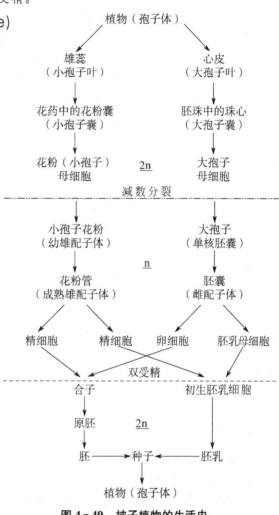

图 4-49　被子植物的生活史

（图 4-49），只是被子植物的配子体极为简化不能脱离孢子体而生活。

本章小结

植物分类学是研究植物类群的分类、探索植物间亲缘关系和阐明植物界自然系统的学科，在开发和利用植物资源等方面起着重要作用。植物分类单位主要有界、门、纲、目、科、属、种，种是分类的基本单位。每种植物的命名采用双名法。检索表则是识别鉴定植物的工具。

根据植物的形态结构、生活习性和生活史等特征可以将植物界划分为低等植物与高等植物。低等植物生活在水中，植物体无根、茎、叶的分化，有性生殖器官是单细胞的，合子不形成胚而直接发育成新个体，也称无胚植物；高等植物主要为陆生，植物体有了根、茎、叶的分化，有性生殖器官是多细胞的，合子形成胚而发育成新个体，也称有胚植物。

低等植物包括藻类、菌类和地衣植物。藻类植物是一群具有光合色素，能独立生活的自养原植体植物，根据其所含色素的种类、细胞结构特征、储藏物质和生殖方式可以将藻类植物分为蓝藻门、裸藻门、绿藻门、金藻门、甲藻门、红藻门和褐藻门；菌类植物通常是不具有色素体的典型的异养植物，包括细菌门、黏菌门和真菌门。细菌和真菌与人类关系密切，很多真菌可以被人类食用、药用、工业利用或作为动植物致病菌，具有重要的经济意义。真菌门分为藻状菌纲、子囊菌纲、担子菌纲和半知菌纲等。地衣植物是藻菌共生体：藻类制造有机物质供给菌类养料；菌类吸收水分及无机盐供给藻类植物利用。

高等植物包括苔藓、蕨类、裸子和被子植物。苔藓植物是最早登陆的高等植物，生长在阴湿的环境中，出现了颈卵器和精子器，配子体发达，没有真根，孢子体包括孢蒴、蒴柄和基足3部分，寄生在配子体上。蕨类植物出现了原始的输导组织——管胞和筛胞，孢子体有了根、茎和叶的分化，孢子叶形成了形态多样的孢子囊群。配子体通常为扁平的、有背腹部之分的绿色的片状体，称为原叶体，能够独立生活，但孢子体占优势。裸子植物的孢子体发达，胚珠裸露；配子体简化，寄生在孢子体上，具有退化的颈卵器；产生了花粉管，具有多胚现象，更加适应陆地生活。裸子植物分为苏铁纲、银杏纲、松柏纲、红豆杉纲和买麻藤纲，具有许多重要的特有植物，其中，松柏纲最为重要。被子植物与裸子植物合称为种子植物，前者具有真正的花，具有双受精作用，配子体进一步简化，具有雌蕊，其子房包被胚珠，发育成果皮包被种子，形成果实，孢子体发达，有导管和筛管构成的输导组织，是植物界进化最高等的类群。高等植物与人类的关系更加密切，是人类重要的植物资源。

植物界可分为15门，其中藻类7门，菌类3门，地衣、苔藓、蕨类、裸子和被子植物各1门。植物界的进化趋势是遵循从水生到陆生、从简单到复杂、从低等到高等的规律，朝着有维管组织分化、孢子体占优势的方向发展。

复习思考题

1. 请写出蓝藻门、裸藻门、绿藻门、金藻门、甲藻门、红藻门及褐藻门的检索表。

2. 试述地衣植物的经济用途。

3. 如何区分菌类三门？常见的真菌有哪些？

4. 蓝藻门和细菌门植物的异同点。

5. 苔藓植物的主要特征是什么？

6. 为什么说蕨类植物是最高等的孢子植物，也是最低等的维管植物？为什么说蕨类植物比苔藓植物更适应陆地生活？

7. 为什么说裸子植物是介于蕨类植物和被子植物之间的一类维管植物？

8. 为什么说被子植物是现代最高等的植物类群？

9. 谈谈植物界的演化趋势。

第五章 被子植物主要分科概述

内容提要 被子植物是植物界中进化水平最高级、种类最多的类群。本章讨论被子植物分类的主要依据。重点介绍双子叶植物纲的30科和单子叶植物纲的8科的主要特征和代表植物。对当前较为流行的恩格勒系统、哈钦松系统、塔赫他间系统和克郎奎斯特系统作了介绍。本章的知识探索与扩展设置了"模式植物拟南芥"。

第一节 被子植物分类主要形态学基础知识

本节对植物的生活习性类型，营养器官的形态特征，花的组成、类型，花序类型，果实类型，以及花程式和花图式等植物分类的基础知识进行介绍。

一、营养器官的主要形态特征

（一）茎的生长习性

茎的生长习性包括几种类型：①直立茎（erect stem）指具有明显的背地性生长特性，垂直于地面，直立于空中的茎，如棉、黄麻、小麦、玉米、水稻等大多数植物茎。②缠绕茎（twining stem）指细长而柔软，以其本身螺旋状缠绕于其他支持物生长的茎，如牵牛、紫藤、葛、菜豆、菟丝子等。③有些植物茎细长，茎内机械组织少，柔软而不能直立，须利用一些变态器官如卷须、吸盘等攀缘于它物之上，才能向上生长。如黄瓜、葡萄、丝瓜、豌豆以卷须攀缘他物上升；爬山虎等卷须顶端的吸盘附着墙壁或岩石上，葎草以茎上的钩刺附着他物上，使茎向上生长，这类茎叫做攀缘茎（climbing stem）。具有攀缘茎和缠绕茎并且茎较粗的植物一般称藤本植物。④平卧茎（prostrate stem）指茎平卧地上，节上无不定根。如蒺藜、地锦等。⑤匍匐茎（creeping stem）指茎叶系统平卧地面生长，茎上长叶，节上生不定根，向四周蔓延。如甘薯、狗牙根、草莓等（图5-1）。

（二）叶的形态

1. 叶序 叶在茎或枝条的节上，按照一定的规律排列的方式，称为叶序（phyllotaxy）（图5-2）。有以下类型：①互生（alternate phyllotaxy）指茎上的每一节上只着生一叶，与上下相邻的叶交互而生，叶成螺旋状排列在茎上。如樟、白杨、悬铃木（法国梧桐）、水稻、小麦、玉米、大豆、棉花等。②对生（opposite phyllotaxy）指茎的每一节上着生有两叶，并相对排列。如丁香、薄荷、女贞、芝麻等。若两个相邻节上的对生叶交叉成十字形的排列，称为交互对生（decussate）。③轮生（whorl phyllotaxy）指茎的每节上着生3个或3个以上的叶片，并作辐射状排列，如夹竹桃、百合、黑藻、金鱼藻等的叶序。④簇生（fascicled phyllotaxy）指枝的节间短缩密接，叶在短枝上成簇生长。如金钱松、落叶松、银杏、枸杞等。⑤基生（basilar phyllotaxy）指叶着生在茎基部近地面处，

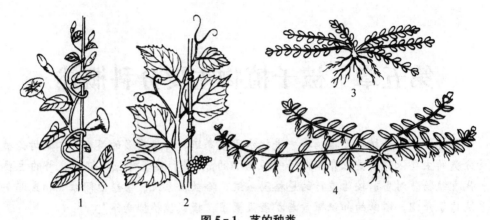

图 5-1　茎的种类

1. 缠绕茎　2. 攀缘茎　3. 平卧茎　4. 匍匐茎

如车前、蒲公英等。

2. 脉序　叶脉在叶片上呈现出各种有规律的脉纹的分布，称为脉序（venation）。脉序有以下几种（图 5-3）。

（1）网状脉　叶脉逐级分枝后，互相连接而组成网状，而最后一次的细脉消失在叶肉组织中，大多数双子叶植物的叶脉属网状脉（reticulated veins）。依主脉数目和排列方式又可分为：①羽状脉（pinnate veins）。中脉明显，细脉连接成网状，如苹果、女贞、桃。②掌状脉（palmate veins）。叶基分出多条主脉，主脉又分侧脉，侧脉又分细脉，如棉花、甘薯、南瓜、向日葵、蓖麻等。

（2）平行脉　侧脉与中脉平行达叶顶或自中脉分出走向叶缘，而没有明显的小脉连接，如小麦、芭蕉等绝大多数单子叶植物的脉序。平行脉（parallel veins）可分为：①直出平行脉。侧脉与中脉平行达叶尖，如水稻、小麦、玉米、竹等。②侧出平行脉。侧脉自中脉两侧分出走向边缘，彼此平行，如香蕉、芭蕉、美人蕉等。③辐射平行脉。各脉自基部以辐射状分出，如蒲葵和棕榈等。④弧状平行脉。各脉自基部平行发出，稍作弧状，集中汇合于叶尖，如车前、玉簪等。

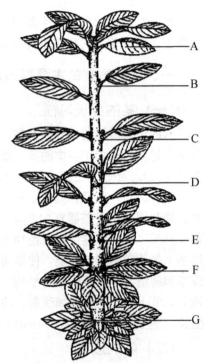

图 5-2　常见叶序示意图

A. 簇生　B. 互生　C. 对生

D. 交互对生　E. 三叶轮生

F. 多叶轮生　G. 基生（莲座状）

（3）射出脉　盾状叶的叶脉都由叶柄顶端射向四周形成射出脉（radiate veins），如莲。

3. 叶裂

（1）叶裂形状

①掌状裂（palmate）。叶片如手掌状，各裂片或裂片的延伸线在叶柄顶端交汇于一点。

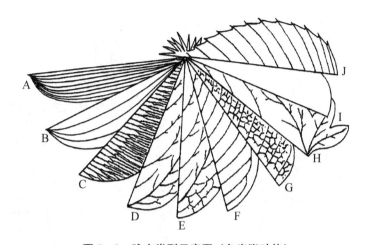

图5-3　脉序类型示意图（各半张叶片）
A. 平行脉　B. 弧形脉　C. 叉状脉　D. 三出脉　E. 离基三出脉　F. 环状脉
G. 网状脉　H. 掌状脉　I. 无脉　J. 羽状脉

②羽状裂（pinnate）。叶片如羽毛状，各裂片分别在不同部位与中脉交汇。

（2）叶裂程度　根据裂片的深浅程度分为：

①浅裂（lobed）。裂片深度不超过叶半径的1/2，如油菜、菊花、棉花的叶。②深裂（parted）。裂片深度超过叶半径的1/2，如葎草、蒲公英、蓖麻的叶。③全裂（divided）。裂片深入到中脉或叶片基部，如大麻。

叶的分裂又有羽状裂和掌状裂之分，羽状裂和掌状裂又可分为羽状浅裂、羽状深裂、羽状全裂和掌状浅裂、掌状深裂和掌状全裂。

4. 复叶的类型　根据小叶数及其着生方式的不同，复叶可分为以下几种类型（图5-4）：

（1）羽状复叶　指小叶排列在叶轴的左右两侧，呈羽毛状，如紫藤、月季、槐树等的叶。羽状复叶（pinnate compound leaf）又因小叶数目不同，分为：①奇数羽状复叶（odd-pinnate）。指有顶生小叶，小叶总数为奇数。如月季、蚕豆、槐树。②偶数羽状复叶（paripinnate）。指无顶生小叶，小叶总数为偶数。如落花生、皂荚等。

羽状复叶又根据叶轴是否分枝及分枝次数，又可分为以下几种：如果叶轴不分枝，小叶直接着生在总叶柄的两侧，叫做一回羽状复叶（simple pinnate leaf），如豌豆、刺槐。如果总叶柄分枝一次，其上着生小叶的叫做二回羽状复叶（bipinnate leaf）如合欢。叶轴分枝两次，再在分枝上生羽状排列的小叶叫做三回羽状复叶（tripinnate leaf），如南天竹、苦楝的叶。

（2）掌状复叶　小叶片在4片以上，均排列在叶轴的顶端，排列如掌状，称掌状复叶（palmate compound leaf），如七叶树、牡荆、大麻、羽扇豆的复叶。

（3）三出复叶　每个总叶柄上生3个小叶，称三出复叶（trifoliolate compound leaf），如黄豆、豇豆等。如果3个小叶柄等长，叫做掌状三出复叶（ternate palmate compound leaf），如巴西橡胶的叶；如果顶端小叶柄较长，称为羽状三出复叶（ternate pinnate compound leaf），如苜蓿叶。同样有二回三出复叶和三回三出复叶之分。

（4）单身复叶　单身复叶（unifoliolate compound leaf）外形极像单叶，但叶柄不是一直贯通于叶片中，总叶柄顶端与小叶柄连接处有一明显的关节，如橙、柚、柑橘等

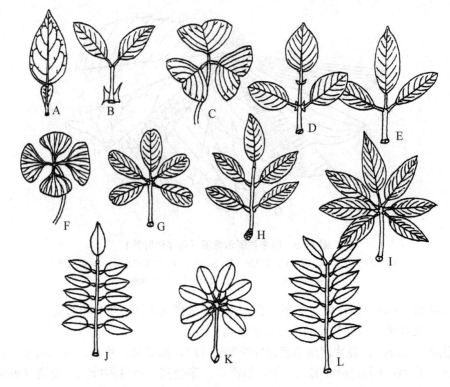

图 5 - 4　复叶类型

A. 单身复叶　B. 简化的偶数羽状复叶（歪头菜）　C. 盾状三出复叶　D. 羽状三出复叶

E. 掌状三出复叶　F. 盾状四出复叶（田字萍）　G、I、K. 掌状复叶 [G. 木通（*Akebia*）

I. 七叶树（*Aesculus*）　K. 鹅掌柴（*Schefflera*）]

H、J. 奇数羽状复叶 [H. 红豆树（*Ormosia*）J. 槐]　L. 偶数羽状复叶

的叶。

此外，叶片的形状、叶尖、叶基和叶缘的各种类型见绪论。

二、生殖器官的主要形态特征

（一）花的形态

1. 花序　有些植物如玉兰、芍药、莲、桃等的花单独生于茎上，叫单花。大多数植物的花按照一定方式和顺序排列在花轴上，叫花序（inflorescence）。在花序上没有典型的营养叶，只有简单的小的苞片，有些植物的总苞片密集一起成为总苞，如向日葵的花序。根据花轴分枝的方式和开花顺序不同，花序可分为无限花序（indefinite inflorescence）和有限花序（definite inflorescence）两大类。

（1）**无限花序**　也称向心花序，其特点是开花顺序由花轴基部向顶端依次开放（图 5 - 5），如果花序轴缩短，各花密集，则花从边缘向中央依次开放。无限花序可分为以下类型：①总状花序（raceme）。花序轴上着生花柄近等长的两性花，如白菜、油菜、荠菜、紫藤等。②穗状花序（spike）。与总状花序相似，但是小花无柄，如车前、马鞭草等。③肉穗状花序（spadix）。花序轴肥厚肉质化，其上着生无柄单性花，外常包有大型苞片，如玉米、香蒲的雌花序，以及芋、马蹄莲、半夏、天南星等的花序。④柔荑花序（catkin，ament）。花序轴上着生许多无柄或具短柄的单性花，开花后整个花序一起脱落。通常雄花序轴柔软下垂，如杨、柳、胡桃、榛等，雌花序直立。⑤伞房花序（corymb）。花序轴较短，花的柄由下向上渐短，花序上的花位于一近似平面上，如苹果、梨、山茶等。⑥伞形花序（umbel）。花序轴短，各花自轴顶生出，花柄近等长，花序如张开的伞，如五加、山茱萸等的花序。⑦头状花序（capitatulum，anthodium）。花序轴缩短呈球状或盘状，上面密生许多无柄或近无柄的花，苞片聚成总苞生于花序基部，如菊、蒲公英等菊科植物，三叶草等。⑧隐头花序（hypanthodium）。花序轴肉质，特别肥大并内凹成头状囊体，无柄花生在囊状体的内壁，雄花位于上部，雌花位于下部。整个花序仅囊体前端留一孔可容昆虫进出以行传粉，如无花果、薜荔等。

图 5-5　无限花序

A. 总状花序　B. 伞房花序　C. 伞形花序　D. 头状花序　E. 隐头花序　F. 穗状花序

G. 葇荑花序　H. 肉穗花序　I. 圆锥花序　J. 复伞形花序

　　总状花序、穗状花序、伞房花序和伞形花序的花序轴分枝，则形成相应的复花序，分别称为复总状花序或称圆锥花序（panicle），如水稻、燕麦、女贞等；复穗状花序（compound spike），如小麦；复伞房花序（compound corymb），如华北绣线菊、花楸属的花序；复伞形花序（compound umbel），如胡萝卜、茴香。

　　（2）有限花序　又称离心花序，开花顺序是由花序轴顶端或中心渐向基部或周围。有限花序的生长属合轴分枝式的性质，又称聚伞类花序（图 5-6）。可分为：①单歧聚伞花序（monochasium, monochasium cyme）。花序轴顶端先生一花后，顶花下的一侧形成分枝，继而分枝之顶又生一花，其下方再生二次分枝，如此反复。如果侧枝是左右间隔形成，叫蝎尾状聚伞花序（scorpioid cyme），如唐菖蒲；如果侧枝都向同一方向，叫螺状聚伞花序（helicoid cyme），如勿忘草。②二歧聚伞花序（dichasium）。顶花先形成，在下面同时生出两等长的侧枝，每个侧枝顶端各发育出一花，然后以同样的方式产生侧枝。如大叶黄杨、石竹、繁缕。③多歧聚伞花序（pleiochasium）。顶花下同时发生 3 个以上分枝，各分枝以同样的方式分枝，如大戟、泽漆。④轮伞花序。生于对生叶的叶腋处，如一串红、益母草。

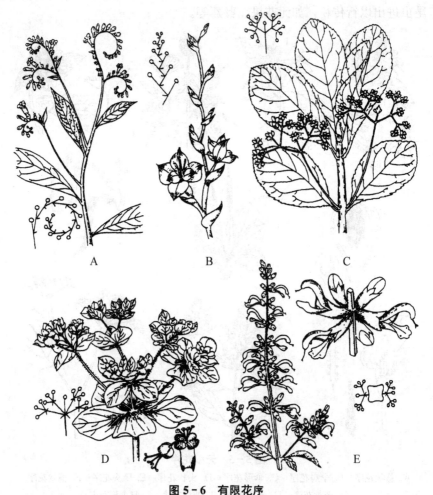

图 5-6 有限花序
A. 螺状聚伞花序 B. 蝎尾状聚伞花序 C. 二歧聚伞花序 D. 多歧聚伞花序 E. 轮伞花序

花序的类型比较复杂，有些花序是有限花序和无限花序混生的，如葱是伞形花序，但中间的花先开，又有聚伞花序的特点；水稻是圆锥花序，但开花顺序又具聚伞花序的特点。

2. 花冠类型 根据花瓣的数目、离合、形状、大小以及花冠筒的长短等特点，花冠常分为以下几种类型（图 5-7）。

①蔷薇型花冠（roseform corolla） 花瓣 5 片或更多，分离成辐射对称排列，如桃、

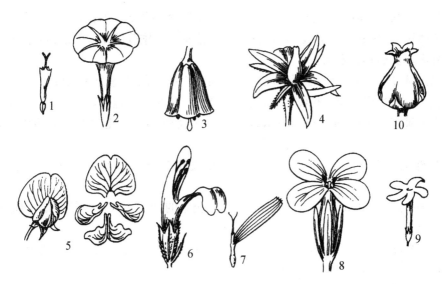

图 5-7 花冠类型

1. 筒状（向日葵）　2. 漏斗状（甘薯）　3. 钟状（沙参）　4. 轮状（番茄）　5. 蝶形（豌豆）

6. 唇形（薄荷）　7. 舌状（向日葵）　8. 十字形（油菜）　9. 高脚碟状（丁香）　10. 坛状（乌饭树）

梨、蔷薇、月季。

②十字形花冠（cruciate corolla）　花瓣 4 片，离生，排列成十字形，如十字花科植物。

③蝶形花冠（papilionaceous corolla）　花瓣 5 片，离生，呈下降覆瓦状的两侧对称排列，最上一片花瓣最大，称旗瓣，位于花最外方；侧面两片较小，称翼瓣；最下两片合生并弯曲成龙骨瓣，位于花的最内方，如豆科蝶形花亚科植物。假蝶形花冠：花瓣 5 片，离生，呈上升覆瓦状的两侧对称排列，最上一片旗瓣最小，位于花的最内方，侧面两片翼瓣较小，最下两片龙骨瓣最大，位于花的最外方，如豆科云实亚科植物。

④唇形花冠（labiate corolla）　基部合生成筒状，上部裂片分成二唇状，两侧对称，如唇形科植物一串红、丹参。

⑤漏斗状花冠（infundibulate corolla）　花冠下部筒状，由此向上渐渐扩大成漏斗状，如牵牛花、甘薯。

⑥管状（筒状）花冠（tubulate corolla）　花冠连合成管状或（筒状），如向日葵花序的盘花。

⑦舌状花冠（ligulate corolla）　花冠基部合成短筒，上部合生并向一边开张，成扁平状，如蒲公英。

⑧钟状花冠（companulate corolla）　花冠筒宽而稍短，上部扩大成钟形，如桔梗、沙参。

⑨轮状花冠（rotate corolla）　花冠筒极短，花冠裂片向四周辐射状伸展，如茄、番茄。

3. 雄蕊

（1）雄蕊类型　根据雄蕊的发育程度、花丝是否合生、花药在花丝上的着生位置、花药开裂方式等（图 5-8），雄蕊主要有：

①单生雄蕊（distinct stamen） 一朵花中雄蕊全部分离，如桃、梨。

②单体雄蕊（monadelphous stamen） 一朵花中，雄蕊的花丝下部相互连合成单束，而花药分离，如棉花、木槿。

③二体雄蕊（diadelphous stamen） 一朵花中雄蕊的花丝合成二束，如蚕豆、落花生、刺槐等豆科蝶形花亚科植物的花，雄蕊 10 枚，其中 9 枚连合、1 枚单生而成二束。

④多体雄蕊（polyadelphous stamen） 一朵花中雄蕊的花丝连合成多束，如蓖麻、金丝桃。

⑤聚药雄蕊（syngenesious stamen） 一朵花中雄蕊的花丝分离，花药合生，如向日葵等菊科植物。

⑥二强雄蕊（didynamous stamen） 一朵花中的雄蕊 4 枚，两长两短，如夏至草等唇形科植物。

⑦四强雄蕊（tetradynamous stamen） 一朵花中的雄蕊 6 枚，外轮两个较短，内轮的 4 个较长，如油菜等十字花科植物。

⑧冠生雄蕊（epipetalous stamen） 一朵花中雄蕊着生在花冠上，如茄、丁香。

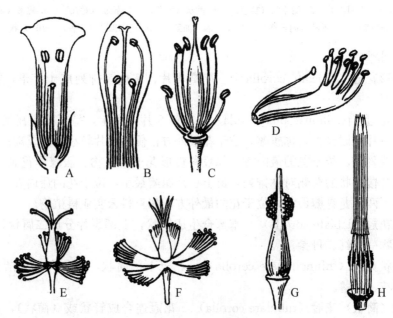

图 5-8　雄蕊的类型
A. 冠生雄蕊　B. 二强雄蕊　C. 四强雄蕊　D. 二体雄蕊
E、F. 多体雄蕊　C. 单体雄蕊　H. 聚药雄蕊

（2）花药的着生方式　花药着生在花丝上的方式（图 5-9）有以下几种。

①背着药（dorsifixed anther） 花药背部着生于花丝上，如玉兰、苹果、油菜。

②全着药（adnate anther） 花丝短粗，花药背面全部附着于花丝上，如莲、玉兰。

③基着药（basifixed anther） 花药基部着生于花丝顶部，如莎草、望江南、唐菖蒲。

④个字药（divergent anther） 花药形成两部分，基部张开，花丝着生在会合处，整个形如个字，如荠菜等十字花科植物和凌霄。

⑤丁字着药（versatile anther）花药背部中央一点着生于花丝顶端，花药可以自由摇动，例如，小麦、水稻、百合。

丁字药　　个字药　　广歧药　　全着药　基着药 背着药

图5－9　花药的着生方式

⑥广歧药（divaricate anther）　药室完全分离，几成一直线着生花丝顶部，如地黄。

（3）花药的开裂方式　花药的开裂方式有以下几种。

①内向药（introrse）　花药向着雌蕊一面开裂，如樟的第1、第2轮雄蕊。

②外向药（extrorse）　花药向着花冠一面开裂，如樟的第3轮雄蕊。

③花药纵裂　花药成熟时，沿2花粉囊交界处纵行裂开，如苋、百合、油菜等。

④花药横裂　花药成熟时，沿花药中部成横向裂开，如木槿、棉花等。

⑤花药孔裂　花药成熟时，在顶端开一小孔，花粉由小孔散出，如番茄、鹿角杜鹃等。

⑥花药瓣裂　花药成熟时，在侧壁上形成1个小瓣，花粉由小瓣上翘形成的孔散出，如月桂、小檗等。

4. 雌蕊

（1）子房的位置　根据子房在花托上与花托的连生情况，分为以下几种类型（图5－10）。

①上位子房（superior ovary）　又称子房上位。子房仅以底部与花托相连，其余部分均与花的各部分分离，如桃、李。其

1　　　　　　2　　　　　　3　　　　　　4

图5－10　子房的位置

1. 子房上位（上位花）　2. 子房上位（周位花）
3. 半下位子房（周位花）　4. 下位子房（上位花）

中可分为两种情况：上位子房下位花（superior-hypogynous flower），子房仅以底部与花托相连，萼片、花瓣、雄蕊着生位置低于子房，如油菜、玉兰；上位子房周位花（superior-perigynous flower），子房仅以底部与杯状萼筒底部的花托相连，花被与雄蕊着生于杯状萼筒的边缘即子房周围，如桃、李。

②半下位子房（half-inferior ovary）　又称子房半下位或中位。子房的下半部下陷于花托中，并与花托愈合，子房上半部仍露在外，花的其余部分着生在子房周围花托的边缘，故也叫周位花，如甜菜、菱、马齿苋、苹果、梨。

③下位子房（inferior ovary）　又叫子房下位。整个子房埋于下陷的杯状花托中，并与花托愈合，花的其余部分着生在子房以上的花托边缘，也叫上位花，如南瓜、苹果。

（2）胎座的类型　胚珠在子房室内着生之处称为胎座（placenta）（图5－11）。根据其着生方式可分为以下几类。

①边缘胎座（marginal placenta）　在单心皮一室的子房里，胚珠着生于心皮的边缘，如落花生、大豆、豌豆、蚕豆。

②侧膜胎座（parietal placenta）　在两个及以上心皮构成的一室的子房或假数室子房里，胚珠着生于每一心皮的边缘。胎座通常稍厚或为一隆起线，或扩展而几乎充满子房腔

内，有时也可突进子房腔而形成一假隔膜，如黄瓜、南瓜、油菜、白菜。

③中轴胎座（axile placenta）　在多心皮构成的多室子房中，心皮边缘于中央形成中轴，胚珠着生于每一心皮的内角（即中轴）上，如棉花、梨、苹果、番茄、百合、鸢尾、柑橘。

④特立中央胎座（free central placenta）　在多心皮构成的一室或不完全数室子房中，子房腔的基部向上有一中轴由子房腔的基部升起，但不达子房的顶部，胚珠着生在此轴上，如石竹等石竹科植物。

⑤基生胎座（basal placenta）。胚珠着生于子房的基部，如向日葵等菊科植物。

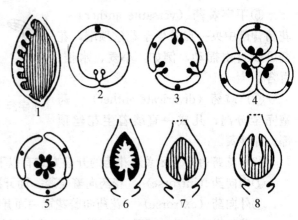

图 5 - 11　胎座类型

1、2. 边缘胎座　3. 侧膜胎座　4. 中轴胎座
5、6. 特立中央胎座　7. 基生胎座　8. 顶生胎座

⑥顶生胎座（apical placenta）。胚珠着生于子房的顶部，而悬垂室中的，例如，榆、桑、瑞香科植物。

5. 花程式与花图式

（1）花程式　花程式（flower formula）又称花公式，是用符号及数字组成一定的程式来表明花的特征。花的各个部分用字母表示，通常用 Ca 表示花萼，也可用德文 kelch 中的首个字母 K 表示花萼；C 或 Co 表示花冠；A 表示雄蕊群，G 表示雌蕊群；P 表示花被。花各部分的数目用阿拉伯数字表示，写于字母的右下角。"0"表示缺；"∞"表示数目多而不定数；"（）"表示联合。同一部位若为二轮或二轮以上，在各轮的数字间加上"＋"号；同一花部数目之间的变化用"～"号来连接；同一部位出现不同情况时，用"."表示"或者"的意思。用"$\underline{G}$"表示子房上位，"$\overline{G}$"表示子房下位，"$\overline{\underline{G}}$"表示子房半下位；在 G 的右下角用数字依次表示组成雌蕊的心皮数、子房室数和每室的胚珠数，它们之间用"："号相连。花程式前用"＊"表示辐射对称，"↑"表示两侧对称花。"♂"表示单性雄花，"♀"表示单性雌花，"☿"表示两性花（也可省略）。"♂♀"表示雌雄同株，"♂/♀"表示雌雄异株。现举例说明如下。

棉花的花程式：＊Ca 或 $K_{(5)} C_5 \underline{G}_{(3\sim5;3\sim5;\infty)}$，含义是花辐射对称；萼片 5 枚合生，花瓣 5 枚离生；子房上位，由 3～5 心皮合生而成，3～5 室，每室含多数胚珠。

百合的花程式为：$^* P_{3+3} A_{3+3} \underline{G}_{(3:3)}$，表示花被 6 片，2 轮，每轮 3 片；雄蕊 6，2 轮，各为 3 枚；雌蕊 3 心皮合生，3 室。

蚕豆的花程式为：↑Ca 或 $K_{(5)} C_{1+2+(2)} A_{(9)+1} \underline{G}_{1:1:\infty}$，表示萼片 5 枚合生，花瓣 5 片，旗瓣、翼瓣离生，龙骨瓣 2 片合生；雄蕊 10 枚，其中 9 枚合生，内轮的 1 枚分离。

（2）花图式　花图式（flower diagram）是用花的横剖面简图表示花各部分特征以及在花托上的排列位置，即花的各部分在垂直于花轴平面所作的投影图。一般用"○"表示花轴，画在图的上方；以背面有突起的空心新月形表示苞片，画于花轴的对方或两侧；以背面有突起、内有横线的新月形表示萼片；以空心新月形表示花瓣。并用图表示出花萼与花冠离、合，排列方式和各轮的相对位置；以花药横切面表示雄蕊，以子房的横切面表示雌蕊。若花为顶生，则可不绘花轴和苞片（图5－12）。

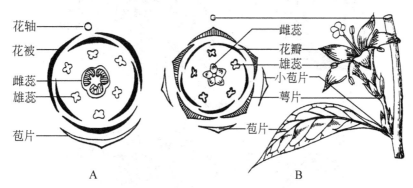

图5－12　花图式

A. 单子叶植物　　B. 双子叶植物

（二）果实的类型

果实是被子植物所特有的一个繁殖器官。由一朵花中的单雌蕊、离生单雌蕊或花序发育而来的果实，分别称为单果、聚合果和聚花果（或复果）。

1. 单果　一朵花中仅1枚雌蕊（单雌蕊或复雌蕊），形成一个果实，叫单果（simple fruit），如苹果、桃、扁豆。根据果皮是否肉质化，又可将单果分为肉质果和干果。

（1）**肉质果**　果实成熟时，果皮肉质多汁，许多供食用的果实属于肉质果（fleshy fruit）（图5－13）。根据果皮变化的情况不同，又分为下列几种。

①浆果（berry）　由一至数心皮组成，外果皮极薄，只有几层细胞，中果皮、内果皮肉质化，浆汁丰富，内含一粒或多数种子，如茄、番茄、葡萄、柿等的果实。番茄和茄，除果皮外，胎座也非常发达，构成食用的主要部分。

②柑果（hesperidium）　柑橘类的果实也是一种浆果，特称柑果。由多心皮而具中轴胎座的子房发育而来的，它的外果皮为坚韧革质，有许多含芳香油的油囊，中果皮疏松髓质，有许多维管束（橘络）分布其间，内果皮膜质，分为若干室，室内有多数肉质多浆毛囊，是这类果实的食用部分，它是由内果皮内壁的毛茸发育而成，中轴胎座，每室种子多数，如柑、柚、枳等。

③瓠果（pepo）　葫芦科植物的果实（瓜类）也是浆果，特称瓠果。它是由3心皮组成，具侧膜胎座的子房和花托一并发育而成的假果。外果皮不易分离，内、中果皮肉质化，果实的肉质部分是由子房、花托和胎座共同发育而成果皮，内含许多种子。如南瓜、冬瓜等的食用部分主要是果皮，西瓜的供食部分主要是胎座发育而成。

④梨果（pome）　是由多枚心皮结合的复雌蕊下位子房与花托、花萼的基部共同形成的一类肉质假果。果实上很厚的果肉部分是由花托所形成，肉质部分以内才是果皮部分。花托和外果皮，外果皮和中果皮均无明显界限，中轴胎座常分隔成5室，每室内含2粒种子，梨和苹果是典型的梨果。

⑤核果（drupe）　由一至多心皮子房形成的果实。外果皮较薄，肉质或革质，中果

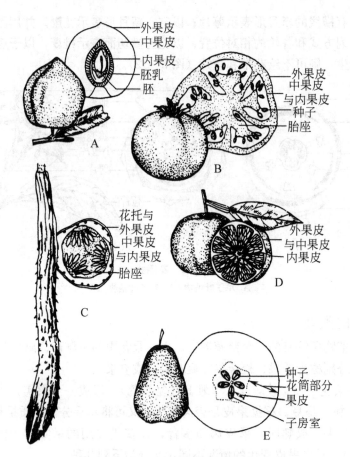

图 5 - 13　肉质果的主要类型
A. 核果（桃）　 B. 浆果（番茄）　 C. 瓠果（黄瓜）
D. 柑果（柑橘）　 E. 梨果（梨）

皮肥厚肉质，为食用的主要部分，内果皮坚硬成核，全由石细胞组成，核内着生种子，如桃、梅、李、杏、枣、樱桃等。

（2）干果　果实成熟后，果皮干燥，称为干果（dry fruit）。根据成熟时果皮是否开裂，分为裂果和闭果。

①裂果（dehiscent fruit）　果实成熟后果皮裂开的果实。裂果因心皮数目和开裂方式的不同，又分为蓇葖果、荚果、角果、蒴果 4 种（图 5 - 14）。

蓇葖果（follicle）　由单雌蕊或离生单雌蕊子房发育形成的果实，成熟后沿心皮背缝线开裂（如木兰、辛夷）或腹缝线开裂（如牡丹、乌头、飞燕草），内含一至多数种子。

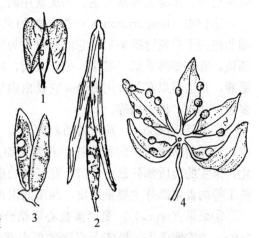

图 5 - 14　裂果的主要类型
1. 短角果（荠菜）　 2. 长角果（油菜）
3. 荚果（豌豆）　 4. 聚合蓇葖果

荚果（legume） 或简称为荚，由单个心皮上位子房发育而成的果实。一室，内含2个或2个以上的种子，成熟时果皮沿背缝线和腹缝线自下而上裂开，果皮裂成两片，如大豆、豌豆、菜豆，这一点与蓇葖果不同。荚果是豆科植物特有的果实。有些比较特殊的例子，如落花生的荚果是地下结实并不开裂；含羞草的荚果呈分节状，也不开裂而节节脱落；苜蓿的荚果呈螺旋状，并具刺毛；槐的荚果呈圆柱状，并分节，呈念珠状。

蒴果（capsule） 果皮干燥革质，与蓇葖果不同，是由复雌蕊子房发育形成的果实，是裂果中最普通的果实。成熟时，开裂的方式有多种（图5-15），常见的有室背开裂，即沿心皮的背缝线裂开，如棉花、百合、油茶的果实；室间开裂，即沿心皮相接处的隔膜裂开，如烟草、马兜铃、黑点叶金丝桃等；室轴开裂，即果皮外侧沿心皮的背缝线或腹缝线相接处裂开，但中央部分隔膜仍与轴柱相连而残存，如牵牛、曼陀罗、杜鹃花；盖裂，即果实中上部环状横裂成盖状脱落，如马齿苋、车前；孔裂，即果实成熟时，每一心皮的顶部裂一小孔，以散发种子，如虞美人、金鱼草、罂粟等的果实。

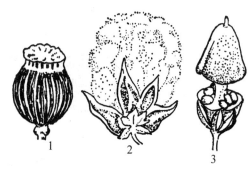

图5-15 几种蒴果
1. 虞美人 2. 棉花 3. 车前草

角果 由复雌蕊子房发育形成，侧膜胎座，子房一室，或从腹缝线合生处向中央生出，假隔膜，将子房分为二室，果实成熟后，果皮从两个腹缝线裂开，成二片脱落，只留假隔膜在果柄上，种子附在假隔膜上。十字花科植物的果实属这类果实，角果的长与宽相近，呈圆形或三角形的果实叫短角果（silicle），如荠菜；角果的长超过宽好多倍，果实细长的叫长角果（silique），如油菜、白菜等。角果是十字花科植物特有的果实。

②闭果（indehiscent fruit） 是成熟后不裂开的果实（图5-16），其中又包括以下几种类型。

瘦果（achene） 果皮干燥革质，由一个或一个以上结合的心皮形成的一种不开裂的果实。成熟时，果皮与种皮极易分离，一室，内含一种子，如蒲公英、向日葵等菊科植物及荞麦等的果实。

坚果（nut） 由2个或2个以上结合的心皮形成的一种不开裂的果实。果实成熟后，外果皮坚硬呈木质并干燥，内含一种子，如栗属、栎属、板栗的果实。栗等壳斗科植物的果实包在由花序发育形成的总苞中。

颖果（caryopsis） 是禾本科植物所特有的果实。与瘦果不同，由2～3心皮组成，一室，内含一种子，如玉米、小麦、水稻等的果实。其果皮与种皮紧密愈合不易分离，果实小，常误认为种子，其外常有颖片等附属物（如薏苡）。

翅果（samaras） 由单雌蕊或复雌蕊上位子房形成的一种不开裂的果实。果皮的一部分向外扩延成翼翅，如榆、槭、枫杨、臭椿的果实。

分果（schizocarp） 由2个或2个以上心皮组成的复雌蕊子房发育而成，形成2室或数室，果实成熟时，子房室分离，按心皮数分成若干各含1粒种子的分果瓣，种子仍包在果皮中，果皮干燥，但不开裂，仍属不开裂干果，如苘麻、锦葵的果实。

双悬果是由2心皮组成的下位子房发育形成的果实，成熟时，分离两瓣，并悬挂于中

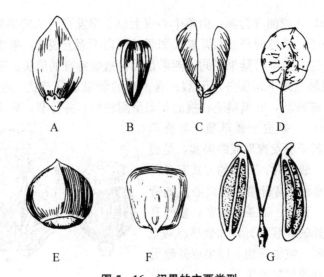

图 5 - 16　闭果的主要类型

A. 瘦果（荞麦）　B. 瘦果（向日葵）　C. 翅果（槭树）　D. 翅果（榆树）

E. 坚果（板栗）　F. 颖果（玉米）　G. 双悬果（伞形科）

央的果柄上端。双悬果是伞形花科植物的主要特征之一。胡萝卜、茴香等都是这种果实。

2. 聚合果　一朵花中许多离生单雌蕊聚集生在花托上，并与花托共同发育成的果实，叫聚合果（aggregate fruit）（图 5 - 17），如莲、草莓、蛇莓。每一离生雌蕊为一单果（小果）。根据小果的种类不同，可分为聚合瘦果，如草莓；聚合核果，如悬钩子；聚合蓇葖果，如八角、芍药；聚合坚果，如莲。

3. 聚花果　由整个花序发育而成的果实叫聚花果（multiple fruit），又称复合果、复果或花序果（图 5 - 18）。如桑、菠萝、无花果等。桑的复果叫做桑椹，是由一个雌花序

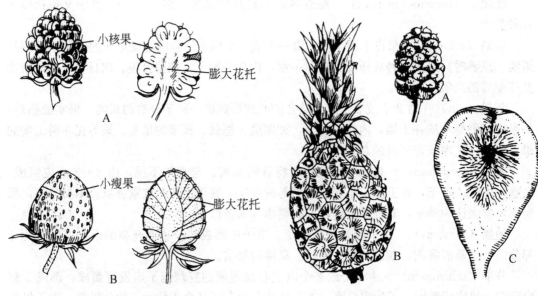

图 5 - 17　聚合果

A. 聚合核果（悬钩子）　B. 聚合瘦果（草莓）

图 5 - 18　聚花果

A. 桑葚　B. 凤梨　C. 无花果

发育而成，各花的子房发育成为一个小浆果，包藏在肥厚多汁的花萼中，可食部分是花萼。菠萝也是很多花长在花轴上，花不孕，花轴肉质化，成为食用的部分。无花果是花轴内陷成囊，肉质化，内藏多汁小坚果。

第二节　被子植物主要分科

被子植物约有 25 万种，我国约有 3 万种。根据它们形态特征上的异同，通常分为双子叶植物纲（Dicotyledoneae）（木兰纲 Magnoliopsida）和单子叶植物纲（Monocotyledoneae）（百合纲 Liliopsida），两纲主要区别见表 5-1。

表 5-1　被子植物两纲主要特征比较

双子叶植物纲（木兰纲）	单子叶植物纲（百合纲）
主根发达，多为直根系	主根不发达，由多数不定根组成须根系
茎内维管束环状排列，有形成层和次生结构	茎内维管束星散排列，无形成层和次生结构
叶多为网状脉	叶多为平行脉或弧形脉
花部常为 5 或 4 基数，极少 3 基数	花部常为 3 基数，极少 4 基数，绝无 5 基数
胚具有 2 枚子叶（极少 1、3 或 4）	胚具有 1 枚子叶
花粉常具 3 个萌发孔	花粉常具单个萌发孔

一、双子叶植物纲

1. 木兰科（Magnoliaceae）（木兰目）

$* P_{6 \sim 15} A_\infty \underline{G}_{\infty : 1 : 1 \sim \infty}$

木兰科共 15 属，约 250 种，主要分布在热带及亚热带至温带地区；我国有 11 属，约 130 余种，多产西南部。

形态特征：木本，树皮、叶和花有香气；单叶互生，托叶早落，在枝上留下环状托叶痕；花大，单生，两性，整齐，花被花瓣状，3 基数，雄蕊和雌蕊多数、分离、螺旋状排列于凸起的柱状花托之上，雄蕊的花药长、花丝短；每心皮含胚珠 1~2 个或多数；聚合蓇葖果，稀不开裂，或为带翅的聚合坚果。种子的胚小，胚乳丰富。染色体：$X=19$。

识别要点：木本；单叶互生，有托叶环；花大，单生，常同被；花两性，雌雄蕊多数、分离、螺旋状排列于柱状花托上；子房上位；聚合蓇葖果。

代表植物

玉兰（*Magnolia denudata*），落叶乔木，单叶互生，花大，顶生，花被片 9，分 3 轮排列（图 5-19），白色或带紫色，先叶开放。各地栽培，供观赏，花蕾供药用。

荷花玉兰（洋玉兰）（*M. grandiflora*）常绿乔木，叶革质，原产北美，我国引种栽培，供观赏。

辛夷（紫玉兰）（*M. liliflora*），落叶小乔木，花紫色，有 3 片绿色萼片，花蕾入药，治鼻炎。

厚朴（*M. officinalis*），落叶乔木，树皮、花蕾、果实可入药。

含笑［*Michelia figo*］常绿灌木，花腋生，花乳白色，芳香，供观赏。

白兰花（*M. alba*），常绿乔木，花白色、腋生、极香。

鹅掌楸（*Liriodendrom chinense*），落叶乔木，叶形奇特，顶端平截如马褂形，故又叫马褂木，为世界著名观赏绿化树种，属于我国国家二级重点保护植物。果实为聚合翅果。本种木材纹理直、结构细、少开裂，可供建筑、家具、细木工等用材。树皮入药，祛风湿。

木兰科的原始性状表现为：木本；有香气；单叶互生、有托叶；花大、单生、两性，雄蕊和雌蕊多数、分离、螺旋状排列于凸起的柱状花托之上；蓇葖果，种子胚乳丰富。因此，被认为是双子叶植物中最原始的科。

2. 毛茛科（Ranunculaceae）（毛茛目）

$$* \uparrow K_{3\sim\infty} C_{3\sim\infty} A_\infty \underline{G}_{\infty\sim1}$$

毛茛科共 50 属，约 1 900 种，广布于世界各地，主产北温带与寒带；我国有 41 属，700 多种，各地均产。本科植物多含生物碱，有许多药用植物，部分是有毒植物。

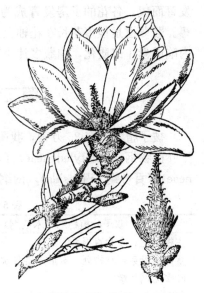

图 5-19 玉兰

形态特征：多为草本；叶分裂或为复叶，无托叶；花两性，整齐或两侧对称，萼片 3～15，常花瓣状，花瓣 3 至多数，稀为 2 或无花瓣；雄蕊和雌蕊均常为多数、离生、螺旋状排列于突起的花托上；子房上位，每心皮含一至多数胚珠；聚合瘦果或聚合蓇葖果；种子有胚乳。染色体：$X = 6\sim10$，13。

识别要点：草本；花两性，整齐，5 基数，花萼和花瓣均离生；雄蕊和雌蕊多数、离生、螺旋状排列于膨大的花托上；聚合瘦果或聚合蓇葖果。

代表植物

毛茛（*Ranunculus japonicus*），多年生草本植物，基生叶 3 深裂，植株被短毛（图 5-20），有毒植物，药用能消肿、止痛、治疮癣，也作土农药。

茴茴蒜（*R. chinensis*），多年生草本植物，基生叶为三出复叶，植株被长硬毛，全草有毒，供药用。

石龙芮（*R. sceleratus*），一年生草本植物，植物体近无毛，喜水湿，种子与根入药，嫩叶捣汁可治恶疮痈肿，也治毒蛇咬伤。

金莲花（*Trollius chinensis*），多年生草本植物，萼片花瓣状，黄色，花入药，清热解毒。

乌头（*Aconitum carmichaeli*），多年生草本植物，花两侧对称，萼片 5，花瓣状，蓝紫色，上萼片盔状，块根即中药乌头，子根经炮制为中药附子，均含多种乌头碱，有大毒。

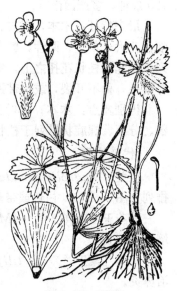

图 5-20 毛茛

黄连（*Coptis chinensis*），草本植物，根状茎黄色，味苦，可提取黄连素（小檗碱），有良好的消炎解毒作用。

翠雀（*Delphinium grandiflorum*），多年生草本植物，花两侧对称，萼片花瓣状，蓝色，上萼片有距。其根可治牙痛。

白头翁（*Pulsatilla chinensis*），多年生草本植物，萼片 6，紫色花瓣状，花柱宿存，伸长呈白色羽毛状。根入药，清热解毒。

短尾铁线莲（*Clematis brevicaudata*），攀缘藤本，叶对生。

瓣蕊唐松草（*Thalictrum petaloideum*），花丝宽，白色花瓣状。

按传统分类方法，毛茛科中还有著名观赏花卉：牡丹（*Paeonia suffruticosa*），为灌木，根皮入药即中药的丹皮；芍药（*P. lactiflora*）为草本植物，根入药称白芍和赤芍。而现代分类学根据它们的雄蕊为离心式发育，有花盘，染色体基数 $X=5$ 等特征，现已另列为芍药科（Paeoniaceae）。

毛茛科植物的花两性、萼片花瓣状，雄蕊和雌蕊多数、离生、螺旋状排列于突起的花托上；子房上位，蓇葖果。由于这些原始性状，该科被认为是双子叶植物的原始类群之一。

英文阅读

The Buttercup Family（Ranunculaceae）

Most members of the buttercup family（Ranunculaceae）are at least slightly poisonous，but the cooked leaves of cowslip have been used for food，and the well-cooked roots of the European bulbous buttercup are considered edible. The European buttercup causes blisters on the skin of sensitive individuals. East Indian fakirs are reported to deliberately blister their skin with buttercup juice in order to appear more pitiful when begging. Native Americans of the West gathered buttercup achenes，which they parched and ground into meal for bread. Others made a yellow dye from buttercup flower petals. Karok Indians made a blue stain for the shafts of their arrows from blue larkspurs and Oregon grape berries.

Goldenseal，sold in health-food stores，is a plant that was once abundant in the woods of temperate eastern North America. It has become virtually extinct in the wild because of relentless collecting by herb dealers. They sold the root for various medicinal uses，including remedies for inflamed throats，skin diseases，and sore eyes. At least one Native American tribe mixed the pounded root in animal fat and smeared it on the skin as an insect repellent.

Monkshood yields a drug complex called aconite that was once used in the treatment of rheumatism and neuralgia. Although popular as garden flowers，monkshoods are very poisonous. Death may follow within a few hours of ingestion of any part of the plant. Most species have purplish to bluish or greenish flowers，but one Asian monkshood，called wolfsbane，has yellow flowers. Wolf hunter in the past poisoned the animals with a juice obtained from wolfsbane roots.

3. 睡莲科（Nymphaeaceae）（睡莲目）

$* K_{4\sim6(14)} C_{8\sim\infty} A_{\infty,(0)} \underline{G}_{(3\sim\infty)}$

睡莲科共有 5 属，约 50 种，全球分布，生于淡水环境；我国 3 属，11 种。

形态特征：一年生或多年生水生草本植物，有地下根状茎；叶生于地下茎节上，具漂浮叶与沉水叶，互生，漂浮叶心形至盾形，沉水叶细弱，有时细裂；花大，单生，两性，辐射对称，浮于或伸出水面；萼片 4～6 片，花瓣 8 至多数；雄蕊多数；心皮 3 个至多个，分离或结合成多室子房；子房上位、半下位或下位；果实浆果状。染色体：$X=12\sim29$。

识别要点：水生草本；有根状茎；叶心形至盾形；花大，单生，花萼、花瓣与雄蕊逐渐过渡；两性花，雄蕊、雌蕊多数；果实浆果状。

代表植物

睡莲（*Nymphaea tetragona*），叶片卵形、基部深裂，常浮于水面；花径 3～5 cm，花有白、黄、蓝紫、红紫等色，为常见水生观赏植物（图 5 - 21）。

芡实（*Euryale ferox*），叶脉分枝处多刺，子房下位，果实浆果状，包于多刺之萼内，状如鸡头，内含种子 8～20 粒，称鸡头米或芡实。根茎、嫩叶和种子可食用；种子还可供药用，具有滋补强壮之功效。

萍蓬草（*Nuphar pumilum*），叶长卵形，基部箭形，子房上位，萼片 5，花瓣状，黄色，可观赏。

王莲（*Victoria regia*），叶片圆形，直径可达 100～250 cm，叶缘直立高起 7～10 cm，全叶宛如大圆盘浮于水面，具很大浮力，可承重 50 kg 以上；花径 25～35 cm，花色由初开时的白色逐渐变为淡红色，最后至深红色；王莲因其叶奇花大，是美化水体的良好植物。

图 5 - 21　睡莲

广义的睡莲科尚含有莲属（*Nelumbo*），常见植物：莲（*N. nucifera*），具肥大多节的根状茎，俗称"莲藕"；叶片盾状圆形，常伸出水面；花径 10～25 cm，花色有红、白、黄等；花托膨大俗称"莲蓬"，每一粒小坚果俗称"莲子"。

由于莲属植物叶片盾状突出水面，心皮多数（12～40）埋藏于一大而平顶、海绵质的花托内，聚合坚果，染色体：$X=8$，克朗奎斯特等学者已将其另立为莲科（Nelumbonaceae）。

睡莲科植物花单生，花瓣、雄蕊和心皮均多数、分离，表现出原始特征。水生草本、三基数花、维管束散生等特征与单子叶植物原始类型如泽泻科相同，被看作是单子叶植物的近缘祖先。

4. 桑科（Moraceae）（荨麻目）

♂ * $K_4 C_0 A_4$　　♀ * $K_4 C_0 \underline{G}_{(2:1)}$

桑科共有 40 属 1 000 余种，主要分布于热带和亚热带；我国 16 属 160 余种，主产于长江流域以南各省。

形态特征：木本，常具乳汁；单叶互生，托叶早落；花单性，雌雄同株或异株，常形成柔荑、穗状、头状或隐头花序；单被花，萼片 4 片，雄蕊与萼片同数而对生；雌蕊由 2 心皮合生，子房上位，1 室，1 胚珠；果多为聚花果；种子有胚乳。染色体：$X=7$，12～16。

识别要点：木本，常有乳汁；单叶互生；花单性，单被，4 基数；子房上位；聚花果。

代表植物

桑（*Morus alba*），雌雄异株，桑叶可饲蚕，聚花果——桑葚可食，茎韧皮纤维可作为造纸原料，根皮、枝、叶及聚花果入药，清肺热，祛风湿，补肝肾。

构树（*Broussonetia papyrifera*）（图5-22），茎韧皮纤维是优质的造纸原料，聚花果及根皮入药，叶和乳汁外用治癣疮。

无花果（*Ficus carica*），原产地中海沿岸，我国广有栽培。聚花果由隐头花序发育而来，成熟时紫黑色，可鲜食或制蜜饯。

榕树（*F. microcarpa*），常绿乔木，叶革质，气生根发达，生长于村边和山林中，常形成"独木成林"的景观。

印度橡胶树（橡皮树）（*F. elastica*），常绿乔木，叶厚革质，乳汁可制硬性橡胶，庭院花圃栽培，供观赏。

菩提树（*F. religiosa*），原产印度，其叶圆心形，有长尾尖。

薜荔（*F. pumila*），常绿灌木，果大、腋生，呈梨状或倒卵形，隐头果俗称"鬼馒头"，可制凉粉。

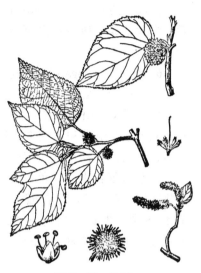

图5-22 构树

木菠萝（*Artocarpus heterophyllus*），也叫菠萝蜜或面包果，为著名热带果树，聚花果重达20 kg。

见血封喉（*Antiaris toxicaria*），常绿乔木，树液有剧毒，能使人畜血液凝固、心脏停止跳动而死亡，因此可制毒箭，猎兽用。

柘树（*Cudrania tricuspidata*），落叶灌木或小乔木，聚花果红色，近球形，可食用或酿酒；叶可饲蚕；根皮入药，茎皮作纤维用。

5. 胡桃科（Juglandaceae）（胡桃目）

♂ $* P_{3\sim6} A_{3\sim\infty}$　　♀ $* P_{3\sim5} C_0 \overline{G}_{(2:1:1)}$

胡桃科共8属约60种，分布于北半球热带到温带；我国有7属27种，主要分布于长江以南，少数种分布到北部。

形态特征：落叶乔木；奇数羽状复叶，互生，无托叶；花单性，雌雄同株；雄花序成下垂的柔荑花序，花被3～6裂，与苞片合生；雄蕊3至多枚；雌花单生或成总状或穗状排列，小苞片1～2个，花被3～5裂；雌蕊由2心皮合生，子房下位，1室，1胚珠；核果或翅果；种子无胚乳，子叶常皱缩，含油脂。染色体：$X=16$。

识别要点：落叶乔木；羽状复叶；花单性，雌雄同株，雄花序为柔荑花序；子房下位；核果或翅果。

代表植物

胡桃（核桃）（*Juglans regia*），枝条具片状髓；果实为著名干果和重要的木本油料植物（图5-23），种子可榨油，果壳（内果皮）可制活性炭，木材坚实，可制枪托等。

核桃楸（*J. mandshurica*），北方山区野生植物，种仁食用，树皮药用，木材、内果皮用途与胡桃相同。

山核桃（*Carya cathayensis*），羽状复叶的小叶背面有黄色腺体；浙江名产"小核桃"即为山核桃的果实，种仁供食用，内果皮制活性炭，材质坚韧，为优良的军工用材。

枫杨（*Pteroarya stenoptera*），具双翅果，果序下垂，为常见绿化树种；果可榨油，制肥皂或润滑剂，叶可杀虫。

6. 壳斗科（Fagaceae）（壳斗目）

♂ * $K_{4\sim8}C_0A_{4\sim\infty}$ ♀ * $K_{4\sim8}C_0\overline{G}_{(3\sim6:3\sim6:2)}$

壳斗科又称山毛榉科，共8属约900种，主要分布在北半球的温带和亚热带；我国6属约300种，除青海、新疆、西藏大部分地区外，分布几遍全国。

形态特征：木本，单叶互生，具托叶；花单性，雌雄同株，单被花，无花瓣；雄花序成柔荑花序，花

图 5-23　核桃

萼4~8裂，雄蕊4至多枚；雌花单生或2~5朵簇生于总苞内，花萼4~8裂，子房下位，3~6室；坚果外具木质化的杯状或囊状总苞，称壳斗；种子无胚乳，子叶肥厚。染色体：$X=12$。

识别要点：木本；单叶互生；花单性，雌雄同株，无花被；雄花为柔荑花序，雌花单生或2~5朵簇生于总苞内；子房下位；坚果。

代表植物

板栗（*Castanea mollissima*），为著名的木本粮食植物。其雄花序为直立的柔荑花序，坚果1~3个包于完全封闭带刺的壳斗内，果实成熟时壳斗常4裂。

栓皮栎（*Quercus variabilis*），树皮木栓层发达，可作软木塞。叶背面密生灰白色星状绒毛；雄花序下垂；坚果外具半包的壳斗；种子含丰富的淀粉；壳斗和树皮可提制栲胶（图5-24）。

麻栎（*Q. acutissima*），似栓皮栎，但叶背淡绿色，仅在脉腋有毛。

另外常见的还有圆齿栎（*Q. aliena*），又名槲栎；柞栎（*Q. dentata*），又名大叶菠萝；辽东栎（*Q. liaotungensis*）及蒙古栎（*Q. mongolica*）等。本科常见植物还有青冈属（*Cyclobalanopsis*）、锥属（*Castanopsis*）的多种植物。

7. 杨柳科（Salicaceae）（杨柳目）

♂ ↑ $K_0C_0A_{2\sim\infty}$　　♀ ↑ $K_0C_0\overline{G}_{(2:1:\infty)}$

杨柳科有3属，约620余种，主产北温带；我国3属，320种，分布南北各省。

图 5-24　栓皮栎

形态特征：木本；单叶互生，有托叶；花单性，雌雄异株，柔荑花序，无花被，有蜜腺或花盘；雄花有雄蕊2至多数，雌花的雌蕊为2心皮，1室，侧膜胎座；蒴果；种子无胚乳，基部具丝状毛。染色体：$X=19$、22。

识别要点：木本；单叶互生；花单性，雌雄异株，柔荑花序；无花被，有花盘或蜜腺；子房上位；蒴果，种子有长毛。

代表植物

杨属（*Populus*）植物，具顶芽，芽鳞多片，柔荑花序下垂，苞片边缘多裂，花具花盘，雄蕊4至多数，风媒花。常见绿化植物有毛白杨（*P. tomentosa*），树皮淡绿白色，叶三角状卵形，幼时叶背密被白色绒毛。银白杨（*P. alba*），叶背密生银白色绵毛，叶具3～5裂。加拿大杨（*P. canadensis*），树皮粗糙，有纵裂沟纹。小叶杨（*P. simonii*），叶菱状椭圆形，背面苍白色，广布于我国东北、西北、华北、华中及西南各省区，为主要造林树种之一。胡杨（*P. euphratica*），叶异型，蓝绿色，分布于西北，抗逆性强，喜生于河岸滩地，是荒漠地区特有阔叶森林树种。柳属（*Salix*），无顶芽，芽鳞1片，柔荑花序直立，苞片全缘，花具蜜腺，雄蕊多为2，虫媒花。常见绿化植物有垂柳（*Salix babylonica*），枝条细弱下垂，雄花有2个腺体，雌花只1个腺体，根系发达（图5-25），保土护堤能力强。旱柳（河柳）（*S. matsudana*），枝条直立，雄花和雌花均有2个腺体，早春蜜源植物，绿化、护堤树种。龙爪柳（*S. matsudana var. tortuosa*），枝条扭曲，为河柳之变种，观赏树种。

8. 蓼科（Polygonaceae）（蓼目）

$$* K_{3\sim6} C_0 A_{6\sim9} \underline{G}_{(2\sim3:1:1)}$$

蓼科共40属1000余种，全球分布，主产北温带；我国14属200多种，分布全国各地。

形态特征：多为草本，茎节部常膨大；单叶互生，有膜质托叶鞘；花两性，花序穗状或圆锥状等；单被花，无花瓣，萼片3～6个，雄蕊通常6～9枚；子房上位，心皮2～3合生，1室，1胚珠；瘦果三棱形或凸透镜形，种子含丰富的胚乳。染色体：$X=6\sim$11，17。

识别要点：草本，节膨大；单叶，全缘，互生，有膜质托叶鞘；花两性，单被；子房上位；瘦果。

代表植物

常见栽培作物：荞麦（*Fagopyrum esculentum*），一年生草本，叶常为卵状三角形，瘦果三棱形（图5-26），种子含60%～70%淀粉，既是粮食作物，又为蜜源植物。

常见药用植物：何首乌（*Fallopia multiflora*），多年生缠绕草本，叶卵状心形，块根和地上茎（夜交藤）入药。大黄（*Rheum offinale*），多年生粗壮草本，基生叶掌状浅裂，根入药，有消炎、健胃的作用。羊蹄（*Rumex acetosa*），叶基心形，根能清热凉血、杀虫润肠。

常见观赏植物：竹节蓼（*Homalocladium platycadium*），枝扁平多节，绿色似叶，叶稀少或无，常盆栽观赏。红蓼（东方蓼）（*Polygonum orientale*），植株高大，叶宽大卵圆形，圆锥花序下垂，花粉红色，常庭院栽培，果及全草亦可入药。

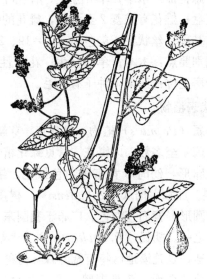

图 5-25　垂柳　　　　　　　　　　　　图 5-26　荞麦

常见野生杂草：萹蓄（*Polygonum aviculare*），茎平卧或斜升，分枝多。酸模叶蓼（*P. lapathifolium*），叶上面有黑斑。本氏蓼（*P. bangeanum*），茎上有倒钩刺。两栖蓼（*P. amphibium*），水陆两栖。水蓼（*P. hydropiper*），穗状花序细弱，花排列稀疏。巴天酸模（*Rumex patientia*），叶片较大，基部圆形或微心形；果被通常有一片具瘤状突起。

9. 石竹科（Caryophyllaceae）（石竹目）

$$* K_{(4\sim5),4\sim5} C_{4\sim5} A_{4\sim10} \underline{G}_{(5\sim2:1:\infty\sim1)}$$

石竹科共 75 属 2 000 余种，广布全世界，主产北温带和寒带；我国 32 属 400 余种，各地均有分布。

形态特征：草本，茎节部膨大；单叶，全缘，对生；花两性，辐射对称，花单生或组成聚伞花序；萼片、花瓣 4～5；雄蕊 1 轮 4～5 枚，或 2 轮 8～10 枚，分离；心皮 2～5，合生，子房上位，1 室，特立中央胎座；蒴果，常具外胚乳。染色体：$X = 6$，9～15，17，19。

识别要点：草本，节膨大；单叶、全缘、对生；花两性，辐射对称；雄蕊为花瓣的 2 倍；子房上位；特立中央胎座；蒴果。

代表植物

常见花卉及观赏植物：石竹（*Dianthus chinensis*），花瓣 5，顶端齿裂，颜色多样（图 5-27）。瞿麦（*D. superbus*），花瓣先端丝状深裂。须苞石竹（五彩石竹、美国石竹）（*D. barbatus*），花小而多，密集成头状聚伞花序，花色有白、粉、红等；花下苞片先端须状。香石竹（康乃馨）（*D. caryophllus*），花通常单生，花色多样，重瓣花，有香气，是良好的鲜切花材料。锥花丝石竹（满天星）（*Gypsophila paniculata*），花枝多，花小，白色，常为重瓣花，常作插花。剪夏罗（*Lychnis coronata*），原产中国，是中国的特有种。花着生于茎顶及叶腋内，橙红色。剪秋罗（*L. fulgens*），顶生聚伞花序，花深红色。

常见田间杂草：王不留行（麦蓝菜）（*Vaccaria segetalis*），直立草本，全株光滑；花淡红色，花萼连合，具 5 条肋棱，花柱 2；种子入药。麦瓶草（米瓦罐、面条菜）（*Silene conoidea*），直立草本，全株有腺毛；花粉红色，花萼连合，具多数脉，花柱 3。繁缕（*Stellaria media*），茎细弱；花萼分离；花白色，花瓣先端 2 裂，花柱 3。鹅肠菜（*Malachium aquaticum*）茎下部伏卧，上部直立；花萼分离；花白色，花瓣先端深 2 裂，花柱 5。蚤缀（*Arenaria serpyllifolia*），茎直立；花萼分离；花白色，花瓣全缘，花柱 3。

孩儿参（*Pseudostellaria heterophylla*）为药用植物，多年生草本，块根长纺锤形，肥厚。干燥块根入药有滋阳强壮、益气健胃之功效。

图 5 - 27　石竹

10. 藜科（Chenopodiaceae）（石竹目）

$$* K_{5 \sim 3} C_0 A_{5 \sim 3} \underline{G}_{(2 \sim 3 : 1 : 1)}$$

藜科共 100 属 1 500 余种，分布世界各地，主产温带、寒带的海滨或土壤含盐较多的地区；我国 39 属 180 余种，各地均有分布，尤以西北荒漠地区为多。

形态特征：多为草本，植株常具泡状粉粒；单叶互生，无托叶；花小，绿色，单被，两性或单性；雄蕊与花萼同数且对生，子房上位，心皮 2～3 合生，1 室，1 胚珠；胞果，果常包藏于扩大宿存变硬或成翅的花萼和苞片内；胚弯生，具外胚乳。染色体：$X = 6$，9。

识别要点：草本，具泡状粉；单叶互生，无托叶；花小，单被；雄蕊与花萼同数且对生；子房上位；胞果。

`代表植物`

常见栽培作物：菠菜（*Spinacia oleracea*），花单性，雌雄异株，胞果包埋于变硬的小苞片内，具刺；幼苗为重要的大众蔬菜（图 5 - 28）。甜菜（*Beta vulgare*），花小，两性；根肥大多汁含糖分，为制糖原料，又称"糖萝卜"。甜菜的变种莙荙菜（*B. vulgare* var. *cicla*），叶可作蔬菜食用。

常见杂草：藜（*Chenopodium album*）、灰绿藜（*Chenopodium glaucum*）、尖头叶藜（*Chenopodium acuminatum*）、猪毛菜（*Salsola collina*）等。土荆芥（*Chenopodium ambrosioids*）广布于我国东部至西南部，全草土荆芥油作健胃驱虫药。另外还有碱蓬（*Suaeda glauca*），生于盐碱地，为盐碱地指示植物。沙蓬（*Agriophyllum spuarrosum*）及梭梭（*Haloxylon ammodendron*），生于沙丘或沙漠地区，可固沙。地肤（扫帚菜）（*Kochia scoparia*）种子含油 15%，供食用或工业用；果

图 5 - 28　菠菜

实为中药"地肤子"，能利尿，清湿热；嫩茎叶可食，老熟茎枝可作扫帚。

11. 苋科（Amaranthaceae）（石竹目）

$*P_{5\sim3}A_{5\sim3}\underline{G}_{(2\sim3:1:1)}$

苋科约 70 属 900 余种，广布热带和温带；我国约 14 属 39 种，南北均有分布。

形态特征：草本稀灌木；单叶互生或对生，无托叶；花小，常两性，单生或排成穗状、头状或圆锥状的聚伞花序；单被花，苞片与花被片均为干膜质，常有色彩，雄蕊与萼片同数对生；子房上位，由 2～3 心皮合生为 1 室，常 1 胚珠；胞果常盖裂，稀浆果或坚果；种子有胚乳。染色体：$X=7,17,18,24$。

识别要点：草本；单叶，无托叶；花小，苞片与花被片均为干膜质，雄蕊与花被同数对生；胞果常盖裂。

代表植物

常见栽培蔬菜：苋（*Amaranthus tricolor*），单叶互生，嫩茎、叶可作蔬菜，也可观赏（图 5 - 29），全草入药，种子和叶富含赖氨酸，有特殊营养价值。繁穗苋（*A. paniculatus*），圆锥状花序直立；尾穗苋（*A. caudatus*），圆锥状花序下垂，均可栽培作蔬菜。

常见观赏植物：鸡冠花（*Celosia cristata*），顶生穗状花序扁平如鸡冠，通常有淡红色、红色、紫色及黄色等。青葙（*D. argenta*），穗状花序圆柱形或塔形。锦绣苋（*Alternanthera bettzickiana*），叶倒披针形，叶色有黄白色斑或紫褐色斑的变种，可作花坛组字及拼图的材料，供观赏。千日红（*Gomphrena globosa*），叶对生，花序头状球形，红色，既可栽培观赏，又可作干花材料。

常见农田杂草：反枝苋（*Amaranthus retofexus*），全株有短柔毛。刺苋（*A. spinosus*），叶柄基部两侧各有 1 刺。皱果苋（*A. viridis*），全株无毛，叶面常具"V"字形斑，果皮皱，不裂。凹头苋（*A. lividus*），无毛，叶先端有凹缺。

图 5 - 29 苋

12. 十字花科（Cruciferae, Brassicaceae）（白花菜目）

$*K_{2+2}C_{2+2}A_{2+4}\underline{G}_{(2:1:1\sim\infty)}$

十字花科共有 350 属约 3 200 种，全球分布，主产北温带；我国 95 属约 430 种，各地均有分布。

形态特征：多为草本，常具辛辣味；基生叶常呈莲座状，茎生叶互生，无托叶；总状花序，花两性，十字形花冠，四强雄蕊，雌蕊由 2 心皮合生，子房上位，常有一个次生的假隔膜（胎座在发育后期延伸形成的薄膜）把子房分为假二室，侧膜胎座；角果，种子无胚乳。染色体：$X=4\sim15$，多为 6～9。

识别要点：草本；花两性，整齐；十字形花冠，四强雄蕊；子房上位，侧膜胎座，具假隔膜；角果。

代表植物

本科有大量蔬菜，如甘蓝（卷心菜、洋白菜）（*Brassica oleracea* var. *capitata*），顶生叶包裹成圆球状供食用。白菜（*B. pekinensis*），为北方地区冬、春季主要蔬菜之一。花椰菜（菜花）（*B. oleracea* var. *botyrtis*），食用顶生球形花序。青菜（小油菜）（*B. chinensis*），叶倒卵状匙形，品种很多。球茎甘蓝（苤蓝）（*B. caulorapa*），茎近地面处有块茎，肉质、食用。大头菜（芥菜疙瘩）（*B. juncea* var. *megarrhiza*），地下有肉质圆锥形块根，常腌渍食用。芥菜（*B. juncea*），一年生草本，有辛辣味，各地栽培。芥菜的变种榨菜（*B. juncea* var. *tunvida*），茎基部膨大成瘤状，供腌渍酱菜；雪里蕻（*B. juncea* var. *multiceps*）基生叶常作蔬菜。另外，萝卜（*R. sativus*）也是常见蔬菜，其品种很多；常见变种、变型有：大青萝卜（*R. sativus* var. *acanthiformis*）直根地上部分绿色，地下部分白色，叶狭长；红萝卜（*R. sativus* f. *sinoruber*），直根紫红色，叶柄及叶脉常带紫色。荠菜（*Capsella bursa-pastoris*）（图5-30），为野生蔬菜。

图5-30　荠菜

油菜（*Brassica campestris*），基生叶大头羽状分裂，茎生叶基部两侧有垂耳。其种子的含油量达40%，为我国四大油料作物之一。也是重要的蜜源植物。

常见药用植物：菘蓝（*Isatis tinctoria*），根称板蓝根，叶称大青叶，均可入药，治疗病毒性感染。

观赏植物：有紫罗兰（*Matthiola incana*）、桂竹香（*Cheiranthus cheiri*）、羽衣甘蓝（*Brassica oleracea* var. *acephala* f. *tricolor*）、二月兰（诸葛菜）（*Orychophragmus violaceus*）、香雪球（*Lobularia maritime*）等。

田间杂草：有播娘蒿（*Descurainia sophia*）、独行菜（*Lepidium apetalum*）离子草（*Chorispora tenella*）、蔊菜（*Rorippa Montana*）等。

知识探索与扩展

模式植物拟南芥

拟南芥（*Arabidopsis thaliana*）是十字花科拟南芥属植物。野生状态下为二年生草本，茎直立；基生叶呈莲座状，有叶柄，叶片表面具叉状毛；花白色；角果线形。拟南芥植株一般株高约15 cm。在目前已经了解的高等植物基因组中，拟南芥的核基因组最小，其单倍体基因组仅由5条染色体组成。已成为进行分子遗传学研究的模式材料。

拟南芥的全基因组测序已经完成，全基因组包含约1.3亿个碱基对，2.5万个基因。是首个被测序的模式植物，也是已经揭示所有基因的第一个高等植物。这对人们全面理解整个植物生命现象具有重大意义，对农业科学、进化生物学和分子药物学等领域的发展都有重要影响。

13. 山茶科（Theaceae）（山茶目）

$$* K_{4\sim\infty} C_{5(5)} A_\infty \underline{G}_{(2\sim10:2\sim10:2\sim\infty)}$$

山茶科共有 40 属 600 余种，主产热带和亚热带地区；我国约 15 属 400 种，主产长江流域及南部各省。

形态特征：常绿木本；单叶互生，无托叶；花两性，辐射对称，花萼 4 至多数，花瓣 5，分离或基部结合，雄蕊多数，多轮生于花瓣上，子房上位，稀下位，2～10 室，中轴胎座；蒴果或浆果，种子具胚乳。染色体：$X=15$，21。

识别要点：常绿木本；单叶互生，叶革质；花两性，整齐，5 基数；雄蕊多数，成数轮；子房上位；常为蒴果。

代表植物

茶（*Camellia sinensis*），为世界四大饮料之一，我国已有 2 500 年的栽茶及制茶历史，闻名世界。茶叶中含咖啡因、茶碱、可可碱、挥发油等，具有兴奋中枢神经及利尿的作用。种子油可食，并且是很好的润滑剂。油茶（*C. oleifera*），种子油可食，为华南地区主要的木本油料植物。山茶（*C. japonica*），花大美丽，花瓣圆形，常红色（图 5-31），为我国十大名花之一。金花茶（*C. chrysantha*），花金黄色，仅产于广西西南部，是新发现的珍稀种，为中国国家一级保护植物。

图 5-31 山茶

14. 锦葵科（Malvaceae）（锦葵目）

$$* K_{(5),5} C_5 A_{(\infty)} \underline{G}_{(3\sim\infty:3\sim\infty:3\sim\infty)}$$

锦葵科共有约 75 属 1 500 种，分布于温带及热带；我国有 16 属约 80 种，广布全国各地。

形态特征：木本或草本，茎韧皮纤维发达；单叶互生，常为掌状分裂，托叶早落；花两性，5 基数，辐射对称，有副萼，花瓣旋转状排列；雄蕊多数，花丝基部联合成雄蕊管，为单体雄蕊，花药 1 室，花粉粒大且具刺；子房上位，3 至多室，中轴胎座；蒴果或分果，种子有胚乳。染色体：$X=5\sim22$，33，39。

识别要点：单叶；花两性，整齐，5 基数；有副萼，单体雄蕊，花药 1 室；子房上位；蒴果或分果。

代表植物

棉属（*Gossypium*）植物由于种皮的表皮细胞延伸成长绵毛，即为纺织用的棉纤维。常见栽培的棉属植物：陆地棉（*G. hirsutum*）（图 5-32），我国普遍栽培；海岛棉（*G. barbadense*），我国南方有栽培；树棉（中棉）（*G. arboreum*），广植于黄河以南地区；草棉（*G. herbaceum*）适于西北地区栽培，生长期短，120 d 左右。此外，棉籽可榨油，供食用或制肥皂；油饼可作饲料或肥料；棉籽壳可用作食用菌栽培基料。

茎韧皮纤维发达的栽培作物：洋麻（*Hibiscus cannabinus*）和苘麻（*Abutilon theophrasti*），均是重要的纤维作物，茎韧皮纤维可织麻袋、渔网及绳索等。

常见观赏植物：木槿（*Hibiscus syriacus*），落叶灌木，花冠白色、粉红色或紫色，

图 5-32　陆地棉

常见公园或庭院栽培。扶桑（朱槿）（*H. rosea-sinensis*），常绿小灌木，花大，红色，单生于叶腋，雄蕊柱超出花冠，常盆栽观赏。吊灯花（*H. schizopetalus*），常绿灌木，花梗细长，花倒垂，花瓣 5，红色，深细裂成流苏状，向上反卷。木芙蓉（*H. mutabilis*），木本，植株密被星状毛，叶掌状 5 裂，花梗短，花直立，花粉红色，花瓣不裂。蜀葵（*Althaea rosea*）直立草本，高可达 3 m，花大而鲜艳，颜色多样。锦葵（*Malva sinensis*），直立草本，叶肾形，花簇生叶腋，花径约 3 cm。另外，冬葵（*M. crispa*）和秋葵（*Abelmoschus esculentus*）也为常见草花。

野西瓜苗（*Hibiscus trionum*），一年生草本，茎软弱或伏卧生长，全株具粗毛，叶形似西瓜叶，为常见杂草。黄槿（*H. tiliaceus*）的嫩枝叶和咖啡黄槿（*Abelmoschus esculentus*）的嫩果均可作蔬菜。

15. 葫芦科 （Cucurbitaceae）（堇菜目）

♂ $* K_{(5)} C_{(5)} A_{(2)+(2)+1}$　　♀ $* K_{(5)} C_{(5)} \overline{G}_{(3:1:\infty)}$

葫芦科共有约 113 属 800 种，主产热带和亚热带；我国 32 属约 150 种，主要分布于南部和西南部，北方多为栽培种。

形态特征：草质藤本，有卷须；单叶互生，常掌状分裂；花单性，雌雄同株或异株，花基数 5，雄蕊常两两联合，一条单独；雌蕊由 3 个心皮合生，子房下位，1 室，侧膜胎座，胚珠多数；瓠果，少数为蒴果，种子无胚乳。染色体：$X=7\sim14$。

识别要点：具卷须的草质藤本；单叶互生，叶掌状分裂；花单性，5 基数；子房下位，瓠果。

代表植物

常见蔬菜：黄瓜（*Cucumis sativus*），果常具刺或疣状突起。苦瓜（凉瓜）（*Momordica charantia*），果实表面有疣状突起，果味稍苦，常作风味蔬菜（图 5-33）。丝瓜（*Luffa cylindrica*），冬瓜（*Benincasa hispida*），葫芦（*Lagenaria siceraria*），瓢子（*L. siceraria* var. *hispida*），南瓜（*Cucurbita moschata*），笋瓜（*C. maxima*），西葫芦（*C. pepo*）等均为常见果菜。

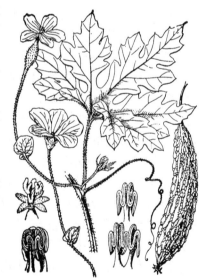

图 5-33　苦瓜

常见水果：西瓜（*Citrullus lanatus*），香瓜（甜瓜）（*Cucumis melo*），新疆的哈密瓜和甘肃的白兰瓜均为香瓜的不同变种和品系。

药用植物：栝楼（*Trichosanthes kirilowii*），根入药，可生津止渴，降火润燥；果入药清热化痰；种子入药润燥滑肠。罗汉果（*Siraitia grosvenoi*），果入药，可治咳嗽。绞股蓝（*Gynostemma pentaphyllum*），有镇静、催眠及降血压等功效。赤瓟（*Thladiantha dubia*），果实和块根可入药。

喷瓜（*Ecballium elaterium*），蔓生，多年生草本，无卷须；雌雄同株；花黄色；果椭圆形，受到触动的成熟果实从果柄处脱落，并由脱落处喷射出果肉的黏液和棕色的种子，黏液具毒性，不可入眼；常栽培以观果。

此外，产自云南、广西等地的油渣果（油瓜）（*Hodgsonia macrocarpa*），大型木质藤本，雌雄异株；果可食，种子可榨油，含油量达 68.2%，是我国近年来发现的野生油料植物资源。

16. 柿科（Ebenaceae）（柿目）

$$♂ * K_{(3\sim7)} C_{(3\sim7)} A_{3\sim7, 6\sim14, \infty} \qquad ♀ * K_{(3\sim7)} C_{(3\sim7)} \underline{G}_{(2\sim16 : 2\sim16 : 1\sim2)}$$

本科有 3 属，500 种，分布于热带和亚热带地区。我国仅 1 属，约 56 种，主要分布于西南部至东南部。

形态特征：灌木或乔木，木材多黑褐色。单叶互生，稀对生，全缘，无托叶。花单性，雌雄异株，或杂性，单生或为聚伞花序；花萼 3～7 裂，宿存，花冠 3～7 裂，钟状或壶状，裂片旋转状排列；雄蕊与花冠裂片同数、2 倍或更多，分离或结合成束，常着生于花冠筒基部，花药内向纵裂；子房上位，中轴胎座，2～16 室，每室 1～2 胚珠。浆果；种子具胚乳。染色体：$X=15$。

识别要点：木本；单叶全缘，常互生；花单性，萼宿存，花冠裂片旋转状排列；浆果。

代表植物

柿（*Diospyros kaki*），落叶乔木，叶卵状椭圆形至倒卵形，下面及小枝均有短柔毛，果卵圆形至扁球形，直径 3cm 以上（图 5-34）；原产我国，为著名果树，久经栽培，品种很多，果食用或制柿饼；柿蒂含乌索酸（熊果酸）、齐墩果酸；柿霜含甘露醇，柿叶含黄酮苷，均入药；柿漆可涂渔网和雨伞。君迁子（*D. lotus*），乔木，叶椭圆形至矩圆形，上面密生脱落性柔毛，下面近白色，果球形或椭圆形，直径约 2cm，蓝黑色；原产我国，果食用或酿酒，富含维生素 C，也作柿树的砧木。另有老鸦柿（*D. rhombifolia*），灌木，小枝无毛，果橙黄色；果制柿漆，根、枝药用，活血利肾。瓶兰（*D. armata*），灌木，小枝具柔毛，果小，球形；栽培供观赏。本属植物心材黑褐色，统称"乌木"，是一种名贵木材，以印度产的乌木（*D. ebenum*）最著名，我国台湾产的台湾柿（*D. discolor*）也是乌木的材源。

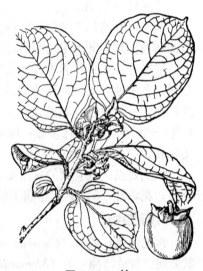

图 5-34 柿

17. 蔷薇科（Rosaceae）（蔷薇目）

$$* K_{(5)} C_{5,0} A_{5\sim\infty} \underline{G}_{\infty : \infty : 1\sim\infty, (1:1:1)} \overline{G}_{(2\sim5 : 2\sim5 : 1\sim2)}$$

蔷薇科约 100 属 3 300 种，全世界分布，主产于北温带至亚热带；我国 51 属 1 000 余种，各地有分布。

形态特征：木本或草本。叶互生，常有托叶。花两性、5 基数，为整齐花；花托凸起或凹陷，具杯形、盘形或壶形花托；雄蕊多数，着生在花托的边缘；心皮 1 至多数，离生或合生，子房上位或下位。果实类型有蓇葖果、瘦果、核果及梨果，稀为蒴果。种子无胚乳。染色体：$X=7，8，9，17$。

识别要点：叶互生，常有托叶；花两性，整齐，5基数；雄蕊常多数，着生在花托的边缘。种子无胚乳。

根据花托、雌蕊群和果实的特征，蔷薇科又分为绣线菊亚科（Spiraeoideae）、蔷薇亚科（Rosoideae）、李亚科（Prunoideae）、苹果亚科（Maloideae）（表5-2）。

表5-2　蔷薇科四亚科特征比较

	托叶	花托	雌蕊群	子房位置	果实类型
绣线菊亚科	常无托叶	杯状	心皮5，离生	子房上位	聚合蓇葖果或蒴果
蔷薇亚科	有托叶	壶状或凸起	心皮多数，离生	子房上位	聚合瘦果或蔷薇果
李亚科	有托叶	杯状	心皮1	子房上位	核果
苹果亚科	有托叶	壶状	心皮2～5，合生	子房下位	梨果

代表植物

绣线菊亚科常见植物：珍珠梅（*Sorbaria kirilowii*），奇数羽状复叶，具托叶；顶生圆锥花序，花白色；心皮5，分离；聚合蓇葖果。白鹃梅（*Exochorda racemosa*），心皮5，仅花柱分离；蒴果，有5棱脊。均为栽培观赏植物。常见的还有三裂绣线菊（*Spiraea trilobata*）（图5-35）等。

蔷薇亚科常见观赏植物：月季（*Rosa chinensis*），直立灌木，有刺，羽状复叶有3～5片小叶，叶面光亮，一年开花多次，花色多样（图5-36）。玫瑰（*R. rugosa*），直立灌木，羽状复叶有5～9片小叶，叶面有皱纹，一年开花一次，花色为玫瑰红色。蔷薇（*R. multiflora*），木质藤本，有刺，羽状复叶有5～9片小叶，叶面光亮，一年开花一次，花色为白色或红色。黄刺玫（*R. xanthina*），直立灌木，有刺，一年开花一次，花黄色。以上4种植物的花托凹陷呈壶状，形成蔷薇果。棣棠（*Kerria japonica*），鸡麻（*Rhodotypos scandens*）也是常见观赏植物。

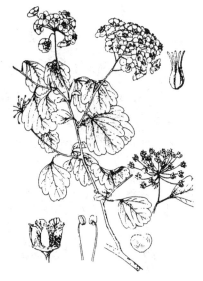

图5-35　三裂绣线菊

图5-36　月季

栽培植物：草莓（*Fragaria ananasa*），为草本，匍匐茎，花白色，花托隆起，成熟时肉质多汁，红色，为食用部分。

常见野生植物：蛇莓（*Duchesnea indica*），草本，匍匐茎，花黄色，花托隆起，成熟时肉质。金樱子（*Rosa laevigata*），3小叶复叶，光亮；花单生，白色；果梨形，密布刺，可熬糖、酿酒，根及果入药。水杨梅（*Geum aleppicum*），直立草本，花黄色，宿存花柱形成钩状长喙。朝天委陵菜（*Potentilla supina*），草本，茎平卧或斜升，花黄色，花托隆起。山楂叶悬钩子（*Rubus crataegifolius*），灌木，有刺，花白色，聚合小核果红色，可食。茅莓（*Rubus parvifolius*），叶背面有密白毛；果生食、熬糖和酿酒；叶及根皮可提制栲胶；根、茎、叶可入药，能舒筋活血。地榆（*Sanguisorba officinalis*），直立草本植物，根入药具收敛止血作用。

李亚科常见植物：桃（*Amygdalus persica*），花单生，红色；果皮密被毡毛，核有凹纹；果食用，桃仁、花、树胶、枝、叶均可药用（图5-37）。李（*Prunus salicina*）果皮有光泽，并有蜡粉，核有皱纹；果食用，核仁、根、叶、花、树胶均可药用。杏（*Armeniaca vulgaris*）花单生，微红；果杏黄色，微生短毛或无毛，食用，杏仁入药。梅（*A. mume*）为我国十大名花之一，花白色或红色；果黄色，有短柔毛，食用并可入药，花亦供入药；木材作雕刻、算盘珠等用。樱桃（*Cerasus pseudocerasus*）亦为常见水果；榆叶梅（*Amygdalus triloba*）和樱花（*C. serrulata*）为常见观赏植物。

苹果亚科（梨亚科）常见植物：白梨（*Pyrus bretschneideri*），果食用；秋子梨（*P. ussuriensis*），果近圆形，皮黄绿色，原产我国，极抗寒，北方多栽培食用或观赏；杜梨（*P. betulaefolia*），果实很小，可观赏或作白梨的砧木。苹果（*Malus pumila*），全世界广为栽培，品种很多，我国主产北方，鲜食或加工果品及酿酒（图5-38）。海棠花（*M. spectabilis*），为我国著名观赏树种。山楂（*Crataegus pinnatifida*），果皮深红色，具浅色斑点，多栽培观赏；其栽培变种山里红（*C. pinnatifida* var. *major*），果大，鲜食或加工果酱等果品，也可药用和观赏。枇杷（*Eriobotrya japonica*），为常见水果，叶药用，北方栽培供观赏。

图5-37 桃

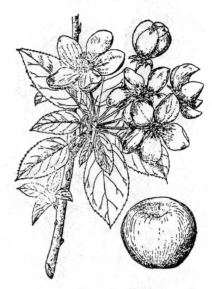

图5-38 苹果

18. 豆科（Leguminosae）（豆目）

$* \uparrow K_{(5),5} C_5 A_{\infty,(9)+1,10,(10)} \underline{G}_{1:1:1\sim\infty}$

豆科约600余属，18 000种左右，广布全世界；我国约有150属1 200种以上，各地均产。

形态特征：木本或草本，常具根瘤。多为复叶，少单叶，互生，有托叶，叶枕常发达。花两性，5基数；花萼常5裂；花瓣5，花冠多为蝶形或假蝶形；雄蕊多数至定数，常10枚且为二体雄蕊；雌蕊1心皮，1室，含多数至1个胚珠；荚果；种子无胚乳。染色体：$X=5\sim16$，18，20，21。

识别要点：叶常为羽状或三出复叶，有叶枕；花冠多为蝶形或假蝶形；雄蕊为二体、单体或分离；子房上位；荚果。

依据花的形状、花瓣的排列及雄蕊特点，豆科又分为含羞草亚科（Mimosoideae）、云实（苏木）亚科（Caesalpinioideae）及蝶形花亚科（Papilionoideae）（表5-3）。

表5-3 豆科三亚科主要特征比较

亚科名称	花冠类型	花瓣排列方式	雄蕊特点
含羞草亚科	辐射对称	镊合状排列	雄蕊常多数，合生或分离
云实亚科	假蝶形花冠	上升覆瓦状排列	雄蕊10枚，分离
蝶形花亚科	蝶形花冠	下降覆瓦状排列	二体雄蕊

代表植物

含羞草亚科常见植物：合欢（*Albizzia julibrissin*），乔木；具二回羽状复叶，小叶镰刀形；头状花序成伞房状排列；花淡粉红色，花萼、花冠均联合成管状；雄蕊多数，花丝细长，呈粉红色，基部联合成单体；各地栽培观赏及作行道树（图5-39）。含羞草（*Mimosa pudica*），多年生草本，叶为二回羽状复叶，小叶线形，叶富感应性，触动时小叶闭合，叶柄下垂。台湾相思（*Acacia confusa*），乔木，叶片退化，叶柄扁化成叶状；头状花序腋生，黄色。华南常见，优良造林与用材树种。

云实（苏木）亚科常见植物：紫荆（*Cercis chinensis*），南方野生为乔木，北方栽培呈灌木状；单叶全缘，圆心形，互生；花紫色簇生于老枝上，先叶开放；假蝶形花冠；雄蕊10，花丝分离。香港市花红花羊蹄甲（紫荆花、洋紫荆）（*Bauhina blakeana*），乔木，叶片阔心形，顶端两裂，花大美丽，为观赏植物。皂荚（*Gleditsia sinensis*）落叶乔木，树干上常有枝刺；荚果可代肥皂。云实（*Caesalpinia sepiaria*），有刺灌木，常蔓生，花黄色（图5-40）。苏木（*C. sappan*）灌木或乔木，有疏刺，心材药用或提取红色染料，根可提取黄色染料。还有凤凰木（*Delonix regia*）、决明（*Cassia obtusifolia*）等均为我国南部常见植物。

蝶形花亚科植物种类多，用途广。常见栽培作物：豌豆（*Pisum sativum*），托叶大于小叶，各地栽培，作蔬菜或杂粮；大豆（*Glycine max*），种子富含蛋白质和脂肪，可制豆腐和食用油；落花生（*Arachis hypogaea*），果实在地下成熟，为重要干果和油料作物；蚕豆（*Vicia faba*），茎四棱，各地栽培作蔬菜和杂粮；菜豆（*Phaseolus vulgaris*），荚果条形，肉质，嫩荚作蔬菜；豇豆（*Vigna unguiculata*），荚果稍肉质，嫩荚作蔬菜，种子入药能健胃补气、滋养消食（图5-41）。牧草有紫苜蓿（*Medicago sativa*）、白三叶

图 5-39　合欢

图 5-40　云实

（*Trifolium repens*）和沙打旺（*Astragalus adsugens*）等。

蝶形花亚科常见材用树种与观赏绿化植物：紫檀（*Pterocarpus indicus*），乔木，花黄色，木材坚硬致密，心材红色通称"红木"。黄檀（*Dalbergia hupeana*），乔木，花白或淡紫色，木材黄色或白色，材质坚密。紫藤（*Wisteria sinensis*），茎左旋，木质藤本，栽培观赏。槐（*Sophora japonica*），为优良绿化观赏树种与蜜源植物，亦药用。洋槐（*Robinia pseudoacacia*），花白色，适应性强，广泛栽培，优良绿化与蜜源树种。紫穗槐（*Amorpha fruticosa*），花冠仅有 1 枚旗瓣，紫色，植株适应性强，优良绿化与绿肥植物。

图 5-41　豇豆

常见药用植物：甘草（*Glycyrrhiza uralensis*），产我国北方各省，根与根状茎为常用中药材，清热解毒、润肺止咳、调和诸药，新近研究表明在医治肿瘤、艾滋病等方面也有重要作用。黄芪（*Astragalus membranaceus*），主根肥厚，木质，花黄色，各地栽培，为常用中药材。

常见野生植物有三齿萼野豌豆（*Vicia bungei*）、歪头菜（*V. unijuga*）、糙叶黄芪（*Astragalus scaberrimus*）、米口袋（*Gueldenstaedtia vernasubsp multiflora*）、多花胡枝子（*Lespedeza floribunda*）、草木樨（*Melilous suaveolens*）、锦鸡儿（*Caragana sinica*）、苦参（*Sophora flavescens*）及葛（*Pueraria lobata*）等。

在哈钦松系统（1959、1973）及克郎奎斯特系统（1981）中，豆科中三亚科已上升为科，而本教材为照顾传统习惯，仍保留豆科这一阶层，并下分三个亚科。

19. 大戟科（Euphorbiaceae）（大戟目）

　　♂ $* K_{0\sim5} C_{0\sim5} A_{1\sim\infty,(\infty)}$　　　♀ $* K_{0\sim5} C_{0\sim5} \underline{G}_{(3:3:1\sim2)}$

大戟科共有 300 余属，8 000 多种，广布全世界，主产于热带，为一热带性大科；我国约有 65 属 440 种，各省有分布，多产于南方。

形态特征：草本、灌木或乔木，常有乳汁；单叶互生或对生，叶基部常有腺体，托叶早落；花多单性，雌雄同株或异株，花序类型复杂，常为杯状聚伞花序；花单被、双被或无被，具花盘或腺体；雄蕊 1 至多枚，花丝分离或合生；雌蕊通常由 3 心皮合生而成，子房上位，3 室，中轴胎座，每室 1～2 枚胚珠；蒴果，少数为浆果或核果，种子有胚乳。染色体：$X=7～12$。

识别要点：常具乳汁；多单叶；花单性；子房上位，3 心皮合生成 3 室；中轴胎座；蒴果。

代表植物

重要经济植物：蓖麻（*Ricinus communis*），种子含油率达 70% 左右，供工业和医药用，叶可饲养蓖麻蚕。橡胶树（*Hevea brasiliensis*），乔木，乳汁含橡胶，是最优良的橡胶植物，原产巴西，现全球热带地区广为栽培（图 5－42）。油桐（*Vernicia fordii*），种子可榨桐油，种仁含油量 46%～70%，是优良的干性油，可制油漆、涂料、玻璃纸等，为我国特产，产量占世界 70%。乌桕（*Sapium sebiferum*），种子油也为干性油，供工业用。木薯（*Manihot esculenta*），肉质块根富含淀粉，可食用或工业用，但含氰酸，食前必须浸水去毒、煮熟。巴豆（*Croton tiglium*），种子含巴豆油及蛋白质，均有剧毒，为强烈泻药。

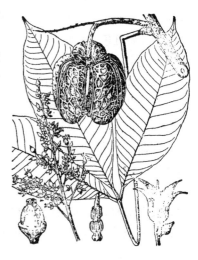

图 5－42　橡胶树

常见观赏植物：一品红（圣诞花）（*Euphorbia pulcherrima*），灌木，开花时上部叶呈鲜红色，鲜艳美丽，花期一般在圣诞节前后。虎刺梅（*E. milii*），肉质植物，茎上有硬刺，花序总苞洋红色。霸王鞭（*E. royleana*），肉质植物，茎上有硬刺，花序总苞绿色。银边翠（*E. marginata*），灌木，花期茎上部叶全变为白色或叶缘变为白色。白苞猩猩草（*E. heterophylla*），一年生直立草本，上部叶常基部红色或有红、白斑纹。

常见野生植物：地锦（*Euphorbia humifusa*）、猫儿眼（猫眼草）（*E. lunulata*）、泽漆（*E. helioscopia*）、铁苋菜（*Acalypha australis*）、大戟（*Euphorbia pekinensis*）、地构叶（*Speranskia tuberculata*）、一叶萩（*Flueggea suffruticosa*）、雀儿舌头（*Leptopus chinensis*）等。

20. 鼠李科（Rhamnaceae）（鼠李目）

$* K_{4～5} C_{4～5,0} A_{4～5} \underline{G}_{(2～4:2～4:1)}$

鼠李科共有 51 属约 900 种，分布于温带及热带；我国 15 属 135 种，各地分布。

形态特征：乔木或灌木，常有刺；单叶互生，有托叶；花两性，辐射对称，4～5 数；雄蕊与花瓣同数而对生，有花盘，周位花；子房上位，2～4 室，每室 1 枚胚珠；核果，少蒴果或翅果，种子胚乳薄或无。染色体：$X=10～13$。

识别要点：单叶，不分裂；花两性，周位花，雄蕊与花瓣同数而对生；子房上位。

图 5-43 枣

代表植物

枣（*Zizyphus jujuba*），我国特产，乔木，有托叶刺，核果长圆形，可食；也是良好的蜜源植物（图5-43）。

常见野生植物有酸枣（*Zizyphus jujuba* var. *spinosus*），多刺灌木，核果球形，味酸可食，果仁入药有安神之效；可作枣树的砧木；又为很好的蜜源植物。拐枣（*Hovenia dulcis*），乔木，托叶不成刺状，核果成熟时果序柄肉质、扭曲，红褐色，味甜可食，亦可酿酒。冻绿（*Rhamnus utilis*），果实和叶可提取绿色染料。多花勾儿茶（*Berchemia floribunda*），攀缘灌木，圆锥花序顶生，核果红色，栽培供观赏。雀梅藤（*Sageretia thea*），攀缘状灌木；果味酸可食；叶可代茶，并可药用；常栽培作绿篱，也是制作盆景的好材料。

21. 葡萄科（Vitaceae）（鼠李目）

$$* K_{4\sim5} C_{4\sim5} A_{4\sim5} \underline{G}_{(2:2:1\sim2)}$$

葡萄科共有11属约700种，分布于热带、亚热带至温带地区；我国有6属约100种，南北均有分布。

形态特征：木质或草质藤本，茎具卷须，花序与叶对生；单叶或复叶，互生；花两性，辐射对称，4~5基数，常排成聚伞花序或圆锥花序；雄蕊与花瓣对生，心皮2，合生，子房上位，常2室，中轴胎座，每室胚珠1~2个；浆果，种子有胚乳。染色体：$X=11\sim14$，16，19，20。

识别要点：藤本，茎具卷须；叶互生；雄蕊与花瓣对生；子房上位；浆果。

代表植物

葡萄（*Vitis vinifera*），为木质藤本，叶掌状3~5裂，圆锥花序，花瓣顶端合生，并成帽状脱落，果实为著名水果之一（图5-44）。果除生食外，还可制葡萄干或酿酒，酿酒后的皮渣可提取酒石酸。根和藤可药用。

桑叶葡萄或毛葡萄（*Vitis heyneana* subsp. *ficifolia*）野葡萄（*Vitis adstricta*），果实可食或酿酒。爬山虎（*Parthenocisissus triuspidata*），木质藤本，叶常3裂，浆果蓝色，卷须顶端形成吸盘，常攀缘墙壁及岩石之上，是城市立体绿化的优良材料。白蔹（*Ampelopsis japonica*），三出复叶，叶轴有宽翅，浆果白色或蓝色，本种呈块状膨大的根及全草供药用，有清热解毒和消肿止痛之效。乌敛莓（*Cayratia japonica*），鸟足状复叶，浆果黑色，为常见杂草，全草入药，有清热解毒、活血散瘀、消肿利尿之效。

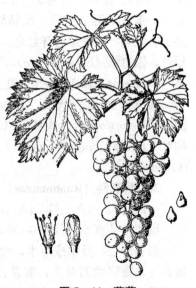

图 5-44 葡萄

22. 无患子科（Sapindaceae）（无患子目）

$* \uparrow K_{4\sim5} C_{4\sim5} A_{8\sim10} \underline{G}_{(3)}$

本科约 130 属，1 500 种，广布热带和亚热带；我国有 25 属 53 种，主要分布于长江以南各省区。

形态特征：乔木或灌木，稀为攀缘状草本。叶互生，通常羽状复叶，稀单叶或掌状复叶；无托叶；花两性，单性或杂性，辐射对称或两侧对称，常成总状花序，圆锥花序或聚伞花序；萼片 4～5；花瓣 4～5，有时缺；花盘发达；雄蕊 8～10，2 列；子房上位，通常 3 室，稀更少或更多室，每室有 1～2 个胚珠。果实为蒴果、核果、浆果、坚果或翅果。种子无胚乳。间有假种皮。染色体：$X=11$，15，16。

识别要点：通常羽状复叶。花小，常杂性异株；花瓣内侧基脚常有毛或鳞片；花盘发达，位于雄蕊的外方，具典型 3 心皮子房。种子常具假种皮，无胚乳。

图 5 - 45 无患子

代表植物

无患子（*Sapindus mukorossi*），乔木，羽状复叶，圆锥花序，果实常由 1 个分果（偶 2 分果）组成，产长江以南各省及台湾、湖北西部。根和果均入药，种子可榨油，果皮含无患子皂素，可为肥皂的代用品（图 5 - 45）。

龙眼（*Dimocarpus longan*），幼枝生锈色柔毛，果实初有疣状突起，后变光滑；假种皮白色，多肉质，味甜。产台湾、福建、广东、广西、四川。果食用，并为滋补品。

荔枝（*Litchi chinensis*），小枝有白色小斑点和微柔毛，果实有小瘤状突起；种子为白色、肉质、多汁而味甜的假种皮所包。产福建、广东、广西及云南东南部，四川、中国台湾有栽培。假种皮供食用。

特产于我国北部的文冠果（*Xanthoceras sorbifolia*），落叶灌木和小乔木，奇数羽状复叶，花杂性，圆锥花序，种子油供食用或工业用。

23. 芸香科（Rutaceae）（无患子目）

$* K_{4\sim5} C_{4\sim5} A_{8\sim10} \underline{G}_{(4\sim5, \infty : 4\sim5, \infty : 1\sim2, \infty)}$

芸香科共有约 150 属 1 700 种，分布于热带和温带；我国 29 属 140 多种，南北均产，以南方为多。

形态特征：常木本，有时具刺；叶具透明腺点，互生，多为羽状复叶或单身复叶，稀单叶，无托叶；花两性，稀单性，辐射对称，花萼、花冠常 4～5，雄蕊常 8～10，2 轮，外轮对瓣，雄蕊着生于肉质花盘周围；子房上位，中轴胎座；常为柑果、浆果、蒴果和蓇葖果，种子有胚乳。染色体：$X=7$，8，9，11，13。

识别要点：多木本；叶为复叶或单身复叶，互生，叶上常具透明腺点；花萼、花冠常 4～5；子房上位，花盘明显；多为柑果和浆果。

代表植物

柑橘类为我国南方著名水果。常见植物：橘（*Citrus reticulata*），果皮疏松，极易剥离。橙（甜橙）（*C. sinensis*）果皮平滑，不易与果肉分离。柚（*C. maxima*），果大，直径 10 cm 以上，果皮黄色或黄青色（图 5 - 46）。柠檬（*C. limon*），果一端或两端尖，果皮较厚，果味甚酸。金橘（*Fortunella margarita*），果较小，直径不超过 3cm，金黄色，可生食或制蜜饯。枸橘（*Poncirus trifoliate*），产我国中部，广泛栽种作绿篱。

北方常见植物：花椒（*Zanthoxylum bungeanum*），灌木，具皮刺，奇数羽状复叶，蓇葖果，果皮作调味料，亦可药用或提取芳香油。黄檗（*Phellodendron amurense*），落叶大乔木，树皮厚，内层黄色，树皮入药，能清热泻火、燥湿解毒，亦供制绝缘材料、软木塞等。

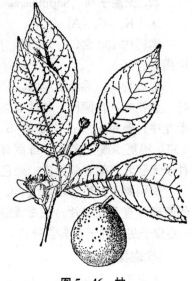

图 5 - 46　柚

24. 伞形科（Umbelliferae, Apiaceae）（伞形目）

$$* K_{(5)\sim0} C_5 A_5 \overline{G}_{(2:2:1)}$$

伞形科共有 300 属约 3 000 种，主要分布在北温带高山上；我国有 99 属 500 多种，全国各地有分布。

形态特征：草本，常有芳香气味；叶互生，常为裂叶或复叶，少单叶，叶柄基部常扩大成鞘状抱茎；复伞形花序，稀为伞形花序，花序基部有苞片或缺，花小，两性或杂性，花基数 5，雄蕊与花瓣互生，着生于上位花盘的周围，雌蕊由 2 心皮组成，子房下位，2 室，每室 1 胚珠；双悬果，种子有胚乳。染色体：$X = 4\sim12$。

识别要点：草本；叶柄基部成鞘状抱茎；复伞形或伞形花序；子房下位；双悬果。

代表植物

图 5 - 47　芹菜

常见蔬菜：芹菜（*Apium graveolens*），主要食用其嫩叶柄及叶，全草及果入药，清热止咳、健胃、利尿、降血压（图 5 - 47）。胡萝卜（*Daucus carota* var. *sativus*），肉质直根橙红色，可作蔬菜食用，富含胡萝卜素，营养丰富。茴香（*Foeniculum vulgare*），叶 3～4 回羽状全裂，裂片丝状，嫩茎叶作蔬菜；果实可作调味香料，并可入药，驱风祛痰、散寒、健胃。芫荽（香菜）（*Coriandrum sativum*）茎叶作调味蔬菜，有健胃消食的作用；果实可提芳香油，入药有驱风、透疹、健胃和祛痰之效。

常见药用植物：当归（*Angelica sinensis*）、北柴胡（*Bupleurum chinensis*）、防风（*Saposhnikovia divaricata*）、白芷（*Angelica dahurica*）、川芎（*Ligusticum chuanxiong*）、独活（*Heracleum hemsleyanum*）、前胡（*Peucedanum praeruptorum*）等。

常见杂草：水芹菜（*Oenanthe javanica*）、野胡萝卜（*Daucus carota*）、蛇床（*Cnidium monnieri*）、窃衣（*Torilis scabra*）等。

25. 茄科（Solanaceae）（茄目）

$* K_{(5)} C_{(5)} A_5 \underline{G}_{(2:2:\infty)}$

茄科共有96属约2 800种，分布于热带及温带，主产于热带美洲；我国有25属115种，各省区有分布。

形态特征：直立草本或灌木；叶互生，无托叶；花两性，辐射对称，5基数，花萼宿存，雄蕊与花冠裂片同数且互生；子房上位，2心皮合生，2室，中轴胎座，胚珠多数；浆果或蒴果，种子具胚乳。染色体：$X=7\sim12$，17，18，$20\sim24$。

识别要点：多草本，单叶互生；花两性，整齐，5基数；花冠轮状，花萼宿存；花药常孔裂；子房上位；蒴果或浆果。

代表植物

常见蔬菜：茄（*Solanum melongena*），一年生草本，全株具星状毛；单叶互生，花紫色，单生叶腋，果实紫色或绿色，作蔬菜食用，栽培品种、变种较多；根入药（图5-48）。马铃薯（*S. tuberosum*）又称洋芋，草本，羽状复叶互生，块茎富含淀粉，既可菜用，又是重要的粮食作物，也可制淀粉、糖、酒精等制品。番茄（西红柿）（*Lycopersicon esculentum*），草本，被腺毛，羽状复叶，聚伞圆锥花序，花黄色，浆果红色，多汁，食用。辣椒（*Capsicum annuum*），一年生栽培蔬菜，花白色，浆果中空，因变种多，果实形状各异，可作菜用或作调味品，常见的有：菜椒（*C. annuum* var. *grossum*）、朝天椒（*C. annuum* var. *conoides*）、牛角椒（*C. annuum* var. *longum*）等。

图5-48　茄

药用植物：枸杞（*Lycium chinense*），具刺小灌木，单叶互生，花淡紫色，浆果红色，入药称枸杞子，有滋补、明目之功效。宁夏枸杞（*L. barbarum*），果实甜，无苦味，为著名滋补药。曼陀罗（*Datura stramonium*），草本，花较大，单生叶腋，花冠长漏斗状，白色，蒴果4瓣裂，外面有刺，其叶、花及种子入药，有麻醉、止痛、平喘作用。龙葵（*Solanum nigrum*），草本，单叶，卵圆形，花白色，腋外生聚伞花序，浆果黑色。全草入药，可散瘀消肿，清热解毒。另外，还有颠茄（*Atropa belladonna*）、酸浆（红姑娘）（*Physalis alkekengi* var. *franchetii*）、天仙子（莨菪）（*Hyoscyamus niger*）等均为药用植物。

经济植物：烟草（*Nicotiana tabacum*），一年生草本，植物体有腺毛，叶基部抱茎，披针状长椭圆形，全缘，叶为卷烟和烟丝的原料，全株含烟碱（尼古丁），有毒，可作农药杀虫剂，也可药用。

观赏植物：矮牵牛（碧冬茄）（*Petunia hybrida*），直立草本植物，花冠漏斗状，似牵牛花，花色多样。

26. 旋花科（Convolvulaceae）（茄目）

$* K_5 C_{(5)} A_5 \underline{G}_{(2\sim3:2\sim3:2)}$

旋花科共有56属1 600余种，广布于全球，主产美洲和亚洲的热带与亚热带；我国

22属120多种，各地分布。

形态特征：多为缠绕草本，有时具乳汁；单叶互生，无托叶；花两性，辐射对称；花萼5，宿存，漏斗状花冠，5浅裂，雄蕊5，与花冠裂片互生，着生花冠筒基部或中下部，子房上位，2~3心皮合生为2~3室，每室2胚珠；蒴果，种子有胚乳。染色体：$X=7\sim15$。

识别要点：茎缠绕，有时具乳汁；单叶互生，无托叶；花两性，整齐，5基数；漏斗状花冠；子房上位；蒴果。

代表植物

栽培植物：甘薯（番薯）（*Ipomara batatas*），块根富含淀粉，为重要杂粮之一，可酿酒、提制淀粉；嫩茎叶作蔬菜食用。蕹菜（空心菜）（*I. aquatica*），为水生或陆生草本，茎中空，无毛，嫩茎叶用作蔬菜（图5-49）。

观赏植物：圆叶牵牛（*Pharbitis purpurea*），叶为心形，全缘，花冠漏斗状。茑萝（*Quamoclit pennata*），茎细弱缠绕，叶羽状深裂或全裂，花冠高脚碟状，深红色。

野生杂草：打碗花（小旋花）（*Calystegia hederacea*），叶掌状，苞片大，叶状，包围花萼。藤长苗（*C. pellita*），植株密生硬毛，叶柄短，叶片全缘和戟形，苞片大，叶状。田旋花（*Convolvulus arvensis*），叶戟形，苞片小，线形，位于花下一段距离处着生。刺旋花（*Convolvulus tragacanthoides*），亚灌木，具刺，花冠粉红或白色。

图5-49 蕹菜

广义的旋花科还包括菟丝子（*Cuscuta chinensis*），为寄生植物，茎缠绕，黄色细丝状，无叶，有吸器。常寄生于豆类作物上，危害很大。种子入药，有补肝肾、益精、明目之药效。日本菟丝子（*C. japonica*）茎微红色或紫红色，粗壮。克朗奎斯特系统已另立为菟丝子科（Cuscutaceae）。

27. 唇形科（Labiatae，Lamiaceae）（唇形目）

$$\uparrow K_{(5)} C_{(4\sim5)} A_{2+2,2} \underline{G}_{(2:4:1)}$$

唇形科共有220属3 500余种，是地中海和小亚细亚干旱和半干旱地区植被的主要成分；我国有99属800多种，全国广布，尤以西部干旱地区为多。

形态特征：通常草本，茎四棱，叶对生，无托叶；花常腋生聚伞式排列成假轮生，称轮伞花序，再组成总状、穗状或圆锥状花序；花两性，两侧对称，唇形花冠，二强雄蕊，或雄蕊2个，子房上位，由2心皮深裂成4室，每室1胚珠，花柱基生；果为4个小坚果，种子无胚乳或有少量胚乳。染色体：$X=5\sim11$，13，$17\sim30$。

识别要点：常草本；茎四棱，叶对生；花冠唇形；二强雄蕊；子房上位，2心皮深裂成4室；4个小坚果。

代表植物

本科药用植物很多：丹参（*Salvia miltiorrhiza*），奇数羽状复叶，轮伞花序集生茎顶成总状，花冠蓝紫色，根入药，通经活血，近年用于治疗冠心病。薄荷（*Mentha haplocalyx*），单叶，长圆形，全草入药，辛凉解表，可提取香料。黄芩（*Scutellaria baicalensis*），茎生叶无柄，叶片披针形，全缘，花序为顶生的总状花序，花冠蓝色，根肥厚、入药，治疗上呼吸道感染。藿香（*Agastache rugosa*），茎叶含挥发油，入药能消暑止吐。紫苏（*Perilla frutescens*），茎叶能发表散寒，祛风健胃。裂叶荆芥（*Schizonepeta tenuifolia*），带花序的茎叶入药，辛温解表，发汗祛风。夏枯草（*Prunella vulgaris*），全株具白色粗毛；轮伞花序成紧密的顶生穗状花序。全草入药，清肝明目，消肿散结。益母草（*Leonurus artemisia*），茎叶入药可活血调经，为妇科常用药；果名茺蔚子，药用清肝明目。

可作蔬菜的植物：草石蚕（宝塔菜，甘露子）（*Stachys sieboldii*），块茎白色，肉质，成念珠状，可制酱菜。

观赏植物：一串红（*Salvia splendens*），花萼与花冠均为红色，雄蕊 2 枚，是布置花坛的良好材料（图 5-50）。五彩苏（彩叶草）（*Coleus scutellarioides*），叶色斑斓多彩。

常见杂草：夏至草（*Lagopsis supina*），叶掌状 3 深裂或浅裂，轮伞花序，花冠白色。荔枝草（鼠尾草）（*Salvia plebeia*），单叶，叶片椭圆形，花小，花冠淡蓝色。还有水苏（*Stachys japonica*）、糙苏（*Phlomis umbrosa*）等。

28. 胡麻科（Pedaliaceae）（玄参目）

$\uparrow K_{(4\sim5)} C_{(5)} A_{2+2,2} \underline{G}_{(2\sim4)}$

本科约 16 属 60 种，主产热带和亚热带，温带也有分布。我国 2 属 2 种，分布于各地。

形态特征：一年生或多年生草本，稀灌木，植物体常具黏液腺；叶对生，或上部为互生；花两性，不整齐；花萼 5 裂；花冠上部 5 裂，常成二唇状；雄蕊 4，二强雄蕊，但也有雄蕊 2；具花盘；子房上位或半下位，2～4 室，每室具 1 至多数胚珠；蒴果、坚果或近核果，外常具硬钩刺或翅；种子无胚乳。

识别要点：花冠唇形，雄蕊二强，有一退化雄蕊，花盘肉质杯状，子房上位。

代表植物：胡麻（脂麻、芝麻、油麻）（*Sesamum indicum*），油料作物，蒴果四棱状矩圆形（图 5-51）。种子有黑白两种，含油量达 55%。

图 5-50 一串红

图 5-51 胡麻

29. 桔梗科 (Campanulaceae) (桔梗目)

$* \uparrow K_{(5)} 稀_{(3\sim10)} C_{(5)} A_5 \overline{G} 稀\underline{G}_{(3:3)}$

本科约 60 属 1 500 种，全球分布，多数分布在温带和亚热带。我国有 17 属，约 150 种，南、北均产，以西南较多。

形态特征：一年生或多年生草本，亚灌木，偶乔木，常含乳汁；叶互生，稀对生或轮生，单叶，无托叶；花两性，辐射对称或两侧对称，单生，或由二歧或单歧聚伞花序组成的外形呈穗状、总状或圆锥状花序；花萼裂片 5 (稀 3～10)，宿存；花冠钟状或筒状，裂片常 5，有时裂至基部，镊合状或覆瓦状排列；雄蕊与花冠裂片同数，分离或合生，着生于花冠基部或花盘上；子房下位或半下位 (稀上位)，3 室 (稀 2～5 室)；蒴果，顶端瓣裂，侧面孔裂、纵裂、周裂或不开裂，有时为肉质浆果；种子小，胚乳丰富。染色体：$X＝6\sim17$。

识别要点：常为多年生草本，含乳汁；单叶互生；花两性，常辐射对称；花冠钟状；雄蕊与花冠裂片同数；花药分离或结合；子房下位，常 3 室，蒴果。

代表植物

党参 (*Codonopsis pilosula*)，根圆柱形，下端分枝或不分枝，外皮灰黄至灰棕色；茎缠绕；花单独顶生，花冠淡黄绿色。根药用，有强壮、补气血作用。

羊乳 (*C. lanceolata*)，根倒卵状纺锤形，略似海螺，故又名山海螺，根入药。

桔梗 (*Platycodon grandiflorus*)，根含桔梗皂苷 (platycodin)，入药，宣肺、散寒、祛痰、排脓 (图 5 - 52)。

轮叶沙参 (南沙参) (*Adenophora tetraphylla*)，根圆锥形，黄褐色，有横纹；茎生叶常 4 片轮生，根含沙参皂苷，药用，清肺化痰。

半边莲 (*Lobelia chinensis*)，多年生蔓生小草本，有乳汁；花单生，偏冠，故名"半边莲"；全草含山梗菜碱等多种生物碱，清热解毒，利尿消肿。

江南山梗菜 (*L. davidii*)，直立粗壮草本，多分枝；花为顶生稀疏的总状花序，药管被稀疏长柔毛或无毛；全草及根药用。

本科植物多数具蓝色或白色的花朵，常栽培作观赏用，如原产南欧的风铃草 (*Campanula medium*) 等。

图 5 - 52 桔梗

30. 菊科 (Compositae, Asteraceae) (菊目)

$* \uparrow K_{0\sim\infty} C_{(5)} A_{(5)} \overline{G}_{(2:1:1)}$

菊科共有约 1 000 多属 25 000 多种，广布于全世界，热带较少；我国 200 余属 2 000 多种，各地均有分布。

形态特征：多为草本，稀灌木；叶互生，稀对生，无托叶；有具总苞的头状花序；花两性，少单性或中性，花萼常退化为冠毛或鳞片，花冠合瓣，管状花或舌状花；聚药雄蕊；子房下位，2 心皮 1 室，1 胚珠；瘦果，种子无胚乳。染色体：$X＝8\sim29$。

识别要点：常为草本；叶多互生；头状花序，有总苞；聚药雄蕊；子房下位；瘦果。

根据头状花序花冠类型的不同、乳汁管的有无，菊科又分为管状花亚科（Tubuliflo-rae）和舌状花亚科（Liguliflorae）（表5-4）。

表5-4　菊科两亚科的比较

管状花亚科	舌状花亚科
植物体无乳汁	植物体有乳汁
头状花序由管状花或兼有舌状花组成	头状花序全由舌状花组成

代表植物

管状花亚科常见栽培经济植物：向日葵（*Helianthus annuus*），高大草本，单叶互生，卵圆形，头状花序外有数层叶质苞片组成的总苞；边花舌状，黄色，中性（无性）；盘花管状，褐色或紫色，两性（图5-53）。种子可榨油，含油量22%～37%，有的高达55%，为著名油料作物之一。菊芋（洋姜）（*H. tuberosus*），块茎可食用，亦可提制酒精及淀粉，叶作饲料。甜叶菊（*Stevia rebaudiaria*），叶内含6%～12%的糖甙，甜度为蔗糖的300倍，可作食品调味剂。串叶松香草（*Silphium perfoliatum*），是近年来广泛栽培的饲料牧草和蜜源植物。

图5-53　向日葵

观赏植物：菊花（*Dendranthema morifolium*），原产中国，为著名观赏花卉，花色多样，有三千余年的栽培历史。大丽花（*Dahlia pinnata*），有纺锤状块根，叶对生，舌状花有白色、红色或紫色。矢车菊（*Centaurea cyanus*），叶线形，边花的花冠偏漏斗状，不育，中央管状花能育。金盏菊（*Calendula officinalis*），花金黄色，边花可育，中央花不育。一枝黄花（*Solidago decurrens*），头状花序小，聚生于枝顶，组成大型圆锥花序，花黄色，常作鲜切花用。此外，翠菊（江西腊）（*Callistephus chinensis*）、瓜叶菊（*Pericallis hybrida*）、波斯菊（*Cosmos bipinnata*）、金鸡菊（*Coreopsis drummondii*）、万寿菊（*Tagetes erecta*）、雏菊（*Bellis perennis*）、非洲菊（扶郎花）（*Gerbera jamesonii*）、荷兰菊（*Aster novibelgii*）、红花紫菀（*A. novae-angliae*）、木茼蒿（*Argyanthemum frutescens*）等均为常见的观赏植物。

药用植物：红花（*Carthamus tinctorius*），花入药，可活血通经；种子油为高级食用油。茵陈蒿（*Artemisia capillaris*），去根幼苗入药，治肝炎。紫菀（*Aster tataricus*），根入药，能润肺、化痰、止咳。除虫菊（*Pyrethrum cinerariifolium*），花叶干后可制蚊香，也是农业杀虫剂。黄花蒿（*Artemisia annua*），全草可提青蒿素，可治疗疟疾。苍术（*Atractylods lancea*），根状茎粗大，入药有健胃、燥湿、发汗等作用。另外，旋覆花（*Inula japonica*），牛蒡（*Arctium lappa*），蓍草（*Achillea millefolium*），雪莲花（*Saussurea involucrata*）等均为常用中药。

栽培蔬菜：南茼蒿（*Chrysanthemum segetum*），叶边缘有不规则大锯齿或羽状浅裂。蒿子秆（*Ch. carinatum*），叶二回羽状分裂。

农田杂草：小蓟（刺儿菜）（*Cirsium setosum*），叶缘有刺，雌雄异株，头状花序全由管状花组成，具根状茎，是农田恶性杂草之一。苍耳（*Xanthium sibiricum*），雌花序总苞联合成囊状，外边疏生钩刺。鳢肠（*Eclipta prostrata*），叶对生，花小，白色。小蓬草（*Conyza canadensis*），头状花序小，为我国南北各省区均有分布的杂草。

野生植物：飞蓬（*Erigeron acer*）、蓝刺头（*Echinops sphaerocephalus*）、麻花头（*Serratula centauroides*）、泥胡菜（*Hemisteptia lyrata*）、风毛菊（*Saussurea japonica*）、祁州漏卢（大口袋花）（*Rhaponticum uniflorum*）、火绒草（*Leontopodium leontopodioides*）、鬼针草（*Bidens pilosa*）、蒙古蒿（*Artemisia mongolica*）等。

舌状花亚科常见栽培蔬菜：莴苣（*Lactuca sativa*），茎生叶倒卵圆形，基部戟形，抱茎，各地栽培，为主要蔬菜之一。莴笋（*L. sativa* var. *angustata*）、生菜（*L. sativa* var. *ramosa*）均为莴苣的变种。

野生植物：蒲公英（*Taraxacum mongolicum*），多年生草本，叶基生，头状花序全由黄色舌状花组成。瘦果具长喙，喙顶具伞状冠毛，可随风传播。全株可药用（图 5-54）。山苦荬菜（*Ixeris chinensis*），茎生叶不抱茎。抱茎苦荬菜（*Ixeris sonchifolia*），茎生叶抱茎。鸦葱（*Scorzonera austriaca*）、毛连菜（*Picris hieracioides*）、黄鹌菜（*Youngia japonica*）等均为舌状花亚科常见植物。

菊科由于在形态结构上和繁殖上的种种特点，如萼片变成冠毛和刺毛，有利于果实远距离传播；部分种类具块茎、块根、匍匐茎或根状茎，有利于营养繁殖的进行；此外，花序和花的构造与虫媒传粉的适应等，都表明菊科为双子叶植物中最进化的类群。

由于菊科植物超强的繁殖能力，能释放多种化感物质，已经成为侵占性强、传播速度快、危害大的外

图 5-54 蒲公英

来入侵种。原国家环保总局公布的首批入侵我国的十六种外来入侵物种当中，有 4 种属于菊科植物，分别是紫茎泽兰（*Eupatorium adenophorum*）、飞机草（*E. odoratum*）、豚草（*Ambrosia artemisiifolia*）、薇甘菊（*Mikania micrantha*），这些植物对入侵地的生物多样性构成了严重的威胁，已经破坏了当地的生态平衡，造成了严重的经济损失。

二、单子叶植物纲

1. 泽泻科（Alismataceae）（泽泻目）

$\male\female * P_{3+3} A_{6\sim\infty} \underline{G}_{6\sim\infty:1:1\sim2}$；

$\male\female * K_3 C_3 A_{6\sim\infty} \underline{G}_{6\sim\infty:1:1\sim2}$

泽泻科有 13 属约 100 种，广布于世界各地，生水中或沼泽地。中国有 5 属 20 种，南北均有分布。

形态特征：水生或沼泽草本，具球茎或根茎。茎和叶具裂生乳汁管。叶常基生，具有

长柄，叶形变化大，有椭圆形、箭形或戟形，或线状披针形。花两性、单性或杂性，总状或圆锥花序，辐射对称。花被片 6 枚，2 轮，外轮 3 枚，萼片状，绿色，宿存；内轮 3 枚，花瓣状，脱落。雄蕊 6 枚至多数，分离；花粉三细胞型，多具散孔；雌蕊心皮 6 至多数，离生，螺旋状排列于凸起的花托上或穹状排列于扁平的花托上，胚珠 1 枚或多数，倒生或横生。胚乳沼生目型，稀为核型。瘦果，少数为菁葖果。种子 1 枚，无胚乳，胚马蹄形。染色体：$X=5\sim13$。

识别要点：水生或沼生草本；叶常基生，有鞘；花轮状排列于花序轴上，雄蕊和雌蕊螺旋状排列于凸起花托上；聚合瘦果。

代表植物

泽泻（*Alisma plantago-aquatica* var. *orientale*）俗名水药菜。具球茎的水生多年生草本；叶基生，卵形或长椭圆形，具长柄。花两性，白色；圆锥花序，雄蕊 6，心皮多数，离生，轮生成一环。聚合瘦果。广布于全国各地，野生或栽培。根茎中含有泽泻醇 A、泽泻醇 B 等 5 种三萜类化合物以及挥发油、有机酸、1 种植物甾醇、1 种植物甾醇苷、树脂、蛋白质及大量淀粉，根茎入药，性寒，味甘，具利水渗湿功效，主治小便不利，水肿胀满，泄泻，淋浊等症。叶亦可治乳汁不通。慈姑（*Sagittaria sagittifolia*），多年生水生草本，原产我国中、南部，常栽培（图 5-55）。叶柄粗

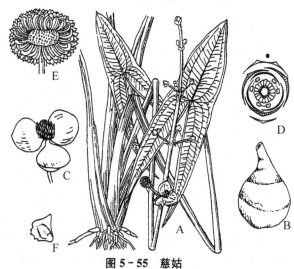

图 5-55　慈姑

A. 植株　B. 球茎　C. 花　D. 花图式
E. 雌花花托纵切（示多数雌蕊螺旋状排列）　F. 瘦果

而有棱，叶片箭形；花单性，花瓣白色，基部常紫色，总状花序，上部雄花，下部雌花；雄蕊多数，心皮多数，螺旋状排列在突出的花托上，瘦果。8~9 月间自叶腋抽生匍匐茎，穿过叶柄钻入泥中，先端 1~4 节膨大成球茎"慈姑"，呈圆或长圆形，上有肥大的顶芽，表面有几条环状节，球茎供食用，也可入药，具有益肺化痰，清热解毒之功效。矮慈姑（*S. pygmaee*），多年生沼生草本，植株矮小，具球茎；叶片条形，基生。花茎直立，花轮生，单性，雌花常 1 朵，无梗，生于下轮；雄花 2~5 朵；萼片 3，雄蕊 12 枚，心皮多数，扁平，为稻田常见杂草。

2. 棕榈科（Palmae）（槟榔科 Arecaceae）（槟榔目）

☿：$* K_3 C_3 \, A_{3+3} \, \underline{G}_{(3:3:1)}$；♂：$* P_{3+3} A_{3+3}$；♀：$* P_{3+3} \underline{G}_{(3:3:1)}$

棕榈科下分为 9 个亚科。约 217 属，2 800 种，分布于热带和亚热带，以热带美洲和热带亚洲为分布中心，巴西是世界上棕榈植物最丰富的国家。我国有 28 属（包括栽培）100 余种，分布于西南至东南。

形态特征：乔木、灌木，稀藤本，通常不分枝（海菲棕属除外），单生或丛生，直立或攀援，叶柄基部或叶痕常残存。叶大，常绿，互生，掌状分裂或羽状复叶，芽时内折

（即向叶面折叠）或背折（即向叶背折叠），通常集生于茎顶，形成"棕榈型"树冠，叶柄基部常扩大而成一纤维状的鞘（棕衣）。肉穗花序，分枝或不分枝，外为1至数枚大形的佛焰状总苞包着，生于叶丛中或叶鞘束下；花小无柄，通常淡黄绿色，两性或单性，同株或异株，花3基数，花被片6，排成2轮，离生或合生，整齐或有时稍不整齐；雄蕊6，2轮，或多数，花丝分离或基部连合成环，花药2室，纵裂；心皮3，子房上位，3室，有时4~7室，每室有1胚珠，或镊合状或覆瓦状排列；心皮3，离生或仅基部合生；浆果、核果或坚果，不开裂，外果皮肉质或纤维质，或覆盖以覆瓦状排列的鳞片，内果皮坚硬。种子离生或与内果皮黏合，胚乳丰富、均匀或嚼烂状，胚小。

识别要点：木本，树干不分枝，大型叶丛生于树干顶部，叶柄基部常扩大而成纤维质的鞘，肉穗花序具佛焰状总苞，花3基数。

代表植物

常见经济植物：椰子（*Cocos nucifera*），常绿乔木，叶大形，羽状全裂或为羽状复叶；花单性同株，肉穗花序腋生，总苞纺锤形，厚木质；核果状近球形，外果皮革质，中果皮（椰壳）纤维质坚硬，近基部有3孔，其中1孔与胚相对，萌发时即由此孔穿出，其余2孔坚实；种子1颗，种皮薄，内贴着一层白色的胚乳（椰肉），胚乳内有1大空腔，贮藏乳状汁液（椰乳），胚基生。椰子广布于热带海岸，我国台湾、海南以及云南西双版纳等地均产，用途很多，木材坚硬，可供建筑，叶可编篮、织席、盖屋；花期割伤花序的总轴，有汁液流出，内含多量糖分，可作饮料或酿酒；幼果内的汁液，鲜美可口。椰棕（中果皮纤维）可制绳索、扫帚，木材可建筑或其他用材。椰肉（胚乳）或供生食或榨油，亦可制糖果食品；果实是热带著名佳果，椰汁（胚乳空腔的汁液）是良好的饮料。槟榔（*Areca catechu*），原产马来西亚，叶羽状全裂。种子含单宁和多种生物碱，供药用，能助消化和驱肠道寄生虫；嫩果作嗜好品，当地居民把果切成薄片，涂螺壳灰少许，卷于蒌叶（*Piper betle*）内嚼之，唾液即变为鲜红色，据说可助消化，固齿，并能防止痢疾。省藤（*Calamus platyacanthoides*），粗壮藤本，分布于广东、广西壮族自治区和海南；白藤（*C. tetradactylus*）分布于广东、广西壮族自治区、福建，茎可编织多种藤器。油棕（*Elaeis guineesis*），乔木。叶羽状全裂，油棕的果皮及核仁可榨油，供工业用或食用，为重要的油料植物，近年从非洲引入海南等地栽培。

常见绿化及观赏树种：棕榈（*Trachycapus fortunci*）常绿乔木；叶掌状分裂，裂片多数顶端深2裂；花常单性，异株，多分枝的肉穗状或圆锥状花序；佛焰苞显著，果实肾形或球形（图5-56）。分布于长江以南各省区，栽培供观赏，树干可作屋柱、水槽、扇骨、木梳等；叶鞘纤维为棕，可制绳索、地毯、床垫、蓑衣、刷子

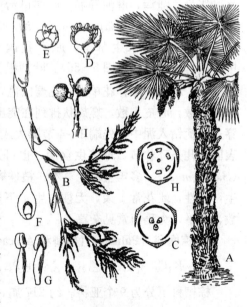

图 5-56　棕榈

A. 植株　B. 雌花序　C. 雌花花图式
D. 雄花　E. 雌花　F. 雌花解剖
G. 雄花解剖　H. 雄花花图式　I. 果实

等；嫩叶可制扇、帽等；果实（名棕榈子）及叶鞘纤维（名陈棕）供药用。蒲葵（*Livistona chinensis*）多年生常绿乔木。叶大，掌状分裂，叶柄长，边缘有刺；宽肾状扇形。分布于我国南部，各地常栽培，尤以广东新会栽培最多。嫩叶制蒲扇，老叶制蓑衣、笠帽、船篷等；叶的中脉（葵骨）可制扫帚、牙签、刷子等；叶柄外表皮（葵皮）编织葵花席、枕席等；叶鞘纤维可制绳等；果实、种子及根叶入药。鱼尾葵（*Caryota ochlandra*）：乔木状，茎干直立不分枝，叶大型，二回羽状全裂，顶端一片扇形，有不规则的齿缺，侧面的菱形而似鱼尾。分布于我国东南部至西南部。茎含大量淀粉，可做槟榔粉的代用品；边材坚硬，可制手杖和筷子等。

王棕（*Roystonea regia*），乔木，茎幼时基部明显膨大，老时中部膨大，叶聚生于茎顶，羽状全裂，原产古巴，我国广东、广西壮族自治区和台湾有栽培，树形优美，干常膨大，状奇特，是显示热带壮丽风光的典型树种，通常作行道树，或植于庭园中。

假槟榔（*Archontophoenix alexandrae*），原产澳大利亚。我国南部有栽培。多植于庭园中或作行道树。

棕榈科是单子叶植物纲中少有的具有乔木性状、宽阔的大型叶和发达的维管系统的一个科。由于它缺少充分的次生生长，并且全是常绿性的，因而不能适应寒冷的气候。

3. 天南星科（Araceae）（天南星目）

$\female\male$：$* P_{0,4\sim8} A_{4,6} \underline{G}_{(3:1\sim\infty:1\sim\infty)}$；$\male$：$* P_{0,4\sim8} A_{4,6}$；$\female$：$* P_0 \underline{G}_{(3:1\sim\infty:1\sim\infty)}$

天南星科约115属，2 500余种，广布于全世界，但92％以上产热带，热带亚洲是本科的发源地，热带美洲则是本科的多样化中心（含1 350余种）。我国有35属，206种，其中有4属20种系引种栽培，特有种占100种，南北均有分布。

形态特征：草本，稀木质藤本，具块茎或根茎。植物体多含水质、乳质或针状结晶体，汁液体对人的皮肤、舌和咽喉具刺痒或灼热感。单叶或复叶，叶基部常具膜质鞘。肉穗花序，具佛焰苞；花小，两性或单性，花单性时雌雄同株（同花序）或异株，雌雄同序者雌花居于花序的下部，雄花居上部，中部为不育部分或中性花，两性花有花被或无，或为4～8个鳞状体；雄蕊4或6（偶1或8），分离或聚药，通常与花被片同数且与之对生；雌蕊由3（稀2～15）心皮组成，子房上位，1至多室；每室胚珠1至多数；果实通常为浆果。染色体：$X=7\sim17$、22。

识别要点：多年生草本；叶基部具膜质鞘；肉穗花序，花序外或花序下具有1片佛焰苞。

代表植物

常见经济植物：芋（*Colocasia esculenta*），多年生草本，作一年生植物栽培。块茎卵形，叶盾状，基部2裂。在南部温度较高的地方及原产地南亚才能夏日开花，花白色，肉穗状花序，外有大型佛焰苞。块茎含多量淀粉，可充杂粮，或作工业上的糊料；嫩叶柄亦可作蔬食。海芋（*Alocasia macrorrhiza*）、千年健（*Homalomena occulta*）等都是常用的中药或蔬菜，也可代粮。魔芋（*Amorphophallus rivieri*），多年生草本，肉穗花序附属体无毛；花很明显，柱头浅裂。块茎食用、入药。

药用植物：半夏（*Pinellia ternata*），草本，具小球形块茎。叶基生，一年生的叶为单叶，卵状心形，2～3年生的叶为3小叶的复叶。佛焰苞绿色，上部呈紫红色；花序轴顶端有细长附属物，雌雄同株，雌花部分与佛焰苞贴生。浆果小，红色。分布于我国南北各省。块茎有毒，炮制后入药，能燥湿化痰，降逆止呕，治慢性气管炎、咳嗽、痰多。因仲夏可采其块茎，故名"半夏"。菖蒲（*Acorus calamus*），多年生草本，根状茎粗大，横卧。叶剑状条形，有明显中肋，生于浅水池塘，水沟及溪涧湿地。全草芳香，可作香料、驱蚊；根状茎入药，能开窍化痰，避秽杀虫。天南星（*Arisaema erubescens*），多年生草本，具块茎，小叶 7～23，辐射状排列（图 5 - 57）。肉穗花序顶端附属体近棍棒状，广布于黄河流域以南各省区。块茎供药用，祛痰、解痉、消肿散结。

异叶天南星（*A. heterophyllum*），小叶 13～21，鸟足状排列。附属体向上渐细呈尾状。产我国华北、华东、西南等省区，块茎亦作天南星入药。独角莲（白附子、禹白附）（*Typhonium giganteum*），多年生草本，分布于河北、山西、河南、陕西、甘肃、四川、湖北各地，各地也有栽培，块茎为中药的白附子（禹白附）。

常见观赏植物：广东万年青（亮丝草）（*Aglaonema modestum*）原产我国南部，多年生常绿草本，具块茎，叶基生；花叶万年青（*Dieffenbachia picta*）原产南美巴西；马蹄莲（*Zantcdeschia aethiopica*）、龟背竹（麒麟叶）（*Monstera deliciosa*）产广东南部；红鹤芋（红掌）（*Anthurium andraenum*）、白蝶合果芋（*Syngonium podophyllum*）等为栽培观赏植物。

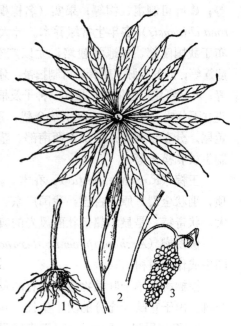

图 5 - 57 天南星
1. 块茎 2. 开花植株 3. 果序

此外，大漂（水浮莲）（*Pistia stratiotes*）常漂浮于静水中的草本，主茎短缩而叶呈莲座状；有匍匐茎和长的不定根；叶倒卵楔形，两面有微毛，分布于珠江流域，繁殖非常迅速，产量高、放养易、营养价值高、适口性好，常栽培作猪饲料，亦供药用。

4. 莎草科（Cyperaceae）（莎草目）

$$☿ ↑ K_{(4～5)} C_{(4～5)} A_{4～5} \underline{G}_{(2～3:1)}$$

莎草科约 80 余属，4 000 余种，是单子叶植物中的一个大科，广布于全世界，以温带和寒温带地区最丰富，通常生长在湿润或沼泽地区。我国有 31 属，670 种，分布于全国各地。

形态特征：多年生或一年生草本，根状茎常丛生或匍匐状，或少数兼具块茎。茎常三棱形，实心，单生或丛生，无节；叶通常 3 列，基生或互生，叶片条形，无叶舌，叶鞘封闭，气孔器平列型，少四细胞型，其保卫细胞呈哑铃状。花小，辐射对称，两性或单性，同株，或异株，生于小穗鳞片（常称为颖）的腋间，小穗排成穗状花序、总状花序、圆锥状花序、头状花序或聚伞花序等；无花被，或花被退化为鳞片、下位刚毛或丝毛，或有时雌花为果囊包被；雄蕊 3 或 1～2，花丝丝状，花药纵裂，花粉粒三细胞型，单萌发孔；雌蕊由 3 或 2 心皮组成，子房上位，1 室，有直立的胚珠 1 枚；瘦果或小坚果，三棱状或透镜状，核型胚乳。种子胚乳丰富。染色体：$X=5\sim60$。

识别要点：草本，茎常三棱形，实心，叶常3列，叶鞘闭合；花被退化，小穗组成各种花序；小坚果。

代表植物

常见经济植物：荸荠（*Eleocharis tuberosa*），多年生草本。地下有匍匐茎，先端膨大为球茎，地上茎丛生直立，管状，有节，节上生膜状退化叶，各地栽培，为水生经济作物，球茎供食用或药用。油莎草（*Cyperus esculentus*），多年生草本植物，作一年生植物栽培，块茎含油率高达27%，供食用。莎草（*C. rotundus*），多年生草本，地下有纺锤形块茎，茎直立，叶线形，穗状花序成指状排列，夏季开花，块茎药用，名香附子（图5-58）。蒲草（席草）（*Lepironia articulata*）、短叶茳芏（咸水草）（*Cyperus malaccansis* var. *brevifolius*）分布于华南、四川和福建。荆三棱（*Scirpus yagara*），分布东北、华北、西南、长江流域各省及中国台湾省，块茎入药。水葱（*S. tabernaemontani*）分布于东北、华北、西南、江苏、陕西、甘肃、新疆维吾尔自治区等各省区，均为编席的原料。藨草（*S. triqueter*）除广东外各地均有分布，为著名编制草席和草帽

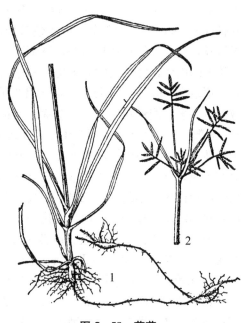

图5-58　莎草
1. 植株　2. 穗状花序

原料，也可造纸。萤蔺（*Scirpus juncoides*），除内蒙、甘肃和西藏外各省区均有分布，全株可供造纸、编织及入药。乌拉草（靰鞡草）（*Carex meyeriana*）分布于东北，可做填充、编制或造纸用，填充物具有一定保暖作用，为"东北三宝"之一。水虱草（*Fimbristylis miliacea*），分布于河南、河北、陕西、湖北、华南和西南等地，可造纸或作牧草。

风车草（伞草、旱伞草）（*Cyperus alternifolium* ssp. *flabelliformis*），多年生，聚伞花序多数分枝，构成伞状，原产马达加斯加，为各地栽培观赏植物。

常见农田杂草有水蜈蚣（*Kyllinga brevifolia*）、碎米莎草（*Cyperus iria*）等。异型莎草（*C. difformis*），叶状苞常2枚，长于花序，辐射枝端，由多数小穗密集成球形头状花序，种子繁殖，常生于水田中，为常见杂草。牛毛毡（*Eleocharis yokoscensis*），根状茎纤细，杆多数丛生，如牛毛，高2～12cm，常见农田杂草。水莎草（*Juncellus serotinus*），多年生，具根状茎，为水田杂草。

5. 禾本科（Gramineae, Poaceae）（莎草目）

$$\male\female \uparrow P_{2,3} A_{3,3+3} G_{(2\sim3:1:1)}$$

禾本科是种子植物中的一个大科，也是被子植物中的大科之一，有750多属，10 000多种，居有花植物科中的第5位，种数在单子叶植物中仅次于兰科，广布于全球各地。我国有225属1 200多种，分布于全国各地。

通常分为竹亚科（Bambusoideae）及禾亚科（Agrostidoideae）2 个亚科，或竹亚科、稻亚科（Oryzeae）及黍亚科（Panicoideae）3 个亚科或竹亚科、稻亚科、早熟禾亚科（Pooideae）、昼眉草亚科（Eragraostidoideae）及黍亚科五个亚科。

形态特征：草本或木本，地上茎通常圆筒形，特称秆，秆上有明显的节和节间，节间多中空，很少实心（如玉米、高粱、甘蔗等）。单叶互生，2 列，叶分为叶片（blade）和叶鞘（leaf sheath）两部分，叶鞘包着秆，常在一边开裂，叶片带形、线形至披针形，具平行脉，包着秆的叶鞘叫箨鞘，箨鞘顶端的叶片叫箨叶，叶舌（ligule）生于叶片与叶鞘连接处的内侧，叶舌膜质或退化为一卷毛状物，箨叶和箨鞘连接处的内侧舌状物称箨舌，叶鞘顶端常具叶耳（auricle），叶舌和叶耳的形状常用作禾草区别的重要特征。花序顶生或侧生，多为圆锥花序，或为总状、穗状花序。小穗是禾本科的典型特征和基本单位，由 1 个至数个特化的小花（floret）、2 个颖片（glume）和小穗轴（rachilla）组成，小花通常两性，稀单性与中性，由外稃（lemma）、内稃（palea）（相当于苞片）、浆片、雄蕊和雌蕊组成，外稃顶端或背部常具芒（awn）。在子房基部，内、外稃之间有 2 或 3 枚特化为透明而肉质的小鳞片（相当于花被片），称为浆片（lodicule）或鳞被，浆片在开花时极度吸水而膨胀，撑开二稃片，使花药和柱头伸出稃片之外，进行传粉。浆片在开花前后呈现为薄片状，雄蕊 3 或 6 枚；雌蕊由 2～3 心皮合生而成，子房上位，1 室，含 1 胚珠；柱头多呈羽毛状。果为颖果（cariopside），少数种类果皮与种皮分离称为胞果（鼠尾粟属、穇属等），种子含丰富的淀粉质胚乳。染色体：$X=2～23$。

识别要点：秆常圆柱形，具有明显的节，节间中空，叶 2 列，单叶互生；具叶鞘，叶鞘边缘常分离而覆盖；由小穗组成多种花序；颖花；颖果。

（1）竹亚科（Bambusoideae）

竹亚科约 66 属 1 000 多种，主要分布于热带亚洲。我国 26 多属 200 多种，主要分布于西南、华南及台湾等省区。秆一般木质，节间通常中空，圆柱形或稀四方形或扁圆形。秆生叶特化（即笋壳），并明显分为叶鞘和叶片两部分。叶鞘抱秆，通常厚革质，外侧常具刺毛，内侧常光滑。鞘口常具缝毛，与叶片连接处常具叶舌和叶耳。箨叶通常缩小而无明显的主脉，直立或反射。

代表植物

多数是重要的资源植物，秆供建筑、编织、造纸、家具及日用，笋多可食用，中药的竹茹、天竹黄、竹心、竹沥等也都是来源于竹类植物。

毛竹（*Phyllostachyys pubescens*）秆圆筒形，新秆有毛茸与白粉，老时无毛，小枝具有叶 2～8，分布于长江流域和以南各省，以及河南、陕西等省区，是我国最重要的经济竹种，用途甚广，笋供食用，箨供造纸，秆供建筑，也可劈篾编制各种器具、胶合板。刚竹（*Ph. viridis*）秆径 3.5～8 cm，分布黄河流域至长江流域以南地区，竹材供小型建筑、农具柄用。淡竹（*Ph. glauca*）秆径 2～5 cm，笋味鲜美，竹篾性好，供编制，也可作农具柄、农用支架、晒竿等。青皮竹（*Bambusa textiles*）分布于华南地区，包括广东、广西、湖南、福建和云南南部，为优良的篾用竹和晾衣竹。麻竹（*Sinocalamus latiflourus*）分布于华南至西南，吊丝球竹（*S. beecheyamus*）分布于华南，笋供食用。茶秆竹（*Pseudosasa amabilis*）分布于两广和湖南。秆可作滑雪仗、钓鱼竿、运动器材等，颇负国际盛名。润叶箬竹（*Indocalamus latifolius*）秆高约 1m，直径 5～8mm，分布于华东、陕南等地，秆宜作毛笔杆或竹筷，叶宽大可制船篷等，亦可用作包裹米棕。

观赏竹类主要有：凤凰竹（孝顺竹）（*Bambusa multiplex*）高 2～7 m，粗 5～25 mm，枝条多簇生节，每小枝常有叶 5～10，分布于华南、西南各省区，常栽作庭园观赏；变种凤尾竹（*B. multiplex* var. *nana*）秆高 2～3 m，径不超过 10mm，叶片通常 10 余枚，生于 1 小枝上，形似羽状复叶，分布于长江以南各省区，常栽培为绿篱。大佛肚竹（*B. ventricosa*），秆异形，节间瓶状，广东特产，各地栽培或盆栽供观赏。

（2）禾亚科（Agrostidoideae）

禾亚科约 575 属 9 500 多种，广布全球各地。我国约 170 多属，700 多种。一年生或多年生草本，秆生叶即是普通叶，叶片大多为狭长披针形或线形具明显的中脉，通常无叶柄，叶片与叶鞘之间无明显关节，也不易自叶鞘脱落。

代表植物

禾亚科是种子植物中最有经济价值的一个大亚科，是人类粮食和牲畜饲料的主要来源，也是加工淀粉、制糖、酿酒、造纸、编织和建筑方面的重要原料。水稻（*Oryza sativa*）原产我国，是我国栽培历史最悠久、品种极多、栽培面积最广、产量占世界第一位、最有价值的粮食作物，稻米除作主粮外，可制淀粉、酿酒、造米醋；米糠可制糖、榨油、提取糠醛，供工业和医药上用，又为营养甚高的牲畜饲料；稻秆为良好的牛饲料和造纸原料，谷芽和糯稻根药用。

小麦（普通小麦）（*Triticum aestivum*）分布于欧洲地中海和亚洲西部，是我国北方重要的粮食作物（图 5 - 59），麦芽能助消化；麦麸是家畜的好饲料，麦秆可编织草帽、刷子、玩具及造纸，栽培品种类型很多。

大麦（*Hordeum vulgare*）是普遍栽培的重要粮食作物，也是制啤酒及麦芽糖的原料。其变种稞麦（青稞）（*H. vulgare* var. *nudum*）颖果易与稃分离，外稃先端具有 3 个基部扩张的裂片，其两个侧裂片可具细而弯曲的芒，我国西北、西南各省高寒地区常栽培，果作粮食或酿青稞酒。玉米（玉蜀黍，苞谷）（*Zea mays*）为一年生高大草本，秆中实，花单性同株。雄花序圆锥状，雄小穗孪生，一有柄，一无柄。每一小穗 1 朵花，颖草质，外稃与内稃均为透明膜质。雄蕊 3；雌花序肉穗状，单生叶腋，为多数鞘状

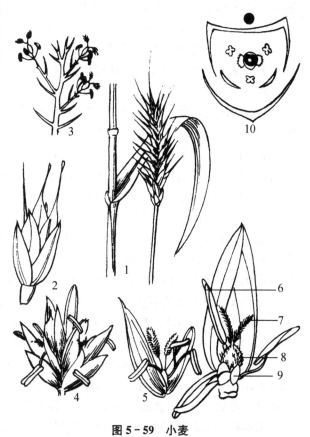

图 5 - 59　小麦

1. 植株和花序　2. 小穗　3. 小穗模式图

4. 开花的小穗　5. 小花　6. 雄蕊　7. 柱头　8. 子房

9. 浆片　10. 花图式

苞片所包藏，雌穗孪生，每小穗2花，2颖相等，宽而无脉具纤毛。第一小花不育，第二小花结实。内、外稃膜质、透明，雌蕊1个，花柱丝状细长，先端2裂。原产于墨西哥高原，现全世界广为栽培，为重要粮食及饲料作物，品种多。

禾亚科植物具有重要的经济价值，燕麦（*Avena sativa*）、高粱（*Sorghum vulgare*）、粟（*Setaria italica*）、黍（*Panicum miliaceum*）、穇子（*Eleusine coracana*）等均为重要的杂粮，谷粒除作粮食外，常用来酿酒、制糖，秆叶为牲畜的饲料并可作造纸和其他工业原料。甘蔗（*Saccharum officinarum*）秆较高，紫红色，我国南方广泛栽培；竹蔗（*S. sinense*）秆较细，节间较长，淡绿色或淡紫色，为制糖的重要原料。菰（茭白）（*Zizania caduciflora*）小穗单性，雌雄小穗位于同一花序上。秆为菰黑粉菌（*Yenia esculenta*）和菰黑穗菌（*Ustilago edulis*）寄生，变肥嫩膨大，称茭菰或茭白，未经菌侵染的嫩茎称茭儿菜，供蔬食；亦为牲畜和鱼的优良饲料；野生状态可结籽实，为菰米，为重要的营养品和湖沼变干的先锋植物。薏苡（菩提子）（*Coix lachryme-jobi*）雌小穗包藏在念珠状的总苞内，总苞成熟时光亮，常带黑色，分布全国，果实称薏苡仁，含脂肪油、薏苡内酯、氨基酸、糖类等，种仁供食用，为滋补及利尿药和保健食品。白茅（*Imperata cylindrica* var. *major*）根茎白色，有甜味，为利尿、清凉剂。香茅（*Cymbogon citratus*）和枫茅（*C. nardus*）等，我国南方多栽培，用以提取芳香油。芦苇（*Phragmites communis*），多年生高大草本，具根状茎，圆锥花序，小穗有4～5朵小花，花梗被丝状毛，其中1朵无，秆是造纸的重要原料。大米草（*Spartina anglica*）原产英、法等国，根茎蔓延迅速，是一种优良的海滨先锋植物，除可保滩护堤外，促淤造陆；秆叶可作饲料、绿肥、燃料及造纸。

禾本科优良牧草及草坪植物主要有：野大麦（*Hordeum brevisulatum*）分布于东北、华北及新疆，生于较干旱或微带碱性的土壤，为优良牧草。苏丹草（*Sorghum sudanense*）重要的青饲料和重要的牧草。斑茅（*Saccharum arundinaceum*）为良好的固堤植物，秆供编织，嫩叶可供饲料。象草（*Pennisetum purpureum*）原产于非洲，我国引种作牧草。黑麦草（*Lolium perenne*）和多花黑麦草（*L. multiflorum*）为重要的牧草，亦可作短期草坪，原产于欧洲。狗牙根（*Cynodon dactylon*）为多年生草本，具根状茎，秆匍匐地面，穗状花序3～6个簇生于茎顶，小穗有1花。草地早熟禾（*Poa pratensis*）、双穗雀稗（*Paspalum distichum*）、苇状羊茅（高羊茅）（*Festuca arundinacea*）、紫羊茅（*F. rubra*）等为园林绿化中的草坪植物，狗牙根还可用于固堤和水土保持。

旱地或水田常见杂草主要有：狗尾草（*Setaria viridis*）、金狗尾草（*S. lutescens*）、大狗尾草（*S. faberii*）、狼尾草（*Pennisetum alopeumidos*）、看麦娘（*Alopecurus aequalis*）、稗（*Echinochloa crusgalli*）、牛筋草（蟋蟀草）（*Eleusine indica*）等。

毒麦（*Lolium temulentum*），一年生草本，穗状花序，果实中含有毒麦碱，由真菌 *Stromatinia tumulenta* 寄生于糊粉层产生，误食后引起人类和牲畜中毒，为我国重要检疫杂草。假高粱（*Sorghum halepense*）为重要检疫杂草。

禾本科和莎草科相似，它以秆圆柱形，中空，有节；叶鞘开裂，叶2列，常有叶舌、叶耳，颖果等区别于莎草科的秆三棱柱形，实心，无节；叶鞘封闭，叶3列，小型坚果等特征。禾本科是单子叶植物向风媒花方向演化的高级阶段，它的进化是以花部结构的简化来表达的。

6. 姜科 （Zingiberaceae） （姜目）

$$\male\female \uparrow K_{(3)} C_{(3)} A_1 \overline{G}_{(3:3\sim1:\infty)}; \quad \male\female \uparrow P_{3+3} A_1 \overline{G}_{(3:3\sim1:\infty)}$$

姜科约 50 属，1 500 种，分布于热带、亚热带地区，我国有 19 属，143 种，产西南部至东部。

形态特征：多年生草本，通常具有芳香，有匍匐或块状根茎，地上茎常很短，或有时为多数叶鞘包叠而成假茎。叶基生或茎生，2 列，或螺旋排列，基部具张开或闭合的叶鞘，鞘顶常有叶舌，叶片具羽状平行脉。花两性，两侧对称，单生，或组成穗状、头状、总状或圆锥花序，生于具叶的茎上或单独由根茎发出而生于花葶上；花被 6 枚，2 轮，萼片 3，绿色或淡绿色，合生成管，花瓣 3，下部合生成管，后方 1 枚裂片最大；雄蕊在发育上原来可能为 6 枚，排成 2 轮，雄蕊仅内轮后面 1 枚成为着生于花冠上的能育雄蕊，内轮另 2 枚联合成为花瓣状的唇瓣；外轮前面 1 枚雄蕊常缺，另 2 枚称侧生退化雄蕊，呈花瓣状或齿状或不存在；雌蕊由 3 心皮组成；子房下位，3 或 1 室，中轴或侧膜胎座，胚珠多数；果为蒴果或浆果。种子有丰富的胚乳，常具假种皮。染色体：$X=9\sim18$。

识别要点：单叶，叶鞘顶端具叶舌；花被片 6 片，排列成两轮，具能育雄蕊 1 枚，其他雄蕊退化或呈花瓣状；子房 3 室；果实为蒴果或浆果。

代表植物

本科中包含有很多著名的药材、蔬菜或调味品。姜（*Zingiber officinale*）根状茎肉质，扁平，有短指状分枝；穗状花序由根茎抽出；苞片淡绿色，卵形，长约 2.5 cm；花冠黄绿色，唇瓣倒卵状圆形，下部二侧各有小裂片，有紫色、黄白色斑点（图 5-60）。原产太平洋群岛。我国中部、东南部至西南部广为栽培。根状茎含辛辣成分和芳香成分，入药能发汗解表，温中止呕，解毒，又作蔬菜和调味用。蘘荷（*Z. mioga*）与姜的主要区别为根状茎圆柱形，叶片披针形或狭长椭圆形，基部渐狭成短柄。苞片披针形，长 3～4 cm，顶端常带紫色；花冠裂片披针形，白色；唇瓣淡黄色而中部颜色较深；分布于我国东南部，常栽培作蔬菜，根状茎入药。砂仁（阳春砂仁）（*Amomum villosum*）多年生草本，分布于华南、云南和福建等地常栽培，种子为芳香性健胃、祛风药。草果（*A. tsaoko*）分布于云南、贵州及广东、广西等省区，野生或栽培于林下，果实药用，

图 5-60　姜

1. 根状茎　2. 枝　3. 花序

或作调味香料。姜黄（*Curcuma domestica*）为多年生直立草本，根茎呈橙黄色块状，多数肉质芳香须根自根茎生出，末端膨大，呈长卵形或纺锤形的块根，叶从根茎发出，长椭圆形，有长叶柄，穗状花序，块根入药称"郁金"，根茎入药称"姜黄"，也可提取黄色食

用染料或调味品，所含姜黄素可制成分析化学用试纸。郁金（*C. aromatica*）及莪术（*C. zedoaria*）产我国东南部至西南部，块茎和块根亦供药用，为姜黄和郁金。艳山姜（大草蔻）（*Alpinia zerumbet*）分布于我国东南至西南部，种子药用，植株供观赏。

7. 百合科（Liliaceae）（百合目）

$$\quad \text{☿} * P_{3+3} A_{3+3} \underline{G}_{(3:3:\infty)}$$

百合科为单子叶植物的1个大科，约240属，4 000种，广布于全世界，主产于温带和亚热带地区。我国有60属，约600种，我国各地均产，主产于我国西南部。

形态特征：多年生草本，稀木本（如龙血树）或具卷须的藤本，具根状茎、鳞茎或球茎。茎直立或攀援状；单叶互生或基生，有时轮生，少有对生，极少数种类叶退化成鳞片状（如天冬属），气孔器常为无规则型。花单生或聚集成总状、穗状、圆锥花序或聚伞状伞形花序；花大而显著，两性，少单性或雌雄异株或杂性，辐射对称，多为虫媒花；花被片6，2轮，花瓣状，分离或合生（如铃兰、玉竹）；雄蕊6，2轮，与花被片对生，花丝分离，基生或丁字着药。雌蕊常由3心皮组成，子房上位，少半下位，常3室，中轴胎座，稀为1室的侧膜胎座。胚珠通常多数，倒生。蒴果或浆果，少坚果。种子胚乳丰富，胚乳沼生目型或核型。染色体：X＝5～16，23。

识别要点：单叶；花部3基数，轮状排列，花被片6片，花瓣状，排列成两轮，雄蕊6枚与花被片对生，子房3室；中轴胎座，果实为蒴果或浆果。

代表植物

百合科是具有重要经济价值的一个科。百合科中有许多观赏植物。百合（*Lilium brownni var. colchesteris*）叶倒披针形或倒卵形，具鳞茎，花被片白色，背面淡紫色，无斑点，长15 cm，蒴果（图5-61），产于东南、西南、河南、河北、陕西、甘肃等省区。鳞茎供食用，并可制百合粉，另作药用，具润肺止咳之功效。山丹（*L. pumilum*）花橘红色，腹面具紫色斑点，叶条形，狭长。鳞茎供食用、提制淀粉用，或作花卉。卷丹（*L. lancifolium*）和百合的区别在于叶腋常具有珠芽，花橘红色，有紫色斑点，花被片反卷，广布全国，鳞茎具淀粉，可供食用、酿酒和药用；鲜花芳香，可作食品或香料。郁金香（*Tulipa gesneriana*）为著名花卉。主产荷兰，亦为其国花。玉簪（*Hosta plantagina*）、万年青（*Rohdea japonica*）、风信子（*Hyacinthus orientalis*）、吉祥草（*Reineckia carnea*）、萱草（*Hemerocallis fulva*）、文竹等均为著名观赏花卉。丝兰（*Yucca gloriosa*）叶通常不分裂，果实不具刺瘤，呈椭圆形，原产印度，品种很多，为园林花卉植物。

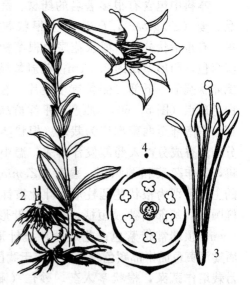

图5-61　百合

1. 地上部分，示花和叶　2. 地下部分，示鳞茎和根　3. 雄蕊和雌蕊　4. 花图式

药用植物主要有黄精（*Polygonatum sibiricum*）叶 4～6 片轮生，先端钩状卷曲，浆果。分布于东北、华北、华东等地，根茎为常用中药"黄精"。多花黄精（*P. cyrtonema*）分布于河南及长江以南各省，作黄精入药。玉竹（*P. odoratum*），叶长椭圆形，互生，花 1～2 朵腋生。分布于长江以北多数省区，根茎为中药"玉竹"。知母（*Anemarrhena asphodeloides*）为我国北部特产，根茎横走，粗壮，叶基生，条形，花葶细长，产东北、华北陕西、甘肃，根茎为著名中药，能清热除烦，滋阴润燥。川贝母（*Fritillaria cirrhosa*）鳞茎径 1.5 cm，由 3～4 枚肥厚鳞片组成，产我国西南、云南、西藏等地，鳞茎入药，能清热润肺，化痰止咳。浙贝母（*F. chunbergii*）产江浙，用途同川贝母。平贝母（*F. ussuriensis*）产东北，鳞茎均药用。麦冬（沿阶草）（*Ophiopogon japonicus*）为丛生草本，叶线形，须根顶端或中部膨大成纺锤状块根，种子蓝黑色，主产华东、中南、西南及陕西，块根药用，能滋阴生津。天门冬（*Asparagus cochinchinensis*）叶状枝有明显的三棱，各地均产，块根入药。藜芦（*Veratrum nigrum*）等为著名药材。土茯苓（光叶菝葜）（*Smilax glabra*）根茎成不规则块状，叶披针形或椭圆状披针形，背面绿色或带苍白色，根茎入药，能清热解毒，除湿利关节，并可酿酒及提制栲胶。

作蔬菜食用的有：葱（*Allium fistulosum*），鳞茎棒状，仅比地上部分略粗，叶为管状，中空，被有白粉，花葶粗壮中空，中部膨大；伞状花序，总苞片膜质，白色；果为蒴果；原产非洲，作蔬菜或调料，鳞茎及种子均入药。洋葱（*A. cepa*），鳞茎较大成球形，叶管状中部以下较粗，原产亚洲西部，葱白、鳞茎及叶作蔬菜；鳞茎和种子入药。蒜（*A. satium*），鳞茎分为数瓣，封闭在白或淡紫色的膜内的叫蒜头，茎生叶带状，扁平，宽在 2.5 cm 以内，背有隆脊，原产亚洲西部或欧洲，鳞茎含挥发性的杀菌物质大蒜辣素，有健胃、止痢、止咳、杀菌、驱虫等作用；花葶圆柱状叫蒜薹，作蔬菜或调料；另幼株全株食用。韭菜（*A. tuberosum*），叶带状，花葶三棱形，叶、花葶和花均供菜用，韭菜子药用。黄花菜（金针菜）（*Hemerocallis liloaphodelus*）花鲜黄色，长 7.5～14 cm，芳香，各地常栽培，花蕾晒干供作蔬菜。石刁柏（芦笋）（*Asparagus officinalis*），茎直立，上部在后期常下垂，全株光滑，稍有白粉；叶退化成膜质鳞片，以叶状枝代替叶行使光合作用；花小，黄色；果实为浆果。春天发出的嫩茎，通称芦笋，风味稍似竹笋；根有润肺止咳之效。

8. 兰科（Orchidaceae）（兰目）

$$☿ ↑ P_{3+3} A_{1～2} \overline{G}_{(3:1:\infty)}$$

兰科是单子叶植物最大的科，在被子植物中仅次于菊科的第 2 大科。本科约 730 属，2 万种，广布全球，主要产热带、亚热带与温带地区。我国约 166 属，1 019 种，主要分布于长江流域和以南各省区，以云南、台湾与海南岛为最盛。

形态特征：多年生草本，陆生、附生或腐生；亚灌木或极少数攀援藤本；陆生及腐生的常具根状茎或块茎，附生的常具假鳞茎和气生根；多数种，特别是陆生兰，在种子萌发时需与真菌（担子菌）共生；茎直立，悬垂或攀援，单轴分枝或合轴分枝。叶互生，常排成 2 列，极少对生或轮生，基部通常具抱茎的叶鞘。花葶顶生或腋生，单生花或各式花序。花两性，两侧对称，花被片 6，2 轮，均花瓣状，外轮 3 枚称萼片，中央 1 片称中萼片，两侧 2 片称侧萼片，中萼片常直立而与花瓣靠合成兜状，侧萼片斜歪，有时基部与蕊柱足合生而成萼囊（mentum），极罕两枚侧萼片一侧边缘作不同程度的联合，或甚至合生而成 1 枚合萼片；内轮侧生的 2 枚称花瓣，中央的 1 枚通常变成种种奇特的形状，称唇瓣（labellum），唇瓣常 3 裂或中部缢缩而分为上唇与下唇，基部有时成囊或距，内有蜜腺，常因子房成 180°扭转，而使唇瓣由近轴上方转到远轴下方；雄蕊和花柱、柱头完全愈合而成一种柱状体（图 5 - 62），称合蕊柱（column 或 gynostemium），合蕊柱半圆柱形，面向唇瓣，最上部为花药；合蕊柱的顶部前方常具有 1 突起，由柱头不育部分变成，称为蕊喙（rostellum），能育柱头通常位于蕊喙下面，一般凹陷，充满黏液；雄蕊 1 枚或 2 枚，稀 3 枚，具有 4 合花粉或单粒花粉粘合而成的花粉块（pollinia）。花粉块 2～8 个，粉质或蜡质，具花粉块柄、蕊喙柄和粘盘或缺。雌蕊由 3 心皮合生而成，子房下位，1 室，侧膜胎座，柱头 3，通常 2 个能接受花粉，倒生胚珠，胚珠多

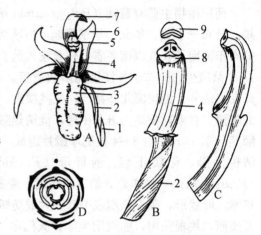

图 5 - 62　兰属植物花的结构图
A. 花　B. 合蕊柱和子房　C. 合蕊柱和子房纵切面
D. 花图式
1. 小苞片　2. 合蕊柱 180°扭曲　3. 唇瓣
4. 合蕊柱　5. 蕊喙　6. 花瓣
7. 中萼片　8. 柱头　9. 花药

数。蒴果，成熟时开裂为顶端仍相连的 3～6 果片。种子极小而极多，无胚乳，胚小而未分化，种皮两端常延伸成翅状。据报告南美洲产的 *Cycnoches chlorochilon* 一个蒴果含种子 3 770 000 个。染色体基数 $X=5～15$，16，18，20，21，24。

识别要点：陆生、附生、腐生草本，花两侧对称，形成唇瓣，雄蕊 2 或 1 个，与花柱、柱头连合，称合蕊柱，花粉结合成花粉块；子房下位，1 室，侧膜胎座；蒴果；种子微小，无胚乳，胚不分化。

代表植物

兰科具有丰富的植物资源，有很多是著名的观赏植物，各地多栽培，还有一些供药用。

兰科的花奇异而鲜艳，成为最著名的花卉，广为栽培观赏。建兰（*Cymbidium ensy-ifolium*）有假鳞茎，叶 2～6 枚丛生，带形，柔软而弯曲下垂，长 30～50 cm，宽 1～1.7 cm。花葶直立，通常短于叶；总状花序有花 3～7 朵；苞片远比子房短；花浅黄绿色，有清香，萼片狭长披针形，花瓣较短，唇瓣不明显的 3 裂，花粉块 2 个，夏秋开花，分布于华东、中南、西南各省，全国各地庭园广为栽培，为芳香花卉植物，栽培品种多；根和叶还可入药。墨兰（*C. sinense*）深绿色而有光泽，全缘，花葶通常高出叶外，具 10 余花，品种亦很多。冬末春初开花，花色多变，有香气，为观赏栽培植物。春兰（*C. goeringii*）叶 4～6 枚丛生，叶较狭窄，宽 6～10mm。花单生，淡黄绿色；唇瓣乳白色，有紫红色斑点。春季开花，有芳香。分布华东、中南、西南、甘肃、陕西南部等省区；现各地栽培，变种和类型也很多，为观赏花卉植物，根可入药。斑叶兰（*Goodyera schlechtendaliana*）产西藏东南部和长江流域以南各省，蝴蝶兰（*Phalaenopsis amabilis*）、卡特兰（*Cattleya labiata*）等为著名的热带观赏花卉。香子兰（*Vanilla planifolia*）原产墨西哥东部，从果壳中提取的梵尼拉香料，是制烟和食品调味用的高级香料，世界各地广为栽培，我国云南、华南等地也有栽培。

天麻（*Gastrodta elata*），腐生草本，根状茎块状横生，肥厚肉质，长椭圆形，表面有均匀的环节，叶退化成鳞片状。茎直立，黄褐色，节上具鞘状鳞片。总状花序顶生；花黄褐色，萼片与花瓣合生成斜歪筒，口偏斜，顶端5裂。蒴果倒卵状长圆形（图5-63）。产于我国东北、西南、华东等地，以西南最盛产。根状茎入药，称"天麻"，主治头痛、眩晕，小儿惊风等。白芨（*Bletilla striata*），陆生，球茎压扁状，上面具荸荠似的环纹，富有黏性；茎粗壮，叶4～5枚，叶披针形至长椭圆形，花红紫色，萼片与花瓣近等长，唇瓣3裂，花粉块8个。分布于长江流域及以南各省区，生于山谷地带林下湿地。球茎含白芨胶质黏液、淀粉、挥发油等，药用有阔肺生肌、化淤、止血药；花美丽，亦栽培供观赏。石斛（*Dendrobium nobile*），陆生，茎丛生，节明显，黄绿色，叶狭长椭圆形至长圆状披针形，顶端钝有凹

图5-63　天麻
1. 植株，示块茎和花序
2. 花和苞片　3. 花

图5-64　石斛

缺，叶鞘紧抱节间；总状花序1～4花，花直径5～10 cm，白色带淡紫色，唇瓣宽卵状长圆形，花粉块4个，无柄（图5-64）。分布于华南、西南和台湾等地。同属品种较多，因花大而美丽，通常室内盆栽为观赏植物；茎供药用，能滋阴清热，养胃生津的贵重药。手参（*Gymnadenia conopsea*）产西南及北部，块茎入药，治神经衰弱、慢性出血等症。小斑叶兰（*Goodyera reapens*）叶面有网纹，总状花序，花偏向一侧，生于林下阴湿处，分布于我国长江以南，全草入药，能清肺止咳，解毒消肿，外用治蛇伤，痈疖疮疡。

　　兰科已知种类约20 000种，是单子叶植物最大的科，代表单子叶植物最进化的类群。主要表现在：①草本植物，稀有攀缘藤本，附生或腐生；②花具有各种不同的形状、大小和颜色；③花两侧对称，内轮花被中央1片特化的唇瓣，唇瓣具有复杂的结构，基部常形成具有蜜腺的囊或距；④雄蕊的数目减少并与雌蕊合生成合蕊柱，子房下位，花粉结合成花粉块，柱头常具有喙状突起的蕊喙；⑤花部所有特征表现了对昆虫传粉的高度适应性。

第三节　被子植物分类学研究概况

　　本节主要对当前流行的恩格勒系统、哈钦松系统、塔赫他间系统和克朗奎斯特系统等

四个被子植物分类系统以及植物分类与系统学研究进展进行介绍。

一、被子植物主要分类系统

按照植物的亲缘关系，对被子植物这一庞大的类群进行系统分类，建立符合植物演化规律的分类系统，是一个十分复杂而艰巨的工作。由于有关植物演化的知识和证据的不足，尽管已发表的分类系统有几十个，但还没有一个完善的被子植物分类系统。

在被子植物起源问题上，存在着"假花说"和"真花说"两种观点不同的学说（图5-65），它们对植物分类以及分类系统的建立有着深远的影响。下面介绍的是目前影响较大的四个子植物分类系统。

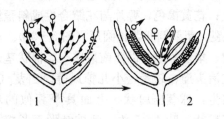

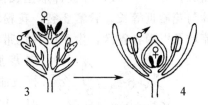

图5-65　真花说与假花说示意图
1、2. 真花说示意图　3、4. 假花说示意图

（一）恩格勒系统

恩格勒系统是德国植物学家恩格勒（A. Engler）和柏兰特（K. Prantl）于1892年编制的，并多次修订，1964年出版第十二版，把被子植物分为344科。该系统认为，被子植物的花是由裸子植物的单性孢子球演化而来，只含有小孢子叶和大孢子叶的孢子叶球演化成雄或雌的柔荑花序，进而演化成被子植物的花（图5-66）。因此，被子植物的花，并非一个真正的花，而是一个演化了的花序，这种学说称为假花说。

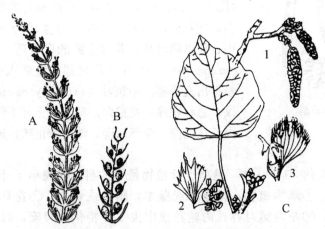

图5-66　买麻藤类的单性孢子叶球穗和杨柳科的花序和花
A. 雄孢子叶球　B. 雌孢子叶球　C. 杨柳科的花序和花（毛白杨
Populus tomentosa　1. 雄花序　2. 雄花　3. 雌花）

该系统把柔荑花序类植物当作被子植物中最原始的类型，而把木兰、毛茛等科看作是较为进化的类型。认为被子植物花，如杨柳科、桦木科、胡桃科等是由裸子植物中的买麻藤目的单性球状花序（单性孢子叶球）演化而来。把柔荑花序类植物的无花瓣、单性、木

本、风媒传粉等与裸子植物相似的特征作为被子植物中最原始的类型，而把有花瓣、两性、虫媒传粉等特征认为是进化的类型。花的演化是从无被花到有被花，从单被花到双被花，从离瓣花到合瓣花，从单性花到两性花，由风媒花到虫媒花，花部由少数到多数，并认为木兰科、毛茛科等是进化的类型。

恩格勒系统是被子植物分类史上第一个比较完善的分类系统，迄今为止，除英、法以外，大部分国家都采用本系统，我国的《中国植物志》、多数地方植物志和大多数的植物标本馆（室）都采用本系统。

（二）哈钦松系统

这个系统是英国植物学家哈钦松（J. Hutchinson）于 1926 年和 1934 年发表的，在 1959 年和 1973 年进行了两次修订，把被子植物分为 411 科。该系统认为，被子植物的花是由已灭绝了的裸子植物中的本内苏铁目的两性孢子叶球演化来的，即孢子叶球主轴的顶端演化为花托，生于伸长主轴上的大孢子叶演化为雌蕊，其下的小孢子叶演化为雄蕊，下部的苞片演化为花被（图 5-67）。这种学说称为真花说。

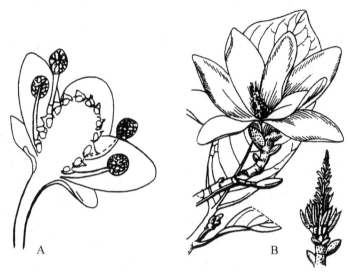

图 5-67 真花学说认为被子植物的花来源于一个两性孢子叶球
A. 两性孢子叶球 B. 木兰科的花（玉兰 *Magnolia denudada*）

该系统把木兰目和毛茛目看作是被子植物的原始类群，由木兰目演化出一支木本植物，由毛茛目演化出一支草本植物，单子叶植物起源于双子叶植物的毛茛目，柔荑花序类比木兰目和毛茛目进化；无被花、单花被则是后来演化而成的。认为两性花比单性花原始；花各部分分离、多数的，比连合、定数的为原始，花各部螺旋状排列的，比轮状排列的为原始，木本较草本为原始，该系统又称为多心皮系统。

关于被子植物的分类系统，意见尚不统一，但归纳起来，可分为真花学说和假花学说两大类，前者以哈钦松系统为代表，后者以恩格勒系统为代表。哈钦松系统发表后，受到相当重视，塔赫他间系统、克郎奎斯特系统都是在此基础上发展起来的。

（三）塔赫他间系统

这个系统是前苏联植物分类学家塔赫他间（A. Takhtajan）1942 年发表的，1954～

1997 年期间进行了多次修订，把被子植物分为 591 科。

该系统认为，被子植物起源于种子蕨，而不是起源于现存的裸子植物或已绝灭的拟苏铁类（本内苏铁）或科达树。木兰目（Magnoliales）是最原始的被子植物代表，由木兰目（木兰科即属此目）发展出毛茛目（毛茛科属此目），由睡莲目演化为百合目（百合科即属此目），再演化出全部草本植物；木本单子叶植物，则由木兰目演化而来，所有的单子叶植物来自狭义的睡莲目；柔荑花序各自起源于金缕梅目，而金缕梅目又和昆兰树目等发生联系，共同组成金缕梅超目（Hamamelidanae），隶属于金缕梅亚纲（Hamamelidae）；由木兰目发展出全部被子植物；这个系统是在真花学说的理论基础上建立起来的。

塔赫他间的分类系统，打破了传统的把双子叶植物纲分成离瓣花亚纲和合瓣花亚纲的概念，使各目的安排更为合理；对某些分类单元，特别是目与科的安排作了重要的更正，如把连香树科独立成连香树目、把原属毛茛科的芍药属独立成芍药科等，都和当今植物解剖学、染色体分类学的发展相吻合；在处理柔荑花序问题时，亦比原来的系统前进了一步。不足的是，增设了"超目"一级分类单元，科的数目也较多，过于繁杂，不利于教学中应用。

本系统较能较好地说明被子植物演化的规律与分类原则，为当代著名的分类系统，被大多数学者所赞同、采用。

（四）克郎奎斯特系统

该系统是美国植物学家克郎奎斯特（A. Cronquist）1957 年发表的，1968 年修订，将被子植物分为 383 科。

该系统采用真花学说及单元起源的观点，认为有花植物起源于一类已经绝灭的种子蕨而非其他裸子植物；木兰目是现存被子植物最原始的类群；单子叶植物起源于原始双子叶植物中可能与睡莲相似的草本植物，并认为泽泻亚纲是百合亚纲进化线上近基部的一个侧枝。克郎奎斯特系统与塔赫他间系统相似，但在个别分类单位的安排上有较大的差异，也不用"超目"的分类单元，各级分类系统的安排似乎比前几个分类系统更为合理，科的数目及范围较适中，有利于教学使用，美国高等院校植物分类教学中多采用此系统，本教材中科的排列即是依据此系统进行的。

二、植物分类学的新方法

（一）细胞分类学（Cytotaxonomy）

目前，最常用的细胞学资料是染色体显带、染色体数目，有丝分裂和减数分裂时染色体的行为等。一个种的各个植株均具有相同的染色体数目，在近代细胞分类学的研究中，大量的工作集中在染色体数目上。染色体的形态、大小和总体体积上也有不同，这些也为分类学提供了的证据，染色体组型分析应用于种级分类要比染色体数目这一特征更为重要。

（二）化学分类学（Chemotaxonomy）

一般是指利用次生代谢物，如生物碱、有机酸、糖类、苷类、萜类、鞣质等的资料，探索植物之间的亲缘关系和起源的植物分类系统的一门分支学科。

在很多情况下，化学分类对分类学作出了修正，但由于被分析的化学成分大多数只是系统发育某一阶段中个体发育的次生产物被传递下来，难以反映整个系统发育的本质。因此，还不能完全代替自然分类系统去建立一个以化学成分为依据的自然系统。

（三）血清分类学

血清分类学是利用血清学的方法与技术，对不同机体的特异性、抗原分子进行比较研究，以解决系统与分类学问题的一个分支学科。目前多数学者综合使用多种手段，同时把数量分类学的方法引入血清分类学中，得到了满意的结果。

（四）超微结构和微形态学

应用电子显微镜，对包括根、茎、叶、花、果实、种子的表皮以及花粉的外壁、表皮细胞的排列、表面纹饰、角质层分泌物等方面进行观察和研究，为一些植物类群的研究提供了有价值的分类资料，揭示的新性状正在日益被人们应用于分类与系统学领域。

（五）分子生物学

不同物种在形态结构、生理生化方面的差异是染色体上基因差异造成的，因此，可以直接从染色体的 DNA 结构上寻找分子水平上的差异作为分类的依据。目前，从 DNA 水平上研究植物的系统与分类、物种进化的方法，主要有：①G＋C 含量；②DNA - DNA 杂交法；③DNA 序列分析法；④限制性片段长度片段多态性（RFLP）分析法。

（六）生物条形码技术

条形码技术（barcoding）是在计算机和信息技术基础上产生和发展起来的融编码、识别、数据采集、自动录入和快速处理等功能于一体的新兴信息技术。生物条形码技术（biobarcoding）是条形码技术与分子生物学技术相融合后产生的一种生物信息技术，是利用一段或几段标准 DNA 序列来实现快速、准确和自动化的生物物种鉴定、分类和管理。因此，又称为 DNA 条形码技术（DNA barcoding）。

近年来，通过新的研究技术和方法，已经发现许多有价值的资料，修订或补充了传统分类中许多不足之处。但到目前，形态学特征仍然最普遍地用于植物分类中。

本章小结

被子植物分类主要形态学基础知识主要包括植物的生长习性、根、茎、叶、花、种子和果实的形态等。

被子植物分为双子叶植物纲和单子叶植物纲，介绍了其中 38 个具有重要分类地位和较高经济价值的科。

双子叶植物纲的共同特征为：直根系；茎中维管束呈环状排列，有形成层；叶片常具网状脉；花基数常为 4 或 5；花粉常具有 3 个萌发孔；胚常具 2 片子叶。木兰科是双子叶植物中最原始的科，木本；有托叶环；雌雄蕊多数、分离、螺旋状排列于柱状花托上；聚合蓇葖果。毛茛科也是非常原始的科，草本；雄蕊和雌蕊多数、离生、螺旋状排列于膨大的花托上；聚合瘦果或聚合蓇葖果。睡莲科是水生原始科，花萼、花瓣与雄蕊逐渐过渡；雄蕊、雌蕊多数；果实浆果状。桑科常具乳汁、具聚花果。胡桃科羽状复叶；雌雄同株，雄花序为柔荑花序；子房下位；核果或翅果。壳斗科富含木本粮食的种类，雌雄同株，无花被；雄花为柔荑花序，雌花单生或2～5朵簇生于总苞内；子房下位；坚果。杨柳科雌雄异株，柔荑花序；无花被，有花盘或蜜腺；子房上位；蒴果，种子有长毛。蓼科节膨大；有膜质托叶鞘；瘦果。石竹科节膨大；单叶对生；雄蕊为花瓣的2倍；子房上位；特立中央胎座；蒴果。藜科具泡状粉；无托叶；单被；雄蕊与花萼同数且对生；子房上位；胞果。苋科无托叶；苞片与花被片均为干膜质，雄蕊与花被同数对生；胞果常盖裂。十字花科花两性，十字形花冠，四强雄蕊；子房上位，侧膜胎座，具假隔膜；角果。山茶科常绿木本；单叶革质；花两性，整齐，5基数；雄蕊多数，成数轮；子房上位；常为蒴果。锦葵科花两性，5基数；有副萼，单体雄蕊，花药1室；子房上位；蒴果或分果。葫芦科具卷须，草质藤本；单叶互生，叶掌状分裂；花单性，5基数；子房下位，瓠果。柿树科木本；花单性，萼宿存，花冠裂片旋转状排列；浆果。蔷薇科常有托叶；花两性，5基数；雄蕊常多数，着生在花托的边缘。豆科叶常为羽状或三出复叶，有叶枕；花冠多为蝶形或假蝶形；雄蕊为二体、单体或分离；子房上位；荚果。大戟科常具乳汁；花单性；子房上位，3心皮合生成3室；中轴胎座；蒴果。鼠李科花两性，周位花，雄蕊与花瓣同数而对生；子房上位。葡萄科藤本，茎具卷须；雄蕊与花瓣对生；子房上位；浆果。无患子科羽状复叶；常杂性异株；花瓣内侧基脚常有毛或鳞片；花盘发达，位于雄蕊的外方，具典型3心皮子房；种子常具假种皮。芸香科复叶或单身复叶，叶上常具透明腺点；花萼、花冠常4～5；子房上位，花盘明显；多为柑果和浆果。伞形科叶柄基部成鞘状抱茎；复伞形或伞形花序；子房下位；双悬果。茄科花两性，5基数；花冠轮状，花萼宿存；子房上位；蒴果或浆果。旋花科茎缠绕，有时具乳汁；无托叶；花两性，5基数；漏斗状花冠；子房上位；蒴果。唇形科常草本；茎四棱，叶对生；花冠唇形；二强雄蕊；子房上位，2心皮深裂成4室；4个小坚果。胡麻科花冠唇形，雄蕊二强，有一退化雄蕊，花盘肉质杯状，子房上位。桔梗科多年生草本，含乳汁；单叶互生；花两性，常辐射对称；花冠钟状；雄蕊与花冠裂片同数；花药分离或结合；子房下位，常3室，蒴果。菊科常为草本；叶多互生；头状花序，有总苞；聚药雄蕊；子房下位；瘦果。

单子叶植物纲的胚具1片子叶；叶片常具平行脉；花部3基数。泽泻科水生、沼生草本，叶基生，花在花序轴上轮生，花被6片，外花被萼片状，宿存，聚合瘦果。棕榈科木本，树干不分枝，大型叶丛生于树干顶部，肉穗花序，花3基数。天南星科草本，肉穗花序，花序外或花序下具有一片佛焰苞。莎草科草本，茎常三棱，实心，节不明显，叶3列，叶鞘闭合，小穗组成各式花序，小坚果。禾本科草本或木本，秆圆，中空，节明显，叶2列，叶鞘开裂，小穗组成各式花序，颖果。姜科多年生草本，通常有香气，叶鞘顶端有明显的叶舌，外轮花被与内轮花被区分明显，具发育雄蕊1枚和通常呈花瓣状退化的雄蕊。百合科草本，常具根茎、鳞茎或块根，单叶，花被6片与雄蕊对生；子房3室，蒴果或浆果。兰科陆生或腐生草本，花被6，不整齐，有唇瓣，雄蕊与花柱形成合蕊柱，子房下位，蒴果。

被子植物的系统演化主要存在恩格勒学派和哈钦松学派，它们分别以假花学说和真花学说为基础，由于各学派的理论观点不同，因而提出了不同的被子植物分类系统，其中，影响较大和较流行的是恩格勒系统、哈钦松系统、塔赫他间系统和克朗奎斯特系统。

在经典植物分类学研究的基础上，细胞学、化学、超微结构和微形态学以及分子生物学等方面的资料在植物分类与系统学研究中得到广泛的应用。

复习思考题

1. 选择一本植物志或分类学专著，学习前人如何描述不同植物的形态特征。

2. 选择校园内有代表性的植物种类，用形态学术语对其形态特征加以描述。

3. 木兰科和毛茛科具有哪些原始特征？

4. 为什么说泽泻科是单子叶植物中最原始的类群？

5. 为什么说菊科是双子叶植物中最进化的类群？简述该科的繁殖生物学特性。

6. 简述单子叶植物的主要特征？

7. 简述百合科植物的主要特征，本科有哪些重要的经济植物？

8. 简述禾本科植物的主要特征和经济价值，为什么说禾本科植物是风媒传粉的高级类型？

9. 棕榈科与天南星科植物相比较，有何异同点？

10. 简述莎草科与禾本科植物的主要区别。

11. 试述兰科植物的主要特征，为什么说兰科植物是单子叶植物的最高级类群？兰科植物有哪些特征适应于虫媒传粉？

12. 蔷薇科、豆科、菊科、禾本科植物分为几个亚科？列表比较各亚科的区别点。

13. 正确书写木兰科、毛茛科、石竹科、十字花科、葫芦科、杨柳科、锦葵科、大戟科、伞形科、茄科、旋花科、唇形科、菊科、泽泻科、百合科、禾本科及兰科等科植物的花程式。

14. 通过解剖花的结构，绘出油菜、豌豆、棉花、番茄、蒲公英、葱和小麦的花图式，写出其花程式。

15. 观察并记录校园内被子植物主要科的植物，比较同一科不同物种的相似特征。

16. 根据所学分类知识，说明被子植物在国民经济中的重要作用。

17. 分别列举校园中的木本观赏植物、草本观赏植物、杂草等植物各 10 种，用检索表将其加以区分。

18. 分别列举当地的粮食作物、蔬菜等各 10 种，用检索表将其加以区分。

19. 熟练掌握被子植物主要科的识别要点及代表植物。

20. 关于被子植物花的起源有哪些假说？何谓"真花说"和"假花说"？

主要参考文献

[1] 艾铁民. 药用植物学 [M]. 北京：北京大学医学出版社，2004

[2] 高信曾. 植物学（形态、解剖部分）[M]. 北京：高等教育出版社，1987

[3] 华东师范大学，等. 植物学（下册）[M]. 北京：人民教育出版社，1982

[4] 胡适宜. 被子植物胚胎学 [M]. 北京：人民教育出版社，1983

[5] 贺士元，等. 植物学（上册）[M]. 北京：北京师范大学出版社，1987

[6] 贺学礼. 植物学 [M]. 2 版. 北京：科学出版社，2016

[7] 侯宽昭. 中国种子植物科属词典 [M]. 2 版. 北京：科学出版社，1982

[8] 金银根. 植物学 [M]. 北京：科学出版社，2006

[9] 刘胜祥，等. 植物学 [M]. 北京：科学出版社，2007

[10] 刘穆. 种子植物形态解剖学导论 [M]. 北京：科学出版社，2001

[11] 陆时万，等. 植物学（上册）[M]. 2 版. 北京：高等教育出版社，1991

[12] 李扬汉. 植物学 [M]. 2 版. 上海：上海科学技术出版社，1984

[13] 李振宇，等. 中国外来入侵种 [M]. 北京：中国林业出版社，2002

[14] 内蒙古农牧学院. 植物分类学 [M]. 北京：农业出版社，1992

[15] 马炜梁. 高等植物及其多样性 [M]. 北京：高等教育出版社，施普林格出版社，1998

[16] 强胜. 植物学 [M]. 北京：高等教育出版社，2006

[17] 沈显生，等. 植物生物学实验 [M]. 合肥：中国科学技术大学出版社，2003

[18] 王建书. 植物学 [M]. 北京：中国农业大学出版社，2001

[19] 王全喜，等. 植物学 [M]. 北京：科学出版社，2004

[20] 吴国芳，等. 植物学（下册）[M]. 2 版. 北京：高等教育出版社，1992

[21] 吴万春. 植物学 [M]. 2 版. 广州：华南理工大学出版社，2004

[22] 吴征镒，等. 中国被子植物科属综论 [M]. 北京：科学出版社，2003

[23] 徐汉卿. 植物学 [M]. 北京：中国农业大学出版社，2000

[24] 熊济华. 观赏树木学 [M]. 北京：中国农业出版社，1998

[25] 叶创兴，等. 植物学 [M]. 北京：高等教育出版社，2007

[26] 杨继，等. 植物生物学 [M]. 北京：高等教育出版社，1999

[27] 杨世杰. 植物生物学 [M]. 北京：科学出版社，2002

[28] 中国科学院植物研究所. 中国高等植物图鉴（第一册）[M]. 北京：科学出版社，1972

[29] 中国科学院植物研究所. 中国高等植物图鉴（第二册）[M]. 北京：科学出版社，1972

[30] 中国科学院植物研究所. 中国高等植物图鉴（第三册）[M]. 北京：科学出版社，1974

[31] 中国科学院植物研究所. 中国高等植物图鉴（第四册）[M]. 北京：科学出版社，1975

[32] 中国科学院植物研究所. 新编拉汉英植物名称 [M]. 北京：航空工业出版社，1996

[33] 中山大学生物系，等. 植物学（系统、分类部分）[M]. 北京：人民教育出版社，1978

[34] 郑湘如，等. 植物学 [M]. 2 版. 北京：中国农业大学出版社，2007

［35］张宪省，等．植物学 ［M］．北京：中国农业出版社，2003

［36］周云龙．植物生物学 ［M］．2 版．北京：高等教育出版社，2004

［37］K．伊稍．种子植物解剖学 ［M］．2 版．李正理译．上海：上海科学技术出版社，1982

［38］Dutta A C. Botany ［M］. Fifth edition. Oxford University Press，1979

［39］Cronguist A. Basic of Botany ［M］. USA：Harper & Row, Publishers，Inc，1982